机械设计基础

（第2版）

主　编　刘红宇　熊　杰　南黄河

副主编　徐健宇　戴爱瑜　姚国林
　　　　白小燕

北京理工大学出版社
BEIJING INSTITUTE OF TECHNOLOGY PRESS

内 容 简 介

本书从培养技能型专业人才出发，结合学生实际，打破传统课程体系，将理论力学、材料力学、机械原理和机械零件等课程进行了整合。

本书分为 14 章，第 1 章讲述了静力学的基本原理和分析方法；第 2 章讲述了材料力学的基本内容；第 3 章为机械设计基础概述；第 4 章简述了机械设备中常用的连接；第 5 章到第 13 章讲述了机械设备中常用的机构和结构（包括：平面机构、挠性传动机构、凸轮机构、齿轮机构、蜗杆机构、间歇机构、轮系、轴系等）的应用、设计及机构中各类典型零件的选用和设计；第 14 章讲述了四类典型零件的毛坯成型方法以及弹簧的设计和选用。每章后附有适量的思考和练习题。

本书可作为高等学校机电类、机械类专业教材，也可以作为机电类、模具类和近机类工程技术人员参考用书。

图书在版编目（CIP）数据

机械设计基础/刘红宇,熊杰,南黄河主编. —2 版. —北京:北京理工大学出版社,2014.7

ISBN 978 - 7 - 5640 - 9354 - 9

Ⅰ. ①机… Ⅱ. ①刘… ②熊… ③南… Ⅲ. ①机械设计 - 高等学校 - 教材 Ⅳ. ①TH122

中国版本图书馆 CIP 数据核字(2014)第 123426 号

出版发行 /	北京理工大学出版社
社　　址 /	北京市海淀区中关村南大街 5 号
邮　　编 /	100081
电　　话 /	(010)68914775(办公室)　68944990(批销中心)　68911084(读者服务部)
网　　址 /	http：// www.bitpress.com.cn
经　　销 /	全国各地新华书店
印　　刷 /	北京泽宇印刷有限公司
开　　本 /	710 毫米 × 1000 毫米　1/16
印　　张 /	23.75
字　　数 /	442 千字
版　　次 /	2014 年 7 月第 2 版第 1 次印刷
定　　价 /	56.00 元

责任校对 / 张沁萍

责任印制 / 边心超

前　　言

　　《机械设计基础》是高等院校机械类和近机类各专业学生必修的一门重要的职业基础课。以培养高素质、技能型专业人才为出发点，坚持以高等教育培养目标为依据，以培养学生职业技能为重点，将传统工科类专业中的理论力学、材料力学和机械设计基础3门课程进行整合，减少理论公式的推导，重点阐明工程实际应用和基本设计方法与思路，遵循淡化理论、够用为度、培养技能、重在应用的原则。以机械中常见的结构、常用机构、通用零件和标准件为基础，使学生掌握常用机构和通用零件的基本理论和基本知识，具有初步分析、设计能力。在使学生获得基本技能的同时还注重培养学生正确的设计思想和严谨的工作作风，为学习有关职业技术课程以及参与技术改进奠定必要的基础。

　　本书由工程力学和机械设计基础两大部分组成。工程力学部分包括静力学和材料力学；机械设计基础部分包括平面连杆机构、凸轮机构、常用联接、挠性传动机构、齿轮传动机构、轮系、轴系、其他常用机构以及常用零件等。

　　本书采用了我国最新的国家标准和法定计量单位。

　　本书由刘红宇、熊杰、南黄河任主编，徐健宇、戴爱瑜、姚国林、白小燕任副主编。

　　本书适用于高等教育的主修教材，也可供机械、模具类工程技术人员参考。

　　因为编者水平有限，且编写时间较为紧迫，书中难免出现缺陷和不足，恳请各位读者给予批评指正。

编　者

目 录

第一部分 工程力学

第二部分　机械设计基础

第一部分　工程力学

第1章

静力学基础

§1.1　静力学基本概念

1.1.1　力的概念

在长期的生产和生活实践中，通过不断的观察和体验，人们发现，在推车、挑水、打铁、踢球等活动中，自身肌肉会紧张而且消耗大量体力，从而建立了**力**的概念。此后，通过大量的实验和分析，逐步建立了力的科学概念：**力是物体间相互的机械作用。这种作用使受力物体的运动状态和形状发生改变。**

在理论力学中，只研究力的效应，而不关注力的物理来源。**力的效应**表现为受力物体形状和运动状态的改变。将使物体机械运动状态发生改变的效应称为**力的外效应**，体现为物体受力后运动方式、运动速度大小和运动方向的改变；将使物体发生形变的效应称为力的**内效应或变形效应**，体现为物体几何形状或者大小的改变。力的内效应和外效应总是同时产生的，但在静力学中我们只研究力的外效应。力的内效应将在下一章的材料力学中研究。

1.1.2　刚体的概念

所谓**刚体是指在外界任何作用下形状和大小都始终保持不变的物体**，其特征是**刚体内任意两点的距离始终保持不变**。实际上物体在受到力的作用时一定会产生变形，只要这种变形不影响到物体的运动特性，就可以将变形的物体理想为刚体。一个物体是否可以视为刚体，不但取决于变形的大小，还与要研究的问题本身有关。

1.1.3　力的三要素

通过大量实践，人类认识到力对物体的作用效果取决于力的三要素：**力的大小、**

力的作用方向（包括方位和指向）和力的作用点（或作用位置）。这3个基本要素也是力的3个重要特征，它们中任意一个要素发生改变，力的作用效应必将变化。

力的作用位置通常情况下不会是一个点，而是物体上某一部分面积或者体积。例如：鱼缸中水的压力作用于整个缸壁上，桥梁的自重沿整个桥梁作用，这样的力称为**分布力**。有些力的分布面积或者体积非常小，例如：行驶在道路上的汽车，通过轮胎施加在路面上的力，作用于轮胎和地面的接触位置上，对路面而言轮胎与其接触的面非常小，可以视为一个点，这样的力称为**集中力**，这个点称为集中力的作用点。

作用于刚体上的分布力可以用能够产生相同作用效应的一个或者几个集中力来代替，也就是说，集中力的作用点是力的作用位置的抽象。

力的作用方向可以理解为静止的质点受力作用后产生的运动方向，包含方位和指向两层意思。例如：物体所受到的重力是竖直向下的，斜面上小车所受到的支持力是垂直于斜面向上的。在力学模型中，通过力的作用点，沿力作用方向所作出的有向线段，称为**力的作用线**。

力的大小，表示物体相互作用的强弱，可以根据受力物体所产生的运动变化决定。在静力学中是通过力的内效应的比较来确定力的大小。通过实验发现，在静力作用下，弹簧的长度变化正比于作用力的大小。根据这个原理制成了各种**测力计**，测定力的大小，最常见、最普通的测力计是弹簧秤。国际单位制（SI）中采用牛顿（N）作为力的计量单位。

1.1.4　力的表示方法

在力学中经常遇到两类不同的量：**有向量和无向量**。无向量又称标量。绝大多数有向量相加都符合平行四边形法则，这样的量又称为**矢量**。

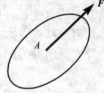

图1.1　力的图示

力是一种矢量。习惯上用有向线段表示力。有向线段的长度按一定比例表示该力的大小，有向线段的起点或者终点，表示该力的作用点，有向线段的方位和箭头指向表示该力的作用方向。如图1.1所示。

书中矢量以粗斜体字母表示，同文的细斜体字母表示该矢量的模。例如用 F 表示某个力，则该力的大小（模）等于 F。有时候也用顶上带箭头的两个并列细斜体字母代表矢量。第一个字母表示矢量的始端，第二个字母表示矢量的末端，不带箭头的并列细斜体字母则表示这个矢量的模，例如 $F = \overrightarrow{AB}$ 的模是 $F = AB$。

在工程实践中通常遇到若干物体相互作用的问题，物体受到一群力的作用。这种作用于同一物体或者物体系上的一群力称为力系，记为（F_1，F_2，…，F_n）。

力对物体的作用效果取决于力的基本特征，不同特征的力或力系的作用效果不同。人类通过长期生产实践和观察发现，两个不同的力系对同一物体可能产生相同的效应，这两个力系的作用效果是等价的，彼此可以相互替代。力学中规定：若两个力系对物体的作用效应完全相同，则这两个力系为**等效力系**，记为 $(F_1, F_2, \cdots, F_n) \equiv (G_1, G_2, \cdots, G_m)$。等效的两个力系可以相互代替，称为**力系的等效替换**。在力学研究中还经常会用一个简单的力系等效替换一个复杂的力系，这就是**力系的简化**。当一个力的作用效应同一个力系的作用效应相同时，这一个力就称为这一个力系的**合力**，记为 $(F) \equiv (F_1, F_2, \cdots, F_n)$。

在静力学中为简明起见，规定物体在受力之前相对地面或者某一惯性参考系处于静止状态，受力后，刚体能否维持平衡，完全取决于作用在刚体上的力系的配置，力学中将能够使刚体维持原有平衡状态的力系称为平衡力系，记为：$(O) \equiv (F_1, F_2, \cdots, F_n)$。平衡力系对刚体作用的外效应为零。习惯上说平衡力系中某几个力和其余各力相平衡。研究刚体上作用力间的相互平衡条件及应用是静力学的任务之一。

§1.2　静力学基本公理

随着对力的基本性质认识的不断深入，经过长期实践与反复验证，人类将物体受力中一些简单且显而易见的性质进行了归纳，总结成为下列静力学公理。

公理 1（二力平衡公理） 作用在同一刚体上的两个力，使刚体平衡的充分必要条件是此二力等值、反向、共线。

二力平衡公理是刚体平衡最基本的规律，也是力系平衡的最基本数量关系。应用二力平衡公理，可确定某些未知力的方位。如图 1.2 所示，直杆 *AD* 和折杆 *BC* 相接触，在力的作用下处于静止，若不计自重，则 *BC* 构件仅在 *B*，*C* 两点处受力而平衡，故此二力等值、反向、共线，必沿 *BC* 连线方位。仅受二力作用而平衡的构件，称为**二力构件**。

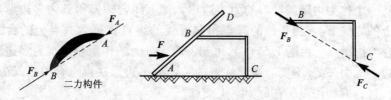

图 1.2　二力平衡及二力构件

公理 2（加减平衡力系公理） 在已知力系上加上或减去任意平衡力系，并不改变原力系对刚体的作用效应。

加减平衡力系公理是力系替换与简化的等效原理。在物体上加减平衡力系，必然引起力对物体内效应的改变，在涉及内力和变形的问题中，加减平衡力系公理不适用。

推论 1（力对刚体的可传性） 作用在刚体上某点的力，可以沿着它的作用线移动到刚体内任意点，并不改变该力对刚体的作用效果。

力对刚体可传如图 1.3 所示。

图 1.3　力对刚体可传

与加减平衡力系公理一样，力的可传递性只限于研究力的外效应。

公理 3（力的平行四边形公理） 作用于物体同一点的两个力的合力仍作用于该点，其合力矢等于这两个力矢的矢量和。力的合成与分解，服从矢量加法的平行四边形法则。

如图 1.4（a）所示，$F_R = F_1 + F_2$ 将 F_2 平移后，得力三角形，如图 1.4（b）所示，这是求合力矢的力的三角形法则。改变 F_2 方向得到 $-F_2$，由此可求两力之差：$F_R = F_1 + (-F_2) = F_1 - F_2$，如图 1.4（c）所示。

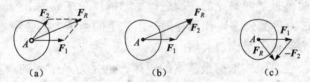

图 1.4　力的矢量相加与相减

求图 1.5（a）所示的 n 个共点力之和 $F_R = \sum F_i$ 时，可通过矢量求和的多边形法则，得力多边形。如图 1.5（b）所示，将各分力矢首尾相接形成一条折线，得到一个称为力链的开口的力多边形，加上闭合边即得到力多边形。其中，闭合边上的力矢 F_R（由折线的起点指向折线的终点）称为共点力的**合力矢量**，O 点为合力作用点。由图 1.5（c）可知，改变分力的作图顺序，力多边形改变，但闭合边上的力矢 F_R 不变。需要注意的是：力多边形法则求合力，仅适用于汇交力系，且合力作用点仍在原力系汇交点。

推论 2（三力平衡汇交定理） 若刚体受三力作用而平衡，且其中两力作用线相交，则此三力共面且汇交于同一点。如图 1.6 所示。

该定理说明 3 个不平行力平衡的必要条件是 3 个力汇交于一点，推广到更一般的情形：刚体受 n 个力作用而平衡时，若其中 n 个力交于同一点，则第 n 个力的作用线必过此点。

公理 4（作用与反作用定律） 两物体间的作用力与反作用力，总是等值、反

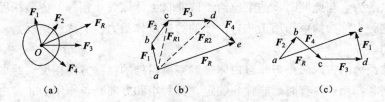

图 1.5　力的多边形求和

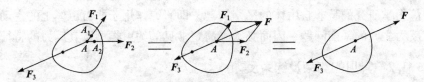

图 1.6　三力平衡汇交定理

向、共线地分别作用在这两个物体上。

作用与反作用公理是研究两个或两个以上物体系统平衡的基础。值得注意的是，作用力与反作用力虽等值、反向、共线，但并不构成平衡。因为作用力和反作用力这两个力分别作用在两个物体上。这是作用与反作用定律与二力平衡公理的本质区别。

公理 5（刚化原理） 若变形体在某一力系作用下平衡，则将此变形体刚化后，其平衡状态不变。如图 1.7 所示。

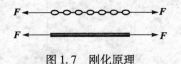

图 1.7　刚化原理

刚化原理建立了刚体平衡条件与变形体平衡的联系，提供了用刚体模型研究变形体平衡的依据。须注意：刚体平衡条件对变形体来说必要而非充分，如图 1.7 所示的刚体如果是受压平衡，则相应变形体（绳缆）受同样压力时却不会平衡。

§1.3　约束和约束反力

1.3.1　基本概念

可以任意运动（获得任意位移）的物体称为**自由体**。在力学中我们所遇到的绝大多数物体都与周围物体发生各种形式的接触，某些方向的位移受到限制而无法任意运动，这样的物体称为**非自由体**。在静力学中，将由周围物体所构成的限制非自由体位移的条件，称为加在非自由体上的**约束**。习惯上我们将构成约束条件的周围物体也称为约束。

约束阻挡了非自由体某些方向的位移，因而必须承受非自由体沿运动被阻挡方向传来的力。与此同时，约束也给予该非自由体以大小相等、方向相反的反作用力。这种力称为约束作用于非自由体的**约束反作用力**，又称**约束反力、约束力或者反力**。

约束反力的方向总是与非自由体被约束所阻挡的位移方向相反。约束反力的大小方向和作用点，有时不能独立确定。其大小和方向既与作用于非自由体上的主动力有关，又与非自由体与约束相互接触处的几何形状、物理性质有关。在静力学中，将重力、蒸汽压力等可以独立测定的力称为**主动力**。

静力学研究的是非自由体的平衡问题，即研究作用于非自由体上的主动力和约束反力之间的平衡问题，因而必须弄清楚常见的约束类型及其反力的特征。

1.3.2　常见的约束及约束反力

根据非自由体被固定、支承或与其他物体连接方式的不同，将常见的约束理想化，归纳为 4 种基本类型：柔索类约束；光滑接触面约束；光滑圆柱铰链约束；固定端支座约束。

一、柔索类约束

由完全柔软而不能伸长的绳、缆或链所构成的约束。如图 1.8 所示。

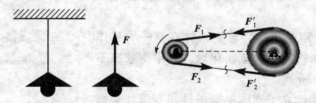

图 1.8　柔索类约束

图 1.8 中所示的吊灯用的细绳和张紧在轮上的皮带，都完全不能承受弯曲和压力，仅能承受拉力，这类物体的这一性质称为**完全柔软**。

对于一般问题，这类约束通常情况下忽略柔索的自重，即视为理想的绳缆，柔索在受力状态下处于拉直状态。柔索类约束给予非自由体的约束是限制非自由体沿绳缆柔性伸长方向运动，故柔索类约束的约束反力只能是拉力，其方向沿绳缆本身背离被约束物体。

二、光滑接触面约束

由完全光滑的刚性接触表面构成的约束。如图 1.9 所示。

图 1.9 所示的小球与地面，搅拌棒与容器壁直接接触，且接触处不计摩擦构成约束。所谓**完全光滑**是指支承面不会产生阻碍被约束物体沿接触处切面内任何方向的位移的阻力。在支承面表面质量和润滑条件良好的条件下，图 1.9 中的小球可以在地面上滚动，搅拌棒可以沿容器壁滑动，不受任何阻力。

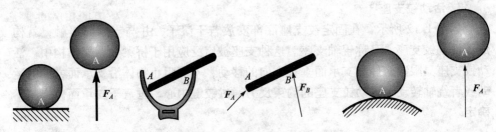

图 1.9 光滑接触面约束

光滑接触面约束只能阻挡非自由体沿接触面的公法线方向压入接触面的位移，约束面承受了非自由体施加的压力。与此对应的光滑接触面约束的约束反力也只能是压力，方向沿接触处的公法线指向被约束物体。

柔索类约束和光滑接触面约束都只能承受单方向的力，拉力或者压力。这样的约束称为**单面约束**。

三、光滑圆柱铰链约束

两构件通过圆柱销连接在一起，称为**铰链连接**。光滑铰链约束可以限制物体沿圆柱销的任意径向移动但不能限制物体绕圆柱销轴线的转动和平行圆柱销轴线方向的移动。

光滑铰链约束根据被连接物体的形状、位置及作用的不同可以分为中间铰链约束、固定铰支座和活动铰支座等。

1. 中间铰链约束

如图 1.10 所示。两物体分别带有圆孔，圆柱形销钉穿入物体的圆孔中，便构成了中间铰链。销钉与物体圆孔表面均为光滑表面，两者做间隙配合，产生局部接触，这类约束本质上属于光滑面约束，销钉对物体的约束力通过物体圆孔中心。由于接触点不确定，故**中间铰链对物体的约束力的特点是：作用线通过销钉中心，垂直于销轴线，方向不定**。可表示为单个力 F_R 和未知角 α，或者两个正交分力 F_{Rx}，F_{Ry}。其中 F_R 是 F_{Rx} 和 F_{Ry} 的合力。

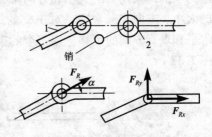

图 1.10 中间铰链约束

2. 固定铰支座

如图 1.11 所示，构件用圆柱销与支座连接，支座固定在支承物上形成约束。构件可以绕圆柱销转动，但不能在垂直于销钉轴线的平面内做任何方向的移动。固定铰支座约束力的方向是未知的。和中间铰链约束的约束反力一样：**作用线在垂直于销钉轴线平面内通过销钉的中心，方向不确定**。

3. 活动铰支座

如图 1.12 所示，在固定铰支座底部安放若干滚子，并与支承面接触，就构成了活动铰支座，又称辊轴支座。这种支座被广泛应用于桥梁、屋架结构中。活动铰支座只限制构件沿支承面垂直方向的移动，不能阻止物体沿支承面方向的运动或者绕轴转动。**活动铰支座的约束反力通过铰链中心，垂直于支承面，指向不确定。**

图 1.11　固定铰支座　　　　　图 1.12　活动铰支座

不计自重，两端用铰链的方式与周围物体相连，不受其他外力的杆件称为**链杆**，又称**二力杆**。根据二力平衡公理，链杆的约束反力必沿杆两端的铰接中心的连线，指向不确定。

四、固定端支座约束

构件与支承物通过嵌固、焊接、铆接等各种方式固定在一起。在固定端，构件既不能沿任何方向移动，也不能转动，这种约束称为**固定端支座约束**。建筑物上的阳台和雨篷、车床上的刀具、道路两旁的路灯等都属于这类约束。固定端支座约束的约束反力的大小和方向都无法预知。在工程上，按约束作用来确定反力的大小、方向。通常用一对正交的约束反力 F_{Ax}，F_{Ay} 来表示固定端限制构件沿水平和垂直方向的位移，用一个约束力偶 M_A 表示限制构件绕固定端的转动。如图 1.13 所示。

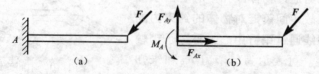

图 1.13　固定端支座约束

§1.4　受力分析与受力图

求未知的约束力，需要根据已知力，应用平衡条件求解。为此，首先要确定构件受了几个力、每个力的作用位置和作用方向，这一分析过程称为物体的**受力分析**。

为了清晰地表示物体的受力情况，我们把需要研究的物体（称为**受力体**）从周围的物体（称为**施力体**）中分离出来，单独画出它的简图，然后把施力物体对研究对象的作用力（包括主动力和约束力）全部画出来。这种表示物体受力的简明图形，称为受力图。画受力图是解决静力学问题的一个重要步骤。画受力图的关键是确定各类约束力的作用位置与方位。

1.4.1 绘制受力图的步骤

1）根据题意（即按指定要求）选取研究对象

按照问题的条件和要求，确定研究对象后，解除研究对象与其他物体之间的联系，用简明的轮廓将其单独画出，即取分离体。

2）画出分离体所受到的所有主动力

在分离体上画出它所受到的全部主动力。如重力、风阻等。它们的大小、方向和作用点一般都是已知的。

3）画出分离体所受到的全部约束反力

在研究对象上原来存在约束（即取分离体解除约束的位置）的地方，按约束类型逐一画出约束反力。为简明起见，应尽可能利用二力构件、三力平衡汇交等确定约束反力的方向。要注意，约束反力是相互联系的物体间的相互作用，应遵循作用与反作用公理。

如果研究对象是物体系统，应注意区分内力和外力。物体系统以外的物体对系统的作用力，称为**系统外力**。系统内部物体之间的相互作用力称为**系统内力**。画受力图时，只要画出系统外力，成对出现的系统内力不需要画出。随着所选取的研究对象的不同，系统内力和系统外力会相互转化。

正确画出物体受力图是分析解决力学问题的基础。

1.4.2 单个物体的受力图

例 1.1 如图 1.14（a）所示，绳 AB 悬挂重为 G 的球 C。试画出球 C 的受力图（摩擦不计）。

解：根据题意，取小球 C 为研究对象。画分离体小球，在球心处作出主动力（小球的重力）G。小球在 B 处解除了绳 AB 的约束，故在 B 处画上表示柔性约束的拉力 T_B。在 D 处解除了墙面 AD 的光滑接触面约束，故在 D 处画上表示光滑接触面约束的法向约束反力 F_{DC}。可得到小球 C 的受力图如图 1.14（b）所示。

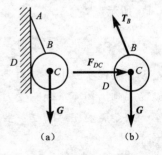

图 1.14 例 1.1 图

从受力图中发现，小球 C 受到平面内 3 个不平行力的作用而处于平衡状态，三力的作用线必相交于一点，交点就是小球 C 的球心。

例1.2 如图1.15（a）所示，等腰三角形构架 ABC 的顶点 A，B，C 用铰链连接，底边 AC 固定，AB 边的中点 D 处作用有平行于固定边 AC 的力 F。不计各杆自重，试画出 AB 杆和 BC 杆的受力图。

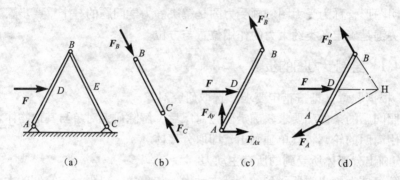

图 1.15　受力分析示意图

解：（1）画 BC 杆受力图。取 BC 杆为研究对象，显然 BC 为受压的二力杆，作用在 C 和 B 处的两个约束反力 F_C 和 F_B 的作用线一定通过 BC 的连线，得到 BC 的受力如图 1.15（b）所示。

（2）画 AB 杆受力图。取 AB 杆为研究对象，F 是作用在 AB 杆上的主动力，A 处为固定铰支座，其约束反力用相互正交的 F_{Ax} 和 F_{Ay} 两个力表示，B 点所受到的约束反力 F_B' 可以根据作用力和反作用力公理由 F_B 得到，从而得到 AB 杆受力图如图 1.15（c）所示。

值得注意的是，AB 杆在 A，D，B 3 处受到 3 个互不平行的力的作用，处于平衡状态，根据三力平衡汇交定理可以知道作用于这三处的力必汇交于一点。其中 D 处所作用的主动力 F 已知，B 处的约束反力 F_B' 可以根据作用力和反作用力公理由图 1.15（b）中的 F_B 得到，这两个力交于 H 点，可以确定作用于 A 点的约束反力 F_A 的作用线一定也交于 H 点，AB 杆的受力图如图 1.15（d）所示。

1.4.3　物体系统的受力图

在工程实践中经常需要对多个物体组成的物体系统进行力学分析和计算，这就需要画出物体系统的受力图。物体系统受力图的画法与单个物体受力图画法基本一致。需要注意的是：要将整个物体系统当做一个整体，就像对待单个物体一样。

例1.3 如图 1.16（a）所示结构中，已知力 F 和重物的重力 G，不计杆件的自重，试画出结构中的三角架和小球的受力图。

解：（1）以小球为研究对象，将其从结构中分离出来。F 为作用于小球上的主动力，在解除绳索约束处，沿绳索方向画出表示柔索约束的拉力 F_T，小球在中心处受到三角架对它的约束，其约束反力可以根据三力平衡汇交定理确定，即 $\boldsymbol{F}_C$ 作用线必通过小球中心 C 与 $\boldsymbol{F}_T$ 和 $\boldsymbol{F}$ 作用线连线的交点。如图 1.16（b）所示。

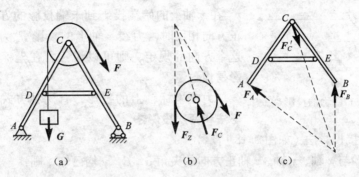

图 1.16　受力分析示意图

（2）以三角架为研究对象，将三角架从结构中分离出来。三角架在 A 处受到了固定铰支座的约束，在 B 处受到活动铰支座约束，在 C 处受到小球的约束，即三角架受到了三处约束反力的作用。首先三角架在 B 处受到活动铰支座约束，其约束反力 $\boldsymbol{F}_{By}$ 的作用线很容易确定，其次在小球受力图中我们已经做出了小球在 C 铰链处受到的约束反力 $\boldsymbol{F}_C$，三角架在 C 处受到的约束反力 $\boldsymbol{F}_C'$ 应该为 $\boldsymbol{F}_C$ 的反作用力，其作用方向与 $\boldsymbol{F}_C$ 相反。很显然，三角架在这 3 处受到的 3 个约束反力不平行，根据三力平衡汇交定理，我们就能够很快确定 A 处的约束反力 $\boldsymbol{F}_A$，如图 1.16（c）所示。

§1.5　力的投影　力矩与力偶

1.5.1　力的投影

一、力在平面上的投影

如图 1.17 所示，$\boldsymbol{F}_{xy}$ 是 $\boldsymbol{F}$ 在平面 Oxy 上的投影，记作 $\boldsymbol{F}_{xy} = \left[\boldsymbol{F}\right]_{xOy}$，其模（即 $\boldsymbol{F}_{xy}$ 的大小）为 F_{xy}。

$$F_{xy} = F\cos\varphi \tag{1-1}$$

式中，φ 为力 $\boldsymbol{F}$ 与平面 Oxy 的夹角。很显然，**力在平面上的投影是一个矢量。**

二、力在坐标轴上的投影

如图 1.17 所示，将平面力 $\boldsymbol{F}_{xy}$ 向 x 轴投影，由矢量在坐标轴上投影的定义可知，从力矢 $\boldsymbol{F}_{xy}$ 的两端点，向坐标 x 轴做垂线，可以得 x 轴上介于两垂足之间的有向线段 $\boldsymbol{F}_x$，$\boldsymbol{F}_x$ 为力 $\boldsymbol{F}$ 在 x 轴上的投影。有向线段 $\boldsymbol{F}_x$ 的长短表示的是力 $\boldsymbol{F}_{xy}$ 在 x

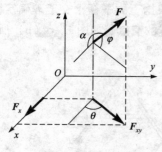

图 1.17　力的投影

轴上投影的大小，表示为 $F_x = |F_x|$。并规定当力 F_{xy} 在 x 轴上的始端投影到末端投影的方向与 x 轴正方向一致时，力在 x 轴上的投影 F_x 为正；若力 F_{xy} 在 x 轴上的始端投影到末端投影的方向与 x 轴正方向相反时，力在 x 轴上的投影 F_x 为负。有了这个方向的规定，则可以说：**力在坐标轴上的投影是代数量。**

　　力在坐标轴上的投影，有两种方式：**直接投影法和两次投影法。**

1）直接投影法（如图 1.18 所示）

若力 F 与 x 轴、y 轴、z 轴正方向的夹角 α，β，γ 均已知，则：

$$\left.\begin{aligned} F_x &= F\cos\alpha \\ F_y &= F\cos\beta \\ F_z &= F\cos\gamma \end{aligned}\right\} \tag{1-2}$$

2）两次投影法

在求解力 F 在 x 轴和 y 轴上的投影时，先将力 F 投影在 Oxy 平面上得 F_{xy}（力在平面上的投影规定为矢量），然后再将 F_{xy} 投影到 x 轴和 y 轴上。这种方法称为力的二次投影法。

　　如图 1.19 所示，若力 F 与 Oxy 平面的夹角为 φ，以及力 F 与 z 轴夹角 γ 已知，则：

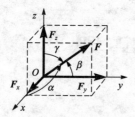

图 1.18　力的直接投影

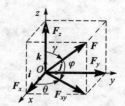

图 1.19　力的二次投影

$$\left.\begin{aligned} F_x &= F\sin\gamma\cos\varphi \\ F_y &= F\sin\gamma\cos\varphi \\ F_z &= F\cos\gamma \end{aligned}\right\} \tag{1-3}$$

若力 F 与坐标轴 x 所在平面 Oxy 的夹角为 φ，且力在平面 Oxy 上的投影 F_{xy} 与 x 轴夹角为 θ，如图 1.19 所示，则：

$$F_x = F\cos\varphi \cdot \cos\theta \tag{1-4}$$

如图 1.19 所示，在直角坐标系中，力 F 可以表示为：

$$F = F_x i + F_y j + F_z k \tag{1-5}$$

式中，i，j，k 分别为相应坐标轴正方向的单位矢量。

力矢 F 的模为：$F = |F| = \sqrt{F_x^2 + F_y^2 + F_z^2}$

三、合力投影定理

将图 1.5 所示的力多边形置于直角坐标系 $Oxyz$ 中，根据式（1-5）可得：

$$F_R = F_{Rx}i + F_{Ry}j + F_{Rz}k \qquad (1-6)$$

将上式代入 $F_R = \sum F_i (i = 1, 2, \cdots, n)$，可以得到力的解析式

$$\left. \begin{array}{l} F_x = \sum F_{ix} \\ F_y = \sum F_{iy} \\ F_z = \sum F_{iz} \end{array} \right\} \qquad (1-7)$$

若某汇交力系由 n 个力组成，则合力 F_R 可以表示为：

$$F_R = \sum F_i = \left(\sum F_{ix} \right)i + \left(\sum F_{iy} \right)j + \left(\sum F_{iz} \right)k = F_x i + F_y j + F_z k$$
$$(1-8)$$

合力在任一轴上的投影等于各分力在同一轴上投影的代数和，称为合力投影定理。

合力的大小：$F_R = \sqrt{\left(\sum F_{ix} \right)^2 + \left(\sum F_{iy} \right)^2 + \left(\sum F_{iz} \right)^2}$ $\qquad (1-9a)$

合力的方向：$\cos \alpha = \left(\sum F_{ix} \right) / F_R$

$$\cos \beta = \left(\sum F_{iy} \right) / F_R \qquad (1-9\,b)$$

$$\cos \gamma = \left(\sum F_{iz} \right) / F_R$$

1.5.2　力矩

力对物体的作用效应，除移动外还有转动。其移动效应取决于力的大小和方向，可用力在坐标轴上的投影来描述。那么力对物体的转动效应与哪些因素有关，又如何描述呢？

一、力对点之矩

如图 1.20 所示，当我们用扳手拧螺母时，力 F 使螺母绕 O 点转动的效应不仅与力 F 的大小有关，而且还与转动中心 O 到 F 的作用线的距离 d（力臂）有关。实践表明，转动效应随 F 或 d 的大小变化而变化，此外，转动方向不同，转动效应也不同。

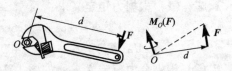

图 1.20　力对点之矩

在力学中为度量力使物体绕矩心 O 转动的效应，将**力的大小 F 与矩心 O 到**

力的作用线的距离（力臂 d）的乘积 $F \cdot d$，冠以适当的正负号所得的物理量称为力 F 对 O 点之矩，简称力矩，记作 $M_O(F)$，即：

$$M_O(F) = \pm F \cdot d \qquad (1-10)$$

力对点之矩是一个矢量。式（1-10）所表明的是：在力矩作用平面内，力对点之矩可以用一个代数量表示，它的绝对值等于力的大小与力臂的乘积。正负规定为：力使物体绕矩心逆时针转向时为正，反之为负。力矩的单位为牛顿·米（N·m）或千牛顿·米（kN·m）。

1. 力矩的性质

（1）力矩的大小与矩心位置有关，同一力对不同矩心的力矩不同。

（2）力沿其作用线滑移时力对点之矩不变。

（3）当力的作用线通过矩心时，力臂为零，力矩也为零。

2. 合力矩定理

通过前面的学习，我们已经知道：合力与分力是等效的，而力矩是度量力对物体的转动效应的物理量。**合力对平面内任意一点之矩，等于所有分力对同一点之矩的代数和**。若 $F_R = \sum F_i = F_1 + F_2 + \cdots + F_n$，有：

$$M_O(F_R) = M_O(F_1) + M_O(F_2) + \cdots + M_O(F_n) \qquad (1-11)$$

此关系称为**合力矩定理**。该定理对任何有合力的力系均成立。

例 1.4　如图 1.21 所示齿轮中 $F_n = 1\,400$ N，$\theta = 20°$，$r = 60$ cm，计算 F_n 对圆心 O 之矩。

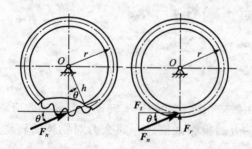

图 1.21　例 1.4 图

解：（1）根据力矩定义求：

$$h = r\cos\theta = 0.6\cos 20° = 0.568\,3 \text{ m}$$

$$M_O(F_n) = F_n \cdot h = 1\,400 \times 0.563\,8 = 389.32 \text{ N} \cdot \text{m}$$

（2）根据合力矩定义求：如图 1.21 右图所示，将力 F_n 分解为圆周力 F_t 和径向力 F_r，则：

$$M_O(F_n) = M_O(F_t) + M_O(F_r) = r \cdot F_n\cos\theta + 0$$

$$= 0.6 \times 1\,400 \times \cos 20° = 389.32 \text{ N} \cdot \text{m}$$

二、力对轴之矩

力对点之矩度量了力使刚体绕某点的转动效应。工程中常遇到刚体绕定轴转动的情形，因而引入力对轴之矩度量力使刚体绕某轴转动的效应。

在力矩作用平面内物体绕 O 点转动，从空间的角度看，就是物体绕通过 O 点且垂直于力的作用面的轴的转动。实际上，在平面内所讲的力对点之矩，对空间而言就是力对通过矩心且垂直于力的作用面的轴之矩。由经验可知，如图 1.22（a），（b），（c）所示的力 F 均无法使门绕轴转动，只有如图 1.22（d）所示施加力 F，门才会绕轴转动。

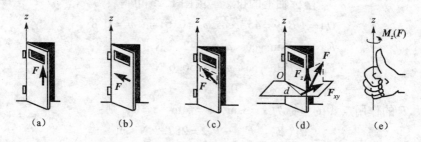

图 1.22　力对轴之矩

设作用在门上的力 F 的作用点为 A，将力 F 分解为两个力，其中 $F_z // Oz$，另一分力 F_{xy} 在过 A 且垂直于 Oz 轴的平面 Oxy 内。分力 F_z 不会使刚体绕 Oz 轴转动，正如作用在门上的重力不会使它绕铅垂的门轴转动一样，力 F 使刚体绕 Oz 轴的转动完全决定于分力 F_{xy} 对 O 点之矩，于是力对轴之矩为力在垂直于该轴的平面上的分力对该轴与平面交点之矩

$$M_z(F) = M_O(F_{xy}) = \pm F_{xy}d \qquad (1-12)$$

力与轴相交或与轴平行（力与轴在同一平面内）时，力对该轴的矩为零。

如图 1.22（e）所示，力对轴之矩是代数量，它的正负号由右手螺旋法则确定。单位与力对点之矩相同。根据力的投影和力矩的概念，力对轴之矩可以写成以下解析式：

$$\left.\begin{aligned}
M_z(F) &= F_y x - F_x y \\
M_x(F) &= F_z y - F_y z \\
M_y(F) &= F_x z - F_z x
\end{aligned}\right\} \qquad (1-13)$$

对比式（1-11）及式（1-13）可得到**力对点之矩与力对轴之矩之间的关系：**

$$\left.\begin{aligned}
[M_O(F)]_x &= M_x(F) \\
[M_O(F)]_y &= M_y(F) \\
[M_O(F)]_z &= M_z(F)
\end{aligned}\right\} \qquad (1-14)$$

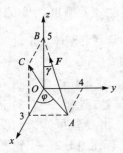

图 1.23　例 1.5 图

上式表明：力对点 O 之力矩矢在通过该点的任一轴 L 上的投影等于力对该轴之矩。

例 1.5　如图 1.23 所示，力 F 通过点 A （3，4，0）和点 B （0，0，5），设 $F = 100$ N。求：

（1）力 F 对直角坐标轴 x，y，z 之矩；

（2）力 F 对图中轴 OC 之矩，点 C 坐标为 （3，0，5）。（注：图中尺寸单位为 m）

解：（1）计算力 F 对轴 x，y，z 之矩，先计算力 F 在坐标轴上的投影，由图 1.23 可得：

$$OA = OB, \gamma = 45°, \cos \varphi = 0.6, \sin \varphi = 0.8$$
$$F_x = -F \sin \gamma \cos \varphi = -42.4 \text{ N}$$
$$F_y = -F \sin \gamma \cos \varphi = -56.6 \text{ N}$$
$$F_z = -F \cos \gamma = 70.7 \text{ N}$$

力 F 的作用点 A 的坐标为 $x = 3$ m，$y = 4$ m，$z = 0$，则：

$$M_x(F) = F_z y - F_y z = 282.8 \text{ N} \cdot \text{m}$$
$$M_y(F) = F_x z - F_z x = -212.1 \text{ N} \cdot \text{m}$$
$$M_z(F) = F_y x - F_x y = 0$$

（2）利用式（1-14）计算力 F 对坐标轴 x，y，z 之矩。

先计算力 F 对点 O 之力矩矢 $M_O(F)$，为此写出力 F 和矢径 r 的解析式：

$$F = -42.4i - 56.6j + 70.7k, r = \overrightarrow{OB} = 5k \text{ m}$$

利用式（1-10）有：

$$M_O(F) = r \times F = 282.8i - 212.1j$$

再利用式（1-14）有

$$M_x(F) = [M_O(F)]_x = 282.8 \text{ N} \cdot \text{m}$$
$$M_y(F) = [M_O(F)]_y = -212.1 \text{ N} \cdot \text{m}$$
$$M_z(F) = [M_O(F)]_z = 0$$

（3）计算力 F 对图中轴 OC 之矩。

先计算沿轴 OC 的单位矢量 e_c：

$$e_c = \overrightarrow{OC}/|\overrightarrow{OC}| = (3i + 5k)/\sqrt{34}$$

再利用式（1-14），有：

$$M_{OC}(F) = [M_O(F)]_{OC} = M_O(F) \cdot e_c = 145.5 \text{ N} \cdot \text{m}$$

1.5.3　力偶及力偶矩

一、力偶及力偶矩的基本概念

力学中，把作用在同一物体上大小相等、方向相反但不共线的一对平行力称为**力偶**，记作（F，F'），力偶中两个力的作用线间的距离称为**力偶臂**，两个力所在的平面称为**力偶的作用面**。如图 1.24 所示。

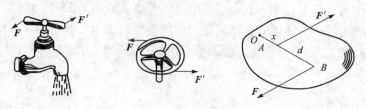

图 1.24 力偶

在工程实际和日常生活中，物体受力偶作用而转动的现象十分常见，如图 1.24，用两个手指拧动水龙头、司机两手转动方向盘、钳工双手用丝锥攻丝等所施加的一对力都是力偶。

力偶中的两个力不满足二力平衡条件，不能平衡，也不能对物体产生移动效应，只能对物体产生转动效应。力偶对物体的转动效应随力的大小 F 或力偶臂 d 的增大而增强，我们用二者的乘积 $F \cdot d$ 冠以适当的正负号所得的物理量来度量力偶对物体的转动效应，称之为**力偶矩**，记作 M（F，F'）或 M。即，

$$M(F, F') = \pm F \cdot d \qquad (1-15)$$

在平面内力偶矩是代数量，正负号表示力偶的转向，规定逆正顺负。力偶的单位为 N·m 和 kN·m。

力偶对物体的转动效应取决于**力偶矩的大小、转向和力偶的作用面的方位**，我们称这三者为**力偶的三要素**。三要素中，有任何一个改变，力偶的作用效应就会改变。

二、力偶的性质

根据力偶的概念，可以证明力偶具有以下性质。

性质 1 力偶中的两个力在任意轴上的投影的代数和恒等于零，故力偶无合力，不能与一个力等效，也不能用一个力来平衡。力偶只能用力偶来平衡。

力偶和力是组成力系的两个基本物理量。

性质 2 力偶对于作用面内任一点之矩的和恒等于力偶矩，与矩心位置无关。力偶对刚体的转动效应用力偶矩度量，在平面问题中，力偶矩是个代数量。

在平面问题中，将乘积 $F \cdot d$ 再冠以适当的正负号，作为力偶使物体转动效应的度量，称为力偶矩，常用符号 M（F，F'）或 M 表示

$$M(F, F') = M = \pm F \cdot d \qquad (1-16)$$

性质 3 力偶具有等效性：凡是力偶矩的大小、转向和力偶的作用面的方位相同的力偶，彼此等效，可以相互代替。

根据力偶的等效性，可得出以下两个推论。

推论 1 力偶对物体的转动效应与它在作用面内的位置无关，力偶可以在其

作用面内任意移动或转动，而不改变它对刚体的效应。如图 1.25（a）所示。

推论 2   在保持力偶矩的大小和转向不变的情况下，可同时改变力偶中力的大小和力偶臂的长短，而不改变它对刚体的效应。如图 1.25（b）所示。

在平面力系中，力偶对物体的转动效应完全取决于力偶矩的大小和转向。如图 1.26 所示，以一个带箭头的弧线表示力偶，并标出力偶矩的值，箭头表示力偶的转向。

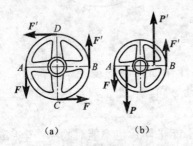

图 1.25   力偶的等效性

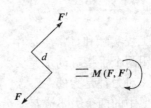

图 1.26   力偶的表示方法

根据力偶的性质，可以得出空间力偶的等效条件：**力偶矩的大小相等，转向相同，作用面平行的两力偶等效。**

空间力偶的三要素，可以用一个矢量——力偶矩矢 M 来表示。$M = r \times F$。其中 M 的方位应垂直于力偶作用面，M 的模等于力偶的矩大小，M 的指向用右手法则表示。力偶矩矢 M 是自由矢量。

结论：力偶对刚体的作用效果用力偶矩矢 M 表示；力偶矩矢 M 相等的两力偶等效。

力偶的等效性及其推论，只适用于刚体，不适用于变形体。

§1.6   力系的简化与合成

在保证力的效应完全相同的前提下，将复杂力系简化为简单力系，称为**力系的简化**。将力系简化成一个力称为**力系的合成**。力系的简化与合成是研究平衡问题的基础。

1.6.1   力的平移定理

由力的基本性质可知，在刚体内，力沿其作用线滑移，其作用效应不变。如果将力的作用线平行移动到另一位置，其作用效应是否改变呢？

如图 1.27 所示，当力 F 作用于 A 点时，物体不会绕 A 点转动，而力 F 的作用线平移至 B 点后，物体将绕 A 转动。显然，力的作用线从 A 点平移到 B 点后，对物体的作用效应发生了改变。

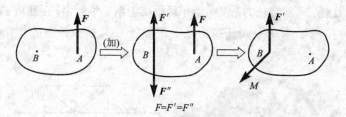

图 1.27　力的平行移动

可见，力的作用线平移后，要保证其效应不变，应附加一定的条件。设力 F 作用于刚体上 A 点，由加减平衡力系公理可知，在另一点 B 可加上一对平衡力 F' 与 F''，且 $F'/\!/F$，可视为力平移到 B 点，记为 F'，其余两力（F''，F）构成一力偶，其力偶矩 $M = BA \cdot F$。即：

$$(F) \equiv (F,\ F',\ F'') \equiv (M,\ F') \tag{1-17}$$

这就是力的平移定理：**作用于刚体上的力可以平移到该刚体内任一点，但为了保持原力对刚体的效应不变，必须附加一力偶，该附加力偶的力偶矩等于原力对新作用点之矩。**

力的平移定理只适用于同一刚体。研究变形体的内力和变形时，力平移后内力和变形均发生改变。

如图 1.28 所示，用扳手拧紧螺栓时，螺钉除受大小为 F 的力外，还受力偶矩大小为 $M = Fl$ 的力偶作用。图 1.29（a）所示梁（受横向荷载的杆）承受均布载荷，将它们向梁的中点平移，两边附加力偶构成平衡力偶系去掉后，得图 1.29（b）所示等效简化情形。

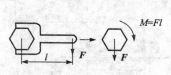

图 1.28　受力分析示意图

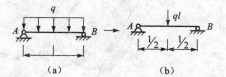

图 1.29　受力分析示意图

1.6.2　平面力系的简化

各力的作用线分布在同一平面内的力系称为**平面力系**。平面力系是工程中最常见的一种力系。许多工程结构和构件受力作用时，虽然力的作用线不都在同一平面内，但其作用力系往往具有一对称平面，可将其简化为作用在对称平面内的力系。研究平面力系在理论上和工程实际应用上具有重要意义。

一、平面力系的分类

根据平面力系中各力作用线及作用点的不同，平面力系可以分为**平面任意力系**

和**平面特殊力系**。平面特殊力系又分为平面汇交力系、平面力偶系和平面平行力系。

图 1.30 中所示为一平面任意力系。平面任意力系中各力的作用线既没有完全汇交也没有完全平行。

图 1.30　平面任意力系工程实例

图 1.31 所示为平面汇交力系，力系中各力的作用线或其延长线汇交于一点。

图 1.31　平面汇交力系工程实例

图 1.32 所示为平面力偶系。作用在同一平面内的一群力偶称为平面力偶系。

图 1.33 所示为平面平行力系。平面平行力系中各力的作用线相互平行。

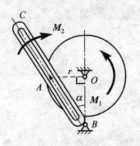

图 1.32　平面力偶系工程实例

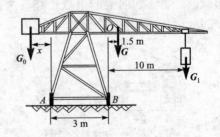

图 1.33　平面平行力系工程实例

二、平面汇交力系的简化

平面汇交力系的简化有两种方式：几何法和解析法。

（1）平面汇交力系简化的几何方法，实质上就是根据力的平行四边形公理，如图 1.5 所示，将构成汇交力系的各个分力矢 F_1，F_2，…，F_n 沿环绕力多边形边界的某一方向首尾相接，而合力 F_R 则沿相反方向连接力多边形的缺口。利用力多边形进行平面汇交力系合成，直观性较强，但存在较大作图误差，因此用得比较少。

（2）平面汇交力系简化的解析法，实质上就是将构成汇交力系的各个分力

矢 $\boldsymbol{F}_1$，$\boldsymbol{F}_2$，$\cdots$，$\boldsymbol{F}_n$ 向坐标轴投影后再根据合力投影定理求出合力的大小和方向，如图 1.21 所示。

欲求平面汇交力系 $\boldsymbol{F}_1$，$\boldsymbol{F}_2$，$\cdots$，$\boldsymbol{F}_n$ 的合力，首先建立直角坐标系 Oxy，并求出各力在 x，y 轴上的投影，然后根据合力投影定理计算合力 $\boldsymbol{F}_R$ 的投影和。

由 $\boldsymbol{F}_R = F_{Rx}\boldsymbol{i} + F_{Ry}\boldsymbol{j}$ 和 $\boldsymbol{F}_R = \sum \boldsymbol{F}_i$ $(i = 1, 2, \cdots, n)$ 可以得到：

$$F_{Rx} = \sum F_{ix}, \quad F_{Ry} = \sum F_{iy}$$

该式称为平面汇交力系合成的解析式。

若某平面汇交力系由 n 个力组成，则合力 $\boldsymbol{F}_R$ 可以表示为：

$$\boldsymbol{F}_R = \sum \boldsymbol{F}_i = \left(\sum F_{ix}\right)\boldsymbol{i} + \left(\sum F_{iy}\right)\boldsymbol{j}$$

合力 $\boldsymbol{F}_R$ 的大小：$F_R = \sqrt{\left(\sum F_{ix}\right)^2 + \left(\sum F_{iy}\right)^2}$

合力 $\boldsymbol{F}_R$ 的方向：$\cos \alpha = \left(\sum F_{ix}\right)/F_R$，$\cos \beta = \left(\sum F_{iy}\right)/F_R$

例 1.6　如图 1.34 所示，$F_1 = 200\ \text{N}$，$F_2 = 300\ \text{N}$，$F_3 = 100\ \text{N}$，$F_4 = 250\ \text{N}$，求该力系的合力。

解：坐标系 Oxy 如图所示，将各力分别向 x，y 轴投影得：

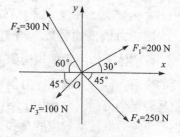

图 1.34　受力分析

$$F_{2x} = -F_2 \cos 60° = -150\ \text{N}$$
$$F_{2y} = F_2 \sin 60° = 259.8\ \text{N}$$
$$F_{3x} = -F_3 \cos 45° = -70.7\ \text{N}$$
$$F_{3y} = -F_3 \sin 45° = -70.7\ \text{N}$$
$$F_{4x} = F_4 \cos 45° = 176.75\ \text{N}$$
$$F_{4y} = -F_4 \sin 45° = -176.75\ \text{N}$$

根据合力投影定理得：

$$F_{Rx} = \sum F_{ix} = F_{1x} + F_{2x} + F_{3x} + F_{4x} = 129.25\ \text{N}$$
$$F_{Ry} = \sum F_{iy} = F_{1y} + F_{2y} + F_{3y} + F_{4y} = 112.35\ \text{N}$$

合力 $\boldsymbol{F}_R$ 与 x 轴正向所夹的锐角 α 为：

$$\alpha = \arctan F_{Ry}/F_{Rx} = 112.35/129.25 = 40.975°。$$

平面汇交力系简化时，只受 3 个力作用的物体且力的角度比较特殊时，通常采用几何方法合成。受多个力作用的物体，无论各力的角度是否特殊都采用解析法合成。需注意的是，所选坐标系不同，力系合成的结果一样，但繁简程度也不同，解题时，将坐标轴选取在与尽可能多的力垂直或平行的方向，可简化运算过程。

三、平面力矩的合成

平面汇交力系对物体的作用效应可以用它的合力 $\boldsymbol{F}_R$ 来代替。这里的作用效

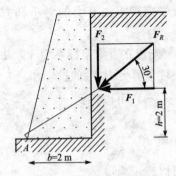

图 1.35　受力示意图

应包括物体绕某点转动的效应，而力使物体绕某点的转动效应由力对该点之矩来度量，因此，**平面汇交力系的合力对平面内任一点之矩等于该力系的各分力对该点之矩的代数和**。

平面力矩的合成，运用的是前面我们提到过的合力矩定理。这个定理是从平面汇交力系推证出来的，但同样适用于有合力的其他平面力系。

例 1.7　图 1.35 所示每 1 m 长挡土墙所受土压力的合力为 F_R，$F_R = 200$ kN，方向如图所示，求土压力 F_R 使墙倾覆的力矩。

解：土压力 F_R 可使挡土墙绕 A 点倾覆，求 F_R 使墙倾覆的力矩，就是求它对 A 点的力矩。由于 F_R 的力臂求解较麻烦，但如果将 F_R 分解为两个互相垂直的分力 F_1 和 F_2，则两分力的力臂是已知的。

根据合力矩定理，合力 F_R 对 A 点之矩等于 F_1，F_2 对 A 点之矩的代数和。则：

$$M_A(F_R) = M_A(F_1) + M_A(F_2) = 200\cos 30° \times 2 - 200\sin 30° \times 2 = 146.41 \text{ kN·m}$$

四、力偶系的合成（合力偶定律）

设刚体上作用力偶矩为 $M_1, M_2, \cdots, M_n$ 的 n 个力偶，这种由若干个力偶组成的力系，称为力偶系，力偶对物体只有转动效应，而且转动效应由力偶矩来度量。若干个力偶同时作用于刚体上时，也只能产生转动效应，其转动效应的大小也等于各力偶转动效应的总和。

1. 平面力偶系合成

若力偶系中各力偶均作用在同一平面内，则称该力偶系为**平面力偶系**。

如图 1.36（a）所示，因各力偶矩为自由矢量，故可将它们平移至任一点 A。如图 1.36（b）所示，由共点矢量合成得合力偶矩，即合力偶矩定理：**力偶系合成的结果为一合力偶，其合力偶矩等于各力偶矩的矢量和**。即：

$$M = M_1 + M_2 + \cdots + M_n = \sum M_i \qquad (1-18)$$

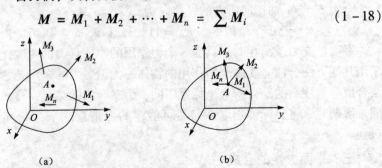

(a)　　　　　　　　　(b)

图 1.36　力偶系合成

例1.8 如图1.37所示物体受到同一平面内3个力偶的作用，$F_1 = 200$ N，$F_2 = 400$ N，$M = 150$ N·m，求其合成的结果。

解: 3个共面力偶合成的结果是一个合力偶，各分力偶矩为:

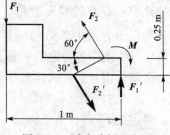

图1.37 受力分析示意图

$$M_1 = F_1 d_1 = 200 \times 1 = 200 \text{ N·m}$$
$$M_2 = F_2 d_2 = 400 \times 0.25/\sin 30° = 200 \text{ N·m}$$
$$M_3 = -M = -150 \text{ N·m}$$

由式（1-18）得合力偶为:

$$M = \sum M_i = M_1 + M_2 + M_3 = 200 + 200 - 150 = 250 \text{ N·m}$$

即合力偶矩的大小等于250 N·m，转向为逆时针方向，作用在原力偶系的平面内。

2. 空间力偶系合成

对于空间力偶系:（M_1，M_2，$\cdots$，M_n），根据式（1-18），合力偶矩矢在各直角坐标轴上的投影为:

$$M_x = \sum M_{ix}, M_y = \sum M_{iy}, M_z = \sum M_{iz} \tag{1-19}$$

合力偶矩的大小为:

$$M = \sqrt{M_x^2 + M_y^2 + M_z^2}$$

方向余弦分别为:

$$\cos(M,i) = M_x/M \quad \cos(M,j) = M_y/M \quad \cos(M,k) = M_z/M$$

五、平面任意力系向作用面内一点简化

1. 平面任意力系向作用面内一点简化

将图1.38（a）所示的平面力系中各力 F_1，F_2，$\cdots$，F_n 的作用点移至 O 点（简化中心），根据力的平移定律，各力向 O 点平移时，将得到一个汇交于 O 的平面汇交力系 F_1'，F_2'，$\cdots$，F_n'以及平面力偶系 M_1，M_2，$\cdots$，M_n，如图1.38（b）所示。

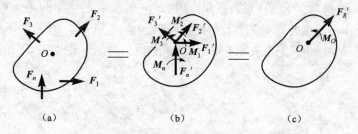

（a）　　　　　　　（b）　　　　　　　（c）

图1.38 平面任意力系向作用面内一点简化

如图1.38（c）所示，平面汇交力系 F_1'，F_2'，$\cdots$，F_n'，可以合成为一个作用

于简化中心 O 点的和矢量 $\boldsymbol{F}'_R$，因为 $\boldsymbol{F}_1 = \boldsymbol{F}'_1$，$\boldsymbol{F}_2 = \boldsymbol{F}'_2$，…，则 $\boldsymbol{F}'_R = \sum \boldsymbol{F}'_i \sum \boldsymbol{F}_i$，即平面任意力系中各力的矢量和，$\boldsymbol{F}'_R$ 称为**原平面任意力系的主矢**，简称主矢。它等于原力系中各分力的矢量和，但并不是原力系的合力，因为它不能代替原力系的全部作用效应，只体现了原力系对物体的移动效应。其作用点在简化中心 O，大小、方向可用解析法计算。

将主矢 $\boldsymbol{F}'_R$ 向直角坐标轴 x，y 投影可得：

$$\boldsymbol{F}'_{Rx} = \sum \boldsymbol{F}'_{ix} = \sum \boldsymbol{F}_{ix}, \boldsymbol{F}'_{Ry} = \sum \boldsymbol{F}'_{iy} = \sum \boldsymbol{F}_{iy} \qquad (1-20)$$

主矢 $\boldsymbol{F}'_R$ 的大小为：$F'_R = \sqrt{\left(\sum F_{ix}\right)^2 + \left(\sum F_{iy}\right)^2}$

主矢 $\boldsymbol{F}'_R$ 的方向为：$\cos(\boldsymbol{F}'_R, \boldsymbol{i}) = \sum F_{ix}/F'_R, \cos(\boldsymbol{F}'_R, \boldsymbol{j}) = \sum F_{iy}/F'_R$

主矢 $\boldsymbol{F}'_R$ 的指向由 $\sum F_{xi}$ 和 $\sum F_{yi}$ 的正负号决定。很显然主矢的大小和方向与简化中心的位置无关。

如图 1.38（c）所示。平面任意力系中各力在向简化中心平移时，产生的附加力偶矩 $\boldsymbol{M}_1$，$\boldsymbol{M}_2$，…，$\boldsymbol{M}_n$，在作用平面内构成了平面力偶系。根据合力偶定律可得：

$$\boldsymbol{M}_O = \boldsymbol{M}_1 + \boldsymbol{M}_2 + \cdots + \boldsymbol{M}_n = \sum \boldsymbol{M}_O(\boldsymbol{F}_i) \qquad (1-21)$$

即平面任意力系各力对简化中心 O 的矩的代数和，$\boldsymbol{M}_O$ 称为**平面任意力系对简化中心 O 的主矩**。它等于原力系中各力对简化中心之矩的代数和。它不是原力系的合力偶矩，因为它不能代替原力系对物体的全部效应，只体现了原力系使物体绕简化中心转动的效应。显然主矩的大小和转向与简化中心的位置有关。

综上所述，平面任意力系与主矩和主矢的联合作用是等效的。即：平面任意力系向作用面内任一点简化，一般可得到一个力和一个力偶，该力通过简化中心，其大小和方向等于力系的主矢 $\boldsymbol{F}'_R$，主矢 $\boldsymbol{F}'_R$ 的大小和方向与简化中心无关；该力偶的力偶矩等于力系对简化中心的主矩 $\boldsymbol{M}_O$，主矩 $\boldsymbol{M}_O$ 的大小和转向与简化中心相关。

2. 平面任意力系向作用面内一点简化后的结果

如图 1.39 所示，平面任意力系向作用面内一点简化的结果为两个基本物理量：作用于简化中心的主矢 $\boldsymbol{F}'_R$ 和作用于力系作用平面内的主矩 $\boldsymbol{M}_O$。但这并不是平面任意力系简化的最终结果，当主矢和主矩出现不同值时，简化结果出现以下几种情形。

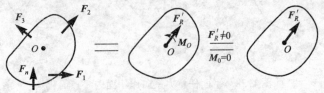

图 1.39　任意力系简化后得到一个合力

（1）$F_R' \neq 0$，$M_O = 0$，简化后的主矢不等于0，主矩等于0，此时平面任意力系可以简化为一合力，作用于简化中心，其大小和方向等于原力系的主矢。如图1.39。

（2）$F_R' = 0$，$M_O \neq 0$，简化后的主矢等于0，主矩不等于0，此时平面任意力系可以简化为一力偶，其力偶矩 M 等于原力系对简化中心的主矩，此时主矩与简化中心无关，如图1.40所示。

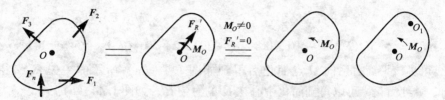

图1.40　任意力系简化后得到一个合力偶

（3）$F_R' = 0$，$M_O = 0$，简化后的主矢和主矩都等于0，此时物体在平面任意力系作用下处于平衡状态，如图1.41所示。

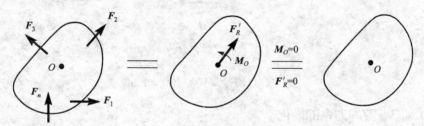

图1.41　任意力系处于平衡状态

（4）$F_R' \neq 0$，$M_O \neq 0$，简化后的主矢和主矩均不为0，此时可进一步简化为一合力。

如图1.42所示，根据力的平移定理的逆过程，将主矢 F_R' 和主矩 M_O 合成一个合力 F_R，合力 F_R 的作用线到简化中心 O 的距离为 $d = |M_O/F_R'|$。

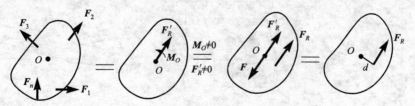

图1.42　任意力系简化后主矩和主矢的合成

其中 $M_O = F_R' \cdot d$，$F_R = F_R' = \sum F_i$。

例1.9　如图1.43所示平面力系向 O 点简化的结果及最简形式。

解：建立直角坐标系 Oxy，如图1.43所示。以 O 为简化中心。

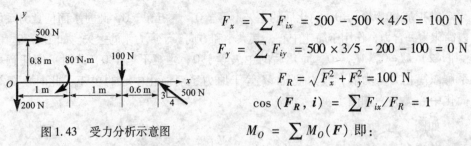

图 1.43　受力分析示意图

$$F_x = \sum F_{ix} = 500 - 500 \times 4/5 = 100 \text{ N}$$

$$F_y = \sum F_{iy} = 500 \times 3/5 - 200 - 100 = 0 \text{ N}$$

$$F_R = \sqrt{F_x^2 + F_y^2} = 100 \text{ N}$$

$$\cos(F_R, i) = \sum F_{ix}/F_R = 1$$

$$M_O = \sum M_O(F) \text{ 即：}$$

$$M_O = \sum M_O(F_i) = -500 \times 0.8 - 80 - 100 \times 2 + 500 \times 2.6 \times 4/5 = -100 \text{ N} \cdot \text{m}$$

可见该平面力系向 O 点简化后得到如图 1.44（a）所示的主矢 F_R 和主矩 M_O。继续简化，可以得到简化中心在 O' 的力矢 F_R'，如图 1.44（c）。

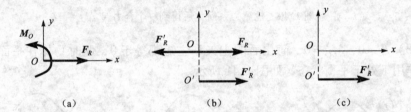

图 1.44　受力分析

$$OO' = M_O/F_R = 100/100 = 1 \text{ m}$$

1.6.3　空间力系的简化

各力的作用线不在同一平面内的力系称为**空间力系**。与平面力系一样，空间力系也可分为空间汇交力系、空间平行力系和空间任意力系等，如图 1.45 所示。

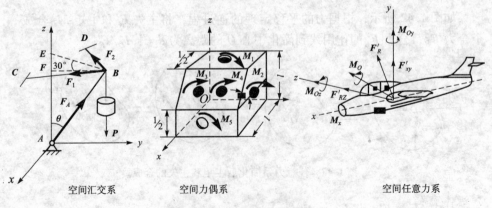

空间汇交系　　　　　　　空间力偶系　　　　　　　　　　空间任意力系

图 1.45　空间力系工程实例

空间力系简化多采用解析方法，和平面力系简化的方法、步骤一样。为了能更清晰地分析物体在空间力系作用下的状态，首先应将空间力系中各力沿空间直角坐标系 $Oxyz$ 的 x，y，z 轴方向进行投影分解。各类特殊空间力系的简化请同学们自己参照平面特殊力系简化，根据力的平行四边形公理，合力矩定理和合力偶矩定理进行归纳。在这里，我们只介绍空间一般力系的简化。

一、空间一般力系向一点简化

如图 1.46 所示，在刚体上作用有空间力系（F_1，F_2，$\cdots$，F_n），现将该力系中各力向任选的简化中心 O 简化。

将图 1.46（a）所示的空间力系中各力向简化中心 O 进行平移，得到一个汇交于 O 的空间汇交力系 F_1'、F_2'，$\cdots$，F_n' 以及空间力偶系 M_1，M_2，$\cdots$，M_n，如图 1.46（b）所示。

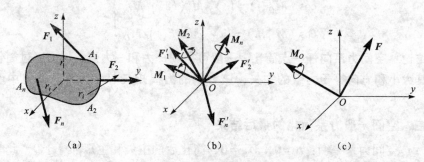

图 1.46　空间一般力系向一点简化

如图 1.46（c）所示，空间汇交力系 F_1'，F_2'，$\cdots$，F_n'，可以合成为一个作用于简化中心 O 点的和矢量 F，因为 $F_1 = F_1'$，$F_2 = F_2'$，$\cdots$，则 $F = \sum F_i' = \sum F_i$，即空间一般力系中各力的矢量和，F 称为原空间一般力系的**主矢**。

$F = \sum F_i' = \sum F_i$，显然主矢 F 与简化中心 O 点选择无关。

如图 1.46（c）所示，空间一般力系中各力在向简化中心平移时，产生的附加力偶矩 M_1，M_2，$\cdots$，M_n，构成了空间力偶系。根据合力偶定律，可得：

$$M_O = M_1 + M_2 + \cdots + M_n = \sum M_O(F_i)$$

即空间一般力系各力对简化中心 O 的矩的矢量和，M_O 称为**空间一般力系对简化中心 O 的主矩**。

$$M_O = \sum M_i = \sum M_O(F_i) = \sum (r_i \times F_i)$$

显然主矩 M_O 与简化中心 O 点的选择有关。

主矢 F 和主矩 M_O 的解析表达式如下。

主矢 F 的大小为：

$$F = \sqrt{\left(\sum F_{ix}\right)^2 + \left(\sum F_{iy}\right)^2 + \left(\sum F_{iz}\right)^2} \tag{1-22}$$

主矢 F 的方向为：

$$\left. \begin{array}{l} \cos\,(F,i) = \left(\,\sum F_{ix}\right)/F \\ \cos\,(F,j) = \left(\,\sum F_{iy}\right)/F \\ \cos\,(F,k) = \left(\,\sum F_{iz}\right)/F \end{array} \right\} \qquad (1-23)$$

主矩 M_O 的大小为：

$$M_O = \sqrt{\left(\,\sum M_x(F_i)\right)^2 + \left(\,\sum M_y(F_i)\right)^2 + \left(\,\sum M_z(F_i)\right)^2} \qquad (1-24)$$

主矩 M_O 的方向为：

$$\left. \begin{array}{l} \cos\,(M_O,i) = \left(\,\sum M_x(F_i)\right)/M_O \\ \cos\,(M_O,j) = \left(\,\sum M_y(F_i)\right)/M_O \\ \cos\,(M_O,k) = \left(\,\sum M_z(F_i)\right)/M_O \end{array} \right\} \qquad (1-25)$$

结论：空间力系向任一点简化，一般可得到一力和一力偶，该力通过简化中心，其大小和方向等于力系的主矢，该力偶的力偶矩矢等于力系对简化中心的主矩。

二、空间一般力系简化的最后结果

（1）空间力系平衡：$F=0$，$M_O=0$，简化后的主矢和主矩都等于 0，此时物体在空间一般力系作用下处于平衡状态。

（2）空间力系简化为一合力偶：$F=0$，$M_O\neq0$，简化后的主矢等于 0，主矩不等于 0，即空间力系简化为一合力偶，合力偶矩矢 M_O 就等于力系主矩，与简化中心的位置无关。

（3）空间力系简化为一合力，可分为以下两种情形。

a. $F\neq0$，$M_O=0$，简化后的主矢不等于 0，主矩等于 0，此空间力系简化为过 O 点的一合力，合力的大小和方向与主矢相同。

b. $F\neq0$，$M_O\neq0$，$F\perp M_O$，简化后的主矢和主矩都不等于 0，F 和 M_O 垂直，位于同一作用平面内，$F\cdot M_O=0$，如图 1.47 所示，此时简化后的空间力系可视为一平面力系，由平面力系简化理论知，此时空间力系最终的简化结果为一合力。此合力 F' 的作用线过 O' 点，大小和方向决定于主矢。F' 作用线到 O 点的距离为：$d = \left|M_O/F\right|$。

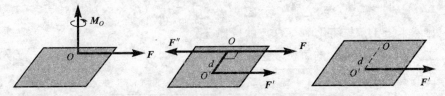

图 1.47　空间一般力系简化后主矢与主矩共面的合成

显然

$$M_O(F') = \overrightarrow{OO'} \times F' = M_O = \sum M_O(F_i) \qquad (1-26)$$

将上式向通过点 O 的任一轴 z 投影，可得

$$M_z(F') = \sum M_z(F_i) \qquad (1-27)$$

结论：若空间力系可以合成为一合力，则合力对任一点之矩等于力系中各力对同一点之矩的矢量和；或合力对任一轴之矩等于力系中各力对同一轴之矩的代数和。

（4）空间力系简化为力螺旋：由一个力和在该力垂直的平面内的一力偶组成的力系称为**力螺旋**。

① 中心轴过简化中心 O 的力螺旋：$F_R \neq 0$，$M_O \neq 0$，$F_R // M_O$，简化后的主矢和主矩都不等于 0，但是 F_R 垂直于 M_O 的作用平面，$F_R \cdot M_O \neq 0$，如图 1.48 所示。

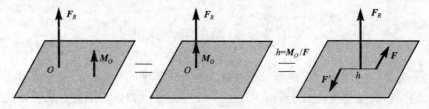

图 1.48　中心轴过简化中心的力螺旋

用改锥拧螺钉的时候，一边用力压螺钉，一边拧改锥，此时作用于改锥上的就是一个力螺旋。拧紧右旋螺钉时所加的力系是右力螺旋，F_R' 与 M_O 同向。拧紧左旋螺钉时所加的力系是左力螺旋，F_R' 与 M_O 反向。力螺旋中的力 F_R' 的作用线称为该力螺旋的**中心轴**。力矢 F_R' 与力偶矩矢 M_O 是决定力螺旋的两个要素。

② 中心轴不通过简化中心 O 的力螺旋：$F_R \neq 0$，$M_O \neq 0$，F_R 与 M_O 斜交，简化后的主矢和主矩都不等于 0，$F_R \cdot M_O \neq 0$，如图 1.49 所示。将力偶矩矢 M_O 所对应的力偶分解为相互正交的两个力偶 $M_{O//}$ 和 $M_{O\perp}$。

如图 1.49 所示，其中 $M_{O//}$ 与力矢 F_R 平行，$M_{O\perp}$ 与力矢 F_R 垂直，此时原力系等效于由作用于 O 点 F_R 和这两个力偶组成的力系。其中作用于 O 点力矢 F_R 和力偶 $M_{O\perp}$ 可以合成为作用于 O' 点的力矢 F_R'，如图 1.49 所示。这个力矢 F_R' 和力偶 $M_{O//}$ 组成了一个中心轴为通过简化中心的力螺旋。力矢 F_R' 的作用点 O' 与简化中心之间的距离：$d = (M_O \sin\theta)/F_R'$。

三、一般形式的合力矩定理

设空间一般力系（F_1，F_2，…，F_n），可以合成为作用于点 A 的合力 F_R。该力系对任一点 O 的

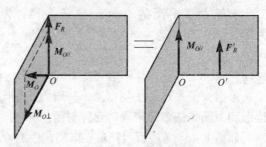

图 1.49　中心轴未过简化中心的力螺旋

主矩 $M_O = \sum M_O(F_i)$，显然将合力 F_R 向 O 点简化所得的附加力偶矩 $M_O(F_R)$ 也等于该力系对 O 点的主矩，即

$$M_O(F_R) = \sum M_O(F_i) \tag{1-28}$$

显然，力系如果有合力，则合力对任意一点的矩等于力系中各力对同一点的矩的矢量和。这就是一般形式的合力矩定理，说明力对点的矩符合矢量合成法则。

将式（1-28）向以 O 为原点的坐标轴 Ox 投影，可以得到

$$M_x(F_R) = \sum M_x(F_i) \tag{1-29}$$

显然，力系如果有合力，则合力对任意一轴的矩等于力系中各力对同一轴的矩的代数和。

§1.7　力系的平衡问题

平衡是指物体相对于地面静止或做匀速直线运动的状态，是机械运动的一种特殊情况。能够使物体处于平衡状态的力系称为平衡力系，平衡力系所必须满足的条件称为平衡条件。

平衡问题是静力学研究的核心问题。本节由一般力系的简化结果得出一般力系平衡的几何条件及平衡方程（解析表达形式），并导出各类特殊力系的独立平衡方程，运用平衡条件，求解各类物体系统的平衡问题，确定物体的受力状态或平衡位置。

1.7.1　一般力系的平衡

根据空间一般力系的简化结果可以知道，空间一般力系向一点简化后，可以得到一个主矢 F_R 和一个主矩 M_O。当力系的主矢 F_R 和对任意点的主矩 M_O 同为 0 时，力系对物体既无移动效应也无转动效应，物体处于平衡状态；反过来，若物体平衡，则力系对物体既无移动效应也无转动效应，力系的主矢 F_R 和对任意选定的点主矩 M_O 都应为 0。故：

一般力系平衡的充分必要条件是：力系的主矢和对任一点的主矩均为零。

可得：

$$F = 0, \; M_O = 0。$$

根据矢量多边形法则可知，一般力系平衡的几何条件是：**力系简化的力矢多边形和力偶矩矢多边形同时自行封闭。**

如图 1.46（c）所示，建立以简化中心 O 为原点的空间坐标系 $Oxyz$，将一般力系平衡方程 $F = 0$，$M_O = 0$ 即 $F = \sum F_i = 0$，$M_O = \sum M_O(F_i) = 0$ 向 $Oxyz$ 坐

标系的 x, y, z 轴投影可得空间一般力系平衡的解析表达式：

$$\left.\begin{array}{l} \sum F_x = 0 , \quad \sum F_y = 0 , \quad \sum F_z = 0 \\ \sum M_x = 0 , \quad \sum M_y = 0 , \quad \sum M_z = 0 \end{array}\right\} \quad (1-30)$$

方程组（1-30）称为空间一般力系平衡方程的一般形式，它表明，空间一般力系平衡的充分必要条件是：力系中各力在 3 个坐标轴上投影的代数和以及对 3 个坐标轴力矩的代数和同时等于零。这组方程由 3 个力方程、3 个力矩方程共 6 个独立的方程构成，一般而言，将这组方程应用于单个平衡刚体时，可求得相应空间一般力系平衡问题的 6 个未知量。顺便指出，一般力系的平衡方程组还有四矩式（4 个力矩方程，两个投影方程）、五矩式和六矩式，这些形式的独立补充条件比较复杂，在求解已知的平衡问题时并不重要。

　　例 1.10　如图 1.50 所示为一脚踏拉杆装置，已知 $F_P = 500$ N，$AB = 40$ cm，$AC = CD = 20$ cm，$HC = EH = 10$ cm，拉杆与水平面成 30°角。求拉杆的拉力 F 和 A，B 两轴承的约束反力。

　　解： 作脚踏拉杆的受力情况如图 1.50 所示。取 $Bxyz$ 坐标系，根据方程组（1-30）列平衡方程式：

$$\sum M_x(F) = 0 \quad 10 \times F\cos 30° - 20 \times F_p = 0$$

得：

$$F = 20F_p / 10\cos 30° = 1\ 155 \text{ N}$$

$$\sum M_y(F) = 0 \quad 30 \times F\sin 30° + 20F_p - 40F_{AZ} = 0$$

得：

$$F_{AZ} = (20F_p + 30F\sin 30°)/40 = 683 \text{ N}$$

$$\sum F_z = 0 \quad F_{AZ} + F_{BZ} - F\sin 30° - F_p = 0$$

得：

$$F_{BZ} = F\sin 30° + F_p - F_{AZ} = 394.5 \text{ N}$$

$$\sum M_z(F) = 0 , \quad 40F_{Ay} - 30 \times F\cos 30° = 0 ,$$

得：

$$F_{Ay} = (30 \times F\cos 30°)/40 = 750 \text{ N}$$

$$\sum F_y = 0 , F_{Ay} + F_{By} - F\cos 30° = 0 , 得：F_{By} = F\cos 30° - F_{Ay} = 250 \text{ N}$$

　　例 1.11　如图 1.51 所示均质方板由 6 根杆支撑于水平位置，直杆两端各用球铰链与板和地面连接。板重为 P，在 A 处作用一水平力 F，且 $F = 2P$，不计杆重。求各杆的内力。

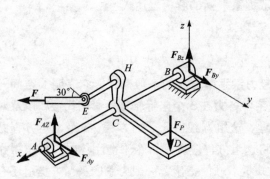

图 1.50　受力分析示意图

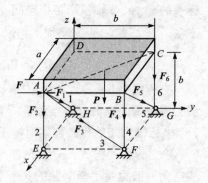

图 1.51　受力分析示意图

解：取方板为研究对象。设各杆均受拉力。板的受力如图 1.51 所示。由平衡方程：

$$\sum M_{AB}(F) = 0, \ -F_6a - Pa/2 = 0$$

得：

$$F_6 = -P/2 \ （压力）$$

$\sum M_{AE}(F) = 0$, 得：$F_5 = 0$

$\sum M_{AC}(F) = 0$, 得：$F_4 = 0$

$\sum M_{FG}(F) = 0$, $Fb - F_2b - Pb/2 = 0$, 得：$F_2 = 1.5P$（拉力）

$\sum M_{EF}(F) = 0$, $-F_6a - Pa/2 - F_1ba/\sqrt{a^2 + b^2} = 0$, 得：$F_1 = 0$

$\sum M_{BC}(F) = 0$, $-F_3b\cos 45° - F_2b - Pb/2 = 0$, 得：$F_3 = -2\sqrt{2}P$（压力）

本例中用 6 个力矩方程求 6 根杆的内力。力矩方程比较灵活，常可用一个方程解一个未知数。也可用四矩式、五矩式形式的平衡方程求解。但独立的平衡方程只有 6 个。

1.7.2　特殊力系的平衡条件

空间一般力系的平衡条件，包含了包括平面任意力系在内的各种特殊力系的平衡条件。各种特殊力系的平衡方程都可以由方程组（1 - 30）导出，我们只需要从方程组（1 - 30）中去掉那些由各种特殊力系的几何性质所自动满足的方程就行了。

一、空间特殊力系平衡

1. 空间汇交力系平衡

空间汇交力系，汇交于 O 点，有 $\sum \boldsymbol{M}_O \equiv 0$，

即：$\sum M_x \equiv 0$，$\sum M_y \equiv 0$，$\sum M_z \equiv 0$

故空间汇交力系平衡的必要和充分条件是:**力系的合力等于零**,即 $F_R = 0$

其平衡方程式为: $\sum F_x = 0$, $\sum F_y = 0$, $\sum F_z = 0$　　　　(1 – 31)

例1.12　起吊装置如图1.52(a)所示,起重杆 A 端用球铰链固定在地面上, B 端则用绳 CB 和 DB 拉住,两绳分别系在墙上的点 C 和 D,连线 CD 平行于 x 轴。已知 $\alpha = 30°$, $CE = EB = DB$, $\angle EBF = 30°$,物重 $P = 10$ kN。不计杆重,试求起重杆所受的压力和绳子的拉力。

解: 取起重杆 AB 与重物为研究对象,受力如图1.52(a)所示。由已知条件可知, $\angle CBE = \angle DBE = 45°$。建立图示坐标系和平衡方程:

$$\sum F_x = 0, F_1 \sin 45° - F_2 \sin 45° = 0$$

$$\sum F_y = 0, F_A \sin 30° - F_1 \cos 45° \cos 30° - F_2 \cos 45° \cos 30° = 0$$

$$\sum F_z = 0, F_A \cos 30° + F_1 \cos 45° \sin 30° + F_2 \cos 45° \sin 30° = 0$$

解得: $F_1 = F_2 = 3.54$ kN, $F_A = 8.66$ kN

F_A 为正值,说明所设 F_A 方向正确, AB 为压杆。

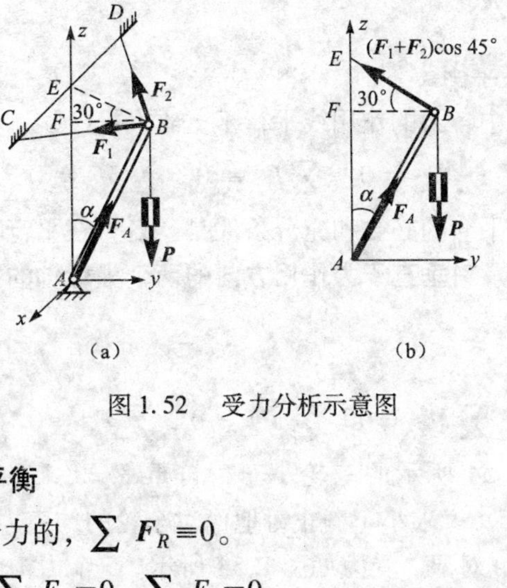

图1.52　受力分析示意图

2. 空间力偶系平衡

力偶系是没有合力的, $\sum F_R \equiv 0$。

即 $\sum F_x \equiv 0$, $\sum F_y \equiv 0$, $\sum F_z \equiv 0$。

故空间力偶系平衡的必要和充分条件是:**各分力偶矩矢的矢量和等于零**。即 $\sum M_i = 0$,其平衡方程为:

$$\sum M_x = 0, \sum M_y = 0, \sum M_z = 0　　　　(1 – 32)$$

例1.13　图1.53(a)所示支架由3根互相垂直的杆连接而成,两圆盘直径均为 d,分别固定于两水平杆杆端上,盘面与杆垂直。竖直杆 AB 长为 l,在图示荷载下试确定轴承 A, B 的约束力。

解: 以支架整体为研究对象。如图1.53(a),主动力是两个力偶矩大小为

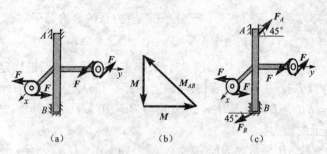

图 1.53　受力分析示意图

$M = F \cdot d$ 的力偶。故在 A，B 两处的约束反力必构成一力偶与主动力偶相平衡。如图 1.53 （c）。

由力偶矢三角形（图 1.53 （b））可知，约束力偶矩 M_{AB} 的大小为：$M_{AB} = \sqrt{2}Fd$，故：$F_A = F_B = M_{AB}/l = \sqrt{2}Fd/l$，方向如图 1.53 （c）所示。

以上实例可以看出：运用力偶系平衡的几何条件解空间三力偶问题十分简便，先由力偶矩矢三角形，求出未知约束力偶矩矢的大小和方向，再用右手法则确定约束力的方向。

3. 空间平行力系平衡

让空间平行力系中各力的作用线平行于 z 轴，即：

$$\sum F_x \equiv 0 ， \sum F_y \equiv 0 ， \sum M_z \equiv 0$$

故空间平行力系平衡的必要和充分条件是：**各力在平行其作用方向的坐标轴上的投影的代数和以及对垂直于力作用方向的两个坐标轴的力矩的代数和同时等于零。**

其平衡方程为：

$$\sum M_x = 0 ， \sum M_y = 0 ， \sum F_z = 0 \qquad (1-33)$$

例 1.14　如图 1.54 所示的三轮小车，自重 $P = 8$ kN，作用于点 E，载荷 $P_1 = 10$ kN，作用于点 C。求小车静止时地面对车轮的约束力。

解： 取小车为研究对象，受力如图 1.54 所示。5 个力构成空间平行力系。建立图示坐标系 $Oxyz$，由平衡方程得：

$$\sum F_z = 0 ， -P_1 - P + F_A + F_B + F_D = 0$$

$$\sum M_x(\boldsymbol{F}) = 0 ， -0.2P_1 - 1.2P + 2F_D = 0$$

$$\sum M_y(\boldsymbol{F}) = 0 ， 0.8P_1 + 0.6P - 0.6F_D - 1.2F_B = 0$$

解得：
$$F_D = 5.8 \text{ kN}$$
$$F_B = 7.777 \text{ kN}$$
$$F_A = 4.423 \text{ kN}$$

二、平面任意力系平衡

图 1.55 所示平面一般力系（设各力位于 Oxy 平面），显然各力在 z 轴上的投影为零，即 $\sum F_z \equiv 0$，各力对 x 轴和 y 轴之力矩均为零，即 $\sum M_x \equiv 0$，$\sum M_y \equiv 0$。

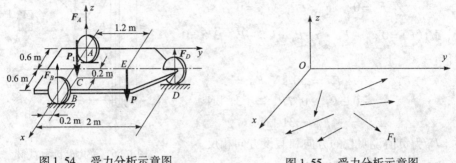

图 1.54　受力分析示意图　　　　　　　图 1.55　受力分析示意图

在平衡方程组(1－30)中去掉这 3 个已经自动满足的方程,便得到以下平衡方程组:

$$\left.\begin{array}{l} \sum F_x = 0 \\[4pt] \sum F_y = 0 \\[4pt] \sum M_z = 0\,(\text{或}\,\sum M_o = 0\,) \end{array}\right\} \qquad (1-34)$$

方程组(1－34)称为平面任意力系平衡方程的一般形式,它表明,平面任意力系平衡的充分必要条件为:**力系中各力在任意两坐标轴上投影的代数和等于零,各力对平面内任意一点之矩等于零**。通常称前两个方程为力的投影方程,后一个方程为力矩方程。方程中的坐标轴和矩心可以任选,为解题方便,应使所选坐标轴尽量与未知力垂直,使所选矩心尽量位于两个以上未知力的交点,这样可减少方程所含的未知量,少解或不解联立方程。

平面任意力系只能列 3 个独立的平衡方程,最多只能解 3 个未知量。通过多选坐标轴和矩心是不能多解未知量的。平衡方程可以有不同的写法,可以证明与方程组(1－34)等价的平衡方程组还有二矩式和三矩式。

二矩式: $\sum F_x = 0$, $\sum M_A = 0$, $\sum M_B = 0$ 　　　　　　　　(1－35)

其中, 两矩心 A, B 连线不能与力的投影轴相垂直。

三矩式: $\sum M_A = 0$, $\sum M_B = 0$, $\sum M_C = 0$ 　　　　　　　　(1－36)

其中 A, B, C 三矩心不能共线。

例 1.15　如图 1.56 所示起重机重 $P_1 = 10$ kN,可绕铅直轴 AB 转动,起吊 $P_2 = 40$ kN 的重物,尺寸如图。求轴承 A 和轴承 B 处的约束力。

解:如图 1.56 所示,取起重机为研究对象,它所受的主动力有 P_1 和 P_2。由于对称性,约束力和主动力都在同一平面内。轴承 A 处有两个约束力 F_{Ax}, F_{Ay},轴承 B

处有一个约束力 F_B。建立图示坐标系,由平面力系的平衡方程得:

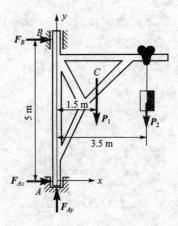

$$\sum F_x = 0 \quad F_{Ax} + F_B = 0$$

$$\sum F_y = 0 \quad F_{Ay} - P_1 - P_2 = 0$$

$$\sum M_A(F) = 0 \quad -F_B \cdot 5 - P_1 \cdot 1.5 - P_2 \cdot 3.5 = 0$$

解得:

$$F_{Ay} = P_1 + P_2 = 50 \text{ kN}, F_B =$$
$$- 0.3P_1 - 0.7P_2 = - 31 \text{ kN}$$

$$F_{Ax} = - F_B = 31 \text{ kN}$$

F_B 为负值说明它的方向和假设方向相反。

图 1.56　受力分析示意图

三、平面特殊力系平衡

1. 平面汇交力系平衡

以平面汇交力系的汇交点 O 为矩心,在平面任意力系平衡方程中 $\sum M_O(F) \equiv 0$。

平面汇交力系平衡的充要条件是:**力系中各力在任意两坐标轴上投影的代数和等于零。**

平面汇交力系的平衡方程为:

$$\sum F_x = 0, \sum F_y = 0 \qquad\qquad (1-37)$$

平面汇交力系有两个独立的平衡方程,至多可以解两个未知量。

例 1.16　如图 1.57(a)所示,铰车通过绳索将物体吊起。已知物体的重量 $G = 20$ kN,杆 AB,BC 及滑轮的重量不计,滑轮 B 的大小可忽略不计,求 AB 杆及 BC 杆所受的力。

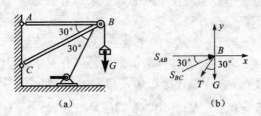

图 1.57　受力分析示意图

解:(1)以滑轮 B 为研究对象,忽略其大小,作受力如图 1.57(b)。其中,

$$T = G = 20 \text{ kN}$$

(2)建立直角坐标系 Bxy,如图 1.57(b)所示,列平衡方程求解:

$$\sum F_y = 0, S_{BC}\sin 30° - T\cos 30° - G = 0$$

解得:

$$S_{BC} = 74.64 \text{ kN}$$

$$\sum F_x = 0, \ S_{BC}\cos 30° - T\sin 30° + S_{AB} = 0$$

解得：

$$S_{AB} = -54.64 \text{ kN}$$

S_{AB} 为负值，说明其实际方向与图示方向相反。

由作用力与反作用力公理可知：AB 杆所受的力的大小等于 $S_{AB} = -54.64$ kN，受拉力；BC 杆所受的力的大小等于 $S_{BC} = 74.64$ kN，受压力。

2. 平面力偶系的平衡

由于力偶中的二力在任意坐标轴上的投影为零，且力偶对平面内任意一点的矩恒等于力偶矩，故对平面力偶系而言，平面任意力系的平衡方程中，$\sum F_x \equiv 0$，$\sum F_y \equiv 0$。

平面力偶系平衡的充分必要条件是：**力偶系中各力偶矩的代数和等于零。**

平面力偶系的平衡方程为：

$$M = \sum m = 0 \qquad\qquad (1-38)$$

平面力偶系有一个独立的平衡方程，至多可以解一个未知量。

例 1.17　如图 1.58（a）所示，梁 AB 受力偶 m 的作用，求 A，B 两处的约束反力。

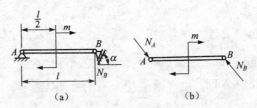

图 1.58　受力分析示意图

解：（1）取梁 AB 为研究对象，作受力图如图 1.58（b）所示。因力偶只能用力偶来平衡，故 N_A 与 N_B 一定组成一对力偶，N_B 的方向可定，N_A 的方向随之而定，有：$N_A = N_B = N$。

（2）列平衡方程求解：$\sum m = 0$，$N \cdot l\cos\alpha - m = 0$

解得：$N = m/(l\cos\alpha)$　　故　$N_A = N_B = N = m/(l\cos\alpha)$

3. 平面平行力系的平衡

选取坐标轴 y 与平面平行力系中各力的作用线平行，则在平面任意力系的平衡方程中，$\sum F_x \equiv 0$。

平面平行力系的平衡方程为：

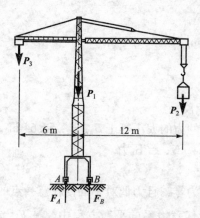

图 1.59　受力分析示意图

$$\sum F_x = 0 , \sum M_O(F) = 0 \quad (1-39)$$

平面平行力系的平衡方程还可以写为：

$$\sum M_A(F) = 0 , \sum M_B(F) = 0 \text{（二矩式）}$$
$$(1-40)$$

平面平行力系有两个独立的平衡方程，至多可以解两个未知量。

例 1.18　如图 1.59 所示塔式起重机，机架重 $P_1 = 700 \text{ kN}$，作用线通过塔架的中心。最大起重量 $P_2 = 200 \text{ kN}$，最大悬臂长为 12 m，轨道 AB 的间距为 4 m。平衡重 P_3 到机身中心线距离为 6 m。

（1）保证起重机在满载和空载时都不致翻到，平衡重 P_3 应为多少？

（2）当平衡重 $P_3 = 180 \text{ kN}$ 时，求满载时轨道 A，B 的约束力。

解：（1）起重机受力如图 1.59 所示。满载时，在起重机即将绕 B 点翻倒的临界情况，有 $F_A = 0$。由此可求出平衡重 P_3 的最小值。

$$\sum M_B(F) = 0 , P_{3min}(6+2) + 2P_1 - P_2(12-2) = 0, P_{3min} = (10P_2 - 2P_1)/8 = 75 \text{ (kN)}$$

空载时，载荷 $P_2 = 0 \text{ kN}$。在起重机即将绕 A 点翻倒的临界情况，有 $F_B = 0$。由此可求出 P_3 的最大值。

$$\sum M_A(F) = 0 , P_{3max}(6-2) - 2P_1 = 0, P_{3max} = 2P_1/4 = 350 \text{ (kN)}$$

实际工作时，起重机不致翻到的平衡重取值范围为：$75 \text{ kN} \leqslant P_3 \leqslant 350 \text{ kN}$

（2）当 $P_3 = 180 \text{ kN}$ 时，由平面平行力系的平衡方程：

$$\sum M_A(F) = 0 , P_3(6-2) - 2P_1 - P_2(12+2) + 4F_B = 0$$

$$\sum F_y = 0 , -P_3 - P_1 - P_2 + F_A + F_B = 0$$

解得：

$$F_B = 14P_2 + 2P_1 - 4P_3/4 = 870 \text{ kN} , \quad F_A = 210 \text{ kN}$$

结果校核：由多余方程

$$\sum M_B(F) = 0 ,$$

$$P_3(6+2) + 2P_1 - P_2(12-2) - 4F_A = 0$$

得：

$$F_A = 8P_3 + 2P_1 - 10P_2/4 = 210 \text{ (kN)}$$

结果相同，计算无误。

§1.8　物系的平衡问题

1.8.1　静定与静不定问题

由前面的讨论可知，每种力系的独立平衡方程数 M 是一定的，因而能求解出的未知量的个数 N 也是一定的。若未知量的数目小于或等于所能列出的独立方程的数目，则所有未知量均可由静力学平衡方程解出，这类问题称为静定问题。若未知量的数目多于所能列出的独立方程的数目，则所有未知量就不能由静力学平衡方程完全解出，这类问题称为静不定问题或超静定问题。

1.8.2　物系的平衡问题

所谓物系就是由若干个相互联系的物体通过约束组成的物体系统。求解物系平衡问题的基本依据是：若整个物系平衡，则组成物系的各个物体都平衡。分析单个物体平衡问题的方法适用于此。其一般方法是：首先，确定所给的物体系统的平衡问题是静定问题，还是静不定问题；接着，正确画出物系整体、局部以及每个物体的受力图。特别要注意，受力图之间彼此协调，符合作用力和反作用力公理；最后，分别对物系整体及组成物系的各个物体，列平衡方程，逐个解出未知量。

考虑物系平衡时，要注意：分清内力和外力，不考虑内力；要灵活选取平衡对象和列写平衡方程，应尽量减少方程中的未知量，简捷求解；如系统由 n 个物体组成，而每个物体在平面力系作用下平衡，则有 $3n$ 个独立的平衡方程，可解 $3n$ 个未知量。不独立的方程用于校核计算结果。

例 1.19　如图 1.60（a）所示水平组合梁。已知 $m = 20 \text{ kN·m}$，$q = 15 \text{ kN/m}$。求 A，B，C 处的约束反力。

解：（1）取 AB 梁为研究对象，作其受力图如图 1.60（b）所示。

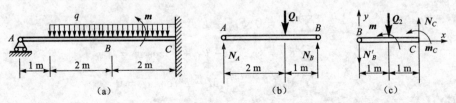

图 1.60　受力分析示意图

其中

$$Q_1 = 2q = 15 \times 2 = 30 \text{ kN}。$$

列平衡方程：

$$\sum M_A(F) = 0 \ , \ 3N_B - 2Q_1 = 0, \ 解得：N_B = 20 \text{ kN}$$

$$\sum M_B(F) = 0 \ , \ -3N_A - Q_1 = 0, \ 解得：N_A = 10 \text{ kN}$$

（2）取 BC 梁为研究对象，作其受力图如图 1.60（c）所示。其中

$$Q_2 = 2q = 30 \text{ kN}, N_B' = N_B = 20 \text{ kN}$$

列平衡方程：

$$\sum F_y = 0 \ , \ -N_B - Q_2 + N_C = 0, \ 解得：N_C = 50 \text{ kN}$$

$$\sum M_C(F) = 0 \ , \ 2N_B + Q_2 + m + m_C = 0, 解得：m_C = -90 \text{ kN} \cdot \text{m}$$

m_C 得负值表示其实际方向与图示方向相反，即顺时针。

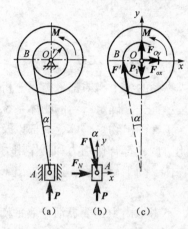

图 1.61　受力分析示意图

例 1.20　如图 1.61（a）所示曲柄冲压机，由冲头、连杆、曲柄和飞轮所组成。设曲柄 OB 在水平位置时系统平衡，冲头 A 所受的工件阻力为 P。求作用于曲柄上的力偶矩 M 和轴承的约束力。已知飞轮重为 P_1，连杆 AB 长为 l，曲柄 OB 长为 r。不计各构件的自重。

解：取 A 为研究对象，受力图如图 1.61（b）所示。由 $\sum F_y = 0, P - F\cos\alpha = 0$，解得：

$$F = P/\cos\alpha$$

由直角三角形 OAB 得：

$$\sin\alpha = r/l, \ \cos\alpha = \sqrt{l^2 - r^2}/l$$

代入上式得：

$$F = P/\cos\alpha = Fl/\sqrt{l^2 - r^2}$$

再取飞轮、曲柄系统为研究对象。受力图如图 1.61（c）所示，有平衡方程：

$$\sum F_x = 0, F_{Ox} - F'\sin\alpha = 0$$

$$\sum F_y = 0, F_{Oy} - P_1 + F'\cos\alpha = 0$$

$$\sum M_O(F) = 0, M - F'r\cos\alpha = 0$$

解得：

$$F_{Ox} = F'\sin\alpha = pr/\sqrt{l^2 - r^2}, \ F_{Oy} = P_1 - F'\cos\alpha = P_1 - P, \ M = P \cdot r$$

1.8.3　空间力系平衡问题的平面解法

空间力系平衡问题的平面解法的基本依据是：如果物体平衡，那么，物体在

各个方向的投影也一定平衡。为求解空间力系的平衡问题，常把受空间力系作用的物体受力图投影到 3 个坐标平面上，画出构件受力图的主视、俯视、侧视等三视图，得到 3 个平面力系，然后分别列出其平衡方程，即可解出未知量。这种**将空间问题转化为平面问题**的研究方法，称为**空间问题的平面解法**。

例 1.21　带式输送机传动系统中的从动齿轮轴如图 1.62 所示。已知齿轮的分度圆直径 $d = 282.5$ mm，轴的跨距 $L = 105$ mm，悬臂长度 $L_1 = 110.5$ mm，圆周力 $F_t = 1\ 284.8$ N，径向力 $F_r = 467.7$ N，不计自重。求轴承 A，B 的约束反力和联轴器所受转矩 M_T。

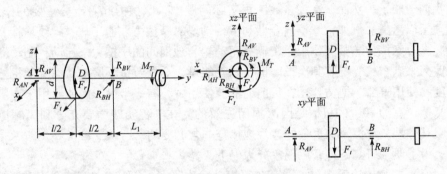

图 1.62　受力分析示意图

解：（1）取从动齿轮轴整体为研究对象，将从动齿轮轴受力图向 3 个坐标平面投影，如图 1.62 所示。

按平面力系（3 个投影力系）列平衡方程进行计算：

xz 平面： $\sum M_A(F) = 0$，$M_T - F_t d/2 = 0$，得：

$$M_T = F_1 d/2 = 282.5 \times 128.45/2 = 181\ 481\ (\text{N} \cdot \text{mm})$$

yz 平面： $\sum M_A(F) = 0$，$F_r L/2 - LR_{BV} = 0$，得：

$$R_{BV} = F_r/2 = 467.7/2 = 233.85\ (\text{N})$$

$$\sum F_z = 0，- R_{AV} + F_r - R_{BV} = 0，$$

得：

$$R_{AV} = F_r - R_{BV} = 467.7 - 233.85 = 233.85\ (\text{N})$$

xy 平面： $\sum M_A(F) = 0$，$- F_t L/2 + LR_{BH} = 0$，得：

$$R_{BH} = F/2_t = 1\ 284.8/2 = 642.4\ (\text{N})$$

$$\sum F_x = 0，- R_{AH} + F_t - R_{BH} = 0，$$

得：$R_{AH} = F_t - R_{BH} = 1\ 284.8 - 642.4 = 642.4\ (\text{N})$

这种方法特别适用于受力较多的轴类构件。在空间力系平衡问题的平面解法中 3 个视图上的力是相互联系的，一个视图解出的未知量可以作为另外两个视图的已知量。从这种意义上讲，我们可以把受空间力系作用的物体视为由 3 个视图组成的物系。因此，其解题方法与注意事项与物系平衡基本相同。

§1.9 考虑摩擦的平衡问题

摩擦是自然界中重要而普遍存在的物理现象。在力学结构中，有些接触面比较光滑，而且有良好的润滑条件，摩擦力对所研究问题无明显影响，为简化问题，摩擦力作为次要因素而被忽略。前几节在分析物体受力时，物体间的摩擦都被我们忽略了。然而，在大多数工程实际问题中，摩擦力起着十分重要的作用，必须予以考虑。例如，摩擦离合器和带传动要靠摩擦力才能工作；螺纹连接及工件装夹靠摩擦力起紧固作用；车辆靠驱动轮与地面间的摩擦力来启动；制动器靠摩擦力来刹车；等等。其次，摩擦要消耗能量，会导致机器磨损从而降低机器的精度和使用寿命。据估计，在目前的能源使用中，有一半以上的能源用于克服各类摩擦，有约 80% 的机械是因磨损而失效的。在工程实践中要充分利用摩擦并克服其弊端，掌握摩擦现象的客观规律是非常必要的。

为了便于研究，将摩擦现象分为以下 3 类。

（1）按物体接触部分可能存在的相对运动形式，分为滑动摩擦和滚动摩擦；

（2）按两接触物体间是否发生相对运动，分为静摩擦和动摩擦；

（3）按接触面间是否有润滑，分为干摩擦和湿摩擦。刚体静力学，在经典摩擦理论基础上，讨论干摩擦条件下的滑动摩擦及考虑摩擦的平衡问题。

1.9.1 滑动摩擦

两个相互接触的物体，发生相对滑动或存在相对滑动趋势时，彼此间在接触面处会产生阻碍相对滑动或者相对滑动趋势的力，此力称为**滑动摩擦力**。滑动摩擦力作用在物体的接触面处，其方向沿接触面的切线方向与物体相对滑动或相对滑动趋势方向相反。按两接触物体间是否存在相对滑动，滑动摩擦力又可分为静滑动摩擦力和动滑动摩擦力。

一、静滑动摩擦力

当两个相互接触的物体间只有相对滑动趋势时，接触面间所产生的摩擦力称为静滑动摩擦力，简称静摩擦力。显然，其方向与物体相对滑动趋势方向相反。

图 1.63 所示的简单实验用以分析静滑动摩擦力的特征和规律。在水平桌面上放一重为 G 的物块，用一根绕过滑轮的绳子系住，绳子的另一端挂一个砝码盘。不计绳的自重以及绳与滑轮的摩擦，物块平衡时，绳对物块的拉力 T 的大小就等于砝码及砝码盘重量的总和。拉力 T 使物块产生向右的滑动趋势，而桌面对物块的静摩擦力 F 阻碍物块向右滑动。当拉力 T 不超过某一限度时，物块静止。由物体的平衡条件可知，摩擦力与拉力大小相等，$F = T$；若拉力 T 逐渐

增大，物块的滑动趋势随之逐渐增强，静摩擦力 F 也相应增大。

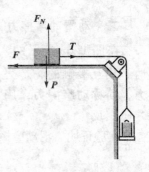

可见，静摩擦力 F 具有约束反力的性质，其大小取决于主动力，是一个不固定的值。同时，静摩擦力又与一般的约束反力不同，不能随主动力的增大而无限增大，当拉力 T 增大到某一值时，物块处于将动未动的状态（称临界平衡状态，简称临界状态），静摩擦力也达到了极限值，该值称为**最大静滑动摩擦力**，简称最大静摩擦力，记作 F_{max}。此时，只要主动力 T

图 1.63　受力分析示意图

增加，物块就开始滑动。这说明，静摩擦力是一种有限的约束反力。

静摩擦力的大小由平衡条件 $\sum F_x = 0$ 确定，其数值取决于使物体产生滑动趋势的外力，当物体处于临界平衡状态时，摩擦力达到最大值 F_{max}，即：

$$0 \leqslant F \leqslant F_{max}$$

法国学者库伦通过大量的实验制定了关于摩擦的极限摩擦定律（又称库仑定律）：最大静摩擦力 F_{max} 的大小与两物体间的正压力（即法向压力）成正比，即：

$$F_{max} = f \cdot N \tag{1-41}$$

式中的比例常数 f 称为静滑动摩擦系数，简称静摩擦系数。它是一个量纲为 1 的正数，其大小主要取决于接触面的材料、表面状况（粗糙度、温度、湿度等），与接触面面积无关。静摩擦因数的值由实验获得，工程中通常从有关手册中查到，部分材料的静摩擦系数见表 1-1。需要说明的是，由于摩擦理论尚不完善，影响摩擦系数的因素也很复杂，不同的实际情况，摩擦系数的值可能会有较大差别，精确的摩擦系数值应在特定条件下通过实验测定。

表 1-1　摩擦系数的参考值

材料名称	静摩擦系数		动摩擦系数	
	无润滑	有润滑	无润滑	有润滑
钢—钢	0.15	0.1 ~ 0.12	0.09	0.05 ~ 0.1
钢—铸铁	0.3		0.18	0.05 ~ 0.15
钢—青铜	0.15	0.1 ~ 0.15	0.15	0.1 ~ 0.15
铸铁—铸铁		0.18	0.15	0.07 ~ 0.12
皮革—铸钢	0.3 ~ 0.5	0.15	0.3	0.15
橡皮—铸铁			0.8	0.5
木材—木材	0.4 ~ 0.6	0.1	0.2 ~ 0.5	0.07 ~ 0.15

二、动滑动摩擦力

在图 1.63 所示的实验中，当 T 的值超过 F_{max}，物体就开始滑动了。当两个相互接触的物体发生相对滑动时，接触面间的摩擦力称为**动滑动摩擦力**，简称**动摩擦力**，用 F_d 表示。显然，动摩擦力的方向与物体相对滑动的方向相反。

实验证明，滑动摩擦力的大小与物体间的正压力成正比，即

$$F_d = f_d \cdot N \tag{1-42}$$

这就是动滑动摩擦定律。式中比例系数 f_d 称为动滑动摩擦系数，简称动摩擦系数。它是量纲为 1 的量，其值除与接触面材料及表面状况有关外，还与物体间相对滑动速度的大小有关，随速度的增大而减小。当速度变化不大时，一般不考虑速度的影响，将 f_d 视为常数。部分材料的动摩擦系数见表 1 – 1。动摩擦系数一般小于静摩擦系数，工程中常忽略 f_d 和 f 之间的差别。

求摩擦力时，先要分清物体处于哪种情况，然后选用相应的方法计算。其一般步骤是：先假定物体静止，作受力图；然后列出平衡方程，求摩擦力 F 和正压力 N；再通过补充方程，求最大静摩擦力 F_{max}；最后将按平衡方程求出的摩擦力 F 与最大静摩擦力 F_{max} 比较。若 $|F| < |F_{max}|$，则物体静止，摩擦力为 F；若 $|F| = |F_{max}|$，则物体处于临界平衡状态，摩擦力为 F_{max}；若 $|F| > |F_{max}|$，则物体滑动，摩擦力为 $F \approx F_{max}$。

三、摩擦角与自锁现象

如图 1.64（a）所示，摩擦力 F_S 与法向反力 F_N 的合力 F_{RA} 称为全反力，它与摩擦表面的法线方向夹角为 α。当物体处于临界平衡状态时（如图 1.64（b）），$F_S = F_{max} = f_s \cdot F_N$，此时 α 也达到最大值 φ。

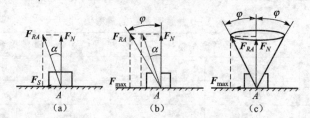

图 1.64　摩擦角

全反力与接触面法线间夹角的最大值 φ 称为摩擦角，由图 1.64（b）得：

$$\tan \varphi = F_{max}/F_N = f_s \cdot F_N/F_N = f_s \tag{1-43}$$

即：摩擦角的正切值等于静滑动摩擦系数。摩擦角也是表示材料摩擦性质的物理量，给出摩擦角就相当于给出了静摩擦系数。

摩擦角表示了全反力能够存在的范围。即全反力的作用线必定在摩擦角内，

如图 1.64（b）所示，当物体处于临界平衡状态时，全反力的作用线在摩擦角的边缘。由图 1.64（c）可以看出，当物体沿支承面任意方向有滑动趋势时，全反力方向也随之改变。临界平衡时，全反力的作用线将形成一个以接触点为顶点的锥面，称为摩擦锥。如物体间的摩擦系数沿各个方向都相同，则摩擦锥是一个顶角为 2φ 的正圆锥。

全约束反力以外的其他力统称为主动力 F_R。在静止状态下，主动力的合力 F_R 与全约束力 F_{RA} 构成二力平衡，$F_{RA} = -F_R$。显然摩擦角和摩擦锥可形象地说明物体平衡时，主动力位置的变动范围，即 $0 \leqslant \alpha \leqslant \varphi$。

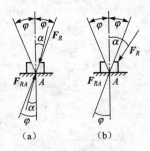

图 1.65　摩擦角与自锁

（1）如图 1.65（a）所示，只要主动力的合力作用线在摩擦角内，无论主动力多大，物体仍保持平衡。这种现象称为摩擦自锁。这种与力大小无关，只与摩擦角有关的平衡条件称为**自锁条件**。自锁在工程实际中应用十分广泛。如，螺旋千斤顶、压榨机、圆锥销钉、螺纹等均是借助自锁来工作的。

（2）如图 1.65（b）所示，主动力的合力作用线在摩擦角外，无论主动力多小，物体一定会滑动。

1.9.2　考虑滑动摩擦的平衡问题

考虑滑动摩擦的平衡问题的分析和解题方法与不考虑摩擦时的平衡问题基本相同，但有这些特点：受力分析时需考虑接触面的摩擦力 F_S，画受力图时要考虑摩擦力的存在，并按实际情况画出其方向；除独立的平衡方程外，必须列写补充方程，$F_S \leqslant f_s \cdot F_N$，补充方程数目等于摩擦力的个数；由于静摩擦力的值是一个范围，故考虑摩擦的平衡问题的解是一个范围，称为平衡范围。

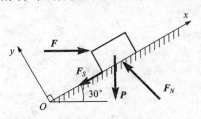

图 1.66　物块平衡问题

例 1.22　如图 1.66 所示，物块重 $P = 1\,500$ N，放于倾角为 30°的斜面上，物块与斜面间的静摩擦系数为 $f_s = 0.18$，动摩擦系数 $f = 0.18$。物块受 $F = 400$ N 水平力作用，问物块是否静止，并求此时摩擦力的大小与方向。

解：解此类问题的思路是：先假设物体静止和摩擦力的方向，应用平衡方程求解，将求得的摩擦力与最大摩擦力比较，确定物体是否静止。

取物块为研究对象，设物体有上滑趋势，摩擦力沿斜面向下，受力图如图 1.66 所示。

由平衡方程：$\sum F_x = 0$，$-P\sin 30° + F\cos 30° - F_s = 0$

$\sum F_y = 0$，$-P\cos 30° - F\sin 30° + F_N = 0$

解得：$F_S = -403.6$ N $F_N = 1499$ N

F_S 为负值，说明平衡时摩擦力方向与所设的相反，即沿斜面向上。

最大摩擦力为：$F_{max} = f_s \cdot F_N = 299.8$ N

结果表明，$|F_S| > F_{max}$，这是不可能的，说明物块将向下滑动。动滑动摩擦力的方向沿斜面向上，大小为：$F_d = f \cdot F_N = 269.8$ N。

例1.23 图1.67（a）为一刹车装置的示意图。若鼓轮与刹车片间的静摩擦系数为 f，鼓轮上作用有力偶矩为 m 的力偶，几何尺寸如图。试求刹车所需的力 P 的最小值。

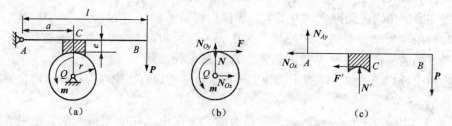

图1.67 受力分析示意图

解：（1）以鼓轮为研究对象，作受力图如图1.67（b）所示。

列平衡方程：$\sum m_o(F) = 0$，$m - Fr = 0$

鼓轮处于临界平衡状态时所需的制动力 P 最小，可列补充方程：

$$F = F_{max} = f \cdot F_N。$$

解得：$F = m/r$，$F_N = m/(f \cdot r)$。

（2）以制动杆为研究对象，作受力图如图1.67（c）所示。

根据作用与反作用公理得：$N' = N = m/(f \cdot r)$ $F' = F = m/r$

列平衡方程：$\sum m_o(F) = 0$ $N' \cdot a - F' \cdot e - P_{min} \cdot l = 0$

解得：$P_{min} = m(a - f \cdot e)/(f \cdot r)$ $F_N = m/(r \cdot f)$

1.9.3 滚动摩擦

实践经验告诉我们，搬运重物时，如果在重物底下垫上辊轴，比直接在地面上推动重物要省力；在塔式起重机下装上轮子可使其沿路轨滚动；这些例子说明，滚动比滑动省力，车辆用车轮，机器中大量使用滚动轴承，都利用了这一特点。

当两物体有相对滚动或有相对滚动趋势时，在两物体接触部分产生的对滚动的阻碍作用称为滚动摩擦。下面讨论滚动摩擦的特点。

将一重为 G 的滚轮放在地面上，在滚轮中心上作用一水平推力 F_Q。若滚轮和地面均为刚体，则如图 1.68（a）所示，无论 F_Q 多么微小，滚轮都将滚动，这显然不符合实际，事实上只有当 F_Q 达到一定值时，轮子才会开始滚动，这说明地面对滚轮有阻碍其滚动的力偶存在。其原因是轮子和地面均不是刚体，由于轮子和地面接触处发生变形，作用于轮上的约束力为一分布力系，如图 1.68（b）所示，此力系的合力 F_R 作用的作用点向滚动方向偏离 δ，如图 1.68（c）所示。将该力向 A 点简化后可以得到一个力 F_R' 和一个矩为 M 的力偶，由于接触部分变形产生的阻碍物体滚动的力偶 M 称为滚动摩擦力偶（简称滚阻力偶），如图 1.68（d）所示。滚动摩擦力偶与力偶（F_Q，F）平衡，转向与轮的滚动趋势相反，其矩称为滚阻力偶矩。

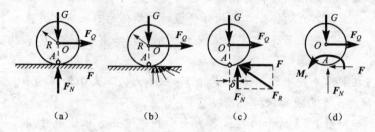

图 1.68　滚动摩擦

滚动摩擦力偶矩是一个有限值，当滚轮处于平衡状态时，滚动摩擦力偶矩的变化范围为：$0 \leqslant M \leqslant M_{max}$。当滚轮处于临界状态时，滚动摩擦力偶矩 M 和偏距 δ 均为最大值，并有：

$$M_{max} = \delta_{max} F_N = k F_N = r F_Q \qquad (1-44)$$

由上式可知滚动摩擦力偶矩的最大值 M_{max} 与两相互接触的物体之间的法向约束力 F_N 成正比，该结论为滚动摩擦定律。式中比例常数 k 称为滚动摩擦系数，等于滚动阻力偶的最大力偶臂 δ_{max}，具有长度量纲，与物体接触表面的材料性质、表面状况及湿度等因素有关，由实验测定。几种常用材料的滚动摩擦阻力系数见表 1-2。

表 1-2　常见材料的滚动摩擦阻力系数 k

材料名称	k/mm	材料名称	k/mm
软钢与软钢	0.5	铸铁或钢轮与钢轨	0.5
铸铁与软钢	0.5	圆柱形车轮	0.5~0.7
木材与钢	0.3~0.4	钢轮与木面	1.5~2.5
木材与木材	0.5~0.8	橡胶轮胎与沥青路面	2.5
钢板与钢滚筒	0.2~0.7	橡胶轮胎与土路面	10~15

一般材料硬些，受载后变形就小，滚动摩擦阻力系数 k 也比较小，滚动摩擦阻力偶也会比较小。例如自行车轮胎气足时骑着比较省力、火车轨道用钢轨等。

　　由图 1.68 可知，轮子发生滑动时所需要的最小水平拉力 $F_{Q1} = f_s \cdot F_N$，轮子发生滚动时所需的最小水平拉力 $F_{Q2} = k \cdot F_N / r$。显然 $f_s \gg k/r$，故 $F_{Q1} \gg F_{Q2}$，即滚动远比滑动省力。需要说明的是：对自由滚动的车轮，滑动摩擦力不仅没有害处还有益处。例如：为防止汽车轮胎打滑，引起车辆无法前进，并造成附加磨损，轮胎总是做出凹凸不平的花纹；又例如冰雪天气，在车轮上安装防滑链等。

思考与练习

　　1-1　二力平衡条件与作用和反作用定律两者有什么区别？为什么说二力平衡条件、加减平衡力系原理和力的可传递性只能适用于刚体？

　　1-2　什么是二力构件？二力构件受力时与构件的形状有无关系？

　　1-3　说明下列式子和文字的意义和区别：$F_1 = F_2$，$\boldsymbol{F_1} = \boldsymbol{F_2}$，力 $\boldsymbol{F_1}$ 与力 $\boldsymbol{F_2}$ 等效。

　　1-4　在刚体 A 点上作用 F_1，F_2，F_3 三个力，其大小均不为 0，其中 F_1，F_2 共线，问这 3 个力能否保持平衡？

　　1-5　如题图 1-5 所示力系，各力大小相等沿正方体棱边作用，试问该力系向 O 点简化的结果是什么？

　　1-6　汽车司机操纵方向盘时，可以用双手对方向盘施加一力偶，也可以单手对方向盘施加一个力。这能否说明，一个力与一个力偶等效？

　　1-7　在空间能否找到两个不同的简化中心，使某力系的主矢和主矩完全相同？

　　1-8　如题图 1-8 所示，两个力的三角形中 3 个力的关系是否一样？

　　1-9　如题图 1-9 所示，在刚体的 A，B，C，D 4 点作用有 4 个大小相等的力，此 4 力沿 4 边恰好组成封闭的力多边形。此刚体是否平衡？

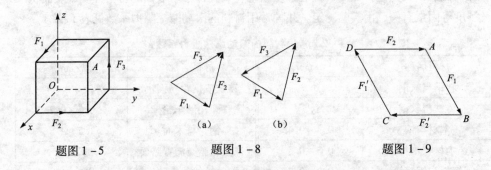

题图 1-5　　　　　　　　题图 1-8　　　　　　　　题图 1-9

　　1-10　如题图 1-10 所示三铰拱，在构件 CB 上分别作用力偶和力，当求铰链 A，B，C 的约束力时，能否将力和力偶移到构件 AC 上？为什么？

　　1-11　如题图 1-11 所示，作用在刚体上的 4 个力偶，若其力偶矩矢都在同一平面内，则一定是平面力偶系吗？若力偶矩矢自行封闭，则一定是平衡力系吗？为什么？

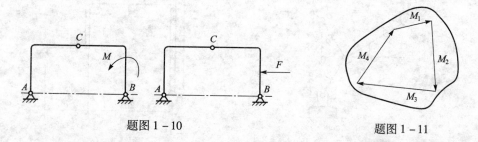

题图 1-10　　　　　　　　　　　　　　　题图 1-11

1-12　作题图 1-12 所示每个物体的受力图，未画出重力的物体不计自重，所有接触处均为光滑接触。

1-13　如题图 1-13 所示液压加紧机构中，D 为固定铰链，B，C，E 为活动铰链。已知力 F，机构平衡时角度如图，求此时工件 H 所受的压紧力。

1-14　题图 1-14 所示结构中各构件的自重不计。在构件 AB 上作用一矩为 M 的力偶，求支座 A 和 C 的约束力。

1-15　题图 1-15 所示平面任意力系中 $F_1 = 40\sqrt{2}$ N，$F_2 = 80$ N，$F_3 = 40$ N，$F_4 = 110$ N，$M = 2\,000$ N·mm。各力作用位置如图，图中尺寸的单位为 mm。求：(1) 力系向 O 点简化的结果；(2) 力系的合力。

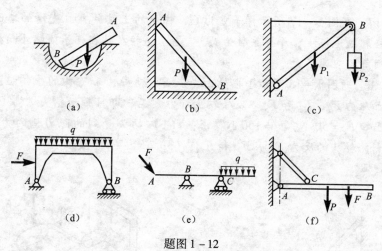

(a)　　　　　　　(b)　　　　　　　(c)

(d)　　　　　　　(e)　　　　　　　(f)

题图 1-12

1-16　题图 1-16 所示立方体的各边长度分别为：$OA = 4$ cm，$OB = 5$ cm，$OC = 3$ cm，作用于该物体上的各力的大小分别为：$F_1 = 100$ N，$F_2 = 50$ N。试求：(1) F_1，F_2 在 x，y，z 轴上的投影。(2) 试求 F_1，F_2 对 x，y，z 轴的矩。

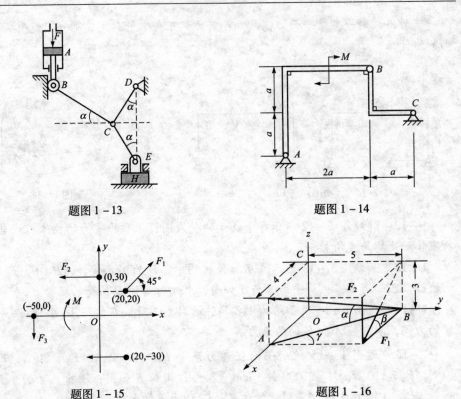

题图 1 – 13　　　　　　　　　　题图 1 – 14

题图 1 – 15　　　　　　　　　　题图 1 – 16

1–17　题图 1–17 所示梯子重为 G，梯子的上端 A 靠在光滑的墙面上，下端 B 搁在粗糙地板上，摩擦系数为 f，一重为 Q 的人站在梯子顶端 A 而梯子不滑动，问倾角 α 应为多大？

1–18　题图 1–18 所示手摇钻由支点 B、钻头 A 和弯曲的手柄组成。当支点 B 处加压力 F_x、F_y 和 F_z 以及手柄上加力 F 后，即可带动钻头绕轴 AB 转动而钻孔，已知 $F_z = 50$ N，$F = 150$ N。求：（1）钻头受到的阻力偶的力偶矩 M；（2）材料给钻头的反力 F_{Ax}、F_{Ay} 和 F_{Az}；（3）压力 F_x 和 F_y。

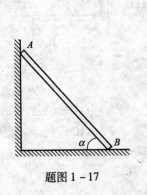

题图 1 – 17

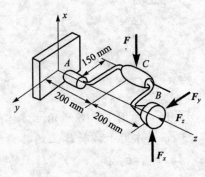

题图 1 – 18

1-19 简易升降混凝土料斗装置如题图1-19所示，混凝土和料斗共重25 kN，料斗与滑道间的静、动滑动摩擦系数均为0.3。（1）若绳子拉力分别为22 kN与25 kN时，料斗处于静止状态，求料斗与滑道间的摩擦力；（2）求料斗匀速上升和下降时绳子的拉力。

1-20 题图1-20所示平面刚架中，E，F，G为中间铰；A，D为固定铰支座；B，C为滚动铰支座。不计自重，在水平力F作用下，求支座A，B，C，D处的约束力。

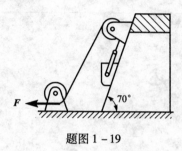

题图1-19

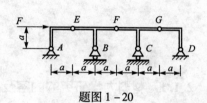

题图1-20

第 2 章

材料力学基础

§2.1 概　述

2.1.1　材料力学研究的内容及方法

材料力学是工程设计的重要组成部分。是在变形体的连续性、均匀性、各向同性、弹性和小变形假设的前提下，研究杆件的强度、刚度和稳定性问题的一门重要学科。

所谓**强度**是指构件或材料抵抗破坏的能力，为了保证构件的正常工作，首先要求构件应具有足够的强度，即在确定的荷载作用下，构件或材料不应发生破裂或过量的塑性变形。**刚度**是指构件或材料抵抗变形的能力，工程中对构件的变形根据不同的工作情况给予一定的限制，构件在确定的荷载作用下产生的弹性变形应控制在一定的范围内，应具有足够的刚度。**稳定性**是指构件或零部件在某种受力形式（例如轴向压力）下，其平衡形式不会发生突然转变。对于受压杆件要求它在压力作用下不丧失稳定，而具有足够的稳定性。

材料力学研究的任务包括：① 研究构件的承载能力，包括在荷载下的强度、刚度和稳定性问题。② 通过实验研究材料的力学性能，并在此基础上为构件选择合适的材料。③ 合理解决安全性和经济性之间的矛盾。

材料力学研究的目的就是：在满足强度、刚度、稳定性的前提下，以最经济的代价，为构件确定合理的形状和尺寸，选择适宜的材料，提供必要的理论基础和计算方法，从而解决工程结构中的安全性和经济性的矛盾。

材料力学的内容包括基础理论和实验两大部分。基础理论部分研究物体在外力作用下的内部响应，即构件的内力、应力和变形的分析，这是研究构件承载能力的基础。实验是材料力学的重要组成部分，通过实验研究材料在外力作用下的力学性能和失效行为，确定材料抵抗破坏和变形的能力。同时验证理论并解决理论分析难以处理的问题。理论研究和实验分析相结合是材料力学的研究方法。

2.1.2　变形固体假设

在上一章中，我们把构件视为刚体而不考虑它的变形。从本章开始将研究构件在外力的作用下的变形和破坏规律，力的内效应将成为研究的主要内容。在本章中的构件不再是刚体，而是变形固体。所谓变形固体是指在外力的作用下会产生变形的物体。

变形固体在外力的作用下会产生两种不同的变形：一种是当外力消除后，变形也会随着消失，这种变形称为**弹性变形**；另一种是外力消除后，变形不能完全消除而残留的变形，称为**塑性变形**。

物体的变形既有弹性变形，又有塑性变形。当物体受的力在一定的范围内时，物体的塑性变形很小，可以在变形假设的基础上，将构件视为只发生弹性变形的理想弹性变形体。

（1）**连续性假设**：认为整个物体所占空间内毫无空隙地充满物质。

（2）**均匀性假设**：认为物体内的任何部分，其力学性能相同。

（3）**各向同性假设**：认为物体内在各个不同方向上的力学性能相同。

（4）**小变形假设**：绝大多数工程构件的变形与构件本身尺寸相比都极微小，在分析构件所受外力时，通常不考虑变形的影响，仍采用变形前的尺寸。即"原始尺寸原理"。

2.1.3　材料力学研究的对象

在机械和工程结构中，构件形式很多，按其在空间 3 个方向的几何特征分为：块体、壳体、板（如图 2.1 所示）和杆 4 种。杆件是材料力学研究的主要对象。所谓杆是指纵向尺寸远大于横向尺寸的构件，可分为直杆、曲杆、等截面杆和变截面杆，如图 2.2 所示。

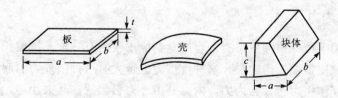

图 2.1　构件形式

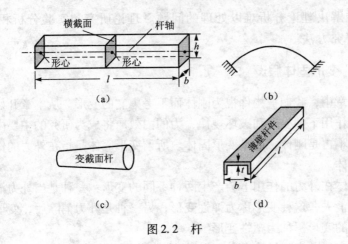

图2.2　杆

§2.2　内力　截面法　应力

2.2.1　外力及其分类

外力是外部物体对构件施加的力，包括外载荷和约束反力。

按作用的方式外力可分为体积力和表面力。连续分布于物体内部各点上的力称为体积力，如物体的自重和惯性力；作用于物体表面上的力称为表面力。

外力还可以分为分布力和集中力。分布力是连续作用于物体表面的力，如作用于船体上的水压力等；集中力是作用于一点的力，如火车轮对钢轨的压力等。

按性质外力可分为静载荷和动载荷。缓慢地由零增加到某一定值后，不再随时间变化，保持不变或变动很不显著的载荷，称为静载荷；随时间而变化的载荷称为动载荷。动载荷又可分为使构件具有较大加速度的载荷、交变载荷和冲击载荷3种。交变载荷是随时间作周期性变化的载荷；冲击载荷是物体的运动在瞬时内发生急剧变化所引起的载荷。

2.2.2　内力

当我们用手拉一根橡皮条时，会感觉到橡皮条内有一种反抗拉长的力。手的拉力越大，橡皮条被拉得越长，这种反抗力也越大。这种由外力引起的在构件内部产生的相互作用力，称为**内力**。内力是由外力引起的，其大小与产生内力的外力有关系，可用截面法来计算。

内力实质上是由于构件变形，其内部各部分材料之间因相对位置发生改变，引起相邻部分材料间力图恢复原有形状而产生的相互作用力。材料力学中的内力，是指外力作用下材料反抗变形而引起的内力的变化量，是"附加内力"，它与构件的强度、刚度密切相关。

在外力作用下，弹性体发生的变形不是任意的，弹性体各相邻部分，既不能断开，也不能发生重叠的现象，即必须满足协调一致的要求。此外，弹性体受力后发生的变形还与物性有关，即受力与变形之间存在确定的关系。

2.2.3　截面法

假想用截面把构件分成两部分，以显示并确定内力的方法，称为截面法。

要确定杆件某一位置处的内力，可以假想将杆在需求内力处用截面截开，把杆分为两部分，取其中一部分为研究对象。此时，截面上的内力被显示出来，并成为研究对象上的一个外力，再由静力学的平衡方程可求出内力，截面法可归纳为以下 4 个步骤。

（1）截：假想在欲求内力处用截面将杆件截成左、右两部分（图 2.3 (a)）；

（2）取：取其中任意部分为研究对象，而舍弃另一部分（图 2.3 (b)）；

（3）代：将弃去部分对研究对象的作用以内力代替（图 2.3 (c)）；

（4）平：按平衡条件，确定内力的大小和方向。

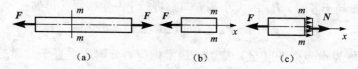

图 2.3　截面法

例 2.1　已知图 2.4 所示结构中的载荷 P 和尺寸 a。求：$m—m$ 截面上的内力。

解：（1）截：沿 $m—m$ 截面截开。

（2）取：取图示实线部分为研究对象。

（3）代：用内力 N，M 代替被弃部分对保留部分作用。

（4）平：$\sum F_y = 0, P - N = 0, N = P$

$$\sum m_C = 0, P \cdot a - M = 0, M = P \cdot a$$

2.2.4　应力

由截面法求出的内力是截面上分布内力的合力，仅仅知道内力的大小，还不能判断杆件的强度。例如：两根材料相同、截面积不同的杆，受到相同的轴向拉力 P 的作用，当 P 达到一定的数值时，虽然用截面法

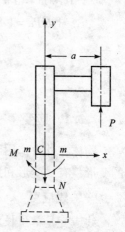

图 2.4　例 2.1 图

计算出的两杆的内力是相等的，但截面积较小的杆件肯定先断裂。这是因为它上面的内力的密集程度大，我们将内力在一点处的密集程度（简称集度）或者单位面积上的内力称为**应力**。要研究杆件的强度问题，就必须计算杆件的应力。

如图 2.5 所示，围绕横截面上 m 点取微小面积 ΔA。根据均匀连续假设，ΔA 上必存在分布内力，设它的合力为 ΔP，ΔP 与 ΔA 的比值为 $P_m = \Delta P/\Delta A$。P_m 是一个矢量，代表在 ΔA 范围内，单位面积上的内力的平均集度，称为平均应力。

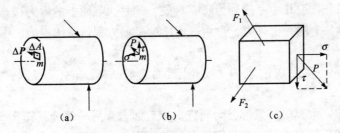

图 2.5　应力

当 ΔA 趋于零时，P_m 的大小和方向都将趋于一定极限，得到：

$$p = \lim_{\Delta A \to 0} P_m = \lim_{\Delta A \to 0} (\Delta P/\Delta A) = \mathrm{d}P/\mathrm{d}A \qquad (2-1)$$

将 p 称为 m 点处的（全）应力。通常把应力分解成垂直于截面的分量 σ 和切于截面的分量 τ，σ 称为正应力，τ 称为切应力。

应力是单位面积上的内力，表示某微截面积处 m 点内力的密集程度。单位为 $\mathrm{N/m^2}$，在工程上，也用 kg（f）$/\mathrm{cm^2}$ 作为应力单位，

$$1\ \mathrm{N/m^2} = 1\ \mathrm{Pa}(帕斯卡),\ 1\ \mathrm{GPa} = 1\ \mathrm{GN/m^2} = 10^9\ \mathrm{N/m^2} = 10^9\ \mathrm{Pa},$$

$$1\ \mathrm{MPa} = 1\ \mathrm{MN/m^2} = 10^6\ \mathrm{N/m^2} = 10^6\ \mathrm{Pa},\ 1\ \mathrm{kgf/cm^2} = 0.1\ \mathrm{MPa}$$

§2.3　应变和基本变形

2.3.1　应变

物体在外力作用下发生的尺寸和形状的改变称为变形。构件上任意一点材料的变形，有线变形和角变形两种基本形式，分别用线应变和角应变来衡量。

一、线应变

线应变是单位长度上的变形量，是量纲为 1，其物理意义是：构件上一点沿某一方向线变形量的大小。可用 ε 表示。

用正微六面体（下称微单元体）来代表构件上某"一点"。如图 2.6（a）

所示，M 点处微单元体的棱边边长为 Δx，Δy，Δz，变形后微六面体的边长和棱边之间的夹角都发生了变化。

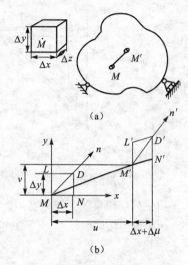

现研究 x—y 平面内的变形（如图 2.6(b)），变形前平行于 x 轴的线段 MN 原长为 Δx，变形后 M 和 N 分别移到 M' 和 N'，$\overline{M'N'} = \Delta x + \Delta\mu$，其中：$\Delta\mu = \overline{M'N'} - \overline{MN}$。

于是线段 MN 每单位长度的平均伸长或缩短量为：$\varepsilon_m = \Delta\mu/\Delta x$。称 ε_m 为线段 MN 的平均线应变，若使线段 MN 趋近于零，则可得到一点的线应变：

$$\varepsilon = \lim_{\Delta x \to 0} \Delta\mu/\Delta x = \mathrm{d}\mu/\mathrm{d}x \qquad (2-2)$$

ε 称为 M 点沿 x 方向的线应变或正应变，简称应变。根据变形发生的方向的不同，线应变又分为纵向线应变和横向线应变。

图 2.6　线应变

二、角应变

角应变又称切应变。是微单元体两棱边所夹直角的改变量，切应变也是量纲为 1。如图 2.6(b) 所示，正交线段 MN 和 ML 变形后，分别是 $M'N'$ 和 $M'L'$。变形前后其角度的变化是（$\pi/2 - \angle L'M'N'$），当 N 和 L 趋近于 M 时，上述角度变化的极限值是：

$$\gamma = \lim(\pi/2 - \angle L'M'N') \qquad (2-3)$$

称为 M 点在 xy 平面内的切应变或角应变。

角应变又称切应变，是微单元体两棱边所夹直角的改变量，切应变也是量纲为 1。

2.3.2　基本变形

当外力以不同的方式作用于杆件上时，杆件将发生不同形式变形，在工程实际当中，杆件的基本变形有 4 种：① 轴向拉伸或压缩；② 剪切；③ 扭转；④ 弯曲。其他的变形都可以看成是基本变形的组合。

一、轴向拉伸和压缩

轴向拉伸和压缩是杆件比较简单的一种基本变形，静力学中的轴线为直线的二力杆件是发生轴向拉伸和压缩的典型例子，如图 2.7 所示。

图 2.7 可以看出，轴向拉伸或压缩的受力特点是：合外力的作用线和杆件的轴线重合；相应的轴向拉伸或压缩时杆件的变形特点是：杆件只沿轴向伸长或缩短。

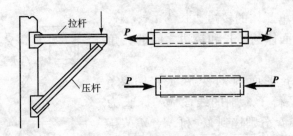

图 2.7　轴向拉伸或压缩实例

二、剪切和挤压

提到剪切很自然会想到剪刀，剪刀是典型的剪切变形的例子，工程上铆钉、键、销、螺栓等连接件也是剪切变形的实例。图 2.8 为铆钉受剪切时变形与受力特点。

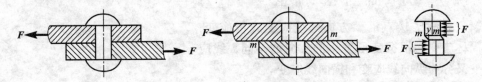

图 2.8　铆钉剪切实例

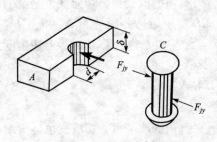

图 2.9　挤压实例

由图 2.8 可以看出，受外力剪切作用特点是：构件受剪切时两侧的合外力大小相等、方向相反、作用线平行且距离很近。构件相应的剪切变形的特点是：介于作用线之间的截面将沿着力的方向相对错动。发生相对错动的表面叫剪切面。

构件在受剪切的同时，往往伴随挤压现象。当两物体接触而传递压力时，如果接触面不大而传递的压力较大时，接触表面可能被压陷甚至压碎，这种现象叫挤压。构件局部受压的接触面叫挤压面（如图 2.9 所示）。

挤压与压缩的区别在于：压缩发生在整个的物体上，而挤压只发生在物体的表面。

三、扭转

工程中讨论的扭转变形主要是指圆轴的扭转。如汽车的传动轴、电动机的输出轴等发生都是扭转变形（如图 2.10 所示）。它们的受力特点是：构件两端受到两个垂直于轴线的力偶的作用，力偶的大小相等、方向相反。相应的变形特点是：在两力偶的作用下，杆件的横截面绕轴线相对转动。两横截面间的相对转角叫扭转角，简称转角。

四、弯曲

两人用木棍抬重物时，木棍将发生弯曲，其轴线由直线变为曲线，这种在垂直于杆件轴线的外力的作用下或在纵向平面内受到力偶作用，轴线由直线变为曲线的变形称弯曲变形，图 2.11 所示为弯曲变形的实例。

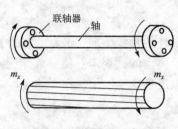

图 2.10　圆轴扭转实例

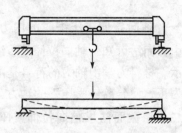

图 2.11　弯曲变形工程实例

工程上把以弯曲变形为主的构件叫梁。梁的结构很多，一般根据梁支座的情况，将梁分为以下 3 种基本形式。

（1）简支梁：梁的一端为固定铰支座；另一端为活动铰支座。如图 2.12 所示。

（2）外伸梁：支座和简支梁的支座相同，但梁的一端或两端伸出支座之外。如图 2.12 所示。

（3）悬臂梁：梁的一端为固定端；另一端自由。如图 2.12 所示。

简支梁　　　　　　　外伸梁　　　　　　　悬臂梁

图 2.12　梁的结构

梁的轴线和纵向截面所决定的平面称纵向对称面。若梁上的外力都作用在纵向对称面内，且各力都与梁的轴线垂直，则梁的轴线在纵向对称面内弯曲成曲线，这种弯曲变形称平面弯曲，如图 2.13 所示。

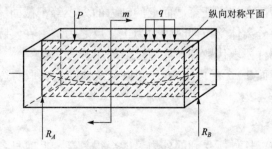

图 2.13　平面弯曲

§2.4　轴向拉伸与压缩

2.4.1　轴向拉压杆横截面上的内力

一、轴向拉伸或压缩时的内力——轴力

由截面法可知，轴向拉伸或压缩时的内力沿杆的轴线方向，故称为**轴力**，用 N 表示。材料力学中轴力的符号是由杆件的变形决定的，规定：使分离体拉伸的轴力为正，使分离体受压缩的轴力为负，即**拉正压负**。

二、用截面法求轴向拉伸或压缩时的内力

如图 2.14（a）所示，一直杆受到作用点分别在 A，B，C 的力 P_1，P_2，P_3

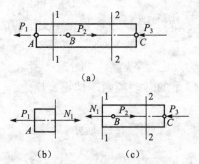

图 2.14　受力分析示意图

的作用，求横截面 1—1，2—2 上的内力。

（1）沿截面 1—1 将杆截开，取左段为分离体。如图 2.14（b）所示。

（2）设 1—1 截面右段对左段的作用力，即截面 1—1 的内力为 N_1，并假设 N_1 使分离体受拉，为正。

（3）列平衡方程：$\sum F_x = 0$

即：$N_1 - P_1 = 0$　得：$N_1 = P_1$

若取右段为分离体，如图 2.14（c）所示，列平衡方程为：

$$\sum F_x = 0 \text{，即：} P_2 - N_1 - P_3 = 0, \text{得：}$$

$$N_1 = P_2 - P_3$$

横截面 $1 - 1$ 上的内力 N_1 等于左边分离体上所有外力 P_1 的代数和，或右边分离体上所有外力 P_2，P_3 的代数和。

计算轴力的简捷方法：任意截面上的轴力的大小等于截面一侧杆段所有外力的代数和，外力使分离体受拉伸时轴力为正，反之为负。在实际计算时，一般选取外力较少的一侧杆段求代数和，计算比较简单。

同理可计算截面 2—2 的内力 N_2。假设分离体受拉，取右边为分离体，列平衡方程可得：$N_2 = -P_3$。

三、轴力图

在实际问题中，杆件所受到的外力可能会很复杂，此时杆各横截面上的轴力将不相同，N 将是横截面位置坐标 x 的函数，即：$N = N(x)$。为形象直观地表示出整个杆件各横截面处轴力的大小和变化，引入**轴力图**。

轴力图用平行于杆轴线的坐标 x 表示横截面的位置，用垂直于杆轴线的坐标 N 表示横截面上轴力的数值，所绘出的图线可以表明轴力 N 沿轴线变化的情况。

例 2.2 求如图 2.15 所示杆件的内力，并作轴力图。

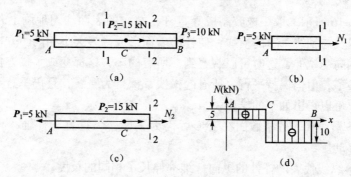

图 2.15 受力分析示意图

解： 1）计算各段内力

AC 段：作截面 1—1，取左段为分离体，并假设 N_1 方向如图 2.15（b）所示。

由 $\sum F_x = 0$，得 $N_1 = 5$ kN（拉力）。

CB 段：作截面 2—2，取左段为分离体，并假设 N_2 方向如图 2.15（c）所示。

由 $\sum F_x = 0$，得 $N_2 = -10$ kN（压力）N_2 的实际方向应与图中所示方向相反。

2）绘制轴力图

以截面的轴向位置 x 为横坐标，相应截面上的轴力 N 为纵坐标，并根据适当比例绘制轴力图，如图 2.15（c）所示。由轴力图可知 CB 段的轴力值最大，即 $|N|_{max} = 10$ kN。

应注意的两个问题如下。

（1）求内力时，外力不能沿作用线随意移动（如 P_2 沿轴线移动）。因为材料力学研究的对象是变形体，不是刚体，力的可传递性原理的应用是有条件的。

（2）截面不能刚好截在外力作用点处（如通过 C 点），因为工程实际上并不存在几何意义上的点和线，而实际的力只可能作用于一定微小面积内。

2.4.2 轴向拉（压）杆横截面上的应力

根据轴力并不能判断杆件是否有足够的强度，必须用横截面上的应力来度量杆件的受力程度。为了求得应力分布规律，先研究杆件变形，提出平面假设。

一、平面假设

为了确定横截面的应力，先通过杆件的变形来分析横截面上内力的分布情况。

如图 2.16 所示，取一橡胶制成等直杆，在它的表面均匀地画上若干与轴线平行的纵线及与轴线垂直的横线，使杆的表面形成许多大小相同的方格，然后使橡胶杆件轴向受拉伸，这时可以观察到，所有的小方格都变成了长方格，所有的纵线都伸长了，但仍保持平行。所有的横线都保持为直线，且仍垂直于轴线。根据上述现象可以得出如下的结论。

（1）各横线代表的横截面在变形后仍为平面，仍垂直于杆轴，只是沿轴向作相对的移动。

（2）各纵线代表的杆件的纵向纤维都伸长了相同的长度。

二、轴向拉（压）杆横截面上的正应力

如图 2.17 所示，受轴向拉伸的杆件变形前其横截面为平面，变形之后仍保持为平面，而且仍垂直于杆轴线。根据平面假设得知，横截面 ab、cd 变形后相应平移到 a′b′、c′d′，横截面上各点沿轴向的伸长量相同，即变形是相同的。根据材料的均匀性，连续性假设可推知横截面上内力的分布是均匀的，即横截面上各点处应力大小相等，方向与轴力 N 一致，垂直于横截面，为正应力，即 σ 等于常量。

$$\sigma = N/A \qquad (2-4)$$

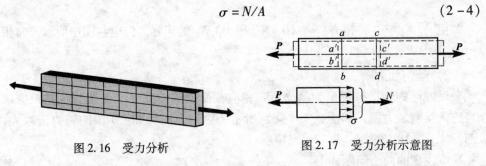

图 2.16　受力分析　　　　图 2.17　受力分析示意图

式中，σ 为横截面上的正应力；N 为横截面上的轴力；A 为横截面面积。

正应力的符号规定为：拉应力为正，压应力为负。

例 2.3　旋转式吊车的三角架如图 2.18（a）所示，已知 AB 杆由 2 根截面面积为 10.86 的角钢制成，$P = 130$ kN，$\alpha = 30°$。求 AB 杆横截面上的应力。

解：（1）计算 AB 杆内力取节点 A 为研究对象，受力如图 2.19（b）所示，由 $\sum F_y = 0$，得：$N_{AB}\sin 30° = P$。则：$N_{AB} = 2P = 260$ kN（拉力）

（2）计算 AB 杆应力为：

$$\sigma_{AB} = N_{AB}/A = 119.7 \text{ MPa}$$

例 2.4　起吊钢索如图 2.19（a）所示，截面积分别为 $A_1 = 3$ cm^2，$A_2 =$

4 cm^2，$l_1 = l_2 = 50 \text{ m}$，$P = 12 \text{ kN}$，材料单位体积质量 $\gamma = 0.028 \text{ N/cm}^2$，考虑自重，试绘制钢索的轴力图，并求横截面上最大正应力 $\sigma_{\max}$。

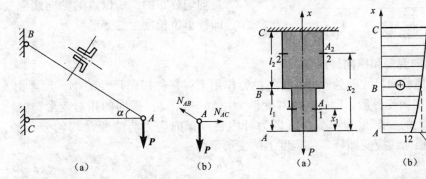

图 2.18　受力分析示意图　　　　　图 2.19　受力分析示意图

解: 1) 计算钢索的轴力

AB 段：取 1—1 截面。

$$N_1 = P + \gamma A_1 x_1 \quad (0 \leqslant x_1 \leqslant l_1)$$

BC 段：取 2—2 截面。

$$N_2 = P + \gamma A_1 l_1 + \gamma A_2 (x_2 - l_1) \quad (l_1 \leqslant x_2 \leqslant l_1 + l_2)$$

2) 绘制轴力图

作轴力图如图 2.19 (b) 所示。

当 $x_1 = 0$ 时，$N_1 = 12 \text{ kN}$（拉力）；

当 $x_1 = l_1$ 时，$N_1 = P + \gamma A_1 l_1 = 12.42 \text{ kN}$（拉力）；

当 $x_2 = l_1$ 时，$N_2 = P + \gamma A_1 l_1 + \gamma A_2 (l_1 - l_1) = 12.42 \text{ kN}$（拉力）；

当 $x_2 = l_1 + l_2$ 时，$N_2 = P + \gamma A_1 l_1 + \gamma A_2 l_2 = 12.98 \text{ kN}$（拉力）。

3) 应力计算

B 截面：$\sigma_B = N_B/A_1 = 12.42 \times 10^3 / (3 \times 10^{-4}) = 41.4 \text{ MPa}$（拉应力）；

C 截面：$\sigma_C = N_C/A_2 = 12.98 \times 10^3 / (4 \times 10^{-4}) = 36.8 \text{ MPa}$（拉应力）。

故钢索横截面上的最大拉应力为：$\sigma_{\max} = \sigma_B = 41.4 \text{ MPa}$。

2.4.3　轴向拉（压）杆的变形

一、轴向拉（压）杆的纵向线应变和横向线应变

1. 纵向变形和纵向线应变

杆受到轴向力作用时，其纵向和横向尺寸都要发生变化。拉伸时，杆沿轴向伸长，横向尺寸缩小；压缩时，杆沿轴向缩短，横向尺寸增大。

如图 2.20 所示，等直杆的原长为 l，在轴向拉力作用下，杆件在轴线方向伸长，长度由 l 变为 l_1。轴向伸长量，即轴向绝对变形为：$\Delta l = l_1 - l$。轴向的相对

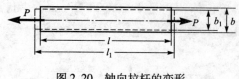

图 2.20　轴向拉杆的变形

变形，即杆单位长度上的变形量为：$\Delta l/l$。因为杆内各点轴向应力与应变是均匀分布的，所以点的轴向线应变即杆单位长度上的变形量为：

$$\varepsilon = \Delta l/l \qquad (2-5)$$

2. 横向变形和横向线应变

杆的横截面尺寸原为 b，在轴向拉力作用下，杆件横向尺寸缩小，尺寸由 b 变成 b_1。横向变形量，即横向绝对变形为：$\Delta b = b_1 - b$。横向的相对变形，即杆单位宽度上的变形量为：$\Delta b/b$。因为杆内各点横向应力与应变是均匀分布的，所以点的横向线应变即杆单位宽度上的变形量为：

$$\varepsilon' = \Delta b/b \qquad (2-6)$$

3. 泊松比

实验证明，在弹性范围内：

$$|\varepsilon'/\varepsilon| = \mu \qquad (2-7)$$

μ 为杆的横向线应变与轴向线应变代数值之比，是反映材料横向变形能力的材料弹性常数，为正值。

轴向拉（压）杆的横向线应变与纵向线应变的符号相反，工程上一般冠以负号，表示为：$\mu = -\varepsilon'/\varepsilon$，称 μ 为泊松比或横向变形系数。

ε' 与 ε 的关系为：

$$\varepsilon' = -\mu\varepsilon \qquad (2-8)$$

二、胡克定律

轴向拉伸或压缩试验表明：当杆的轴力 N 不超过某一限度时，杆的绝对变形量 Δl 与轴力 N 及杆的长度 l 成正比，与杆的横截面面积 A 成反比，即：$\Delta l \propto Nl/A$。引入比例常数 E，得：

$$\Delta l = Nl/(EA) \qquad (2-9)$$

式中，常数 E 是表示材料弹性性质的一个常数，称为材料的拉（压）弹性模量，单位为 MPa，GPa。

材料的弹性模量 E 和泊松比 μ 都是表征材料弹性的常数，由实验测定。几种常用材料的弹性模量和泊松比见表 $2-1$。

表 $2-1$　常用材料的 E 和 μ

材料名称	E/GPa	μ
碳钢	196 ~ 216	0.24 ~ 0.28
合金钢	186 ~ 206	0.25 ~ 0.30
灰铸铁	78.5 ~ 157	0.23 ~ 0.27
铜及铜合金	72.6 ~ 128	0.31 ~ 0.42
铝合金	70	0.33

式 (2-9) 是胡克定律的一种表达形式。式中的 EA 是材料弹性模量与拉（压）杆件横截面面积 A 的乘积，EA 越大，则变形越小，将 EA 称为杆件的抗拉（压）刚度。将 $\sigma = N/A$ 和 $\varepsilon = \Delta l/l$ 代入式 (2-9)，得：

$$\sigma = E\varepsilon \qquad (2-10)$$

该式说明：当杆横截面上的正应力不超过某一限度时，应力与应变成正比。

例 2.5　如图 2.21 所示变截面杆，已知 BD 段横截面积 $A_1 = 2\ \text{cm}^2$，DA 段横截面积 $A_2 = 4\ \text{cm}^2$，$P_1 = 5\ \text{kN}$，$P_2 = 10\ \text{kN}$。求 AB 杆的变形。（材料的 $E = 120\ \text{GPa}$）

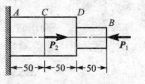

图 2.21　受力分析示意图

解：分别求 BD，DC，CA 3 段的轴力

$$N_{BD} = -5\ \text{kN} \quad N_{DC} = -5\ \text{kN}$$

$$N_{CA} = 5\ \text{kN}$$

$$\Delta l_{BD} = N_{BD}l_{BD}/(EA_1) = -1.05 \times 10^{-4}\ \text{m}$$

$$\Delta l_{DC} = N_{DC}l_{DC}/(EA_2) = -0.52 \times 10^{-4}\ \text{m}$$

$$\Delta l_{CA} = N_{CA}l_{CA}/(EA_2) = 0.52 \times 10^{-4}\ \text{m}$$

$$\Delta l_{AB} = \Delta l_{AC} + \Delta l_{CD} + \Delta l_{DB} = -1.05 \times 10^{-4}\ \text{m}$$

2.4.4　材料在轴向拉（压）时的力学性能

材料的力学性能也称材料的机械性能，是通过试验所揭示出的材料在受力过程中所表现出的与试件几何尺寸无关的材料本身的特性，如变形特性，破坏特性等。研究材料的力学性能的目的是确定在变形和破坏情况下材料的一些重要性能指标，作为选用材料，计算构件强度、刚度的依据。

常用的材料分为塑性材料和脆性材料两大类。试验时一般以低碳钢代表塑性材料，用铸铁代表脆性材料。轴向拉伸试验是研究材料力学性能最常用、最基本的试验。

一、试件和设备

为了便于比较试验结果，按国家标准（GB/T 6397—2002）加工出如图 2.22 所示标准试件。试件中间等直杆部分为试验段，其长度 l 称为标距，标距 l 与直径 d 的比值通常为 $l/d = 10$ 或 $l/d = 5$。两端较粗的部分为试件的装夹部分。

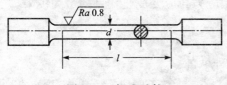

图 2.22　标准试件

拉伸试验主要在万能试验机上进行，国家标准《金属拉伸试验方法》（如 GB/T 228—2002）详细规定了实验方法和各项要求。

将试件夹在实验机上，逐渐增大拉

力，试件逐渐伸长，记录拉力 P 和伸长量 Δl，直到试件被拉断。试验机上一般都有自动绘图装置，在实验过程中能自动绘出 P 和 Δl 的关系曲线图。

以拉力 P 为纵坐标，伸长量 Δl 为横坐标，将两者的关系按一定的比例绘制成的曲线，称为拉伸图，如图 2.23 所示。由于伸长量 Δl 与标距及横截面的大小有关，使得相同的材料由于试件的尺寸不同得到的拉伸图也不同。为消除截面积和标距的影响，将拉伸图的纵坐标 P 除以截面积 A，以应力 σ 表示，横坐标 Δl 除以标距 l，用应变 ε 来表示，这样的曲线称应力 – 应变图，如图 2.24 所示。

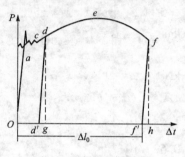
　　图 2.23　低碳钢拉伸图

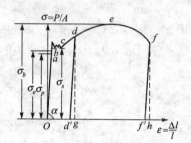
　　图 2.24　低碳钢应力 – 应变图

二、低碳钢拉伸时的力学性能

1. 拉伸图

低碳钢（含碳量在 0.3% 以下的碳素钢，如 A3 钢、16Mn 钢）是机械制造和一般工程中应用最广的塑性材料，在拉伸试验中表现出的力学性能比较全面，具有代表性。

图 2.23 所示为低碳钢的拉伸图（P – Δl 曲线），从图中可以看出，整个拉伸过程大致分为 4 个阶段：弹性阶段（Oa）、屈服（流动）阶段（bc）、强化阶段（ce）和颈缩段（ef）。

2. 应力应变图

由于 P – Δl 曲线与试样的尺寸有关，为了消除试件尺寸的影响，可采用应力 – 应变曲线，图 2.24 为低碳钢的应力 – 应变图（σ – ε 曲线）。σ – ε 曲线图各特征点的含义如下。

Oa 段：在拉伸（或压缩）的初始阶段应力 σ 与应变 ε 为直线关系直至 a 点。这说明在这一段内应力 σ 与应变 ε 成正比，材料服从胡克定律。a 点所对应的应力值称为**比例极限**，用 σ_p 表示。它是应力与应变成正比例的最大极限。当 $\sigma \leqslant \sigma_p$ 时，有 $\sigma = E\varepsilon$。直线 Oa 的斜率为：

$$\tan \alpha = \sigma / \varepsilon = E \tag{2-11}$$

通过式（2 – 11），可以确定材料的弹性模量。

当应力超过比例极限 σ_p 增加到 b 点时，σ – ε 关系偏离直线，此时若将应力卸至零，则应变随之消失（一旦应力超过 b 点，卸载后会有一部分应变不能消除），

b 点所对应的应力定义为弹性极限 σ_e。σ_e 是材料只出现弹性变形的极限值。

bc 段：应力超过弹性极限后继续加载，会出现即使应力增加很少或不增加，应变也会很快增加的特殊现象，这种现象称为**屈服**。开始发生屈服的点所对应的应力叫屈服极限 σ_s，又称屈服强度。在屈服阶段应力不变而应变不断增加，材料似乎失去了抵抗变形的能力，因此产生了显著的塑性变形（此时若卸载，应变不会完全消失而存在残余变形，也称塑性变形）。σ_s 是衡量材料强度的重要指标。

表面磨光的低碳钢试样屈服时，表面将出现与轴线成 45°倾角的条纹，这是由于材料内部晶格相对滑移形成的，称为滑移线，如图 2.25 所示。

ce 段：越过屈服阶段后，如要让试件继续变形，就必须继续加载，材料似乎恢复了抵抗变形的能力，ce 段为低碳钢材料的强化阶段。应变强化阶段的最高点 e 点所对应的应力称为强度极限 σ_b，它表示材料所能承受的最大应力。

ef 段：过 e 点后，即应力达到强度极限后，试件局部发生剧烈收缩的现象，称为颈缩，如图 2.26 所示。进而试件内部出现裂纹，应力下跌，至 f 点试件断裂。

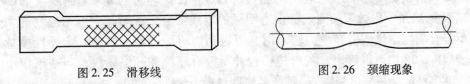

图 2.25　滑移线　　　　　　　　　　图 2.26　颈缩现象

对低碳钢而言 σ_s 和 σ_b 是衡量材料强度最重的两个指标。

3. 塑性指标

试件断裂后，弹性变形消失，只剩下残余变形。工程上常用试件的残留塑性表示材料的塑性能力，常用的指标有：变形延伸率 δ 和截面收缩率 ψ。

为度量材料塑性变形的能力，延伸率为：

$$\delta = (l_1 - l)/l \times 100\% \qquad (2-12)$$

此处 l 为试件标线间的标距，l_1 为试件断裂后量得的标线间的长度。

截面收缩率为：

$$\psi = (A - A_1)/A \times 100\% \qquad (2-13)$$

此处 A 为试件原始横截面面积，A_1 为断裂后试件颈缩处面积。

对于低碳钢：$\delta = 20 \sim 30\%$，$\psi \approx 60\%$，这两个值越大，说明材料塑性越好。工程上通常按延伸率的大小把材料分为两类：$\delta \geqslant 5\%$ 的为塑性材料；$\delta < 5\%$ 为脆性材料。

4. 塑性材料的卸载规律及冷作硬化

试样加载到超过屈服极限（如图 2.24 中 d 点）后卸载，卸载线 $\overline{dd'}$ 大致平行于线 $\overline{Oa}$，此时 $\overline{Og} = \overline{Od'} + \overline{d'g} = \varepsilon_p + \varepsilon_e$，其中 ε_e 为卸载过程中恢复的弹性应变，ε_p 为卸载后的塑性变形（残余变形），卸载至 d' 后若再加载，加载线仍沿 dd' 线

上升，加载的应力应变关系符合胡克定律。

材料进入强化阶段以后卸载再加载（如经冷拉处理的钢筋），使材料此后的 $\sigma - \varepsilon$ 关系沿 $d'def$ 路径，此时材料的比例极限和开始强化的应力提高了，塑性变形能力降低了，这一现象称为**冷作硬化**。

三、低碳钢压缩时的力学性能

金属材料的压缩试件一般为短圆柱，其高度与直径之比为 $h/d = 1.5 \sim 3$。

压缩试验在万能试验机上进行。试验时也可以画出 $\sigma - \varepsilon$ 曲线，如图 2.27 所示。与图 2.24 比较不难看出，塑性材料压缩时的比例极限 σ_p，屈服极限 σ_s 和弹性模量 E 与拉伸时是一样的。在屈服点之后，试件产生明显塑性变形，随着压力的增大，试件横截面面积不断增大，试件抗压能力持续增高，曲线急剧上升，不存在强度极限 σ_b。由于机械中的构件是不允许发生塑性变形的，所以对低碳钢一般不做压缩试验，压缩时的力学性能直接引用拉伸试验结果。

四、铸铁拉伸时的力学性能

灰口铸铁是工程上广泛应用的脆性材料，它在拉伸时的 $\sigma - \varepsilon$ 曲线（如图 2.28 所示）是一段微弯的曲线，没有明显的直线部分，说明其应力与应变的关系不符合胡克定律，但在应力较小时，可近似以直线代替曲线，确定弹性模量 E。从图 2.28 中可以看出，灰口铸铁拉伸时没有屈服和颈缩阶段，当变形很小时，就突然断裂。强度极限 σ_b 是衡量脆性材料力学性能的唯一指标。

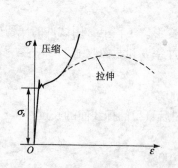

图 2.27　低碳钢压缩 $\sigma - \varepsilon$ 曲线

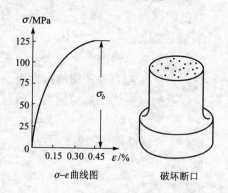

图 2.28　铸铁的拉伸

五、铸铁压缩时的力学性能

图 2.29 所示为灰口铸铁压缩时的 $\sigma - \varepsilon$ 曲线。可以看出，灰口铸铁在压缩时也无明显直线部分，也只能认为近似符合胡克定律。此外灰口铸铁压缩时也不存在屈服极限 σ_s。由于铸铁材料组织结构内缺陷较多，铸铁的抗压强度极限与其抗拉强度极限均有较大分散度，但灰口铸铁的抗压强度 σ_y 远高于其抗拉强度 σ_l，有时可以高达 $4 \sim 5$ 倍。破坏时试件的断口沿与轴线大约成 $45°$ 的斜面断开，

为灰暗色平断口。

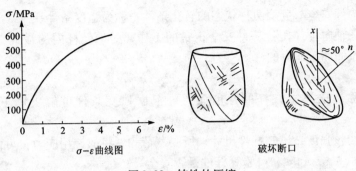

图 2.29　铸铁的压缩

与铸铁在机械工程中广泛作为机械底座等承压部件相类似，另一类典型的脆性材料混凝土，石料等则是建筑工程中重要的承压材料。

2.4.5　轴向拉（压）杆的强度计算

一、许用应力与安全系数

在工程中由于各种原因使结构丧失其正常工作能力的现象，称为失效。工程材料失效的形式有两种，分别如下。

（1）塑性屈服：材料失效时产生明显的塑性变形，并伴有屈服现象。如低碳钢、铝合金等塑性材料。

（2）脆性断裂：材料失效时几乎不产生塑性变形而突然断裂。如铸铁、混凝土等脆性材料。

由实验和工程实践可知，当构件的应力达到材料的屈服极限或者强度极限时，将产生较大的塑性变形或断裂，导致构件失效。为使构件正常工作，设定极限应力，用 σ^0 表示，对于塑性材料，取 $\sigma^0 = \sigma_s$，对脆性材料，取 $\sigma^0 = \sigma_b$。

考虑到载荷估计的准确度、应力计算的精确度、材料的均匀度以及构件的重要性等因素，为确保构件安全可靠的工作，应使其工作应力小于材料的极限应力。一般将极限应力除以一个大于 1 的系数 n，作为设计时应力的最大允许值，称为许用应力，用 $[\sigma]$ 表示。

$$[\sigma] = \sigma^0 / n \qquad\qquad (2-14)$$

式中，n 称为安全系数。

工程上一般取：塑性材料：$[\sigma] = \sigma_s / n_s$；脆性材料：$[\sigma] = \sigma_b / n_b$

式中 n_s，n_b 分别为塑性材料和脆性材料的安全系数。

不同工作条件下构件的安全系数 n 的选定应根据有关规定或查阅国家有关规范或设计手册。在静载荷设计中，一般 $n_s = 1.3 \sim 2.0$，$n_b = 2.0 \sim 3.5$。

二、强度条件

受载构件安全与危险两种状态的转化条件，称为强度条件。

为保证轴向拉（压）杆件安全正常的工作，必须使杆内的最大工作应力不超过材料拉伸和压缩时的许用应力，即：

$$\sigma_{\max} = (N_{\max}/A) \leqslant [\sigma] \tag{2-15}$$

上式称为拉（压）杆的强度条件。根据强度条件可解决以下 3 方面的问题。

（1）校核强度，已知杆件尺寸、所受载荷和材料的许用应力，可由：

$\sigma_{\max} = (N_{\max}/A) \leqslant [\sigma]$ 验算杆件是否安全。

（2）设计截面，已知杆件所承受的载荷和材料的需用应力，可由：

$A \geqslant N_{\max}/[\sigma]$ 计算杆件危险截面的安全面积。

（3）确定构件所承受的最大安全载荷，已知杆件横截面尺寸和材料的许用应力，可由：

$N_{\max} \leqslant A[\sigma]$ 计算最大轴力，进而由 $N_{\max}$ 与载荷的平衡关系得到许可载荷。需要注意的是：对于变截面杆如阶梯杆，$\sigma_{\max}$ 不一定在 $N_{\max}$ 处，还应考虑截面面积 A。

例 2.6 某结构尺寸及受力如图 2.30 所示。AB，CD 为刚体，BC 和 EF 为圆截面钢杆，钢杆直径为 $d = 25$ mm，两杆材料均为 Q235 钢，其许用应力 $[\sigma] = 160$ MPa。若已知荷载 $F_P = 39$ kN，试校核此结构的强度是否安全。

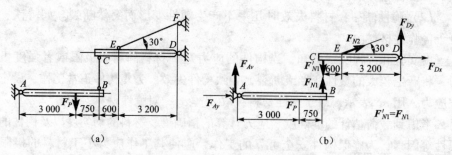

（a）　　　　　　　　　　　　（b）

图 2.30 受力分析示意图

解： 1）分析结构危险状态

该结构的强度与杆 BC 和 EF 的强度有关，在强度校核之前，应先判断哪一根杆最危险。现两杆直径及材料均相同，故受力大的杆最危险。为确定危险杆件，需先作受力分析，如图 2.30（b）所示。

研究 AB、CD 的平衡：$\sum M_A = 0$，$F_{N1} \times 3.75 - F_P \times 3 = 0$；

$\sum M_D = 0$，$F_{N1} \times 3.8 - F_{N2} \times 3.2\sin 30° = 0$。

解得：$F_{N1} = (39 \times 10^3 \times 3/3.75) = 31.2 \times 10^3 = 31.2$ kN

$\qquad F_{N2} = 31.2 \times 10^3 \times 3.8/1.6 = 74.1 \times 10^3 = 74.1$ kN

杆 EF 受力较大，为危险杆。

2）计算杆 EF 横截面上应力

$\sigma = F_{N2}/(\pi d^2/4) = 74.1 \times 10^3 \times 4/(\pi \times 25^2 \times 10^{-6}) = 151 \times 10^6 \text{ Pa} = 151 \text{ MPa}$

3）校核强度

$$\sigma = 151 \text{ MPa} \leqslant 160 \text{ MPa} = [\sigma]$$

满足强度条件，杆 EF 的强度足够，是安全的，即整个结构是安全的。

例 2.7 上例中若杆 BC 和 EF 的直径均为未知，其他条件不变。设计两杆所需的直径。

解： 两杆材料相同，受力不同，故所需直径不同。设杆 BC、EF 的直径分别为 d_1 和 d_2，由强度条件得：$\sigma_1 = F_{N1}/(\pi d_1^2/4) \leqslant [\sigma]$，$\sigma_2 = F_{N2}/(\pi d_2^2/4) \leqslant [\sigma]$。

应用上例中受力分析的结果，得到：

$d_1 \geqslant \sqrt{4 \times F_{N1}/(\pi [\sigma])} = \sqrt{4 \times 31.2 \times 10^3/(3.14 \times 160 \times 10^6)} = 15.8$ mm

$d_2 \geqslant \sqrt{4 \times F_{N2}/(\pi [\sigma])} = \sqrt{4 \times 74.1 \times 10^3/(3.14 \times 160 \times 10^6)} = 24.3$ mm

例 2.8 若例 2.5 中的杆 BC，EF 直径均为 $d = 30$ mm，其他条件不变。试确定此时结构所能承受的许可荷载 $[F_P]$。

解： 根据例题 2.7 的分析，杆 EF 为危险杆，由平衡方程得到其受力：

$F_{N2} = F_{N1} \times 3.8/(3.2 \times 0.5) = F_P \times 3 \times 3.8/(3.75 \times 3.2 \times 0.5) = 1.9 F_P$

根据强度条件：$\sigma = F_{N2}/(\pi d^2/4) \leqslant [\sigma]$，即：$1.9 F_P \times 4/\pi d^2 \leqslant [\sigma]$

可得：$F_P \leqslant 3.14 \times 30^2 \times 10^{-6} \times 160 \times 10^6/(1.9 \times 4) = 59.52$ kN

结构的许可荷载：$[F_p] = 59.52$ kN

§2.5 剪切与挤压

2.5.1 剪切和挤压的内力分析

一、剪力

剪切时在剪切面上产生的内力称为剪力，用 Q 表示，（如图 2.31 所示）。由平衡条件可知，杆件受剪切时，剪切面上一定有一内力与外力相平衡，因此剪力与外力的大小相等、方向相反、且都平行于截面。

以销钉连接（图 2.31）为例，取销钉为研究对象，欲求 m—m 截面的内力，将销钉沿截面截开，取上面部分或下面部分为研究对象，为了保持水平方向的平衡，则：$Q = F$。

二、挤压力

在承载情形下，连接件与其所连接的构件相互接触并产生挤压，挤压时两接触面上的压力称挤压力，用 P_{jy} 表示（如图2.32所示）。挤压力的大小等于外力，方向与外力方向相反。

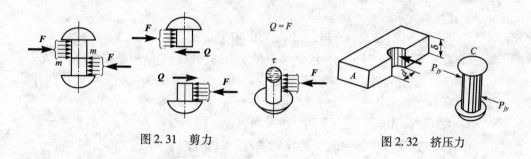

图2.31　剪力　　　　　　　　　　　　　图2.32　挤压力

2.5.2　剪切和挤压的实用计算

一、剪切实用计算

工程上假设剪切面上的剪力 Q 所引起的切应力 τ 在剪切面上是均匀分布的，这样的结果能够满足工程实际需要。因此，

$$\tau = Q/A \qquad\qquad (2-16)$$

式中，A 为剪切面的面积，单位为 mm^2；Q 为剪切面上的剪力，单位为 N。

为保证构件不发生剪切破坏，要求剪切面上的切应力不超过材料的许用切应力，这就是剪切的强度条件：

$$\tau = Q/A \leqslant [\tau] \qquad\qquad (2-17)$$

材料的许用剪切应力 $[\tau]$ 由实验确定，其值可参考有关手册。在一般情况下，材料的许用切应力 $[\tau]$ 和许用正应力 $[\sigma]$ 之间有下列近似的关系：

塑性材料：$[\tau] = (0.6 \sim 0.8)[\sigma]$，脆性材料：$[\tau] = (0.8 \sim 1.0)[\sigma]$

二、挤压的实用计算

在承载的情形下，连接件与其所连接的构件接触面的局部区域会产生较大的接触应力，称为**挤压应力**。用 σ_{jy} 表示挤压应力。挤压应力在挤压面上的分布非常复杂，在工程上同样假设挤压应力在挤压面上分布是均匀的，这时挤压应力的计算为：

$$\sigma_{jy} = F_{jy}/A_{jy} \qquad\qquad (2-18)$$

式中，F_{jy} 为挤压面上的挤压力，单位为 N；A_{jy} 为挤压面的计算面积，单位为 mm^2。

挤压面的计算面积是计算挤压力的关键，当挤压面是平面时，计算面积就是接触面积，当挤压面是半圆柱面时，取圆柱面过直径的截面的面积作为计算面积，形状是一个边长分别是圆柱体的直径和高度的矩形（如图2.33（c））。螺栓和销的联结中挤压面就是半圆柱面。

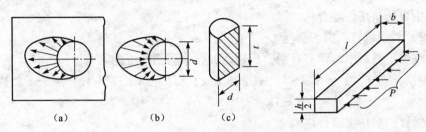

（a）　　　　　　　（b）　　　　　　（c）

图2.33　挤压面的计算面积

为保证构件具有足够的挤压强度正常工作，必须满足工作挤压应力不超过许用挤压应力的条件。即挤压的强度条件是：$\sigma_{jy} = F_{jy}/A_{jy} \leqslant [\sigma_{jy}]$，材料的许用挤压应力$[\sigma_{jy}]$由实验确定，其值可参考有关手册。

例 2.9　如图 2.34 所示钢板铆接件中，已知钢板的拉伸许用应力$[\sigma] = 98$ MPa，挤压许用应力$[\sigma_{jy}] = 196$ MPa，钢板厚度$\delta = 10$ mm，宽度$b = 100$ mm，铆钉直径$d = 17$ mm，铆钉许用切应力$[\tau] = 137$ MPa，挤压许用应力$[\sigma_{jy}] = 314$ MPa。若铆接件所承受的荷载$F_P = 23.5$ kN。试校核钢板与铆钉的强度。

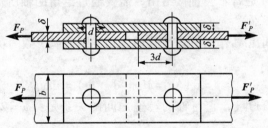

图2.34　受力分析示意图

解：对于钢板，自铆钉孔边缘线至板端部的距离比较大，该处钢板纵向承受剪切的面积较大，因而具有较高的抗剪切强度。因此只需校核钢板的拉伸强度和挤压强度，以及铆钉的挤压和剪切强度。现分别计算如下。

1）对于钢板：拉伸强度

考虑到铆钉孔对钢板的削弱，有：

$$\sigma = F_P/[(b-d) \times \delta] = 23.5 \times 10^3/[(100-17) \times 10^{-3} \times 10 \times 10^{-3}] \text{ Pa} = 28.3 \text{ MPa}$$

$$\sigma = 28.3 \text{ MPa} \leqslant [\sigma] = 98 \text{ MPa}$$

钢板的拉伸强度合格。

挤压强度：在图示受力情况下，钢板所受的总挤压力为 F_{jy}；有效挤压面为 $\delta \cdot d$，有：

$$\sigma_{jy} = F_{jy}/(\delta d) = 23.5 \times 10^3/[(100 - 17) \times 10^{-3} \times 10 \times 10^{-3}] = 138 \text{ MPa}$$

$$\sigma_{jy} = 138 \text{ MPa} \leqslant [\sigma_{jy}] = 196 \text{ MPa}$$

钢板的挤压强度合格。

2）对于铆钉：剪切强度

在图示情形中，铆钉有两个剪切面，每个剪切面上的剪力 $Q = F_p/2$，有：

$$\tau = Q/A = (F_P/2)/(\pi d^2/4) = 2 \times 23.5 \times 10^3/(3.14 \times 17^2 \times 10^{-6}) = 51.8 \text{ MPa}$$

$$\tau = 51.8 \text{ MPa} \leqslant [\tau] = 137 \text{ MPa}$$

铆钉的剪切强度合格。

挤压强度：铆钉的总挤压力与有效挤压面面积均与钢板相同，而且挤压许用应力较钢板为高，因钢板的挤压强度已校核是安全的，无须重复计算。

整个连接结构的强度都是安全的。

§2.6 圆轴扭转

2.6.1 圆轴扭转时外力偶矩的计算

为求圆轴扭转时截面上的内力，必须先计算轴上的外力偶。在工程计算中，轴上的外力偶矩 M 通常不会直接给出，需要通过给定的轴所传递的功率 P 和转速 n 计算得到。

令轴在外力偶矩 M 作用下匀速转动 ϕ 角，则力偶所做的功为 $A = M\phi$，由功率的定义可得：

$$p = \mathrm{d}A/\mathrm{d}t = M \cdot (\mathrm{d}\phi/\mathrm{d}t) = M\omega$$

式中，ω 为轴的角速度，它与轴的转速之间的关系是：$\omega = 2\pi n/60$，代入上式可得：

$$M = 9\,550 \cdot P/n \tag{2-19}$$

式中，P 的单位为 kW，M 的单位为 N·m，n 的单位为 r/min。

外力偶矩 M 的转向的确定：输入功率的主动外力偶矩的转向与轴的转向一致；输出功率的从动外力偶矩的转向与轴的转向相反。

2.6.2 扭矩和扭矩图

一、扭矩

用截面法求图 2.35 所示圆轴的内力，沿假想截面 A—A 将轴切开，取任意轴段为研究对象（如图 2.35（b）或（c）所示），根据平衡条件 $\sum M_x = 0$，可得 A—A 截面上的内力偶矩。

由 $T - m = 0$，可得：$T = m$。可见：圆轴在外力偶矩的作用下发生扭转变形时，横截面上产生的内力是一个在该截面内的力偶，其力偶矩叫做截面上的扭矩，用 T 表示。扭矩的单位为 N·m 或者 kN·m。

扭矩的正负号规定为：按右手螺旋法则，T 矢量离开截面为正，指向截面为负，或 T 矢量与横截面外法线方向一致为正，反之为负。如图 2.36 所示。

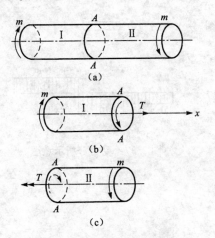

（a）

（b）

（c）

图 2.35　受力分析示意图

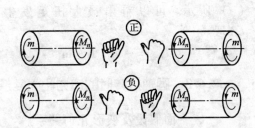

图 2.36　扭矩符号

二、扭矩的求解和扭矩图

扭转圆轴任一截面的扭矩等于该截面任意一侧轴段所有外力偶矩的代数和。通常扭转圆轴各截面上的扭矩不同，T 是截面位置 x 的函数。即：$T = T(x)$。

以平行于扭转圆轴轴线的水平线作 x 轴表示横截面的位置，以垂直于 x 轴的 T 轴表示扭矩，按一定比例绘制出 $T = T(x)$ 的曲线称为扭矩图。

例 2.10　图 2.37 所示传动轴，主动轮 A 输入功率 $P_A = 50$ 马力[1]，从动轮 B，C，D 输出功率分别为 $P_B = P_C = 15$ 马力，$P_D = 20$ 马力，轴的转速为 $n = 300$ r/min。试作轴的扭矩图。

解：（1）计算各轮上的外力偶矩由 1 kW = 1.36 马力，当功率以马力为单位时，可将式（2-19）改写成：$m = 7024P/n$。

则：$m_A = 7024P_A/n = 1170$ N·m，$m_B = m_C = 7024P_B/n = 351$ N·m

$m_D = 7024P_D/n = 468$ N·m

（2）用截面法求 BC，CA，AD 三段的扭矩。BC 段：T_1 为截面 I—I 上的

---

[1]　1 马力 = 735.4 W。

扭矩，如图 2.37（b）所示，由平衡方程 $\sum m_x = 0$，有：$m_B + T_1 = 0$ 得：$T_1 = -m_B = -351\ \text{N} \cdot \text{m}$

（负号说明，实际扭矩的转向与所设相反。）CA 段：T_2 为截面Ⅱ—Ⅱ上的扭矩，如图 2.37（c）所示，由平衡方程 $\sum m_x = 0$，有：$m_B + m_C + T_2 = 0$ 得：$T_2 = -2m_B = -702\ \text{N} \cdot \text{m}$

AD 段：T_3 为截面Ⅲ—Ⅲ上的扭矩，如图 2.37（d）所示，由平衡方程 $\sum m_x = 0$，有：$-m_D + T_3 = 0$ 得：$T_3 = m_D = 468\ \text{N} \cdot \text{m}$

（3）根据结果作扭矩图：如图 2.37（e）所示。可以看出最大扭矩发生在 CA 段。

$$T_{\max} = -702\ \text{N} \cdot \text{m}$$

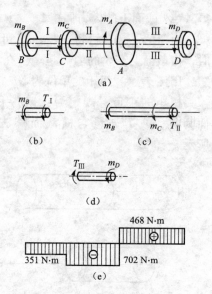

图 2.37　受力分析示意图

2.6.3　圆轴扭转时的应力和强度条件

一、平面假设及变形几何关系

1. 平面假设

求解圆轴扭转时横截面的应力，必须知道应力在横截面上的分布规律。为此先进行扭转变形实验观察。取图 2.38 所示受扭圆轴，用一系列平行的纵线与圆周线将圆轴表面分成一个个小方格，在圆轴两端施加力偶矩为 M 的外力偶，可以观察到：

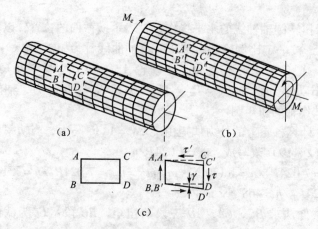

图 2.38　受力分析示意图

（1）各圆周线绕轴线相对转动一微小角度，但大小，形状及相互间距不变；

（2）由于是小变形，各纵线平行地倾斜一个微小角度，认为仍为直线；因而各小方格变形后成为菱形。

由以上现象可以推断：圆轴扭转前的各个横截面为圆形平面，变形后仍为圆形平面，只是各截面绕轴线相对"刚性地"转了一个角度。这就是扭转时的**平面假设**。

2. 扭转轴变形特点

（1）圆轴变形前横截面是平面，变形后仍为平面，且大小和形状均未发生改变，这说明圆轴横截面上沿半径方向无切应力；各相邻横截面的间距不变，故横截面上没有正应力；

（2）相邻横截面相对转过一个角度，截面间发生旋转式相对错动，各纵向线倾斜了同一角度 γ，出现了切应变，故横截面上必有垂直于半径方向的切应力存在。

如图 2.39 所示，从图 2.39（a）取出图 2.39（b）所示微段 dx，其中两截面 $p-p$，$q-q$ 相对转动了扭转角 $d\phi$，纵线 ab 倾斜小角度 γ 成为 ab'。说明**受扭后圆轴横截面只发生刚性转动**。

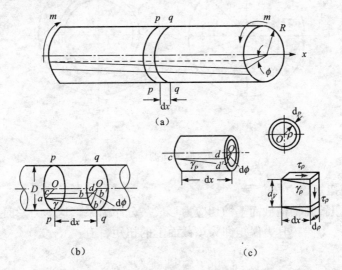

图 2.39　受力分析示意图

在半径 ρ（$\overline{Od}$）处的纵线 cd 根据平面假设，转过 $d\phi$ 后成为 cd'（其相应倾角为 γ_ρ，见图 2.39（c））。

由于是小变形，可知：$\widehat{dd'} = \gamma_\rho dx = \rho d\phi$，于是：

$$\gamma_\rho = \rho d\phi / dx \qquad (2-20)$$

则：对于半径为 R 的圆轴表面（见图 2.39（b）），则为：

$$\gamma_{\rho max} = R d\phi / dx \qquad (2-21)$$

上面两式表明：圆轴扭转时，横截面上任意点处的切应变与该点至截面中心的距离成正比。截面上最大的应变发生在圆轴表面。

二、扭转圆轴横截面上的应力

1. 剪切胡克定律

在弹性范围内，当切应力小于某一极限值时，对于大多数各向同性材料，切应力与切应变之间存在线性关系，有：

$$\tau = G\gamma \qquad (2-22)$$

式（2-22）就是**剪切胡克定律**。

式中的 G 是材料的剪切弹性模量。

将式（2-20）代入式（2-22），得到：

$$\tau_\rho = \tau(\rho) = G(\mathrm{d}\phi/\mathrm{d}x)\rho \qquad (2-23)$$

这表明，扭转圆轴横截面上各点的切应力 τ_ρ 与点到截面中心的距离 ρ 成正比，即切应力沿截面的半径呈线性分布。如图2.40所示。

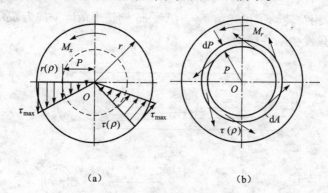

（a）　　　　　　　　　　（b）

图2.40　横截面剪应力分布

2. 截面扭矩静力学方程

作用在扭转圆轴横截面上的切应力形成一分布力系，这一力系向截面中心简化的结果为一力偶，其力偶矩即为该截面上的扭矩，有：

$$\int_A \rho \tau_\rho \mathrm{d}A = T_x \qquad (2-24)$$

将式（2-23）代入上式得：$\int_A \rho^2 G(\mathrm{d}\phi/\mathrm{d}x)\mathrm{d}A = T_x$，整理得：

$$G(\mathrm{d}\phi/\mathrm{d}x)\int_A \rho^2 \mathrm{d}A = T_x，$$

令：

$$\int_A \rho^2 \mathrm{d}A = I_\rho \qquad (2-25)$$

I_ρ 与横截面的几何形状、尺寸有关，表征截面的几何性质，称为圆截面对其中心的极惯性矩，单位为 mm^4 或者 m^4。式中，A 为整个横截面的面积，单位为 mm^2；

将 I_ρ 代入式（2 - 25），整理后可得：

$$\mathrm{d}\phi / \mathrm{d}x = T_x / (GI_\rho)\qquad(2-26)$$

3. 切应力表达式

将式（2 - 25）代入式（2 - 26），得到：$\tau_\rho = T_x \rho / I_\rho$ （2 - 27）

即圆轴扭转时横截面上任意点的切应力表达式，T_x 由平衡条件确定。I_ρ 由积分求得。

对于直径为 d 的实心圆轴：$I_p = \pi d^4 / 32$ （2 - 28）

对于内、外直径分别为 d，D 的空心圆轴；有：

$$I_p = \pi d^4 (1 - \alpha^4) / 32, \ \alpha = d/D\qquad(2-29)$$

不难看出，最大切应力发生在横截面边缘上各点，即：

$$\tau_{\max} = T_x R / I_\rho\qquad(2-30)$$

令 $$W_p = I_P / \rho_{\max} = I_P / R\qquad(2-31)$$

称 W_p 为圆截面的抗扭截面系数，单位为 mm^3 或 m^3。

对于实心圆截面：$W_p = \pi d^3 / 16$；空心圆截面，$W_p = \pi d^3 (1 - \alpha^4) / 16$

将 W_p 代入式（2 - 31），得：

$$\tau_{\max} = T_{\max} / W_p\qquad(2-32)$$

三、圆轴扭转时的强度条件

为保证圆轴正常工作，应使危险截面上最大工作切应力不超过材料的许用切应力，即扭转圆轴的强度条件是：

$$\tau_{\max} = T_{\max} / W_p \leqslant [\tau]\qquad(2-33)$$

例 2.11 图 2.41 所示传动机构中，功率从轮 B 输入，通过锥形齿轮将其一半传递给 C 轴，另一半传递给 H 轴。已知输入功率 $P_1 = 14 \ \mathrm{kW}$，锥形齿轮 A 和 D 的齿数分别为 $Z_1 = 36$，$Z_3 = 12$；水平轴（E 和 H）的转速 $n_1 = n_2 = 120 \ \mathrm{r/min}$；各轴的直径分别为 $d_1 = 70 \ \mathrm{mm}$，$d_2 = 50 \ \mathrm{mm}$，$d_3 = 35 \ \mathrm{mm}$，试确定各轴横截面上的最大切应力。

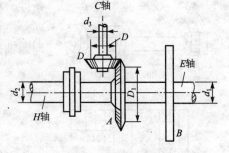

图 2.41 例 2.11 图

解：1）各轴所传递的功率

$P_1 = 14 \ \mathrm{kW}$，$P_2 = P_3 = P_1 / 2 = 7 \ \mathrm{kW}$，转速分别为：$n_1 = n_2 = 120 \ \mathrm{r/min}$

$$n_3 = n_1 z_1 / z_3 = 120 \times 36 / 12 = 360 \ \mathrm{r/min}$$

各轴承受的扭矩分别为：$T_{x1} = M_{e1} = 9\,549 \times 14 / 120 = 1\,114 \ \mathrm{N \cdot m}$

$T_{x2} = M_{e2} = 9\,549 \times 7 / 120 = 557 \ \mathrm{N \cdot m}$ $\quad T_{x3} = M_{e3} = 9\,549 \times 7 / 360 = 185.7 \ \mathrm{N \cdot m}$

2）计算最大切应力

E，H，C 轴横截面上的最大切应力分别为：

$$\tau_{\max}(E) = T_{x1}/W_{P1} = 16 \times 1\ 114/(\pi \times 70^3 \times 10^{-9}) = 16.54\ \text{MPa}$$
$$\tau_{\max}(H) = T_{x2}/W_{P2} = 16 \times 557/(\pi \times 50^3 \times 10^{-9}) = 22.69\ \text{MPa}$$
$$\tau_{\max}(C) = T_{x3}/W_{P3} = 16 \times 185.7/(\pi \times 35^3 \times 10^{-9}) = 21.98\ \text{MPa}$$

2.6.4　圆轴扭转时的变形和刚度条件

一、扭转角

圆轴扭转变形用横截面间绕轴线相对转角即扭转角 ϕ 表示。相距 $\mathrm{d}x$ 的两截面间的扭转角为：$\mathrm{d}\phi = [T/(GI_\rho)]\mathrm{d}x$。对等直圆轴而言，相距为 l 的两横截面间的扭转角为：

$$\phi = \int_l \mathrm{d}\phi = \int_l [T/(GI_\rho)]\mathrm{d}x = TL/(GI_\rho) \tag{2-34}$$

上式为等直圆轴相对转角公式。扭转角 ϕ 的单位为：弧度（rad）

扭转角的正负由扭矩正负决定，对于阶梯状圆轴及扭矩分段变化的等截面圆轴，需分段计算相对转角，即：$\phi = \sum T_i l_i/(GI_{\rho i})$。

T，L 一定时，GI_P 越大，扭转角 ϕ 越小，轴的刚度越大，故称 GI_P 为圆轴的扭转刚度。它反映材料和横截面几何尺寸对扭转变形的抵抗能力。

令 $\varphi = \mathrm{d}\phi/\mathrm{d}x$，称为单位长度相对扭转角，有：

$$\varphi = T/(GI_\rho)\ \text{rad/m} \tag{2-35}$$

二、圆轴扭转时刚度条件

要保证圆轴扭转时的安全性和可靠性，不仅要满足强度条件，还要满足刚度

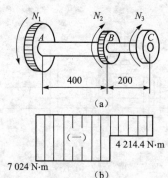

图2.42　受力分析示意图

条件。在工程上，限制圆轴单位长度的扭转角 φ，使它不超过规定的单位长度许用转角 $[\varphi]$。即圆轴扭转的刚度条件是：

$$\varphi_{\max} = T/(GI_\rho) \leqslant [\varphi] \tag{2-36}$$

当许用转角单位为（°/m）时，有：

$$\varphi_{\max} = [T/(GI_\rho)] \times (180°/\pi) \leqslant [\varphi] \tag{2-37}$$

单位长度许用转角 $[\varphi]$ 的数值，根据机器的精度、工作条件定，可查询有关工程手册。

例 2.12　如图 2.42 的传动轴，$n = 500\ \text{r/min}$，$N_1 = 500$ 马力，$N_2 = 200$ 马力，$N_3 = 300$ 马力，已知 $[\tau] = 70\ \text{MPa}$，$[\varphi] = 1°/\text{m}$，$G = 80\ \text{GPa}$。求：AB 和 BC 段直径。

解：1）计算外力偶矩

$$m_A = 7\ 024 N_1/n = 7\ 024\ \text{N} \cdot \text{m}$$
$$m_B = 7\ 024 N_2/n = 2\ 809.6\ \text{N} \cdot \text{m}$$

$$m_C = 7\ 024N_3/n = 4\ 214.4\ \text{N} \cdot \text{m}$$

由截面法，得 AB 和 BC 轴段的扭矩：

$$T_{AB} = -7\ 024\ \text{N} \cdot \text{m}, T_{BC} = -4\ 214.4\ \text{N} \cdot \text{m}$$

扭矩图如 2.42（b）所示。

2）计算杆的直径

AB 段：$\tau_{\max} = T_{AB}/W_p = 16T/(\pi d_1^3) \leqslant [\tau]$

得：$d_{AB} \geqslant \sqrt[3]{16T_{AB}/(\pi[\tau])} = \sqrt[3]{16 \times 7\ 024/(\pi \times 70 \times 10^6)} \approx 80\ \text{mm}$

由刚度条件：$\varphi = [T/(GI_\rho)] \times (180°/\pi) \leqslant [\varphi]$

得：$d_{AB} \geqslant \sqrt[4]{32T \times 180°/(G\pi^2[\tau])} = \sqrt[4]{32 \times 7\ 024 \times 180/(80 \times 10^9 \times \pi^2 \times 1)} \approx$
84.6 mm　取 $d_{AB} = 84.6$ mm

BC 段：同理，由扭转强度条件得：$d_{BC} \geqslant 67$ mm

由扭转刚度条件得：$d_{BC} \geqslant 74.5$ mm。

取 $d_{BC} = 74.5$ mm。

§2.7　梁的弯曲

2.7.1　弯曲变形的内力

一、弯曲变形的内力——剪力和弯矩

梁弯曲时横截面上的内力包括：剪力和弯矩。剪力与横截面相切，用 Q 来表示；弯矩是一个作用面位于载荷平面的内力偶，用 M 来表示。

下面以简支梁为例加以证明。如图 2.43 所示，简支梁上有载荷 P_1、P_2、P_3 作用。求任一截面 m—m 上的内力。

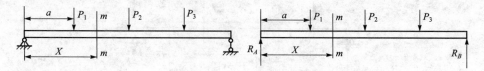

图 2.43　受力分析示意图

根据外载荷计算支座反力 R_A，R_B。

沿截面 m—m 将梁截开，取左边为分离体（如图 2.44 所示）。分离体在截面上的内力 P_1 及支座反力 R_A 的共同作用下保持平衡。

分离体在竖直方向上有两个力 P_1，R_A，一般情况下 $P_1 \neq R_A$，则横截面上一定有一垂直力 Q，且

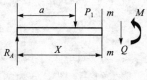

图 2.44

$Q \neq 0$，当 $P_1 = R_A$ 时，$Q = 0$；为保证分离体不发生转动，在横截面上必有一位于载荷平面内的力偶，其力偶矩 M 与 P_1、R_A 对横截面的力矩平衡。可见，梁弯曲时，横截面上有剪力 Q 和弯矩 M 两种内力。

二、剪力和弯矩的计算

利用截面法容易得出计算剪力和弯矩的简捷方法。

（1）梁任一截面上的剪力等于截面任一侧（左边或右边）所有垂直方向外力的代数和。

剪力的正负判定方法：合外力的方向左上右下为正（截面左边向上的外力为正，截面右边向下的外力为正），反之为负。（如图 2.45 所示）。

（2）梁任一截面上的弯矩等于截面任一侧所有外力对横截面形心之矩的代数和。

弯矩的正负判定方法：合外力矩左顺右逆为正（截面左边顺时针的外力矩或力偶矩为正，截面右边逆时针的外力矩或力偶矩为正），反之为负（如图 2.46 所示）。

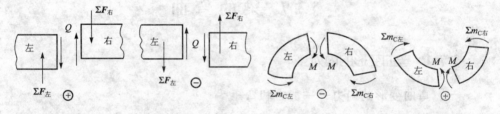

图 2.45 剪力正负的判断　　　　图 2.46 弯矩正负的判断

例 2.13　图 2.47 所示简支梁，$P_1 = P_2 = 30$ kN，求 1—1 和 2—2 截面的剪力和弯矩。

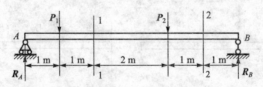

图 2.47 简支梁

解： 1）求支座反力

$$\sum m_B = 0 \quad 即:5P_1 + 2P_2 - 6R_A = 0, \ R_A = 35 \text{ kN}$$

$$\sum F_y = 0 \quad 即:R_A + R_B - P_1 - P_2 = 0, \ R_B = 25 \text{ kN}$$

2）求截面 1—1 的剪力和弯矩

截面 1—1 把梁分为两段，取左边为分离体（如图 2.48 所示）。

其上有两个力 R_A，P_1，且 R_A 为正，P_1 为负。则：

$$Q_1 = \sum F = R_A - P_1 = 5 \text{ kN}$$

R_A 产生的弯矩为正，P_1 产生的弯矩为负，则：

$$M_1 = 2R_A - P_1 = 40 \text{ kN} \cdot \text{m}$$

3）求截面 2—2 的剪力和弯矩

截面 2—2 把梁分为两段，取右边为分离体（如图 2.49 所示）。

其上有一个力 R_B 且为负。则：

$$Q_2 = \sum F = -R_B = -25 \text{ kN}$$

R_B 产生的弯矩为正，则：$M_2 = R_B \times 1 = 25 \text{ kN} \cdot \text{m}$

图 2.48　左边分离体　　　　　　　图 2.49　右边分离体

三、梁的内力图

进行梁的强度计算时，往往需要找出整个梁上内力最大的截面，因此需要知道整个梁上横截面的内力分布情况。将截面位置具体数值用变量 x 代替，则剪力和弯矩的计算结果将是含有变量 x 的函数，将剪力和弯矩的表达式称**剪力方程和弯矩方程**。两方程的图像称**剪力图和弯矩图**。利用剪力图和弯矩图可以很清楚地看到各个截面上内力的分布情况。

画剪力图和弯矩图时，首先要建立 Q - x 和 M - x 坐标。一般取梁的左端作为 x 坐标的原点，x 坐标向右为正，Q 和 M 坐标向上为正。然后根据载荷情况分段列出 $Q(x)$ 和 $M(x)$ 方程。由截面法和平衡条件可知，在集中力、集中力偶和分布载荷的起止点处，剪力方程和弯矩方程可能发生变化，所以这些点均为剪力方程和弯矩方程的分段点。分段点所对应的截面称控制截面。求出分段点处横截面上剪力和弯矩的数值（包括正负号），并将这些数值标在 Q - x、M - x 坐标中相应位置处。分段点之间的图形可根据剪力方程和弯矩方程绘出。最后注明 $|Q|_{\max}$ 和 $|M|_{\max}$ 的数值。

例 2.14　图 2.50（a）所示悬臂梁上有一集中力，试作其剪力图和弯矩图。

解：1）剪力方程和弯矩方程

设 x 是截面到梁左端的距离，则截面上的剪力和弯矩是：

剪力方程　　$Q = -P$　　（$0 \leqslant x \leqslant l$）

弯矩方程　　$M = -Px$　　（$0 \leqslant x \leqslant l$）

2）剪力图和弯矩图

对方程进行分析，剪力方程是个常量，其图像为一水平线，因剪力为负，故在基线的下面。弯矩方程为一次函数，其图像为一斜线，任取两点即可确定其位置。

当 $x=0$ 时，$M_A=0$；当 $x=l$ 时，$M_B=-Pl$。

例 2.15 如图 2.51 所示的简支梁承受集度为 q 的均布载荷。试写出该梁的剪力方程与弯矩方程，并作剪力图与弯矩图。

解：1）求支座反力

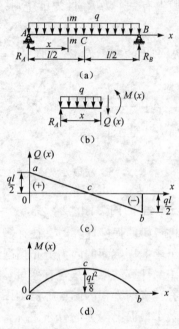

图 2.51 受力分析示意图

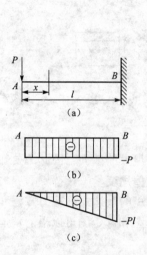

图 2.50 受力分析示意图

根据平衡条件可求得 A、B 处的支座反力为：$R_A=R_B=ql/2$。

2）建立剪力方程与弯矩方程

因沿梁的全长外力无变化，故剪力与弯矩均可用一个方程描述。

以 A 为原点建立 x 坐标轴，如图 2.51（a）所示，在坐标为 x 的截面 m—m 处将梁截开，考察梁左段的平衡，如图 2.51（b）所示，梁的剪力方程和弯矩方程分别为：

$$Q(x)=R_A-qx=ql/2-qx \quad (0 \leqslant x \leqslant l)$$

$$M(x)=R_A x-qx^2/2=qlx/2-qx^2/2 \quad (0 \leqslant x \leqslant l)$$

3）作剪力图和弯矩图

根据剪力方程可知，剪力 $Q(x)$ 为 x 的一次函数，剪力图为一斜直线。因此只要求得区间端点处的剪力值 $Q(0)=ql/2$ 和 $Q(l)=-ql/2$，在 $Q-x$ 坐标中标出相应的点 a、b，连接 a、b，即得该梁的剪力图（如图（c）所示）。

根据弯矩方程可知，弯矩 $M(x)$ 为 x 的二次函数，弯矩图为一抛物线。绘制这一曲线，至少需要 3 个点。取两个端截面及中截面作为控制截面。3 个截面的弯矩值分别为：$M(0) = 0$，$M(l/2) = ql^2/8$，$M(l) = 0$。将它们标在 $M - x$ 坐标中，得 a、b、c 3 个点，据此可大致绘出该梁的弯矩图（如图 2.51（d）所示）。

4）求 $|Q|_{max}$ 和 $|M|_{max}$

由图 2.51（c）可见，最大剪力发生在梁两端的截面处，其值为 $|Q|_{max} = ql/2$。

由图 2.51（d）可见，最大弯矩发生在中截面处，其值为 $|M|_{max} = ql^2/8$

2.7.2　纯弯曲梁横截面上的正应力

一、纯弯曲变形

梁的横截面上同时存在剪力和弯矩时，称为横弯曲。剪力 Q 是横截面切向分布内力的合力；弯矩 M 是横截面法向分布内力的合力偶矩。横弯梁横截面上将同时存在切应力和正应力。实践和理论都证明，弯矩是影响梁的强度和变形的主要因素。因此，我们讨论 $Q = 0$，$M = $ 常数的弯曲问题，这种弯曲称为纯弯曲。图 2.52 所示梁的 CD 段为纯弯曲；其余部分则为横弯曲。

二、变形关系——平面假设

以等截面直梁为例。加载前在梁表面上画上与轴线垂直的横线和与轴线平行的纵线，如图 2.53（a）所示。在梁的两端纵向对称面内施加一对力偶，梁发生弯曲变形，如图 2.53（b）所示。梁表面变形有如下特征。

（1）横线（$m—m$，$n—n$）仍是直线，只是发生相对转动，但仍与纵线（$a—a$，$b—b$）正交。

（2）纵线（$a—a$，$b—b$）弯曲成曲线，且梁的一侧伸长，另一侧缩短。

根据上述梁表面变形的特征，可以作出以下假设：梁变形后，其横截面仍保持为平面，并垂直于变形后梁的轴线，只是绕着梁上某一轴转过一个角度。这一假设称**平面假设**。此外，还假设：梁的各纵向层互不挤压，即梁的纵截面上无正应力作用。根据上述假设，梁弯曲后，其纵向层一部分产生伸长变形，另一部分则产生缩短变形，二者交界处存在既不伸长也不缩短的一层，这一层称为中性层。如图 2.54

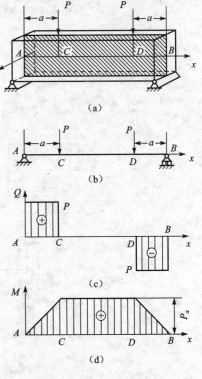

图 2.52　受力分析示意图

所示，中性层与横截面的交线为截面的中性轴。横截面上位于中性轴两侧的各点分别承受拉应力或压应力；中性轴上各点的应力为零。如图2.55所示，梁上相距为 $\mathrm{d}x$ 的微段（图2.55（a）），其变形如图2.55（b）所示。其中 x 轴沿梁的轴线，y 轴与横截面的对称轴重合，z 轴为中性轴。则距中性轴为 y 处的纵向层 a—a 弯曲后的长度为 $(\rho+y)\,\mathrm{d}\theta$，其纵向正应变为：

$$\varepsilon = \left[\,(\rho+y)\,\mathrm{d}\theta - \rho\mathrm{d}\theta\,\right]/(\rho\mathrm{d}\theta) = y/\rho \qquad (2-38)$$

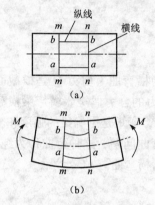

图2.53　变形关系

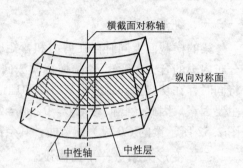

图2.54　平面假设

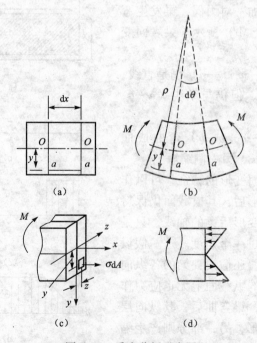

图2.55　受力分析示意图

该式表明：纯弯曲时梁横截面上各点的纵向线应变沿截面高度成线性分布。

三、纯弯曲梁横截面正应力计算

根据以上分析可知，纯弯曲梁横截面上各点只受正应力作用。根据胡克定律，有：

$$\sigma = E\varepsilon，即：\sigma = Ey/\rho \qquad (2-39)$$

式中，E，ρ 为常数。

上式表明：梁横截面上任一点处的正应力与该点到中性轴的垂直距离 y 成正比。即正应力沿着截面高度按线性分布，如图 2.55（d）所示。

因为中性层的曲率半径以及中性轴的位置未确定。式（2-39）还不能直接用以计算应力，需要利用静力关系来解决。

如图 2.55（b）所示，弯矩 M 作用在 x—y 平面内。截面上坐标为（y，z）的微面积 dA 上有作用力 σdA。横截面上所有微面积上的这些 σdA 力将组成轴力 N 以及对 y，z 轴的力矩 My 和 Mz。其中：$N = \int_A \sigma dA$，$M_y = \int_A z\sigma dA$。

$M_Z = \int_A y\sigma dA$ 在纯弯情况下，梁横截面上只有弯矩 $M_z = M$，而轴力 N 和 M_y 皆为零。将 $\sigma = Ey/\rho$ 代入 $N = \int_A \sigma dA$，得：

$$N = \int_A (E/\rho)ydA = (E/\rho)\int_A ydA = 0 \qquad (2-40)$$

令 $Z_s = \int_A ydA$，称 Z_s 为截面对 z 轴的静矩。显然：E，ρ 是不为 0 的，故：$Z_s = \int_A ydA = y_cA = 0$，这表明**中性轴 z 通过截面形心**。

将 $\sigma = Ey/\rho$ 代入 $M_z = \int_A y\sigma dA$，得：$M_z = \int_A (E/\rho)y^2dA = (E/\rho)\int_A y^2dA = M$，令 $I_z = \int_A y^2dA$，有：$M_z = EI_z/\rho = M$，可得：

$$1/\rho = M/(EI_z) \qquad (2-41)$$

上式表明，梁弯曲的曲率与弯矩成正比，与抗弯刚度成反比。式中 I_z 称为截面对 z 轴的惯性矩，单位为 mm^4 或 m^4；EI_z 称为截面的抗弯刚度。

将 $1/\rho = M/(EI_z)$ 代入 $\sigma = Ey/\rho$，得：

$$\sigma = My/I_z \qquad (2-42)$$

上式中，正应力 σ 的正负号与弯矩 M 及点的坐标 y 的正负号有关。实际计算中，可根据截面上弯矩的方向，直接判断中性轴的哪一侧产生拉应力，哪一侧产生压应力。

显然，梁横截面上的最大正应力产生在距中性轴最远的截面边缘上，即：

$$\sigma_{\max} = My_{\max}/I_z \tag{2-43}$$

令 $W_z = I_z/y_{\max}$，则：

$$\sigma_{\max} = M/W_z \tag{2-44}$$

式中，W_z 称为抗弯截面系数，单位为 mm^3 或 m^3。I_z，W_z 都是与截面有关的几何参数，各种型钢（如：槽钢、角钢、工字钢等）的 I_z 和 W_z 可以在相关工程手册中查到。

对于宽度 b 为、高度 h 为的矩形截面，抗弯截面系数为：$W_z = bh^2/6$。

直径为 d 的圆截面，抗弯截面系数为：$W_z = \pi d^3/32$。

内径为 d，外径为 D 的空心圆截面，抗弯截面系数为：$W_z = \pi d^3(1-\alpha^4)/32$，$\alpha = d/D$。

四、纯弯曲梁强度条件

为保证梁正常工作，应使梁的危险截面上最大弯曲正应力不超过材料的许用应力，即扭转圆轴的强度条件是：

$$\sigma_{\max} = M_{\max}/W_z \leqslant [\sigma] \tag{2-45}$$

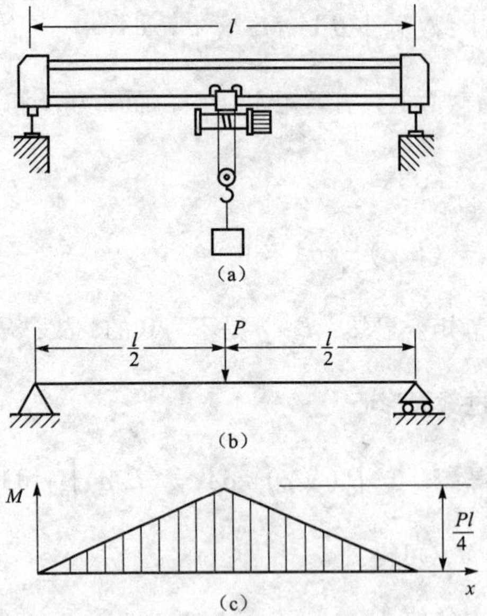

图 2.56 受力分析示意图

例 2.16 吊车梁如图 2.56 所示，起吊质量 $P = 30\ kN$，吊车梁跨度 $l = 8\ m$，梁材料的 $[\sigma] = 120\ MPa$，$[\tau] = 60\ MPa$。梁由工字钢制成，试选择工字钢的型号。

解： 将吊车梁简化成简支梁，如图 2.56（b）所示。

1）按正应力强度条件确定梁的截面

当载荷作用于梁中点时，梁的弯矩为最大，其值为：

$$M_{\max} = Pl/4 = 60\ kN \cdot m$$

根据强度条件：

$$\sigma_{\max} = M_{\max}/W_z \leqslant [\sigma]$$

有：$W_z \geqslant M_{\max}/[\sigma] = 5.0 \times 10^5\ mm^3$

从型钢表中查得 28A 工字钢：$W_z = 5.08 \times 10^5\ m$

2）校核最大剪应力作用点的强度

当小车移至支座处时梁内剪力最大，即：

$$Q_{\max} = P = 30\ kN$$

根据剪应力的强度条件：$\tau_{max} = Q_{max}(S_z)_{max} / (dI_z) \leqslant [\tau]$

由型钢表查得 28A 工字钢的：$d = 8.5$ mm，$I_z / (S_z)_{max} = 246.2$ mm

故：$\tau_{max} = Q_{max}(S_z)_{max} / (dI_z) = 30 \times 10^3 / (8.5 \times 246.2) = 14.3$ MPa $\leqslant [\tau]$

显然最大剪应力作用点是安全的。因而根据正应力强度条件所选择的截面是可用的。

本例结果表明：梁中最大剪应力是较小的，这是因为在设计型钢时，已令腹板有足够的厚度，以保证剪应力的强度。

2.7.3　弯曲梁的变形和位移

一、挠度和转角

梁受载前后形状的变化称为**变形**，用各段梁曲率的变化表示。梁受载前后位置的变化称为**位移**，包括线位移和角位移。

如图 2.57 所示。在小变形和忽略剪力影响的条件下，线位移是截面形心沿垂直于梁轴线方向的位移，称为**挠度**，用 y 表示。规定向上的挠度为正，向下的挠度为负。角位移是横截面变形前后的夹角，称为**转角**，用 θ 表示，且有：$\theta(x) = dy/dx$。规定逆时针转动的转角为正，顺时针转动的转角为负，单位为弧度（rad）。

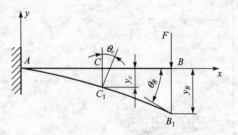

图 2.57　挠度和转角

梁弯曲时，轴线由直线变为曲线，称该曲线为挠曲线，或弹性曲线。挠曲线可表示为：$y = f(x)$，又称弯曲梁的弹性曲线方程。

二、弯曲梁变形的计算

弯曲梁变形计算的基本方法是积分法，但过于复杂，工程上一般采用叠加法。即：梁在几种载荷的共同作用下产生的变形，等于各载荷单独作用下产生变形的代数和。

在材料服从胡克定律和小变形的条件下，由小挠度曲线微分方程得到的挠度和转角均与载荷呈线性关系。因此，当梁承受复杂载荷时，可将其分解成几种简单载荷，利用梁在简单载荷作用下的位移计算结果，叠加后得到梁在复杂载荷作用下的挠度和转角。

表 2-2 列出了简单载荷单独作用下梁的变形，计算实际变形时，可先从表中查出在简单载荷单独作用下梁的变形，最后计算各变形的代数和，即实际载荷作用下的变形。

表 2 - 2　简单载荷单独作用下梁的变形

梁的简图	挠曲线方程	端截面转角	最大挠度
	$y = -mx^2/(2EI)$	$\theta_B = -ml/(EI)$	$y_B = -ml^2/(2EI)$
	$y = -Px^2(3l-x)/$ $(6EI)$	$\theta_B = -Pl^2/$ $(2EI)$	$y_B = -Pl^3/$ $(3EI)$
	$y = -Px^2(3a-x)/$ $(6EI)(0 \leqslant x \leqslant a)$ $y = -Pa^2$ $(3x-a)/(6EI)$ $(a \leqslant x \leqslant l)$	$\theta_B = -Pa^2/$ $(2EI)$	$y_B = -Pa^2(3l-a)/$ $(6EI)$
	$y = -qx^2$ $(x^2 - 4lx + 6l^2)/24EI$	$\theta_B =$ $-ql^3/(6EI)$	$y_B =$ $-ql^4/(8EI)$

三、弯曲梁的刚度条件

弯曲梁除了需要满足强度条件外，还应将其弹性变形限制在一定范围内，即满足刚度条件：梁的最大挠度不得超出许用挠度，即

$$y_{max} \leqslant [y] \qquad (2-46)$$

梁的最大转角不得超出许用转角，即：

$$\theta_{max} \leqslant [\theta] \qquad (2-47)$$

式中的$[y]$和$[\theta]$分别为梁的许用挠度和许用转角，可从有关设计手册中查得。

2.7.4　提高梁抗弯能力的措施

梁的承载能力主要由正应力控制，根据正应力的强度条件可知，梁横截面上的最大正应力与最大弯矩成正比，与横截面的抗弯截面系数成反比。提高梁的抗弯能力主要从降低 M_{max} 和提高 W_z 两方面着手。

一、选择合理的截面形状

1. 根据比值 W_z/A 选择

抗弯截面系数与截面的尺寸和形状有关，梁的合理截面形状应是用最小的面积得到最大的抗弯截面系数。梁的截面经济程度可以用 W_z/A 比值来衡量。该比值越大，截面就越经济合理，表 2–3 列出了圆形、矩形以及"工"字形截面的 W_z/A 比值。

表 2–3　圆形、矩形以及"工"字形截面比较

截面形状	W_z/mm^3	所需尺寸	A/mm^2	$W_z/A/\ mm$
 y　z d	250×10^3	$d = 137\ mm$	148×10^2	1.69
 y　z h　b	250×10^3	$b = 7\ mm$ $h = 144\ mm$	104×10^2	2.4
 y　z	250×10^3	20b "工"字钢	39.5×10^2	6.33

从表中可以看出，截面的经济程度是"工"字形优于矩形，而矩形优于圆形。这是因为离中性轴越远，正应力越大，所以应使大部分的材料分布在离中性轴较远处，材料才能充分发挥作用，工字形截面就较好地符合这一点，矩形截面竖搁比横搁合理也是这个道理。

2. 根据材料特性选择

对于抗拉和抗压能力相同塑性材料，一般采用对称于中性轴的截面，使得上下边缘的最大拉应力和最大压应力相等，同时达到材料的许用应力值。如矩形、圆形和"工"字形等。

对于抗拉和抗压能力不同的脆性材料，最好选择不对称于中性轴的截面，使中性轴偏于强度较小的一侧，如铸铁梁常采用 T 形截面。

当 $y_l/y_y = [\sigma_l]/[\sigma_y]$ 时，截面上的最大拉应力和压应力同时达到材料的许用应力，材料得到最充分利用。如图 2.58 所示。

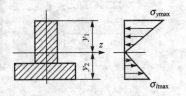

图 2.58　分析示意图

二、合理安排梁的受力情况，以降低最大弯矩值

在可能的情况下，将载荷靠近支座或将集中载荷分散布置都可以减小最大弯矩，从而提高梁的承载能力。如图 2.59 所示。

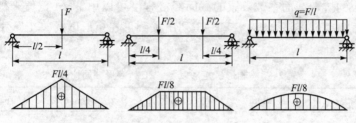

图 2.59　受力分析示意图

三、采用变截面梁

等截面梁的强度计算，是根据危险截面上的最大弯矩确定截面尺寸，这时其他截面的弯矩都小于危险截面的最大弯矩，未能充分利用材料。为使材料得到充分的利用，应在弯矩较大的截面采用较大的截面尺寸，弯矩较小的截面采用较小的截面尺寸，使得每个截面的最大正应力都同时达到材料的许用应力，这样的梁称为**等强度梁**。阶梯轴是根据等强度梁的近似尺寸设计的。完全的等强度梁加工非常困难，也无法满足结构设计的要求。

§2.8　组合变形

2.8.1　组合变形

工程实际中许多构件在外力作用下往往同时产生两种或两种以上的基本变形，称为**组合变形**。图 2.60 所示，均属于组合变形。常见的组合变形有拉压与弯曲组合变形；弯曲和扭转组合变形；拉压与扭转组合变形等。

图 2.60　组合变形的工程实例

解决组合变形构件的内力、应力和变形（位移）问题的基本方法是：**先分**

解后叠加。即首先通过力的分解或平移，将载荷简化为符合基本变形外力作用条件的等效力系，把复杂的组合变形分解为若干个简单的基本变形；然后在小变形和材料服从胡克定律的条件下，计算每种基本变形产生的应力和变形；再进行叠加，即得原载荷作用下的应力和变形；最后根据危险点的应力状态，建立强度条件。

2.8.2　轴向拉伸（压缩）与弯曲组合变形

直杆在外力作用下发生轴向拉伸（压缩）与弯曲的组合变形，有斜拉伸（压缩）和偏心拉伸（压缩）两种情况。**斜拉伸（压缩）**是在杆的纵向对称面内作用与杆的轴线成一定角度的力时产生的拉压变形。杆件所受的外力平行于杆件的轴线，但不通过横截面的形心，这时杆件受到**偏心拉伸（压缩）**。力的作用线到截面形心的距离称为偏心距 e。

一、斜拉伸（压缩）

如图 2.61 （a）所示矩形悬臂梁，一端固定，一端自由，在自由端作用一个作用线位于梁纵向对称面内，与梁的轴线成 α 角的力 F。则该悬臂梁受到斜拉伸。作梁的受力图如图 2.61 （b）所示，并进行外力分析：$F_x = F\cos\alpha$，$F_y = F\sin\alpha$。

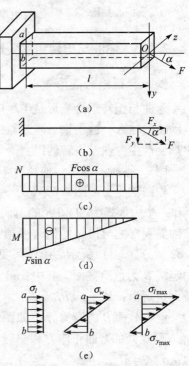

显然，轴向拉力 F_x 将使梁产生轴向拉伸，横向力 F_y 将使梁产生弯曲变形，即：梁在 F 的作用下将发生轴向拉伸与弯曲组合变形。

梁在 F_x 单独作用下，梁的各横截面上的轴力 N 为：$N = F\cos\alpha$。

梁在 F_y 单独作用下，梁的各横截面上的弯矩 M 为：$M(x) = F_y x = Fx\sin\alpha$。

作轴向拉伸时杆件的轴力图和弯曲时的弯矩图，如图 2.61 （c）、（d）所示，可见梁的固定端右侧截面上的内力最大，故该截面为危险截面。

$$F_y = F\sin d,\quad M_{\max} = Fl\sin\alpha。$$

在 F_x 作用下，梁的横向截面上产生均匀分布的拉伸正应力，其值为：$\sigma_l = F_x/A$。式中 A 为危险截面的面积。

在 F_y 的作用下，截面产生沿截面高度呈线性分布的弯曲正应力。截面上、下边缘处的弯曲正应力分别为最大拉应力和最大压

图 2.61　受力分析示意图

应力，其值为：$\sigma_w = \pm M_{\max}/W = \pm Fl/W$。式中 W 是危险截面的抗弯截面模量。

在 F_x 和 F_y 共同用下，危险截面上的应力等于拉伸正应力与弯曲正应力进行叠加，如图 2.61（e）所示。

$$\sigma_{l\max} = \sigma_l + \sigma_w = F_x/A + F_yl/W \qquad (2-48)$$

$$\sigma_{y\min} = \sigma_l - \sigma_w = F_x/A - F_yl/W \qquad (2-49)$$

梁固定端下边缘 b（受拉边）与上边缘 a（受压边）处的各点是危险点。要使杆件有足够的强度，就应使 $\sigma_{l\max}$ 和 $\sigma_{y\max}$ 都不超过其许用应力。故拉伸（或压弯）组合变形时，杆件的强度条件为：

$$\sigma_{l\max} \leqslant [\sigma_l] \qquad (2-50（a）)$$

$$\sigma_{y\max} \leqslant [\sigma_y] \qquad (2-50（b）)$$

式中，$[\sigma_l]$，$[\sigma_y]$ 分别为材料的许用拉应力和许用压应力。

二、偏心拉伸（压缩）

构件所受的外力平行于构件的轴线，但不通过横截面的形心时，构件受到**偏心拉伸**（压缩）。如图 2.62 所示，钻床立柱所受的钻孔进给力 P，不通过立柱的横截面形心，立柱承受偏心载荷作用。压力 P 的作用线到截面形心的距离称为偏心距 e。

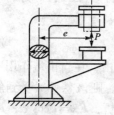

图 2.62　钻床立柱受偏心拉压

2.8.3　弯曲与扭转组合变形

一、弯扭组合变形

弯曲与扭转组合变形是工程中最常见、最重要的一种组合变形形式。机械中电动机的输入、输出轴、减速器的传动轴、机床的主轴等传递动力的轴，在工作中都会产生弯曲与扭转的组合变形。

图 2.61 所示圆轴，轴径为 d，长为 l，轮半径为 R，轮缘处有力 P 作用。

作圆轴受力如图 2.63（b）所示，力 P 向轮的中心 A 点简化，得到一横向力 P 和一个力偶矩为 $M = PR$ 的力偶。力 P 使轴产生弯曲，力偶使轴产生扭转。故该轴受到弯曲与扭转的组合变形。由受力图，作出轴的弯矩图和扭矩图，如图 2.62（c）、（d）所示。由图可见，截面 B 处的弯矩 M 和扭矩 M_n 都为最大值，固定端 B 为危险截面。其中：最大弯矩为：$M_{\max} = Pl$，

最大扭矩为：$M_{n\max} = PR$

危险截面 B 的应力分布如图 2.63（e）所示。显然，在圆轴的危险截面上 a、b 两点处的弯曲正应力和扭转切应力同时达到最大值，其中最大弯曲正应力为：$\sigma_{\max} = M_{\max}/W_z$，$\tau_{\max} = M_{n\max}/W_n$，$a$，$b$ 两点为危险点。

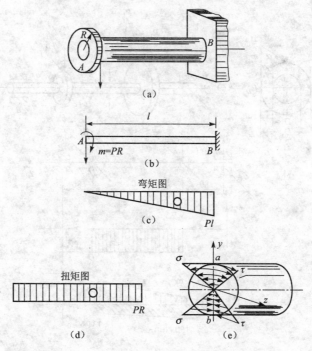

图 2.63　弯扭组合变形

二、强度条件

由图 2.63（e）可见，弯扭组合变形构件，横截面上的正应力 σ 在轴截面内，切应力 τ 在横截面内，它们位于两个互相垂直的平面内，故任一点的应力不能是两者简单的叠加，是较复杂应力的应力状态。复杂应力状态下的构件的强度条件必须通过强度理论来建立。

强度理论，根据材料在基本变形时的破坏情况，提出材料在复杂应力状态下的破坏原因是由某一决定性因素引起的。强度理论分为：以脆性断裂破坏为标志和以屈服破坏为标志两大类。其中以屈服破坏为标志的强度理论，有第三和第四强度理论。由于轴类构件一般用塑性材料制成，故常用第三和第四强度理论建立如下强度条件：

由第三强度理论可得：$\sigma_{ed3} = \sqrt{\sigma^2 + 4\tau^2} \leqslant [\sigma]$

由第四强度理论可得：$\sigma_{ed4} = \sqrt{\sigma^2 + 3\tau^2} \leqslant [\sigma]$

例 2.17　如图 2.64 所示齿轮轴。已知轴的转速 $n = 265$ r/min，输入功率 $P = 10$ kW，两齿轮节圆直径 $D_1 = 396$ mm，$D_2 = 168$ mm，压力角 $\alpha = 20°$，轴的直径 $d = 50$ mm，材料为 45 号钢，许用应力 $[\sigma] = 50$ MPa。
试校核轴的强度。

解：1）作受力图

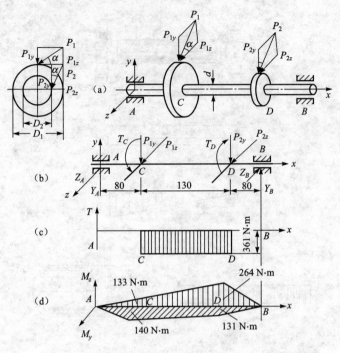

图 2.64 受力分析示意图

如图 2.64 (b) 所示。

建立平衡方程:

由: $\sum M_x(F) = 0$

得: $T_C = T_D = 9\,550 P/n = 361 \text{ N} \cdot \text{m}$

由: $T_C = F_{z1} D_1 / 2$

得: $F_{z1} = 2T_C/D_1 = 1\,823 \text{ N}$

$F_{y1} = F_{z1} \tan 20° = 664 \text{ N}$

由: $T_D = F_{y2} D_2 / 2$

得: $F_{y2} = 2T_D/D_2 = 4\,300 \text{ N}$

$F_{z2} = F_{y2} \tan 20° = 1\,565 \text{ N}$

作用力 F_{y1}, F_{y2}, 约束力 F_{Ay}, F_{By} 构成轴铅垂面内的平面弯曲, 由平衡条件:

$\sum M_{zB}(F) = 0$, $\sum M_{zA}(F) = 0$ 得: $F_{Ay} = 1\,664 \text{ N}$, $F_{By} = 3\,300 \text{ N}$

作用力 F_{1z}, F_{2z}, 约束力 F_{Az}, F_{Bz} 构成轴水平面内的平面弯曲, 由平衡条件: $\sum M_{yB}(F) = 0$, $\sum M_{yA}(F) = 0$ 得: $F_{Az} = 1\,750 \text{ N}$, $F_{Bz} = 1\,638 \text{ N}$

2) 分别作轴的扭矩图和弯矩图

扭矩图如图 2.64（c）所示，铅垂面内外力引起的轴的弯矩图（M_z 图）和水平面外力引起的轴的弯矩图（M_y 图），如图 2.64（d）所示。

由弯矩图及扭矩图确定可能危险面为 C（右）面和 D（左）面。比较：

$$M_C = \sqrt{M_{yC}^2 + M_{zC}^2} = 193 \text{ N} \cdot \text{m} \leqslant M_D = \sqrt{M_{yD}^2 + M_{zD}^2} = 294 \text{ N} \cdot \text{m}$$

D（左）面更加危险。

3）对塑性材料，采用第三强度理论或第四强度理论作强度校核

对于直径为 d 圆形轴：抗弯截面系数：$W_z = \pi d^3 / 32$；抗扭截面系数：$W_p = 2W_z = \pi d^3 / 16$。

危险截面最大工作正应力为：$\sigma_{max} = M_{max} / W_z$，

危险截面最大工作切应力为：$\tau_{max} = T_{max} / W_p = T_{max} / 2W_z$。

根据第三强度理论：$\sigma_{ed3} = \sqrt{\sigma^2 + 4\tau^2} \leqslant [\sigma]$，可得：

$$\sigma_{ed3} = \sqrt{\sigma^2 + 4\tau^2} = \sqrt{M_D^2 + T_D^2} / W_z = 37.4 \text{ MPa} \leqslant [\sigma] = 55 \text{ MPa}$$

由第四强度理论：$\sigma_{ed4} = \sqrt{\sigma^2 + 3\tau^2} \leqslant [\sigma]$，可得：

$$\sigma_{eda} = \sqrt{\sigma^2 + 3\tau^2} = \sqrt{M_D^2 + 0.75 T_D^2} / W_z = 34.4 \text{ MPa} \leqslant [\sigma] = 55 \text{ MPa}$$

 思考与练习

2-1　构件的基本变形有哪些？各种基本变形有什么受力特点和变形特点？

2-2　根据构件的强度条件，可以解决工程中的哪三类问题？

2-3　压缩和挤压有何区别？

2-4　什么是构件的危险截面？内力最大处是否一定就是危险截面？

2-5　扭转圆轴横截面上的切应力是如何分布的？

2-6　试用图表示出直梁弯曲时横截面上正应力分布规律。

2-7　求题图 2-7 所示阶梯直杆横截面 1—1，2—2 和 3—3 上的轴力，并作轴力图。横截面面积 $A_1 = 200 \text{ mm}^2$，$A_1 = 300 \text{ mm}^2$，$A_1 = 400 \text{ mm}^2$，求各横截面上的应力。

2-8　一块厚 10 mm、宽 200 mm 的旧钢板，其截面被直径 d = 20 mm 的圆孔所削弱，圆孔的排列对称于轴线，如题图 2-8 所示。现用此钢板承受轴向拉力 P = 200 kN。如材料的许用应力 [σ] = 170 MPa，试校核钢板的强度。

2-9　求题图 2-9 所示结构的许可荷载 [P]。已知杆 AD，CE，BF 的横截面面积均为 A，杆材料的许用应力均为 [σ]，视梁 AB 为刚体。

2-10　拉力 P = 80 kN 的螺栓连接如题图 2-10 所示。已知 b = 80 mm，t = 10 mm，d = 22 mm，螺栓的许用剪应力 [τ] = 130 MPa，钢板的许用挤压应力 $[\sigma_{jy}] = 300$ MPa，许用拉应力 [σ] = 170 MPa。试校核该接头的强度。

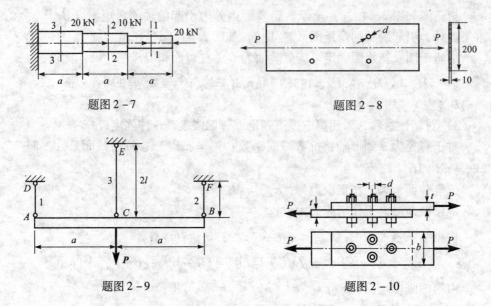

题图 2 - 7　　　　　　　　　　　　　题图 2 - 8

题图 2 - 9　　　　　　　　　　　　　题图 2 - 10

2-11　同一圆杆在题图 2 - 12 (a)、(b)、(c) 3 种不同载荷(加扭转力偶) 情况下工作,在线弹性与小变形条件下,图 (c) 情况下的应力与变形是否等于图 (a) 和图 (b) 两种情况的叠加?

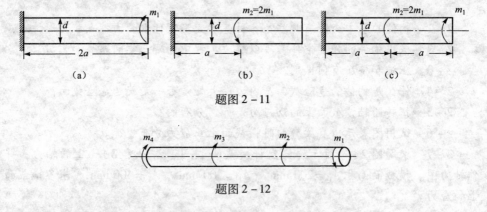

　　(a)　　　　　　　　　　(b)　　　　　　　　　　(c)

题图 2 - 11

题图 2 - 12

2-12　钢制圆轴上作用有4个外力偶,如题图 2 - 12 所示。其矩为 $m_1 = 1$ kN·m, $m_2 = 0.6$ kN·m, $m_3 = m_4 = 0.2$ kN·m。

(1) 试作该轴的扭矩图;

(2) 若将 m_1 和 m_2 的作用位置互换,扭矩图有何变化?

2-13　矩形截面的悬臂梁受集中力和集中力偶作用,如题图 2 - 13 所示。试求I—I截面和固定端II—II截面上 A, B, C, D 4点处的正应力。

2-14　简支梁承受均布载荷如题图 2 - 14 所示。若分别采用截面面积相等的实心和空心圆截面,且 $D_1 = 40$ mm, $d_2/D_2 = 3/5$, 分别计算它们的最大正应力。并问空心截面比实心截面的最大正应力减少了百分之几？

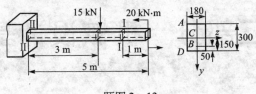

题图 2 – 13

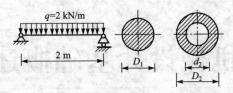

题图 2 – 14

第二部分　机械设计基础

第3章

机械设计基础概述

§3.1　机　械　概　述

在长期生产生活实践中，人类为了满足自身的需要，设计和制造了种类繁多、功能各异的机器，以提高生产效率，减轻劳动强度。这些机器小到压水用的唧筒，提升重物的辘轳，大到万吨压力机，塔吊；从家用缝纫机、自行车到车间里的金属切削机床、矿井中的挖掘机；从公路上奔驰的汽车、大海里航行的海轮到蓝天上翱翔的飞机。无论是哪种机器，它们都执行机械运动，转换或传递能量，它们的用途、性能、构造、工作原理虽然各不相同，但内在的本质特征却是一样的。

3.1.1　机器的组成

图3.1所示为牛头刨床，主要用于块类零件金属粗切削加工。牛头刨床的动力源是电动机，通过带传动机构、齿轮机构、导杆机构、升降螺杆等，使滑枕带动刨刀沿床身导槽往复移动，工作台带动工件沿螺杆轴线上下移动，完成对工件的切削加工。

图3.2所示为内燃机。其中，曲柄、连杆、活塞和气缸共同组成一个可将活塞往复运动转换为曲柄连续回转的机构；凸轮、气阀组成控制气体进出的配气机构。工作时，曲柄将气体膨胀产生的压力转换为扭矩和转速输出，以带动其他机构工作。

通过对以上两种简单机器的分析可以看出，一台完整的机器包括以下3个基本部分。

原动部分：将其他形式的能量转换为机械能。如：内燃机将油气混合体的内能转换为机械能，电动机将电能转换为机械能。

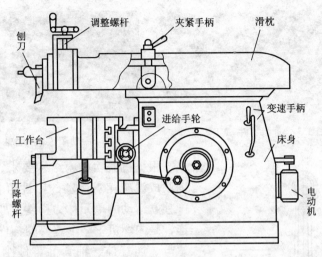

图 3.1　牛头刨床

工作部分（或执行部分）：利用机械能转换或传递能量、物料、信号。如发电机把机械能变成电能，轧钢机变换物料的外形，收音机将电磁波信号转换为声音信号，等等。

传动部分：把原动机的运动形式、运动和动力参数转变为工作部分所需的运动形式、运动和动力参数。如刨刀往复移动，工作台上下移动等。

此外，为使机器成为一个协调一致的整体，原动机、传动机和执行机必须安装在支撑部件上。并配置控制部分和辅助部分，以保证机器准确、可靠地完成整体功能。

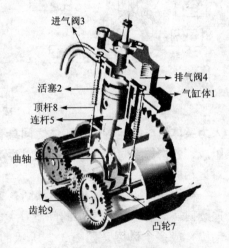

图 3.2　内燃机

综上所述，**机器是由人为实体组成的，各运动实体之间具有确定的相对运动的装置，用以代替人们劳动完成有用的机械功或者进行能量、信号的转换。**

3.1.2　有关术语和概念

机器是由许多机械零件组合而成。所谓零件是机械制造过程中不可拆的最小单元。机械零件可分为两大类：一类是在各种机器中经常都能用到的零件，称为**通用零件**，如齿轮、链轮、涡轮、螺栓、螺母等，如图 3.3 所示；另一类则是在特定类型的机器中才能用到的零件，称为**专用零件**，如内燃机的曲轴、汽轮机叶片等，如图 3.4 所示。

图 3.3　通用零件

图 3.4　曲轴

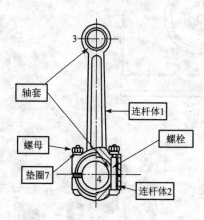

图 3.5　连杆

根据机器功能、结构要求，将多个零件固联成没有相对运动的刚性组合，成为机器中独立运动的单元称为**构件**。如图 3.5 所示，连杆是内燃机中一个重要的构件，它由螺栓、螺母、连杆体、轴套等零件刚性组合而成。如图 3.2 所示，通过销子，连杆 5 分别与活塞 2 以及曲轴 6 连接在一起，并相对转动。构件是由一个或多个零件组成的，是机器中最小的运动单元。

从运动的角度看，机器是由若干机构组成的，机构的功能是实现机器所必须的机械运动。机构具有机器的部分特征，即**机构是人为实体组成的，各运动实体之间具有确定的相对运动的装置**。机构由若干构件组成，各构件之间具有确定的相对运动。使各个构件相互接触，而又具有确定相对运动的连接，称为**运动副**。

机构是传递运动的机械，如图 3.2 所示的内燃机的凸轮配气机构，将凸轮的连续回转运动转换为气门的间歇往复运动。一部机器可以包含一个机构（如电动机）或多个机构（如图 3.2 所示的单缸内燃机就同时包含了曲柄滑块机构、齿轮机构和凸轮机构）。

机器是人为实体构成的，是一个由若干零件或构件组合在一起的整体。我们将零件的装配体称为部件，部件是机器的装配单元。习惯上人们将机器和机构统称为机械。

§3.2　机械设计基础概述

3.2.1　课程研究的对象和目的

机械设计基础的研究对象是：常用机构和通用零部件的工作原理、运动特点、结构特点、设计计算的基本理论和方法及有关标准规范。这些常用机构和通用零件的工作原理、设计理论和计算方法，对于专用机械和专用零件的设计也具有一定的指导意义。

本课程学习的目的是：使同学们熟悉常用机构、常用机械传动及通用零部件的工作原理、特点、应用、结构和标准；掌握常用机构、常用机械传动和通用零部件选用和设计的基本方法，具备正确分析、使用和维护机械的能力；初步具备设计简单机械传动装置的能力；并初步具有运用标准、手册、规范和图册查阅有关技术资料的能力。

《机械设计基础》课程是同学们从理论性、系统性很强的基础课和专业基础课向实践性较强的专业课过渡的一个重要转折点。本课程的综合性很强，通过学习，同学们应当学会综合运用本课程和其他课程所学知识解决机械设计问题；本课程同时还是一门能够应用于工程实际的设计性课程，同学们除完成安排的实验、实训、设计训练外，还应注意设计公式的应用条件，公式中系数的选择范围，设计结果的处理，特别是结构设计和工艺性问题；本课程的研究对象多，内容繁杂，所以同学们必须学会总结归纳，要对每一个研究对象的基本知识、基本原理、基本设计思路方法进行归纳总结，并与其他研究对象进行比较，掌握其共性与个性，只有这样才能有效提高分析和解决设计问题的能力；机械科学产生与发展的历程，就是不断创新的历程，学习机械设计不仅在于继承，更重要的是创新，只有学会创新，才能把知识变成分析问题与解决问题的能力。

3.2.2　机械零件的一般设计准则

机械设计的目的是为人类的生产和生活提供满足使用性能要求、安全可靠的机械产品。任何一个机械零件都应在满足强度、刚度以及稳定性要求的前提下，经济适用。

一、失效

机械零件在预定的时间内和规定的条件下，不能完成正常的功能，称为**失效**。机械零件的失效形式主要有断裂、过大的残余应变、表面磨损、腐蚀、零件表面的接触疲劳和共振等。机械零件的失效形式与许多因素有关，取决于该零件的工作条件、材质、受载状态及其所产生的应力性质等多种因素。即使是同一种零件，由于材质及工作情况不同，可能出现不同的失效形式。如齿轮工作时，由于受载情况不同，可能出现断裂、齿面塑性变形、齿面磨损等不同形式的失效。

二、设计准则

失效是因为机械零件的强度、刚度、耐磨性以及振动稳定性不能满足工作要求。根据失效原因制定了相关的设计准则，并作为防止失效和进行设计计算的基本依据。机械零件设计的准则包括：强度设计准则、刚度设计准则、耐磨性设计准则、振动稳定性设计准则和可靠性设计准则。

强度是保证机械零件正常工作的基本要求。为了避免零件在工作中发生突然断裂或者发生过大的塑性变形，必须使零件有足够的体积强度，满足强度设计准则，即：$\sigma_{max} \leqslant [\sigma]$ 或者 $\tau_{max} \leqslant [\tau]$。

为避免零件表面在工作中被压溃，必须使零件表面有足够的表面强度，满足强度设计准则，即：$\sigma_p \leqslant [\sigma_p]$。

为避免点、线接触的零件荷载后，产生局部的应力，导致表面疲劳破坏，必须使零件表面有足够大的接触强度，即：$\sigma_H \leqslant [\sigma_H]$

设计时采用强度高的材料、足够大的截面尺寸、合理的截面形状、各种热处理和化学处理方法以及合理的结构设计等措施，可以有效地提高机械零件的强度。

刚度是指零件在载荷作用下抵抗弹性变形的能力。若零件刚度不够，将产生过大的挠度或转角而影响机器正常工作，例如若车床主轴的弹性变形过大，会影响加工精度。为使零件有足够的刚度，设计时必须满足刚度设计准则，零件荷载后的线性变形，转角变形和扭角变形不得超过许用的变形量，即：$y_{max} \leqslant [y]$，$\theta_{max} \leqslant [\theta]$，$\varphi_{max} \leqslant [\varphi]$。

耐磨性是在载荷作用下相对运动的两零件表面抵抗磨损的能力。在滑动摩擦下工作的零件，常因载荷大、转速高，过度磨损而失效。影响磨损的因素很多，通过限制零件工作表面的单位压力和相对滑动速度，采用良好的润滑、提高零件表面硬度和表面质量可以提高耐磨性。

当周期性载荷的作用频率接近零件的固有频率时，零件的振幅急剧增加，在短时间内导致零件甚至系统的破坏，造成事故。所谓**振动稳定性**是指机器在工作时不得发生超过容许的振动现象。

机械零件应有足够的**寿命**。影响零件寿命的主要因素有腐蚀、磨损和疲劳。遗憾的是至今还没有提出实用且有效的腐蚀及磨损计算方法，也没有相应的设计准则，因而只能做条件性的计算。疲劳寿命，通常是算出使用寿命时的疲劳极限作为计算的依据。

在规定的工作条件下和使用期限内，由于工作应力是随机变量的缘故，满足强度和刚度要求的同一批零件，并非所有的零件都能完成规定的功能。零件在规定的工作条件下和规定的使用时间内完成规定功能的概率称为该零件的**可靠度**。可靠度是衡量零件工作可靠性的一个特征量，不同零件的可靠度要求是不同的。设计时应根据具体零件的重要程度选择适当的可靠度。

在应用上述设计准则设计零件时，应根据零件的主要失效形式确定设计内容，必要时进行其他条件的校核。

3.2.3　机械设计的基本要求及程序

一、机械设计的基本要求

功能要求：所设计的机器应能实现预定功能，如工作部分的运动形式、速度、运动精度和平稳性、需要传递的功率，以及某些使用上的特殊要求（如高温、防潮等）。

安全可靠性要求：应使产品和零件在规定的外载荷和规定的工作时间内，能正常工作而不发生断裂、过度变形、过度磨损并不丧失稳定性；此外所设计的产品应能实现对操作人员的防护，保证人身安全和身体健康；设计产品时应考虑对周围环境和人员不致造成危害和污染，同时也要保证机器对环境的适应性。

标准化要求：设计的机械产品的规格、参数应符合国家标准的要求，通用零件和部件应最大程度的与同类产品实现互换。

经济性要求：在产品整个设计周期中，必须把产品设计、销售及制造3方面作为一个系统考虑，用价值工程理论指导产品设计，正确使用材料，采用合理的结构尺寸和工艺，以降低产品的成本。设计机械系统和零部件时，应尽可能标准化、通用化、系列化，以提高设计质量、降低制造成本。

其他要求：机械产品外形应美观，便于操作和维修。

二、机械设计的一般程序

机械产品设计过程是智力活动过程，它体现了设计人员的创新思维活动，设计过程是逐步逼近解答方案并逐步完善的过程。如图3.6所示。

图3.6　机械设计一般程序

明确设计任务：机械设计是为实现预定目标的有目的的活动，明确设计目标（任务）是设计成功的基础。明确设计任务包括定出技术系统的总体目标和各项具体的技术要求，这是设计、优化、评价和决策的依据。

明确设计任务包括分析所设计机械的用途、功能、技术经济性指标和参数范围、预期成本范围等，并对同类或相近产品的技术经济性指标、不完善性、用户的意见和要求、当前技术水平以及发展趋势进行调查研究、收集材料，以进一步明确设计任务。

机械系统总体设计：是根据机器性能要求进行功能性设计研究。总体设计包括确定工作部分的运动和阻力、选择原动机的种类和功率、选择传动系统、机械系统的运动和动力计算、确定各级传动比和各轴的转速、转矩及功率。

进行总体设计时要考虑到机械的操作、维修、安装、外廓尺寸等要求，确定机械系统各主要部件之间的相对位置关系及相对运动关系、人—机—环境之间的合理关系。总体设计对机械系统的制造和使用有很大的影响，为此常需做出几个方案加以分析、比较，通过优化求解得出最佳方案。

技术设计又称结构设计。其任务是根据总体设计的要求，确定机械系统各零部件的材料、形状、数量、空间相互位置、尺寸、加工和装配，并进行必要的强度、刚度、可靠性设计。有几种方案时，需进行评价决策最后选择最优方案。

技术设计时要考虑加工条件、现有材料、各种标准零部件、相近机器的通用件。技术设计是保证质量、提高可靠性、降低成本的重要工作。技术设计需绘制总装配图、部件装配图、编制设计说明书等。技术设计是从定性到定量、从抽象到具体、从粗略到详细的设计过程。

样机试制阶段是通过样机制造、样机试验，检查机械系统的功能及整机、零部件的强度、刚度、运转精度、振动稳定性、噪声等方面的性能，随时检查及修正设计图纸，以更好地满足设计要求。

图纸和工艺修改阶段是根据样机试验、使用、测试、鉴定所暴露出的问题，进一步修正设计，以保证完成系统功能，并验证各工艺的正确性，以提高生产率、降低成本，提高经济效益。

§3.3 机械零件材料的选用原则

在机械零件的设计中，材料及热处理方法的选择至关重要，直接影响到机械零件工作的可靠性和经济性。机械制造中最常用的材料是钢和铸铁，其次是有色金属合金、非金属材料（如塑料、橡胶等），在机械制造中也得到广泛的应用。相关材料的数据和性能可通过机械零件设计手册查找。材料的选择主要考虑零件的使用性能要求、制造工艺性要求和经济性要求。

3.3.1 机械零件使用性能对材料的要求

零件的荷载情况及其主要失效形式对材料选用提出要求。脆性材料原则上只适合于静载荷下工作的零件，在动载荷和冲击载荷下工作的零件应选用塑性材料；当零件的接触工作应力较高时，应选用可进行表面强化处理的材料；对于尺寸仅取决于强度的零件，应选用高强度材料；尺寸仅取决于刚度的零件，选材时应考虑较大的弹性模量。

零件的工作条件和工作状况对材料选用提出要求。在高温下工作的零件应选用耐热材料；在湿热、有腐蚀性物质的环境下工作的零件，应选用防锈、防腐能力强的材料，如不锈钢；在滑动摩擦条件下工作的零件，应选用减摩性好的材料，如锡青铜。

此外，**减轻零件的质量**也是选择零件材料需要考虑的重要因素，特别在航空、航天飞行器设计中，质量和尺寸限制严格，多采用铝合金材料。

3.3.2 机械零件制造工艺性对材料的要求

选择机械零件的材料时，应综合考虑毛坯制造工艺性、材料的热处理工艺性和零件的切削加工工艺性对材料的要求。

对于结构复杂尺寸较大的零件，选用材料时应考虑材料的铸造性能和可焊接性能，一般选用灰口铸铁和球墨铸铁；对于结构简单，可锻造制取的毛坯一般选用锻造性能好的低碳钢和中碳钢。

热处理工艺性是指材料的可淬性、热处理变形倾向和渗透能力等。例如：对于需要渗碳处理的零件，应选用低碳钢。

零件切削加工工艺性是指材料的硬度、易切削性、冷作硬化程度及切削后可能达到的表面粗糙度和表面性质变化。例如：合金钢对切削刀痕及裂纹敏感。

3.3.3 机械零件制造经济性对材料的要求

经济性首先表现为材料的相对价格，应在满足使用性能和工艺性能要求前提下，尽可能选择相对价格低廉的材料。对质量不大但加工量非常大的零件，加工费用，即：材料的加工性能是选材时需要着重考虑的因素。

§3.4 现代设计方法简介

机械设计质量的高低，直接影响机械产品的技术水平和经济效益。机械设计过程是"设计—评价—再设计"的反复过程。传统的机械设计方法，以实践经验为基础，依据力学和数学建立的理论公式和经验公式，运用数表、图形和手册等技术资料，进行方案拟定、设计计算、绘图并编写设计说明书。

现代设计以产品为总目标，综合运用现代设计方法和技术。现代生产技术的需要和先进设计手段的出现，促进了设计领域的改革和发展，常规设计方法受到较大的冲击，用科学的设计方法代替经验的、类比的设计方法可以缩短设计周期、提高设计质量。发展设计理论、改进设计技术及方法已成为当前机械设计的必然趋势。

和传统设计相比较，创新型现代设计方法从以下几个侧重点出发。

（1）从用户需求出发，以人为本，满足用户的需求。

（2）从挖掘产品功能出发，赋予老产品以新的功能、新的用途。

（3）从成本设计理念出发，采用新材料、新方法、新技术，降低产品成本，提高产品质量，提高产品竞争力。

3.4.1　有限单元法（Finite Element Method）

有限单元法是 20 世纪 60 年代出现的一种数值计算方法。最初用于固体力学问题的数值计算，20 世纪 70 年代在英国科学家 Zienkiewicz O. C 等人的努力下，将它推广到各类场问题的数值求解，如温度场、电磁场，也包括流场。

有限单元法离散方程的获得方法主要有直接刚度法、虚功原理推导、泛函变分原理推导或加权余量法推导。一般采用加权余量法推导。

有限单元法的优点是解题能力强，可以比较精确地模拟各种复杂的曲线或曲面边界，网格的划分比较随意，可以统一处理多种边界条件，离散方程的形式规范，便于编制通用的计算机程序，在固体力学方程的数值计算方面取得巨大的成功。但是在应用于流体流动和传热方程求解的过程中却遇到一些困难，其原因在于，按加权余量法推导出的有限单元法离散方程也只是对原微分方程的数学近似。当处理流动和传热问题的守恒性、强对流、不可压缩条件等方面的要求时，有限单元法离散方程中的各项还无法给出合理的物理解释，对计算中出现的一些误差也难以进行改进。

有限单元法在设计中运用的步骤如下。

（1）剖分：将待解区域进行分割，离散成有限个元素的集合。元素（单元）的形状原则上是任意的。二维问题一般采用三角形单元或矩形单元，三维空间可采用四面体或多面体等。每个单元的顶点称为节点（或结点）。

（2）单元分析：进行分片插值，即将分割单元中任意点的未知函数用该分割单元中形状函数及离散网格点上的函数值展开，即建立一个线性插值函数。

（3）求解近似变分方程：用有限个单元将连续体离散化，通过对有限个单元作分片插值求解各种力学、物理问题的一种数值方法。有限元法把连续体离散成有限个单元：杆系结构的单元是每一个杆件；连续体的单元是各种形状（如三角形、四边形、六面体等）的单元体。每个单元的场函数是只包含有限个待定节点参量的简单场函数，这些单元场函数的集合就能近似代表整个连续体的场函数。根据能量方程或加权余量方程可建立有限个待定参量的代数方程组，求解此离散方程组就得到有限元法的数值解。

有限单元法已被用于求解线性和非线性问题，并建立了各种有限元模型，如协调、不协调、混合、杂交、拟协调元等。有限单元法十分有效、通用性强、应用广泛，已有许多大型或专用程序系统供工程设计使用。结合计算机辅助设计技术，有限单元法也被用于计算机辅助制造中。

有限单元法最早可上溯到 20 世纪 40 年代。Courant 第一次应用在三角区域上的分片连续函数和最小位能原理求解 St. Venant 扭转问题。现代有限单元法的第一个成功的尝试是在 1956 年，Turner、Clough 等人在分析飞机结构时，将钢架位移法推广应用于弹性力学平面问题，给出了用三角形单元求得平面应力问题的正确答案。1960 年，Clough 进一步处理了平面弹性问题，并第一次提出了"有限单元法"，使人们认识到它的功效。我国著名力学家、教育家徐芝纶院士将有限单元法引入我国，推动了有限单元法在国内工程设计中的应用。

从有限元的基本方法派生出来的方法很多，称为三维单元。如：有限条法、边界元法、杂交元法、非协调元法和拟协调元法等，用以解决特殊的问题。

3.4.2　可靠性设计（Reliability Design）

可靠性设计是保证机械及其零部件满足给定的可靠性指标的一种机械设计方法。包括对产品的可靠性进行预计、分配、技术设计、评定等工作。

所谓可靠性，则是指产品在规定的时间内和给定的条件下，完成规定功能的能力。它不但直接反映产品各组成部件的质量，而且还影响到整个产品质量性能的优劣。可靠性分为固有可靠性、使用可靠性和环境适应性。可靠性的度量指标一般有可靠度、无故障率、失效率 3 种。可靠性设计在机械设计方面的运用研究始于 20 世纪 60 年代，首先应用于军事和航天等工业部门，随后逐渐扩展到民用工业。

一个复杂的产品，为提高整体系统的性能，采用提高组成产品的每个零部件的制造精度来达到，会使产品的造价昂贵，有时甚至难以实现（例如对于由几万甚至几十万个零部件组成的很复杂的产品）。事实上，可靠性设计所要解决的问题就是，如何从设计入手来解决产品的可靠性，以改善对各个零部件可靠度（表示可靠性的概率）的要求。

可靠度的分配是可靠性设计的核心，正确合理的分配可靠度是可靠性设计的前提，可靠度确定的基本原则分为以下几类。

（1）按组成产品的零部件的重要程度分配可靠度；

（2）按组成产品的零部件的复杂程度分配可靠度；

（3）按各零部件生产的技术水平、任务情况等的综合指标分配可靠度；

（4）按零部件的相对故障率分配可靠度。

在各部分有了明确的可靠性指标后，再根据不同计算准则，进行零件的设计计算。主要的计算方法为：根据载荷和强度的分布计算可靠度或所需尺寸；根据载荷和寿命的分布计算可靠度或安全寿命；求出可靠度与安全系数间的定量关系，沿用常规设计方法计算所需尺寸或验算安全系数。与可靠性设计有关的载荷、强度、尺寸和寿命等数据都是随机变量，必须用概率统计方法进行处理。

为了在设计时能充分地预测和预防故障，把更多的失效经验实践到产品中，因而必须帮助设计人员掌握充分的故障情报资料和设计依据。应采取以下措施。

（1）可靠性检查表，从可靠性观点出发，列出设计中应考虑的重点。设计时逐项检查，考虑预防的对策。

（2）推行 FMEA（失效模式影响分析）和 FTA（故障树分析）方法。FMEA 和 FTA 是可靠性分析中的重要手段。FMEA 从零部故障模式入手分析，评定它发生故障对整机或系统的影响程度，以此确定关键的零件和故障模式。FTA 则是从整机或系统故障开始，逐步分析到基本零件的失效原因。这两种方法作为设计的技术标准资料，收集总结了该种产品所有可能预料到的故障模式和原因，设计者可以较直观地看到设计中存在的问题，在设计中与设计图纸同样重要。

（3）故障事例集。把过去技术上的失败和改进的事例做成手册，供设计者随时参考。通常用简图表示，将故障和改进作对比，并对故障的原因、情况附有简单说明，这种手册是各公司积累的技术财富，视同设计规范同等重要。

（4）数据库。广泛有效地收集设计、制造中的失败和改进经验，试验和实际用的数据，形成检索系统和数据库，使设计者能超越本单位充分利用别人实践过的经验。如电子产品已形成世界性可靠性信息交换网。

（5）设计、试验规范的不断充实、改善。从使用实际得来的故障教训要反馈到设计、试验方法的改进中，要将这些改进效果作为产品设计规范（包括材料选定，结构形式，许用应力，安全系数值）和试验标准的改进依据，使它们成为设计技术的一部分。开展可靠性设计工作，必须加强对设计、试验规范的研究和命名。

试验规范的制定是以实地使用条件分析为基础，将产品的回收品和试验室加速试验件作对比，计算强化系数。通过失效分析反推，验证试验条件是否合适，从而不断改进试验方法和标准。例如日本的丰田公司就制定有 1 500 项之多的试验标准。

3.4.3 优化设计（Optimization Design）

优化设计是从多种方案中选择最佳方案的设计方法。

优化设计以数学中的最优化理论为基础，以计算机为手段，根据设计所追求的性能目标，建立目标函数，在满足给定的各种约束条件下，寻求最优的设计方案。第二次世界大战期间，在军事上首先应用了优化技术。1970 年，C. S. 贝特勒等用几何规划解决了液体动压轴承的优化设计问题后，优化设计在机械设计中得到应用和发展。随着数学理论和电子计算机技术的进一步发展，优化设计已逐步形成为一门新兴独立的工程学科，并在生产实践中得到了广泛的应用。

通常优化设计方案用一组参数来表示，这些参数有些已经给定，有些没有给定，需要在设计中优选，称为设计变量。如何找到一组最合适的设计变量，在允许的范围内使所设计的产品结构最合理、性能最好、质量最高、成本最低（即技术经济指标最佳），有市场竞争能力，同时设计的时间又不要太长，这就是优化设计所要解决的问题。

一般来说，优化设计有这样几个步骤：首先要建立数学模型，选择最优化算法；其次进行程序设计；最后制订目标要求；最后通过计算机自动筛选最优设计方案。优化设计通常采用的最优化算法是逐步逼近法、有线性规划和非线性规划。

3.4.4　并行设计（Parallel Design）

并行设计是一种对产品及其相关过程（包括设计制造过程和相关支持过程）进行并行和集成设计的系统化工作模式。与传统的串行设计相比，并行设计更强调在产品开发的初期阶段，要求产品的设计开发者从一开始就要考虑产品整个生命周期（从产品的工艺规划、制造、装配、检验、销售、使用、维修到产品的报废为止）的所有环节，建立产品寿命周期中各个阶段性能的继承和约束关系及产品各个方面属性间的关系，以追求产品在寿命周期全过程中其性能最优。通过产品每个功能设计小组，使设计更加协调、产品性能更加完善，从而更好地满足客户对产品综合性能的要求，并减少开发过程中产品的反复，进而提高产品的质量、缩短开发周期并大大降低产品的成本。

3.4.5　计算机辅助设计（Computer Aided Design）

计算机因其运算速度快、数据处理准确、存储量大，并具有逻辑判断功能等优点，已成为现代工程设计中分析计算、综合决策、数据和图形处理以及运用各种现代设计方法时不可替代的重要工具。这种人机交互式的设计方法，称为计算机辅助设计（CAD）。

机械产品的生产分设计与制造两大部分。

设计过程中除需求分析及可行性研究与分析这两个环节外，其余从概念设计到设计结果都可以用计算机实现，从而构成了 CAD 过程。

制造过程是从工艺过程设计开始，经产品装配直到进入市场为止。在这个过程中，工艺设计以及采用数控机床时的加工编程等，以及从工艺过程设计到装配的一系列环节都可以用计算机实现，由此构成了广义的 CAM（Computer Aided Manufacturing）过程。在 CAM 过程中主要包括两个软件，一类叫计算机辅助工艺规程设计 CAPP（Computer Aider Proess Planning），另一类叫数据编程 NCP（NC Programming）；这两个过程的计算机化促进了设计与制造自动化的程度，自动化程度的进一步提高是有赖于这两个过程的进一步集成，并由此奠定了现代计算机集成制造系统 CIMS（Computer Integrated Manufacturing System）的基础。

CAD 不是完全的设计自动化，实践证明实现完全的设计自动化是非常困难的，CAD 将人的主导性和与创造性放在首要地位，充分发挥计算机的长处，使二者有机地结合，人—机信息交流及交互工作方式是 CAD 系统最显著的特点。

CAD 的软件系统包括系统软件、支撑软件和应用软件 3 个层次。

（1）系统软件与硬件和操作系统密切相关，用于对系统资源的管理，对输入和输出设备的控制等。

（2）支撑软件是在系统软件基础上开发的满足用户共同需要的通用软件或工具软件，目前市场上所见到的各种商业化的 CAD 软件大多属于支撑软件。支撑软件主要用来实现几何建模、绘图、工程设计计算和分析等功能。包括集成化软件、计算和分析软件等。

集成化 CAD/CAM 软件支持在二维和三维图形方式下进行产品及其零件的定义。如 AutoCAD 等。近年来随着实体造型技术的日趋完善，不少 CAD 系统转向采用实体造型技术来定义产品的几何模型，进行分析、数控加工、输出工程图等。目前较为成熟的 CAD/CAM 集成系统包括：UG，Pro-Engineer，CATIA，DUCT，CADDS - 5 等。

计算和分析软件主要用于解决工程设计中的各种数值和分析。包括：① 数学计算软件，如 MATLAB、MATHCAD 等。② 有限元分析软件，如 I - Deas、SAP - 5、ADINA、NSYS 等。目前有限元分析的理论和方法已日趋成熟，包含了较强的前、后处理功能。③ 优化设计软件，如 IBM 公司的 ODL、我国的 OPB - 2 等。

（3）数据库管理系统软件，目前流行的数据库管理软件很多，如 FoxPro，Oracle，Access 等，它们都属于关系型数据库管理系统，常用于商业和事务管理中。适用于 CAD 工程数据库的管理系统必须是管理量大、类型及关系很复杂的数据，且信息模式是动态的。目前流行的数据库管理系统很难满足上述要求，在设计时要根据需要选择和编制适用数据库和接口程序。

在机械设计过程中，经常需要查阅手册和文献资料，如零部件的标准和规范、材料的机械性能、许用应力和各种计算系数等经验数据或实验曲线与图表，以获得有关的计算公式和大量数据。在传统的设计方法中，主要靠设计人员手工查取，十分烦琐和费时。鉴于计算机具有大量存储与迅速检索的功能，可以快速、精确无遗漏地处理各种大小数据文件，在现代设计方法中，通常将设计所需要的计算公式、计算方法和过程以及大量数据、表格或线图以程序、文件和数据库等方式预先存入计算机的外存和内存中，以便设计时由计算机按照设计的需要自动检索，依靠计算机完成大量烦琐的事务性工作，使设计师有更多的时间和精力从事创造性设计。

机械设计过程中一些常用数据表格和线图在计算机中的存取一般有以下 3 种处理方式。

（1）将数据表格和线图转化为程序存入内存。

（2）将数据表格和线图转化为文件存入内存。

（3）将数据表格和线图转化为数据结构（数据相互关联的形式）存入数据库。

3.4.6　PRO/E 简介（Pro/Engineer）

Pro/E 是美国参数技术公司（Parametric Technology Corporation，PTC）的重要产品。在目前的三维造型软件领域中占有重要地位，作为机械领域 CAD/CAE/CAM 的新标准而得到业界的广泛认可和推广，是现今最成功的 CAD/CAM 软件之一。

Pro/E 率先提出了参数化设计的概念，并采用了单一数据库解决特征的相关性问题。此外，采用模块化方式，用户可根据自身的需要选择安装模块。

Pro/E 基于特征的工作方式，能够将设计到生产的全过程集成到一起，实现并行工程设计，不但可以应用于工作站，也可以应用到单机上。

Pro/E 采用了模块方式，可分别进行草图绘制、零件制作、装配设计、钣金设计、加工处理等，保证用户可以按照自己的需要进行选择使用。

目前 Pro/E 最高版本为 2009 年 7 月发布的 Pro/ENGINEER Wildfire 5.0（野火 5.0）。

Pro/E 是采用参数化设计的、基于特征的实体模型化系统。工程设计人员采用具有智能特性的基于特征的功能生成模型，如腔、壳、倒角及圆角，可随意勾画草图，轻松改变模型。这一功能特性给工程设计者提供了在设计上从未有过的简易和灵活。

Pro/E 是建立在统一基层上的数据库上，不像一些传统的 CAD/CAM 系统建立在多个数据库上。所谓单一数据库，就是工程中的资料全部来自一个库，这使得不管是哪一个部门的，每一个独立用户都在为一件产品造型而工作。换言之，在整个设计过程的任何一处发生改动，亦可以前后反应在整个设计过程的相关环节上。例如，一旦工程样图改变，NC（数控）工具路径也会自动更新；组装工程图如有任何变动，也完全同样反应在整个三维模型上。这种独特的数据结构与工程设计的完整结合，使得一件产品的整体设计结合起来，使得设计更优化，产品质量更高，能更好地推向市场，价格也更便宜。

Pro/E 是软件包，并非模块，是系统的基本部分，其功能包括参数化功能定义、实体零件及组装造型、三维上色实体或线框造型、完整工程图产生及不同视图（三维造型还可移动、放大或缩小和旋转）。

Pro/E 是一个功能定义系统，造型通过各种不同的设计专用功能来实现，其中包括筋（Ribs）、槽（Slots）、倒角（Chamfers）和抽空（Shells）等，采用这种手段来建立形体，对于工程师来说是更自然、更直观，无须采用复杂的几何设计方式。该系统的参数比功能，采用符号形式赋予形体尺寸，不像其他系统是直接指定一些固定数值于形体，这样工程师可任意建立形体上的尺寸和功能之间的关系，任何一个参数改变，其相关的特征也会自动修正，这种功能使得修改更为方便和可令设计优化更趋完美。造型不但可以在屏幕上显示，还可传送到绘图机或一些支持 Postscript 格式的彩色打印机。

Pro/E 通过标准数据交换格式，可以将三维和二维图形输出给诸如有限元分析及后置处理等其他应用软件，用户更可配上 Pro/E 软件的其他模块或自行利用 C 语言编程，以增强软件的功能。

在单用户环境下（没有任何附加模块）具有计算机辅助设计的大部分设计能力、组装能力（人工）和工程制图能力（不包括 ANSI，ISO，DIN 或 JIS 标准），并且支持符合工业标准的绘图仪（HP，HPGL）和黑白及彩色打印机的二维和三维图形输出。

在模具和产品设计方面 Pro/E 得到了尤为广泛的应用。

 思考与练习

3-1　试说明机械、机器、机构这几个概念间相互关系，并举例说明。

3-2　什么是构件？什么是零件？什么是部件？它们之间有什么异同？

3-3　什么是失效？机械零件设计的一般准则是什么？

3-4　如何选用机械零件的材料？

3-5　简述机械设计的一般过程和步骤。

3-6　现代设计方法和传统设计方法相比较有哪些优点？

第4章

常用的连接

机器是零部件通过连接实现的有机组合体。为了便于机械的制造、安装、运输、维修及提高生产效率，机器设备中广泛采用各种连接。

在机械中，连接是指为实现某种功能，使两个或两个以上的零件相互接触，并以某种方式保证一定的位置关系。如果被连接件间相互位置固定，不能做相对运动的称为**静连接**（如螺栓连接等），能做相对运动的则称为**动连接**（如铰链等）。

习惯上，机械设计中的连接通常指的是静连接，简称连接。连接的方法很多，有些连接需要专门的连接件，如箱体与箱盖的螺纹连接、轴与轴上零件（如齿轮、带轮）的键连接。连接有可拆连接和不可拆连接。允许多次装拆又不影响使用性能的是**可拆连接**，通常使用连接件（又称紧固件）对被连接件进行连接，常见的有螺栓、螺母、键、销等；必须损坏组成零件才能拆开的连接叫**不可拆连接**，通常这类连接不需要专门的连接件。如：焊接、黏结、胶接、铆接。

§4.1 螺 纹 连 接

4.1.1 螺纹的形成及基本参数

一、螺纹的形成

如图 4.1 所示，将一与水平面倾斜角为 λ 的直线绕在圆柱体上，即可形成一条螺旋线。用一平面图形沿螺旋线运动，运动时保持该平面图形通过圆柱体的轴线，就可以得到螺纹。

二、螺纹的基本参数

以圆柱普通螺纹的外螺纹为例，说明螺纹的主要几何参数（如图 4.2 所示）。

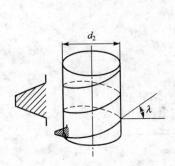

图4.1　螺旋线和螺纹的形成

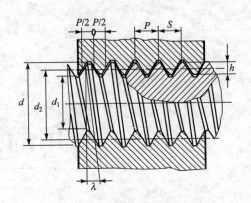

图4.2　圆柱螺纹主要几何参数

（1）大径 d：螺纹的最大直径，与外螺纹的牙顶（或内螺纹的牙底）相重合的假想圆柱面的直径，国家标准中规定大径是普通三角螺纹的公称直径。

（2）小径 d_1：螺纹的最小直径，与外螺纹牙底（或内螺纹牙顶）相重合的假想圆柱的直径，在强度计算中小径常作为螺杆危险截面的计算直径。

（3）中径 d_2：通过螺纹纵向截面牙型上的沟槽和突起宽度相等处的假想圆柱面的直径，近似于螺纹的平均直径，即：$d_2 = (d + d_1)/2$。中径是确定螺纹几何参数和配合性质的直径。

（4）线数 n：螺纹的螺旋线数目。

（5）螺距 P：螺纹相邻两个牙形上对应点间的距离。

（6）导程 S：螺纹上任一点沿同一条螺旋线旋转一周所移动的轴向距离。单线螺纹的导程就等于螺纹的螺距，即：$S = P$；多线螺纹的导程等于螺距与线数的积，即：$S = nP$。

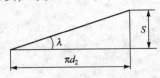

图4.3　中径圆柱上的螺纹升角

（7）螺纹升角 λ：螺旋线的切线与垂直于螺纹轴线的平面间的夹角。在螺纹不同直径处，螺纹升角不相同，其展开形式如图4.3所示。通常在螺纹中径 d_2 处计算 λ。

（8）牙形角 α：螺纹轴向截面内，螺纹牙形两侧边的夹角。

（9）在螺纹轴向截面内，螺纹牙形的侧边与螺纹轴线的垂线的夹角称为牙侧角 β，对称牙形的螺纹的牙侧角：$\beta = \alpha/2$。

（10）接触高度 h：内、外螺纹旋合后的接触面的径向高度。如图4.2所示。

（11）螺纹的旋合长度 l：内、外螺纹旋合后的接触

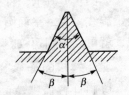

图4.4　螺纹的牙型角

面的轴向长度。

4.1.2　螺纹的分类与应用

一、螺纹的种类

螺纹的种类很多。按回转体内外表面，螺纹分为内螺纹和外螺纹（如图 4.5 所示）；按螺旋线方向的不同，将螺纹分为左旋螺纹和右旋螺纹（如图 4.6 所示），左旋螺纹常用于特殊场合；按螺旋线的数目，螺纹可分为单线螺纹、双线螺纹和多线螺纹，沿一根螺旋线形成的螺纹称为单线螺纹；沿两根以上的等距螺旋线形成螺纹称为多线螺纹。常用的连接螺纹要求自锁性，故多用单线螺纹；传动螺纹要求传动效率高，故多用双线或单线螺纹。为了便于制造，螺纹线数一般不超过 4 线（如图 4.7 所示），一般单线螺纹常用于连接，也可用于传动，多线螺纹主要用于传动；按螺纹牙型不同螺纹可以分为三角螺纹、矩形螺纹、梯形螺纹和锯齿形螺纹（如图 4.8 所示）。

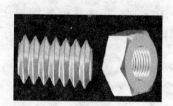

图 4.5　内螺纹和外螺纹

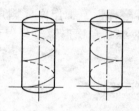

图 4.6　左旋和右旋螺纹

图 4.7　单线和多线螺纹

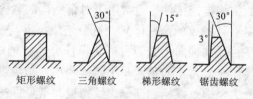

矩形螺纹　　三角螺纹　　梯形螺纹　　锯齿螺纹

图 4.8　螺纹的牙型

二、螺纹的应用

三角螺纹的牙型为等腰三角形，分为普通三角螺纹和管螺纹两类，由于强度较高，自锁性能较好，主要用于连接。

普通三角螺纹，以螺纹大径 d 为公称直径，牙型为等边三角形，牙型角 $\alpha = 60°$，内外螺纹旋合后有径向间隙。螺纹副当量摩擦系数大，自锁性能好。同一公称直径的普通三角螺纹按螺距的不同，分为普通粗牙螺纹和普通细牙螺纹，其中螺距最大的叫粗牙螺纹。普通细牙螺纹的升角 λ 小，自锁性能好，牙型高度低，小径较大，强度高但牙细不耐磨，易滑扣，常用于细小零件，薄壁管件，或者受冲击、振动和变载荷的连接；有时候用于微调机构。普通粗牙螺纹则常用于一般的连接。

管螺纹分为英制管螺纹和米制管螺纹。英制管螺纹，以英寸（in）为单位，牙型为等腰三角形，牙型角 $\alpha = 55°$，分为细牙管螺纹、螺纹密封的管螺纹和非螺纹密封的管螺纹 3 类；米制管螺纹采用公制单位，牙型角 $\alpha = 60°$。

管螺纹的公称直径是管子的公称通径。它是用于有密封要求的管道连接的特殊细牙三角管螺纹，螺距和牙型均较小，内外螺纹旋合后没有径向间隙，螺纹紧密性好，广泛应用于水、煤气、润滑管路系统中。

矩形螺纹、梯形螺纹和锯齿形螺纹是常用的传动螺纹。

矩形螺纹的牙型为正方形，牙型角 $\alpha = 0°$，摩擦系数小，传动效率高，牙根强度低，磨损后，间隙难以修复和补偿，传动精度较低，较少使用。

梯形螺纹的牙型为等腰梯形，牙型角 $\alpha = 30°$，当量摩擦系数较大，传动效率低于矩形螺纹，但牙根强度较高，螺纹副工艺性和对中性好，磨损后间隙可以自动补偿，是应用广泛的传动螺纹。

锯齿形螺纹的牙型为不等腰梯形，工作面牙侧角 $\beta_1 = 3°$，非工作面牙侧角 $\beta_2 = 30°$，兼有矩形螺纹传动效率高和梯形螺纹牙根强度高的特点，常用于单向受力的螺旋传动中。

4.1.3　常用的标准螺纹连接件

螺纹连接件的类型很多，在机械结构中常用的螺纹连接件有：螺栓、螺母、双头螺柱、螺钉、垫圈等。这些零件都已经标准化、系列化。

螺栓是最常用的钢结构连接件，通常用于对钢结构的紧固、连接和定位。螺栓由头部和螺杆（带有外螺纹的圆柱体）两部分组成，需与螺母配合使用。

根据螺栓连接是否预加轴向预紧力，可将螺栓分为普通螺栓和高强度螺栓。螺栓头部形状各种各样，最常见的是六角头螺栓和小六角头螺栓；根据螺栓杆部螺纹开制的长度可分为全螺纹螺栓和部分螺纹螺栓；常见螺栓的结构形式，如图 4.9 所示。

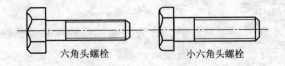

六角头螺栓　　　　　　　　小六角头螺栓

图 4.9　常见的螺栓

螺母就是我们通常所说的螺帽，带有内螺纹孔，配合螺栓、螺柱或机器螺钉，用于紧固连接两个零件，使之成为一件整体。

螺母的种类繁多，常见的有国标、英标、美标、日标的螺母；根据材质的不同，分为碳钢螺母、高强度螺母、不锈钢螺母、塑钢螺母等几大类型；根据螺母的外形的不同，可分为六角螺母、厚六角螺母、薄六角螺母和六角法兰面螺母，等等；国家标准一共罗列了 66 种不同结构的螺母。图 4.10 所示为常见的螺母。

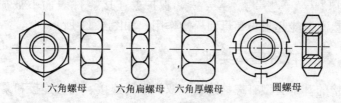

图 4.10　常见的螺母

螺钉是由头部和螺杆两部分构成的一类紧固件，按用途可以分为机器螺钉、紧定螺钉和特殊用途螺钉。机器螺钉用于两零件的紧固连接；紧定螺钉主要用于固定两个零件之间的相对位置；特殊用途螺钉，例如有吊环螺钉等，供吊装零件用。图 4.11 为常见的螺钉。

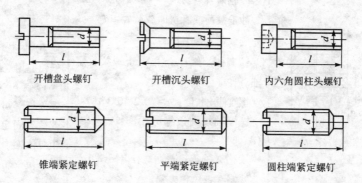

图 4.11　常见螺钉类型

双头螺柱没有头部仅有两端，均外带螺纹的一类紧固件，其中用于旋入被连接零件的一端称为旋入端，用来旋紧螺母的一端称为紧固端。根据结构双头螺柱分为 A 型和 B 型两种，如图 4.12 所示。

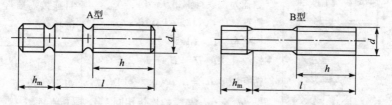

图 4.12　双头螺柱

弹簧垫圈　　　　圆垫圈

图 4.13　常用垫圈

垫圈是形状呈扁圆环形的一类紧固件，置于螺栓、螺钉或螺母的支撑面与连接零件表面之间，起着增大被连接零件接触表面面积，降低单位面积压力和保护被连接零件表面不被损坏的作用；

另一类弹性垫圈，能起阻止螺母回松的作用。如图 4.13 所示。

4.1.4　螺纹连接的基本类型

螺纹连接的基本类型有螺栓连接、双头螺柱连接、螺钉连接和紧定螺钉连接等。它们的结构及主要尺寸关系见表 4 - 1。

表 4 - 1　螺纹连接基本类型及其应用

类型	结构简图	尺寸关系	应　用
螺栓连接	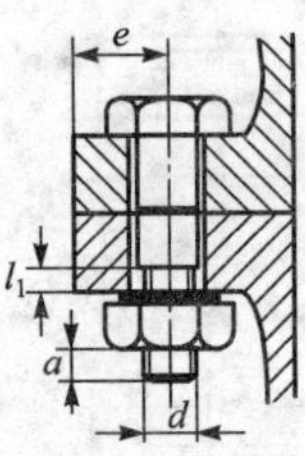	螺栓余留长度 l_1： 静载荷 $l_1 \geq (0.3 \sim 0.5) d$ 冲击载荷或者弯曲载荷 $l_1 \geq d$ 变载荷 $l_1 \geq 0.75d$ 铰制孔用螺栓 l_1 稍大于螺纹收尾部分长度 螺纹伸出长度：$a \geq (0.2 \sim 0.3)d$ 螺栓轴线到边缘的距离：$e = d + (3 \sim 6)$ 通孔直径 d_0：普通螺栓 $d_0 \approx 1.1d$ 铰制孔螺栓查表确定	普通螺栓连接结构简单，装拆方便，对通孔加工精度要求低，应用最广泛； 铰制孔螺栓连接，螺栓杆部可承受横向载荷和固定被连接件相对位置
双头螺柱连接	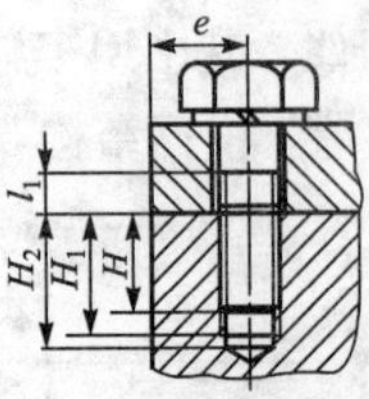	座端螺纹拧入深度 H 螺孔为钢或青铜：$H = d$ 铸铁：$H = (1.25 \sim 1.5)d$ 铝合金：$H = (1.5 \sim 2.5)d$ 螺纹孔深度 $H_1 = H + (2 \sim 2.5)P$ 钻孔深度 $H_2 = H_1 + (0.5 \sim 1)d$ l_1、d、e、d_0 与螺栓连接相同	双头螺柱连接适合于被连接件之一较厚，不便加工通孔，且连接需要经常装拆的场合
螺钉连接	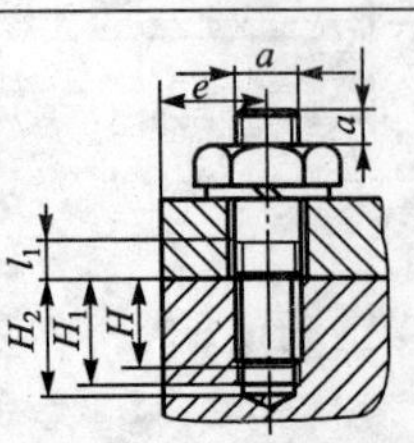		螺钉连接无须螺母，结构简单，适合于被连接件之一较厚，不便加工通孔场合，不适于经常拆卸

　　螺栓与螺母配合，用于紧固两个带有通孔的零件的连接方式称为螺栓连接。采用螺栓连接的被连接件均较薄，其上开制通孔，无须切制螺纹。螺栓连接的被连接件厚度均比较小，连接不受被连接件材料限制，结构简单，装拆方便（可在被连接件两边装配），广泛应用于需要经常拆装的场合。

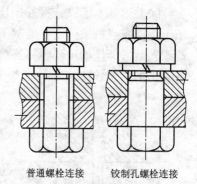

普通螺栓连接　　　铰制孔螺栓连接

图 4.14　螺栓连接

　　螺栓连接分为普通螺栓连接（如图 4.14（a）所示）和铰制孔螺栓连接（如图 4.14（b）所示）两类。普通螺栓连接被连接件通孔与螺栓杆部采用间隙配合，通孔精度较低，装拆方便，广泛用于传递轴向载荷，被连接件厚度不大场合。

　　铰制孔螺栓连接被连接件通孔经过铰制，有很高的形状、尺寸精度及很好的表面质量，孔与螺栓杆部采用过渡配合，无间隙。这种连接可以精确固定被连接件相对位置，能承受横向载荷，但螺栓成本和对孔的加工精度要求高。

　　双头螺栓（或称双头螺柱）**连接**（又称配合螺栓连接），如图 4.15 所示。双头螺栓的旋合端旋紧在较厚的被连接件的螺孔中（盲孔），紧固端穿过另一被连接件的通孔，与螺母配合拧紧，拆卸时只需要松开螺母，不会磨损被连接件螺纹孔。双头螺柱连接常用于被连接件之一较厚、不便于开制通孔、结构要求紧凑、需要经常拆装的场合。

　　螺钉连接，如图 4.16 所示，螺钉直接拧入被连接件螺纹孔，不需螺母，结构简单、紧凑，常用于被连接件之一过厚不宜加工通孔、受力不大、不需要经常拆装的场合。

　　紧定螺钉连接，利用拧入螺钉孔中的螺钉末端顶住另一零件的表面或顶入该零件的凹坑中，以固定两个零件的相对位置，如图 4.17 所示，可传递不大的力或者转矩。

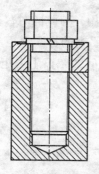

图 4.15　双头螺柱连接

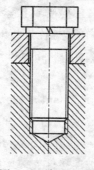

图 4.16　螺钉连接

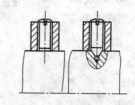

图 4.17　紧定螺钉连接

除上述基本螺纹连接外，还有许多常见专用的螺纹连接。图 4.18 所示的是用于将机座或机架固定在地基上的地脚螺栓连接；图 4.19 所示的是用于起吊机器或大型零部件的吊环螺钉连接；图 4.20 所示的是用于机床工作台安装工装设备的 T 形槽螺栓连接等。

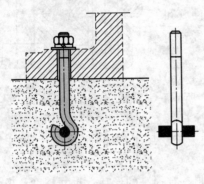

图 4.18　地脚螺栓连接

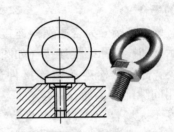

图 4.19　吊环螺钉连接

4.1.5　螺纹连接的预紧和防松

一、螺纹连接的预紧

绝大多数的螺纹连接装配都必须拧紧，使连接在承受工作载荷之前，预先受到力的作用，该力称为预紧力，用 F_0 表示。施加预紧力的目的在于增加螺纹连接的可靠性，保持正常工作能力，提高连接的刚性、紧密性和防松能力，并防止受横向载荷时螺纹连接滑动。

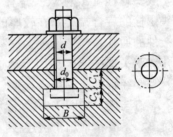

图 4.20　T 形螺栓连接

装配时不拧紧，只在承受外载时才受到力的作用的螺纹连接称为**松螺纹连接**。松螺纹连接在工程上应用很少，绝大多数的螺纹连接在装配时需要拧紧，荷载前受到预紧力作用的螺纹连接称为**紧螺纹连接**。

拧紧力矩：预紧螺纹连接时，螺栓受到预紧力 F_0 的作用，与此同时，被连接件受到预紧压力 F_0' 的作用。故预紧螺栓连接时，加在扳手上的拧紧力矩 T 必须克服螺旋副中螺纹相对转动阻力矩 T_1 和螺母与支撑面之间的摩擦阻力矩 T_2，即：$T = T_1 + T_2$

其中：
$$T_1 = F_0 d_2 \tan(\lambda + \rho_v)/2 \tag{4-1}$$
$$T_2 = f_c F_0' r_f = f_c F_0' (D_1 + d_0)/4 \tag{4-2}$$

式中，d_2 是螺纹的中径，λ 是螺纹的升角，ρ_v 是螺纹副的当量摩擦角，r_f 是支撑面间的摩擦半径，f_c 是螺母与被连接件支撑面间摩擦系数。

对于 M10～M68 的普通粗牙螺纹，拧紧力矩 T 近似为：

$$T \approx 0.2 F_0 d \qquad\qquad (4-3)$$

预紧力 F_0 的控制：预紧力的大小根据螺栓受力情况和工作要求决定。设计时，应保证足够大的预紧力，且连接结构尺寸不过大。一般规定，拧紧后，螺纹连接的预紧应力不得超出材料屈服极限 σ_s 的 80%。对于一般的钢制螺栓连接预紧力 F_0 的大小可按下式确定：

$$F_0 = (0.5 \sim 0.7)\sigma_s A \qquad\qquad (4-4)$$

式中，A 为螺栓危险截面面积，$A = \pi d_1/4$。

螺纹连接预紧力不足，可能导致连接失效，预紧力过大，又会使连接超载，容易造成螺纹副和接触面的损坏；因此在拧紧时要注意控制预紧力的大小。对于一般的螺纹连接，通常凭工人的经验控制预紧力；对于重要的螺纹连接，应按公式计算出预紧力大小后，采用测力矩扳手或定矩扳手（如图 4.21 所示）控制拧紧力矩的大小；对于对预紧力要求更高的连接，可采用测量螺纹伸长量的方法控制。

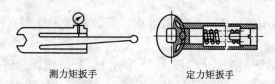

测力矩扳手　　　　　　　　　　定力矩扳手

图 4.21　测力与定力矩扳手

二、螺纹连接的防松

连接螺纹一般采用单线普通螺纹，螺纹升角（$\lambda = 1.5° \sim 3.5°$）小于连接的当量摩擦角（$\rho_v = 8°$），可以满足螺纹连接的自锁条件。此外，拧紧后的螺母和螺栓头部与支撑面间的摩擦力也有防松作用，故拧紧后，在静载荷和工作温度变化不大时，螺纹连接一般不会自动松脱；但在变载、冲击和振动作用下以及温度急剧变化时，螺纹副间的摩擦力可能减小或瞬时消失，导致螺纹连接松动，设计时必须考虑螺纹连接放松。

螺纹连接防松的关键是防止螺纹副相对转动。防松的方法很多，按工作原理不同，分为摩擦防松、机械防松和永久性防松 3 类。

摩擦防松是通过在连接件各接触面间附加压力，使拧紧的螺纹之间不因外载荷变化而失去压力，保持一定的摩擦力防止连接松脱。这种方法不十分可靠，多用于冲击和振动不剧烈的场合。常用的有以下几种。

对顶螺母（又称双螺母）防松：如图 4.22 所示，利用两螺母的对顶作用使螺栓始终受到附加拉力，从而使螺纹间产生一定的附加摩擦力防止螺母松动。一般适用于平稳、低速和重载的固定装置上的连接。

尼龙圈锁紧螺母防松：如图 4.23 所示，主要利用嵌入螺母末端的尼龙圈锁紧。当螺母拧紧在螺栓上时，尼龙圈内孔被胀大，从横向压紧螺纹而箍紧螺栓，防松作用很好，目前得到广泛应用。

　　弹簧垫圈防松：如图 4.24 所示，螺母拧紧后，垫圈的弹性反力使螺纹间保持一定的摩擦阻力，从而防止螺母松脱；此外，垫圈斜口尖端的抵挡作用也有助于防松。由于垫圈的弹力不均，在冲击、振动的工作条件下，防松效果较差，一般用于不太重要的连接。

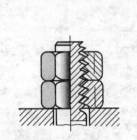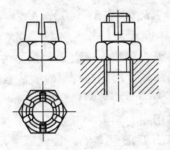

图 4.22　对顶螺母防松　　　图 4.23　尼龙锁紧螺母防松　　　图 4.24　弹簧垫圈防松

　　机械防松是利用各种止动零件来阻止拧紧的螺纹零件相对转动，防松可靠，应用广泛。常用的有以下几种。

　　开口销与槽形螺母防松（如图 4.25 所示）：开口销穿过螺母上的槽和螺栓末端上的孔后掰开尾端，使螺母与螺栓不能相对转动达到防松的目的，常用于有振动的高速机械。

　　止动垫圈防松（如图 4.26 所示）：螺母拧紧后，将单耳或双耳止动垫圈分别向螺母和被连接件的侧面折弯贴紧，可将螺母锁住。若两个螺栓需要双联锁紧时，可采用双联止动垫圈，使两个螺母相互制动。

　　串联钢丝防松（如图 4.27 所示）：用低碳钢丝穿入各螺钉头部的孔内，将螺钉串联起来，使其相互制动，但使用时须注意钢丝的串联方向。适用于螺钉组防松，但装拆不便。

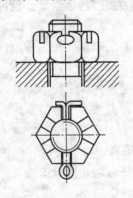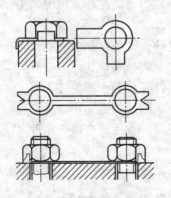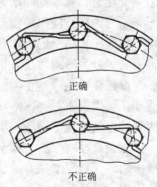

图 4.25　开口销防松　　　图 4.26　止动垫片防松　　　图 4.27　串联钢丝防松

永久性防松是通过各种措施，将螺纹连接变为不可拆卸的连接，达到永久防松目的。常用的有以下几种。

冲点防松：螺母拧紧后，利用冲头在螺栓末端与螺母的旋合缝处打冲或将螺栓末端与螺母的旋合缝处焊接。这种防松方法可靠，但拆卸后连接件不能重复使用。

黏结防松：将黏结剂涂于螺纹旋合表面，拧紧螺母后黏结剂自行固化，防松效果良好。

4.1.6　螺纹连接的结构设计

大多数机器中的螺纹连接件都是成组使用的，其中以螺栓组连接最具典型性，下面以螺栓连接为例，讨论结构设计当中应注意的问题。

螺栓组连接结构设计的主要目的是合理确定螺栓组的布置形式及接合面的几何形状；力求各螺栓和连接接合面受力均匀，便于加工和装配。为此，设计时应综合考虑以下几方面的问题。

（1）螺栓组的布置应尽可能对称，以使接合面受力比较均匀，一般都将接合面设计成对称的简单几何形状，如矩形、等边三角形、圆形，并使螺栓组的对称中心与接合面的形心重合，如图4.28所示。

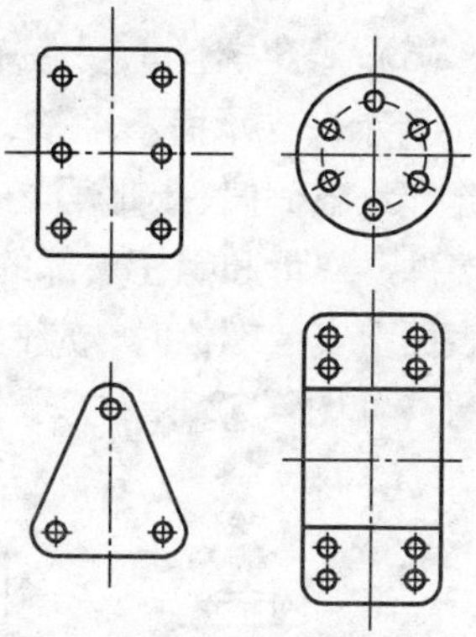

（2）螺栓的数目和规格要求：为便于加工，分布在同一圆周上的螺栓数目应取易等分的数目，如3、4、6、8等；对同一螺栓组螺栓的材料，直径和长度应相同。

图 4.28　连接结合面几何形状

（3）螺栓的布置：应使各螺栓的受力合理。对于配合螺栓连接，在平行于工作载荷的方向上成排布置的螺栓不应超过8个，以免载荷分布不均；当螺栓连接承受弯矩或扭矩时，应使螺栓的位置适当靠近连接接合面的边缘，以减小螺栓的受力；同时承受轴向载荷和较大的横向载荷时，应采用销、套筒、键等抗剪零件来承受横向载荷（如图4.29所示），以减小螺栓的预紧力及其结构尺寸。

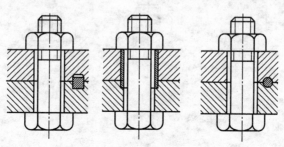

图 4.29　减荷装置

（4）螺栓布置要有合理的距离。在布置螺栓时，螺栓中心线与机体壁之间、螺栓相互之间的距离，要根据扳手活动所需的空间大小来决定。如图4.30所示。

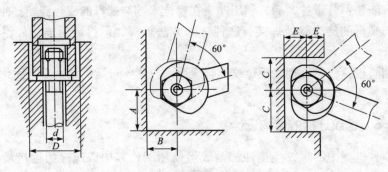

图4.30　合理的扳手活动空间

（5）避免螺栓承受偏心载荷。造成螺栓承受偏心载荷的原因很多，如图4.31所示，支承面不平整、螺孔不正、连接件刚度不足以及使用勾头螺栓连接，都会导致载荷偏心。除了在结构上设法保证载荷不偏心外，还应在工艺上保证被连接件、螺母和螺栓头部的支承面平整，并与螺栓轴线垂直。在铸、锻件等的粗糙表面上安装螺栓时，应制成凸台或沉头座；当支承面为倾斜面时，应采用斜面垫圈（如图4.32所示）。

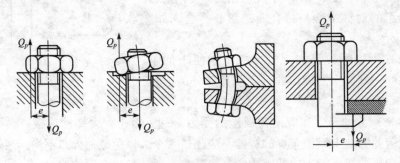

图4.31　导致偏心载荷的原因

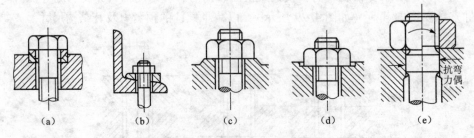

（a）　　　　（b）　　　　（c）　　　　（d）　　　　（e）

图4.32　避免偏心载荷的方法

4.1.7　螺纹连接的强度计算

以螺栓连接为代表讨论螺纹连接强度计算的方法。

螺栓连接通常是成组使用的，称为螺栓组。在进行螺栓组的设计计算时，首先要确定螺栓的数目和布置，再进行螺栓受载分析，从螺栓组中找出受载最大的螺栓，计算该螺栓所受的载荷。螺栓组的强度计算，实际上是计算螺栓组中受载最大的单个螺栓的强度。螺栓强度计算包括确定螺栓直径和校核螺栓危险界面强度。由于螺纹连接件已经标准化，各部分结构尺寸是根据等强度原则及经验确定的，所以，螺栓连接的设计只需根据强度理论进行计算，确定其螺纹直径即可，其他部分尺寸可查标准选用。

一、螺栓连接的失效形式和设计准则

螺栓连接中的单个螺栓受力分为轴向载荷（受拉螺栓）和横向载荷（受剪螺栓）两种。

受轴向载荷的螺栓连接，其主要失效形式是螺纹部分的塑性变形或断裂，经常装拆时也会因磨损而发生滑扣，其设计准则是：保证螺栓的静力或者疲劳拉伸强度。

受横向载荷作用的螺栓连接，因此其主要失效形式是螺杆被剪断、螺杆或者被连接件的孔壁被压溃，故其设计准则为：保证螺栓被连接件具有足够的剪切强度和挤压强度。

二、普通螺栓连接的强度计算

1. 受轴向载荷的松螺栓连接的强度计算

如图 4.33 所示的起重吊钩的螺栓连接在装配时不需要拧紧螺母，在承受工作载荷之前，螺栓不受力，承载后螺栓所受到的拉力就等于轴向工作载荷。强度条件为：

$$\sigma = F/A = 4F/(\pi d_1) \leqslant [\sigma] \qquad (4-5)$$

式中，F 是轴向工作载荷，单位为 N；A 是螺栓危险截面面积；d_1 是螺纹的小径，单位为 mm。

螺栓的设计式：

$$d_1 \geqslant \sqrt[2]{4F/(\pi[\sigma])} \qquad (4-6)$$

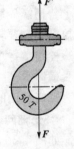

图 4.33　受力分析
示意图

2. 仅受预紧力作用的紧螺栓连接的强度计算

紧螺栓连接装配时需要将螺母拧紧，在拧紧力矩 T 作用下，螺栓受到预紧力产生的拉应力作用的同时还受到螺纹副中摩擦阻力矩 T_1 所产生的剪切应力作用，此时螺栓处于弯扭组合变形状态。为了简化计算，对 M10～M68 的钢制普通螺栓，只按拉伸强度计算，并将所受拉力增大 30% 来考虑剪切应力的影响。如图 4.34 所示。

强度条件为：

$$\sigma_e = 1.3F_0/(\pi d_1^2/4) \leqslant [\sigma] \qquad (4-7)$$

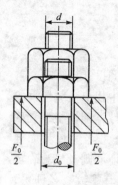

图 4.34　受力分析
示意图

式中，σ_e 是考虑剪切应力影响后的当量正应力，单位为 MPa；F_0 是螺栓的预紧力，单位为 N。

设计公式为：

$$d_1 \geq \sqrt[2]{4 \times 1.3F/(\pi[\sigma])} \qquad (4-8)$$

3. 受预紧力和横向载荷共同作用的紧螺栓连接的强度计算

如图 4.35 所示，紧螺栓连接受横向工作载荷作用。因为普通螺栓连接螺栓杆部与螺栓孔之间有间隙，其横向工作载荷靠接合面间的摩擦力来承受，工作时，只有当接合面间摩擦力足够大时，才能保证被连接件不会发生相对滑动。因此螺栓预紧后，接触面的最大静摩擦力不应小于所受的横向载荷，即：

$$F_0 fmz \geq CF$$

式中，f 为结合面的摩擦系数，对于铸铁和钢的结合面 $f=0.15 \sim 0.20$，对于钢与钢的结合面的摩擦系数 $f=0.1 \sim 0.15$；m 是摩擦面数目；z 是螺栓组中螺栓的个数；C 是可靠性系数，通常取 $C=1.1 \sim 1.3$；F 是连接所承受的横向载荷，单位为 N。

受横向载荷作用的普通螺栓紧连接的预紧力为：

$$F_0 \geq CF/(fmz) \qquad (4-9)$$

将式（4-9）分别代入式（4-7）、式（4-8）可得受横向载荷作用的普通螺栓紧连接的强度条件公式和设计公式。

普通螺栓联靠摩擦力来承受横向工作载荷需要很大的预紧力，为了防止螺栓被拉断，需要较大的螺栓直径，这将增大连接的结构尺寸。对横向工作载荷较大的螺栓连接，可采用辅助结构，如图 4.29 所示，用键、套筒和销等抗剪切件来承受横向载荷，这时，螺栓仅起一般连接作用，不受横向载荷，连接的强度应按键、套筒和销的强度条件进行计算。

4. 受轴向载荷作用的紧螺栓连接的强度计算

如图 4.36 所示，紧连接螺栓受到轴向载荷作用，此时连接所受到的轴向合力是轴向外载荷 F 和残余预紧力 F' 的合力，即：

$$F_R = F + F' \qquad (4-10)$$

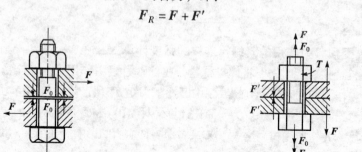

图 4.35　受力分析示意图　　　　　　　　　　图 4.36　受力分析示意图

由于螺栓受到轴向载荷的作用后伸长，被连接件随螺栓伸长弹性回复，被放松，结合面间的压紧力减小，即预紧力减小了，这个减小了的预紧力 F' 称为残余预紧力。表 4 - 2 所示为不同类型连接残余预紧力 F' 推荐值。

表 4 - 2　残余预紧力 F' 推荐值

联　接　性　质		残余预紧力 F' 推荐值
紧固连接	静载荷	$(0.2 \sim 0.6) F$
	动载荷	$(0.6 \sim 1.0) F$
紧密连接		$(1.5 \sim 1.8) F$
地脚螺栓连接		$\geqslant F$

根据受轴向外载荷 F 作用后螺栓的伸长量与被连接件回弹变形量相等的关系，导出预紧力 F_0 与残余预紧力 F' 的关系为：

$$F_0 = F' + (1 - K_c) F \tag{4-11}$$

式中，$K_c = C_1 / (C_1 + C_2)$ 称为相对刚度系数；C_1 为螺栓刚度，C_2 为被连接件刚度。K_c 可从相关手册中查到。

将式（4 - 10）分别代入式（4 - 7）、式（4 - 8）得受轴向载荷作用的紧连接螺栓的强度条件公式和设计公式。

三、铰制孔螺栓连接的强度计算

铰制孔螺栓连接的螺栓杆部在连接承受横向载荷 F 作用时，在两被连接的结合处螺栓杆部横截面受到剪切作用，螺栓杆和被连接件孔壁接触表面受到挤压作用。这类螺栓连接预紧力小，计算时可忽略。

螺栓的剪切强度条件为：

$$\tau = F / (zmA_0) = 4F / (zm\pi d_0) \leqslant [\tau] \tag{4-12}$$

螺杆与孔壁接触表面的挤压强度条件为：

$$\sigma_p = F / zA = 4F / (zd_0\delta) \leqslant [\sigma_p] \tag{4-13}$$

式中，A_0 是螺栓杆在剪切处的面积，单位为 mm^2；d_0 是螺栓杆部受剪切处的直径，单位为 mm；δ 是螺栓杆与孔壁间接触受压的最小轴向长度，单位为 mm。

按剪切条件的设计式为：

$$d_0 \geqslant \sqrt[2]{4F / (zm\pi[\tau])} \tag{4-14}$$

按挤压强度的设计式为：

$$d_0 \geqslant 4F / (z\delta[\sigma_p]) \tag{4-15}$$

由式（4 - 14）、式（4 - 15）得到 d_0，取大值作为螺杆的尺寸。

四、螺栓的材料和许用应力

螺栓材料一般采用碳素钢；对于承受冲击、振动或者变载荷的连接，可采用合金钢；对于特殊用途（如防锈、导电或耐高温）的连接，采用特种钢或者铜合金、铝合金等。

如表 4 – 3 所示，国家标准规定螺纹连接件按材料的机械性能分级，螺母的材料一般与相配合的螺栓相近而硬度略低。

表 4 – 3　螺栓、螺钉和双头螺柱的机械性能等级（GB 3098.1—2000）

机械性能等级	3.6	4.6	4.8	5.6	5.8	6.8	8.8		9.8	10.9	12.9
							≤M16	>M16			
最小抗拉强度极限	330	400	420	500	520	600	800	830	900	1 040	1 220
最小抗拉极限	190	240	300	340	420	480	640	660	720	940	1 100
最低硬度	90	109	113	134	140	181	232	248	269	312	365

注：8.8 级中"≤M16"和">M16"一栏，对钢结构的螺栓分别改为"≤M12"和">M12"。
　　紧定螺钉的性能等级与螺钉不同，此表未列入。
　　最小抗拉强度极限为 $\sigma_{0.2min}$（MPa），最小抗拉极限为 σ_{Smin} 或 $\sigma_{0.2min}$（MPa），最低硬度为 HBS_{min}。

螺栓连接的许用应力与材料、制造、结构尺寸及载荷性质等有关。普通螺栓连接的许用拉应力按表 4 – 4 选取，许用剪应力和许用挤压应力按表 4 – 5 选取。

表 4 – 4　螺栓连接的许用拉应力 $[\sigma]$

松连接		σ_s				
严格控制预紧力的紧连接		$(0.6 \sim 0.8)\sigma_s$				
不严格控制预紧力的紧连接	载荷性质	静载荷			变载荷	
	直 径	M6 ~ M16	M16 ~ M30	M30 ~ M60	M6 ~ M16	M16 ~ M30
	碳钢	$(0.25 \sim 0.33)\sigma_s$	$(0.33 \sim 0.50)\sigma_s$	$(0.50 \sim 0.77)\sigma_s$	$(0.10 \sim 0.15)\sigma_s$	$0.15\sigma_s$
	合金钢	$(0.20 \sim 0.25)\sigma_s$	$(0.25 \sim 0.40)\sigma_s$	$0.4\sigma_s$	$(0.13 \sim 0.20)\sigma_s$	$0.20\sigma_s$

表 4 - 5　螺栓连接的许用剪应力 $[\tau]$ 和许用挤压应力 $[\sigma_p]$

载荷性质	许用剪应力 $[\tau]$	许用挤压应力 $[\sigma_p]$	
		被连接件为钢	被连接件为铸铁
静载荷	$0.4\sigma_s$	$0.8\sigma_s$	$(0.4 \sim 0.5)\sigma_b$
变载荷	$(0.2 \sim 0.3)\sigma_s$	$(0.5 \sim 0.6)\sigma_s$	$(0.3 \sim 0.4)\sigma_b$

注：① σ_s：钢材的屈服极限，N/mm^2；σ_b：铸铁的抗拉强度极限，N/mm^2

　　由表 4 - 4 可知，不严格控制预紧力的紧螺栓连接的许用拉应力与螺栓直径有关。在设计时，通常螺栓直径是未知的，因此要用试算法：先假定一个公称直径 d，根据此直径查出螺栓连接的许用拉应力，计算出螺栓小径 d_1，由 d_1 查取公称直径 d，若该公称直径与原先假定的公称直径相差较大，应重新计算直到两者相近。

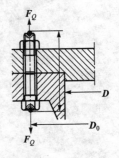

图 4.37　例 4.1 图

设计实例：螺纹连接的设计

例 4.1　图 4.37 所示钢制液压油缸，已知油压 $p = 1.6 \ N/mm^2$，$D = 160 \ mm$，采用 8 个 4.8 级螺栓，试计算缸盖连接螺栓的直径和螺栓分布圆直径 D_0。

解：1）螺栓工作载荷 F_Q

每个螺栓承受的平均轴向工作载荷 F_Q 为：

$$F_Q = pA/z = p(\pi D^2/4)/z,$$

得：
$$F_Q = 1.6\pi \times 160^2/4 \times 8 = 4.02 \ kN$$

2）单个螺栓承受的轴向总拉伸载荷 F

单个螺栓承受的轴向总拉伸载荷 F 为：

$$F = F_Q + F'$$

根据密封性要求，对于油缸器取残余预紧力：

$$F' = 1.8F_Q$$

则轴向总载荷为：$F = 2.8F_Q = 2.8 \times 4.02 = 11.3 \ kN$

3）螺栓直径

选取螺栓材料为 45 钢，$\sigma_s = 300 \ MPa$（表 4 - 3）

钢制油缸装配时无须严格控制预紧力，按表 4 - 4

螺栓许用力为：$[\sigma] = 0.3\sigma_s = 0.3 \times 300 = 90 \ MPa$

根据式（4 - 8），螺纹的小径为：

$$d_1 = \sqrt{4 \times 1.3F_q/(\pi[\sigma])} = \sqrt{4 \times 1.3 \times 11.3 \times 10^3/90\pi} = 14.41 \ mm$$

查机械设计手册，GB 196—1981，取 M16 螺栓。

4）决定螺栓分布圆直径

设钢制油缸壁厚为 10 mm，根据相关标准，确定螺栓分布圆直径 D_0 为：

$D_0 = D + 2e + 210 = 160 + 2[16 + (3 \sim 6)] + 210 = 408 \sim 414$ mm，取 $D_0 = 410$ mm

例4.2 图 4.38 所示起重卷筒与大齿轮用 8 个普通螺栓连接在一起。已知卷筒直径 $D = 400$ mm，螺栓分布圆直径 $D_0 = 500$ mm，接合面间摩擦系数 $f = 0.12$，可靠性系数 $K_s = 1.2$，起重钢索拉力 $F_Q = 50$ kN，螺栓材料的许用拉伸应力 $[\sigma] = 100$ MPa。试设计该螺栓组的螺栓直径。

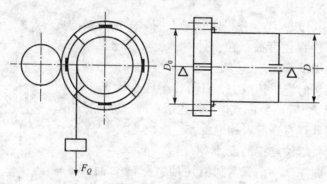

图 4.38　例 4.2 图

解： 这是一个典型的仅受旋转力矩作用的螺栓组连接。由于采用的普通螺栓连接，仅靠接合面间的摩擦力矩来平衡外载荷（旋转力矩），故设计的关键是计算出螺栓所需要的预紧力 F_0，该结构中的螺栓仅受预紧力 F_0 作用，可按预紧力 F_0 来设计校核螺栓的直径。

（1）计算旋转力矩：$T = F_Q \cdot d/2 = 50 \times 200 = 10^4$ kN · mm

（2）计算螺栓所需要的预紧力 F_0：由 $ZfF_0D_0/2 = K_sT$

有 $F_0 = 2K_sT/(ZfD_0)$，可得：$F_0 = 2 \times 1.2 \times 10^7/(8 \times 0.12 \times 500) = 5 \times 10^4$ N

（3）确定螺栓直径：$d_1 \geqslant \sqrt{4 \times 1.3F_0/([\sigma]\pi)} = \sqrt{4 \times 1.3 \times 50\ 000/100\pi} = 28.768$ mm

查 GB 196—1981，取 M36，其 $d_1 = 31.670$ mm $\geqslant 28.768$ mm。

§4.2　键与花键连接

键连接和花键连接是应用非常广泛的可拆连接，主要用于轴和轴上轮毂类零件之间的周向固定并传递扭矩。有的键连接还可以实现轴上零件的轴向固定或者起轴向导向作用。

4.2.1　键连接的功用和分类

键连接由键、轴上键槽和轮毂上键槽组成，主要类型有：平键连接、半圆键连接、楔键连接和切向键连接。它们均已标准化。

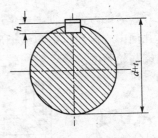

图 4.39　平键连接结构

一、平键连接

如图 4.39 所示，平键的两个侧面是工作表面，键的下表面与轴槽底面贴合，上表面与轮毂槽底间留有间隙。平键连接的定心性好，装拆方便，应用非常广泛。常用的有普通平键、导向平键和滑键。

1. 普通平键

普通平键常用于轴与轮毂间无相对轴向移动的连接。按端部形状可将普通平键分为 A 型（圆头）、B 型（方头）和 C 型（单圆头）3 种，如图 4.40 所示。其中 A 型键由于工艺方便，键在键槽中固定良好，安装方便，应用最为广泛。但 A 型键连接，轴上键槽用指状铣刀加工，应力集中较大。B 型键轴上键槽用盘状铣刀加工，克服了 A 型键轴槽应力集中大的缺点，但当键尺寸较大时，需要用紧定螺钉将键固定在键槽中，以防松动。C 型键，主要用于轴端与轮毂的连接。

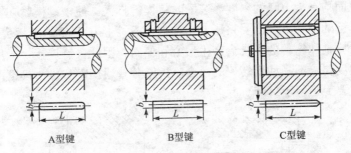

A型键　　　　　　B型键　　　　　　C型键

图 4.40　普通平键连接

2. 导向平键和滑键

导向键和滑键用于轴与轮毂间有相对轴向移动的连接。其中导向平键（如图 4.41 所示）适用于轴向移动距离不大的场合。如机床变速箱中的滑移齿轮。导向键较长时，应用螺钉将键固定在键槽中，导向平键与轮毂之间采用间隙配合，轴上零件可沿键作轴向滑移。

滑键（如图 4.42 所示）适用于轴上零件在沿轴移动距离较大的场合，以避免使用长导向键。

二、半圆键连接

如图 4.43 所示，半圆键也是以两侧面为工作面的，常用于静连接。半圆键连接定心

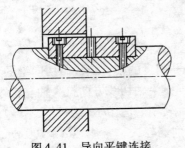

图 4.41　导向平键连接

性好，装配方便；轴上键槽用与半圆键尺寸相同的键槽铣刀加工，键可在槽中绕其几何中心摆动以适应毂槽底面，连接的工艺性好，装配方便，尤其适用于锥形轴端与轮毂的连接。键槽较深，对轴的强度削弱较大，一般用于轻载连接。

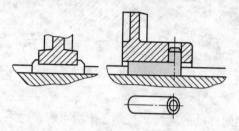
图 4.42　滑键连接

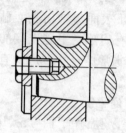
图 4.43　半圆键连接

平键和半圆键连接又称为松键连接。

三、楔键和切向键

1. 楔键

如图 4.44 所示，楔键以上、下两个表面作为工作面。上表面和它相配合的轮毂键槽底面均有 1∶100 的斜度。装配时将楔键打入，使楔键楔紧在轴和轮毂的键槽中，楔键的上、下表面受挤压，工作时靠这个挤压产生的摩擦力传递转矩，楔键楔紧后，轴和轮毂的配合会产生偏心和偏斜，因此楔键连接一般用于载荷平稳，定心精度要求不高和低转速的场合。楔键分普通楔键和钩头楔键两种，使用钩头楔键主要为了便于拆卸。

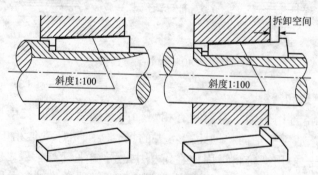
图 4.44　楔键连接

2. 切向键连接

如图 4.45 所示，切向键是由一对具有 1∶100 斜度的楔键组成。切向键的上、下两个相互平行的窄面为工作面，装配时将切向键沿轴切线方向打入轴与轮毂之间，挤压产生沿轴法线方向的压力，能传递很大转矩。适用于对中要求不严，载荷很大，大直径轴的连接。切向键对轴的强度削弱较大，常用在 $d \geqslant 100$ mm 的轴上。

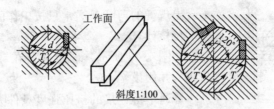

图 4.45　切向键连接

用一对切向键连接，只能传递单向转矩，要传递双向转矩时，须采用两对互成 120°分布的切向键（如图 4.45 所示）。

4.2.2　平键连接的选择和计算

一、键连接设计步骤

如图 4.46 所示，设计键连接时，首先应根据工作要求选择键的类型，再根据装键处轴的直径 d 从标准表格（表 4－6 普通平键和键槽的尺寸）查取键的宽度 b 和高度 h，并参照轮毂长度从标准中选取键的长度 L，最后进行键连接的强度校核。

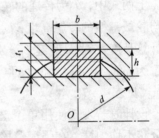

图 4.46　平键连接及键槽尺寸

表 4－6　普通平键和键槽的尺寸　　　　　　　　　mm

轴的直径	键的尺寸			键槽的尺寸		轴的直径	键的尺寸			键槽的尺寸	
d	b	h	L	t	t_1	d	b	h	L	t	t_1
>8~10	3	3	6~36	1.8	1.4	>38~44	12	8	28~140	5.0	3.3
>10~12	4	4	8~45	2.5	1.8	>44~50	14	9	36~160	5.5	3.8
>12~17	5	5	10~56	3.0	2.3	>50~58	16	10	45~180	6.0	4.3
>17~22	6	6	14~70	3.5	2.8	>58~65	18	11	50~200	7.0	4.4
>22~30	8	7	18~90	4.0	3.3	>65~75	20	12	56~220	7.5	4.9
>30~38	10	8	22~110	5.0	3.3	>75~85	22	14	63~250	9.0	5.4

L 系列：6，8，10，12，14，16，18，20，22，25，28，32，36，40，45，50，56，63，70，80，90，100，110，125，140，160，180，200，250，…

注：在工作图中，轴槽深用 $(d-t)$ 或 t 标注，毂槽深用 $(d+t_1)$ 或 t_1 标注。

键的材料一般采用抗拉强度不低于 600 MPa 的碳素钢。

二、平键的强度设计

（1）平键连接的主要失效形式是工作面的压溃，除非有严重的过载，一般

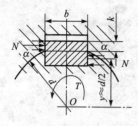

图 4.47　平键上的受力

不会出现键的剪断。通常只按工作面上挤压应力进行强度校核计算。

如图 4.47 所示，假定载荷在键的工作面上均匀分布，并假设 $k \approx h/2$。

普通平键连接的挤压强度条件为：

$$\sigma_p = (2T/d)/(L_c k) = 4T/(dhL_c) \leqslant [\sigma_p] \quad (4-16)$$

（2）导向平键连接的主要失效形式是过度磨损，一般按工作面上的压强进行条件性强度校核计算。

对导向平键连接应限制其工作表面压强 p 以避免过渡磨损，即：

$$p = (2T/d)/(L_c k) = 4T/(dhL_C) \leqslant [p] \quad (4-17)$$

上两式中，T 为传递的转矩，单位为 N·mm；d 为轴径，单位为 mm；k 为键与轮毂键槽的接触高度；h 为键的高度，单位为 mm，一般 $k = 0.5h$；L_C 为键的计算长度（对 A 型键 $L_C = L - b$，对 B 型键 $L_C = L - b/2$，对 C 型键 $L_C = L$），单位为 mm；$[\sigma_p]$ 和 $[p]$ 分别是连接的许用挤压应力和许用压强，单位为 MPa，见表 4-7。

设计时若发现使用单个键强度不足时，可采用双键180°对称布置。考虑载荷分布不均匀性，在强度较核中按1.5 个键进行计算。

设计实例：键连接设计选用

例4.3　已知减速器中直齿圆柱齿轮和轴的材料都是锻钢，齿轮轮毂长度为120 mm，轴的直径 $d = 100$ mm，所需传递的转矩 $T = 3000$ N·m，载荷有轻微冲击。试选择平键连接的尺寸并校核其强度。

解：（1）根据 $d = 100$ mm 从手册标准中选取圆头普通平键（A 型），$b = 28$ mm，$h = 16$ mm，$L = 110$ mm，（比轮毂长度小10 mm）。

（2）校核键的强度：$\sigma_p = 4T/(dhl) = 4 \times 3 \times 10^6/[100 \times 16 \times (110 - 28)] = 91.5$ MPa 由表 4-7 得：$\sigma_p \leqslant [\sigma_p] = 110 \sim 120$ MPa，即：$\sigma_p \leqslant [\sigma_p]$ 该键的强度是合格的。

表 4-7　键连接的许用挤压应力和许用压强

许用值	轮毂材料	载 荷 性 质		
		静载荷	轻微冲击	冲击
$[\sigma_p]$/MPa	钢	125 ~ 150	100 ~ 120	60 ~ 90
	铸铁	70 ~ 80	50 ~ 60	30 ~ 45
$[p]$/MPa	钢	50	40	30

（3）参照图 4.46，标注该平键连接的键及轴、轮毂槽尺寸和公差。

§4.3　花　键　连　接

如图 4.48 所示，花键连接是由周向均布多个键齿的花键轴与带有相应键齿槽的轮毂孔相配而成。键齿的侧面为工作面，工作时靠键齿侧面相互挤压传递转矩，多个键齿同时参与传动，承载能力要比平键连接要高。键齿沿轴和轮毂孔的周向均匀分布，连接的导向性好，齿根处的应力集中较小，适用于传递载荷大、定心精度要求高或者经常需要滑移的动、静连接。按齿形的不同，花键可分为矩形花键、渐开线花键和三角形花键。

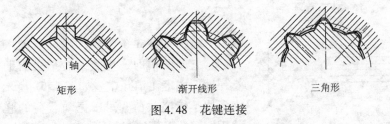

矩形　　　　　　　　　渐开线形　　　　　　　　三角形

图 4.48　花键连接

矩形花键加工方便，应用最广，分为中系列和轻系列。轻系列承载能力小，用于静连接和轻载连接；中系列用于中等载荷连接。矩形花键采用小径定心，内外花键的小径为其配合面，定心精度高，定心稳定性强。

渐开线花键可用齿轮加工方法加工，工艺性好，容易获得较高的精度，且连接强度高，寿命长，适用于重载、传递大扭矩，有较高旋转精度要求及尺寸较大的连接等场合。渐开线花键采用齿侧（齿形）定心，受载时，齿面上的径向力能起到自动定心的作用，利于各键齿均匀承载。

三角形花键齿小而多，对轴的削弱小，常用于轻载和直径小的静连接，适用于薄壁套筒与轴的连接。

花键也是标准件，其规格、尺寸已经标准化。例如矩形花键的齿数 z、小径 d、大径 D、键宽 B 等都可以根据轴径 d 查标准选定。花键连接的强度计算方法与平键相似。花键的加工需要专用设备。

§4.4　销　连　接

销连接是机械产品中常用的连接方式之一，主要用于固定零件间的相互位置，并传递不大的载荷；有时还可用来作安全装置中的过载剪断元件。

按形状可将销分为圆柱销、圆锥销、开口销和槽销等。

圆柱销如图 4.49 所示，靠过盈配合固定在销孔中，多次装拆，会降低其定位精度。

圆锥销和销孔均有 1∶50 的锥度（图 4.49），因此安装方便，定位精度高，多次装拆不影响定位精度。如图 4.50 所示，端部带螺纹的圆锥销，它可用于盲孔或装拆困难的场合；开尾圆锥销，适用于有冲击、振动的场合。

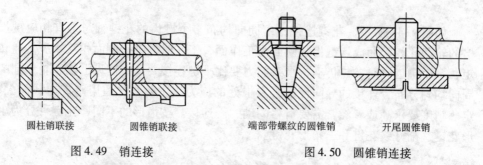

圆柱销联接　　　　　圆锥销联接　　　　　端部带螺纹的圆锥销　　　　　开尾圆锥销

图 4.49　销连接　　　　　　　　　　　　　图 4.50　圆锥销连接

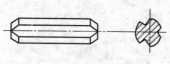

图 4.51　槽销

槽销上有 3 条纵向沟槽，槽销压入销孔后，它的凹槽即产生收缩变形，借助材料的弹性而固定在销孔中。如图 4.51 所示，槽销多用于传递载荷，对于振动载荷的联结也适用。销孔无须铰制，加工方便，可多次装拆。

开口销是一种防松零件，常用低碳钢丝制造，工作可靠，拆装方便。常与槽型螺母合用，锁紧螺纹连接件。

按作用销可分为定位销，连接销和安全销 3 类。

定位销用于固定零件间的相互位置，数目不少于 2 个，定位时两销相距应尽可能远，以提高定位的精度。定位销通常不受载荷或受很小的载荷，其尺寸根据经验从标准中选取。承受载荷的销（如承受剪切和挤压等），一般先根据使用和结构要求选择其类型和尺寸，然后校核其强度。连接销主要用于毂轴之间和其他零件间的连接，可承受较小的载荷。安全销作为安全装置中的过载剪断元件，当过载 20% ~30% 时即被剪断。

§4.5　其他常用连接

在机械结构中，铆接、焊接、黏结和过盈配合连接也经常使用。

铆接是将铆钉穿过被连接件上的预制孔，经铆合而成的一种不可拆连接。如图 4.52 所示。铆钉种类很多，常用的有半圆头、平头、沉头铆钉、抽芯铆钉、空心铆钉等，这些铆钉通常利用自身形变连接被铆接件。一般小于 8 mm 的用冷铆，大于 8 mm 的用热铆；也有例外，如标牌铆钉就是利用铆钉与锁体孔的过盈量铆接的。

焊接是利用局部加热的方法将被连接件连接成一体的不可拆连接，如图 4.53 所示在机械工业中常用的焊接方法：有电弧焊、电阻焊和气焊等。最常见的焊缝形式有：正接填角焊缝、搭接填角焊缝和对接焊缝等多种形式。

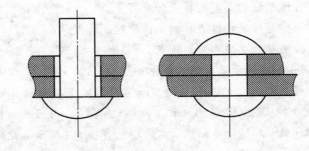

图 4.52　铆接

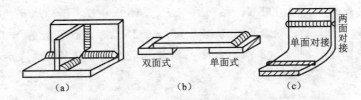

图 4.53　焊接

（a）正接填角焊缝；（b）搭接填角焊缝；（c）对接焊缝

　　黏结是用黏结剂将被连接件连接成一体的不可拆连接。常用的黏结剂有：酚醛乙烯、聚氨酯、环氧树脂等。设计黏结接头时，应尽可能使接头只受剪切，避免受拉伸和剥离。

　　过盈配合连接是利用被连接件间的过盈配合来实现的连接，过盈量较小时做成可拆连接，过盈量较大时做成不可拆连接。过盈连接结构简单，定心性好，承载能力强，在振动条件下工作可靠，但装配较困难，对配合尺寸精度要求高。

思考与练习

　　4-1　常用螺纹按牙形分为哪几种？各有何特点，适用于什么场合？

　　4-2　螺纹连接有哪些基本类型？各有何特点、适用于什么场合？

　　4-3　为什么螺纹连接常需要防松？按防松原理，螺纹连接的防松方法可分为哪几类？

　　4-4　有一刚性凸缘联轴器，用材料为 Q235 的普通螺栓连接以传递转矩 T。现欲提高其传递的转矩，但限于结构不能增加螺栓的直径和数目，试提出 3 种能提高该联轴器传递转矩的方法。

　　4-5　提高螺栓连接强度的措施有哪些？

　　4-6　对于重要的螺栓连接为什么要控制螺栓的预紧力？控制预紧力的方法有哪几种？

4-7 试述普通平键的类型、特点和应用。

4-8 试述平键连接和楔键连接的工作原理及特点。

4-9 试述销连接的类型和应用特点。

4-10 题图4-10所示圆盘锯，锯片直径 $D = 500$ mm，用螺母将其夹紧在压板中间。已知锯片外圆上的工作阻力 $F_t = 400$ N，压板和锯片间的摩擦系数 $f = 0.15$，压板的平均直径 $D_0 = 150$ mm，可靠性系数 $K_S = 1.2$，轴材料的许用拉伸应力 $[\sigma] = 60$ MPa。试计算轴端所需的螺纹直径。（提示：此题中有两个接合面，压板的压紧力就是螺纹连接的预紧力。）

4-11 题图4-11所示为一支架与机座用4个普通螺栓连接，所受外载荷分别为横向载荷 $F_R = 5\,000$ N，轴向载荷 $F_Q = 16\,000$ N。已知螺栓的相对刚度 $C_b/(C_b + C_m) = 0.25$，接合面间摩擦系数 $f = 0.15$，可靠性系数 $K_S = 1.2$，螺栓材料的机械性能级别为8.8级，最小屈服极限 $\sigma_{\min} = 640$ MPa，许用安全系数 $[s] = 2$，试计算该螺栓小径 d_1。

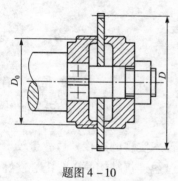

题图4-10

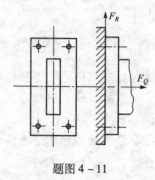

题图4-11

4-12 参照有关标准按1:1的比例画出普通螺栓连接结构图。已知：（1）两被连接件是铸件，厚度各约为15 mm和20 mm；（2）采用M12普通螺栓；（3）采用弹簧垫圈防松。

4-13 花键连接有几种定心方式？各有什么优缺点？

4-14 已知轴径 $d = 35$ mm，试选用圆头平键连接，并绘制出轴槽和轮毂槽的横剖面图。

第5章

平面机构的结构分析

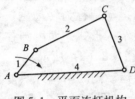

图 5.1　平面连杆机构

机构将运动链中的一个构件固定，并使另一个或几个构件按给定的规律运动，其余构件都随之作确定的相对运动。（如图 5.1 所示）。

平面机构是指组成机构的各个构件均平行于同一固定平面运动。组成平面机构的构件称为平面运动构件，反之称为空间机构。

§5.1　机构的组成

5.1.1　构件的自由度

一个在平面内自由运动的构件，有沿 X 轴移动，沿 y 轴移动或绕固定点转动 3 种运动可能性。通常把构件作独立运动的可能性称为构件的"自由度"。一个在平面自由运动的构件有 3 个自由度。可用如图 5.2 所示的 3 个独立的运动参数 x、y、α 表示，即用沿 x 轴和 y 轴移动，以及在 Oxy 平面内的转动表示。

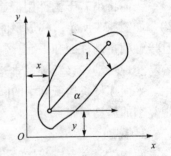

图 5.2　平面构件自由度的表示

任何一个构件在空间自由运动时都有 6 个自由度，可表示为在三维直角坐标系内沿着 3 个坐标轴的移动和绕 3 个坐标轴的转动。

5.1.2　运动副和约束

机构中各个构件以一定的方式与其他构件组成动连接，都不是自由构件。使两构件直接接触并产生一定相对运动的连接称为运动副，它是一种可动连接。例如：轴和轴承、活塞和气缸，啮合中的一对齿廓，滑块与导槽，均保持直接接触，并能产生一定的相对运动，因而它们都构成了运动副。运动副是由两构件直接接触且相对运动的点、线、面部分组成的。例如，轴与轴承间构成运动副，轴的外圆柱面与轴承内孔表面为运动副元素；凸轮与滚子间构成运动副，滚子外圆柱面与凸轮轮廓为运动副元素。

机构就是由若干构件和若干运动副组合而成的，运动副是组成机构的要素。

两构件组成的运动副，是通过点、线、面接触来实现的。根据组成运动副的两构件之间的接触形式，将运动副分为低副和高副。

1. 低副

两构件通过面接触而构成的运动副称为低副，其接触部分的压强较低。根据两构件间的相对运动形式，低副又可分为转动副和移动副。

　　转动副　　　　　移动副

图 5.3　平面低副

（1）转动副。组成运动副的两构件只能绕某一轴线作相对转动的运动副称为转动副。铰链连接是常用的转动副结构形式，即由圆柱销和销孔构成转动副，如图 5.3（a）所示。

（2）移动副。组成运动副的两构件只能作相对直线移动的运动副，如图 5.3（b）所示。

两构件形成运动副后，构件间的部分相对运动被限制，我们将运动副对于构件间相对运动的限制称为约束。约束是对构件独立运动所施加的限制。平面机构中，低副引入了两个约束，保留了构件的一个自由度。

我们将由若干构件用低副连接组成的机构称为平面连杆机构，也称低副机构。如图 5.3 所示。构成平面连杆机构的低副在接触面上的压强低，磨损量小，且接触面是圆柱面和平面，制造简便，易获得较高的制造精度。此外，连杆机构容易实现转动、移动等基本运动形式及相互转换，在一般机械和仪器中广泛应用。平面连杆机构低副中的间隙很难消除，容易引起运动误差，且不易精确地实现复杂的运动规律。

2. 高副

两构件通过点或线接触组成的运动副，其接触部分的压强较高。如：凸轮与从动杆及两齿轮轮齿分别在其接触处组成高副，如图 5.4 所示。

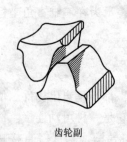 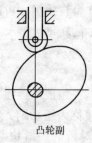 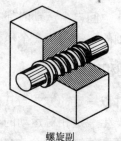 

　　齿轮副　　　　　　凸轮副　　　　　　螺旋副　　　　　　球面副

图 5.4　高副

如图 5.5 所示，若干构件通过运动副连接构成的系统称为运动链。各构件构成封闭形式的运动链称为闭式运动链，简称闭链；各构件不能构成封闭形式的运动链称为开式运动链，简称开链。在机械中一般采用闭链，开链多用在机械手中。

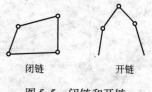

图 5.5 闭链和开链

§5.2 机构运动简图

5.2.1 机构运动简图的概念

实际构件的外形和结构往往很复杂，在研究机构的运动特性时，为了突出与运动有关的因素，通常将机构中与运动无关的因素删减掉，只保留与运动有关的外形，用规定的符号代表构件和运动副，并按一定的比例表示各种运动副的相对位置。这种表示机构各构件之间相对运动关系的简化图形，称为机构运动简图。

和运动有关的因素包括运动副的类型、数目、相对位置以及构件数目；和运动无关的因素包括构件外形、尺寸、组成构件的零件数目、运动副的具体构造等。

在实际运用中，通常只需表明机构运动传递情况、构造特征及运动原理，而不必按严格比例画出各运动副相对位置，这样的图形称为机构示意图。

1. 常用运动副的符号 （如图 5.6 所示）

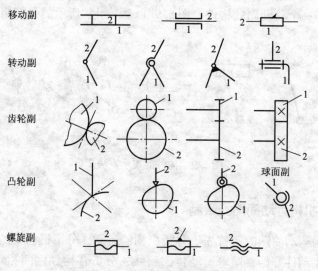

图 5.6 常用的运动副符号

2. 机构中构件的表示方法

机构中的构件可分为固定件、原动件和从动件 3 类。固定件是用来支撑活动

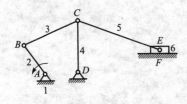

图 5.7　机构示意图

构件的构件，又称机架；运动规律已知的活动构件称为原动件，它的运动是由外界输入的，故又称为输入构件；从动件是机构中随着原动件的运动而运动的其余活动构件。

无论构件实际形状如何，在机构示意图中，都用简单线条表示，带短线的线条表示固定构件。如图 5.7 所示，直线 2，3，4，5 表示杆件；方块 6 表示滑块；画斜线的 1 表示机架。

3. 常用的符号

图 5.8 所示为常用的转动副和移动副。表示两构件组成的转动副的圆圈的圆心须与回转轴线重合。两构件组成移动副，其导路必须与相对移动方向一致。

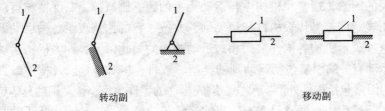

　　　　转动副　　　　　　　　　　　　　　移动副

图 5.8　构件的表示方法 1

图 5.9（a）所示的是能组成两转动副的构件，图 5.9（b）所表示的是组成一个转动副和一个移动副的构件；图 5.9（c）、（d）所示的是能组成 3 个转动副的构件。

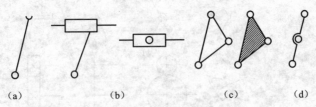

　　（a）　　　　　　　（b）　　　　　　　（c）　　　　　（d）

图 5.9　构件的表示方法 2

5.2.2　机构运动简图的绘制

绘制机构运动简图时，首先要分析机构的运动，分清机构中的主动件和从动件，然后从主动件开始，顺着运动传递路线，分析各构件之间相对运动的情况，从而确定组成该机构的构件数、运动副数及各运动副的性质，然后在一个能充分反映机构运动特性的合理的视图平面（通常该视图平面与各构件运动平面相平行）内，选择适当的比例尺用规定的符号和线条，正确绘制出机构运动简图（通常应从原动件开始画）。

下面以图 5.10 所示的颚式破碎机为例，说明绘制机构运动简图的步骤。

（1）分析机构，确定各构件的相对运动关系。图 5.10（a）所示颚式破碎机中，运动由皮带轮 5 输入，通过偏心轴 2 带动动颚板 3 及摇杆 4 运动。构件 1 是机架，支撑各个活动的构件；将皮带轮 5 和偏心轴 2 可以看做一个构件，它们的作用是将外部输入的旋转运动转变成偏心轴 2 绕 A 点的旋转运动。活动颚板 3 工作时可绕偏心轴 2 的几何中心 B 点相对转动，摇杆 4 在 C，D 两点分别与活动颚板 3、机架通过铰链连接。

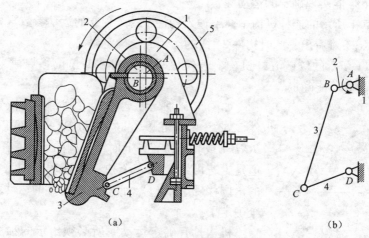

图 5.10　颚式破碎机及其机构运动简图
1—机架；2—偏心轴；3—动颚板；4—摇杆；5—皮带轮

（2）确定所有运动副的类型和数目。从运动分析及图中可以看出，偏心轴 2 为主动构件，活动颚板 3、摇杆 4 为从动件，机架 1 为固定构件，各构件间均用转动副（共 4 个铰链）连接。

（3）测量各运动副的相对位置尺寸逐一测量出 4 个运动副中心之间的长度 L_{AB}，L_{BC}，L_{CD}，L_{DA}。

（4）选定比例尺，用规定符号绘制运动简图。根据测量出的各运动副位置尺寸，选择恰当的视图方向和合适的绘图比例，画出各运动副的位置，并用规定的符号和线条绘出各构件。

绘制机构运动简图的比例尺为：

$$\mu = 实际尺寸（mm）/图上尺寸（mm）$$

（5）标明各构件的序号、原动件运动规律、绘图比例等，即得到如图 5.10（b）所示的颚式破碎机的机构运动简图。

§5.3　机构具有确定运动的条件

5.3.1　机构的自由度

为保证机构能够按照一定要求进行运动的传递及变换，当该机构的原动件按给定的运动规律运动时，机构中其余构件的运动也应是完全确定的。一个机构在什么条件下才能实现确定的运动呢？

在图5.1所示的连杆机构中，给输入构件1一个独立的运动参数（角位移规律 $\varphi_1(t)$），不难看出，此时构件2，3的运动完全确定。

图5.11所示的铰链五杆机构，若仅仅只给定构件1角位移规律，构件2，3，4的运动并不能确定。

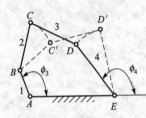

图 5.11　五杆机构

如图5.11所示，当构件1处于 AB 位置时，构件2，3，4既可以在位置 $BCDE$，也可以在位置 $BC'D'E$ 或其他位置，此时该机构的运动是不确定的。但是，若再给定另一个独立的运动参数，如构件4的角位移规律 $\varphi_4(t)$，此机构各构件的运动就可以完全确定了。

机构具有确定运动时所必须给定的独立运动参数的数目（亦即为了使机构的位置得以确定，必须给定的独立的广义坐标的数目），称为机构的自由度，其数目常以 F 表示。

5.3.2　机构具有确定相对运动的条件

一般机构的原动件都与机架相连，对于这样的原动件，一般只能给定一个独立的运动参数。在此情况下，为了使机构具有确定的运动，机构的原动件数目应等于机构的自由度数目，这就是机构具有确定运动的条件。

机构的原动件数目小于机构的自由度数时，机构的运动不完全确定；原动件数目大于机构的自由度时，将导致机构中最薄弱的环节损坏。机构具有确定的相对运动的充分必要条件为：机构的自由度必须大于零，且原动件的数目必须等于机构自由度数，即：

$$机构的原动件数 = 机构的自由度 > 0。$$

5.3.3　平面机构自由度的计算

一、平面机构自由度的计算

平面机构自由度是指某一特定平面机构所具有的独立运动数目。平面机构自由度与组成机构的构件数目、运动副的数目及运动副的性质有关。

在平面机构中，每个低副（转动副、移动副）引入了两个约束，使构件失去两个自由度，保留一个自由度；每个高副（齿轮副、凸轮副等）引入一个约束，使构件失去一个自由度，保留两个自由度。

如果一个平面机构中含有 N 个活动构件（机架为参考坐标系，相对固定而不计），未用运动副连接之前，这些活动构件的自由度总数为 $3N$。当各构件用运动副连接起来之后，由于运动副引入的约束使构件的自由度减少，若机构中有 P_L 个低副和 P_H 个高副，则所有运动副引入的约束数为 $2P_L + P_H$。因此，自由度的计算可用活动构件的自由度总数减去运动副引入的约束总数。即：

$$F = 3N - (2P_L + P_H) \tag{5-1}$$

例 5.1　试计算图 5.12 所示 4 个平面机构的自由度。

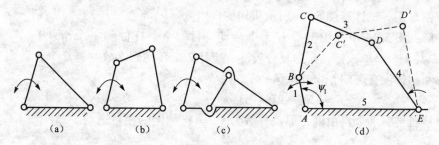

图 5.12　平面机构的自由度

解：（a）的自由度：图中除机架以外的活动构件数为 2，转动副数为 3，没有高副，由式（5-1）得：

$$F = 3N - (2P_L + P_H) = 3 \times 2 - 2 \times 3 - 0 = 0$$

该机构的自由度为 0，不能运动。

（b）的自由度：图中除机架以外的活动构件数为 3，转动副数为 4，没有高副，由式（5-1）得：

$$F = 3N - (2P_L + P_H) = 3 \times 3 - 2 \times 4 - 0 = 1$$

该机构自由度为 1，具有确定的相对运动。

（c）的自由度：图中除机架以外的活动构件数为 3，转动副数为 5，没有高副，由式（5-1）得：

$$F = 3N - (2P_L + P_H) = 3 \times 3 - 2 \times 5 - 0 = -1$$

该机构自由度为 -1，不能运动。

（d）的自由度：图中除机架以外的活动构件数为 4，转动副数为 5，没有高副，由式（5-1）得：

$$F = 3N - (2P_L + P_H) = 3 \times 4 - 2 \times 5 - 0 = 2$$

该机构自由度为 2，原动件数为 1，没有确定的相对运动（乱动）。

例 5.2　计算图 5.9 所示的颚式破碎机的机构自由度。

解：图 5.10（b）中，除机架以外的活动构件数为 3，转动副数为 4，没有高副，由式（5-1）得：

$$F = 3N - (2P_L + P_H) = 3 \times 3 - 2 \times 4 - 0 = 1$$

该机构自由度为 1，原动件数为 1，具有确定的相对运动。

二、计算平面机构自由度时应注意的几个问题

1. 复合铰链

图 5.13（a）所示 A 铰链很容易被误认为是一个转动副，观察它的侧视图 5.13（b）图，不难发现构件 1，2，3 在 A 处成了两个同轴的转动副。这种由 3 个或 3 个以上构件在同一处组成转动副，即为复合铰链。在计算机构自由度时，复合铰链处的转动副数目应为在该处汇交的构件数减 1。

例 5.3　试计算图 5.14 所示机构的自由度。

解：图 5.14 中除机架外有 5 个活动构件（4 个杆件和 1 个滑块），A，B，D，E 共 4 个简单铰链，C 为复合铰链，应计 2 个转动副，故共有 6 个转动副，1 个移动副，没有高副，由式（5-1）得：

$$F = 3N - (2P_L + P_H) = 3 \times 5 - 2 \times 7 - 0 = 1$$

该机构有 1 个自由度，原动件数为 1，具有确定的相对运动。

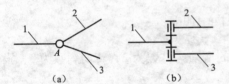

图 5.13　复合铰链

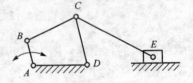

图 5.14　例 5.3 图

2. 局部自由度

机构中常出现一种与输出构件运动无关的自由度，称为局部自由度或多余自由度。在计算机构自由度时，可预先排除。如图 5.15（a）所示，构件 3 滚子能绕 C 点作独立的运动，但是无论滚子 3 是否转动，转快或转慢，都不会影响整个凸轮机构的运动。我们将这种不影响整个机构运动的、局部的独立运动，称为局部自由度。

计算机构自由度时，应将滚子 3 与杆 2 看成是固联在一起的一个构件，如图 5.15（b）所示，不计滚子 3 与杆 2 间的转动副。实际上，滚子 3 的作用只是将 B 处的滑动摩擦变为滚动摩擦，减少功率损耗，降低磨损。

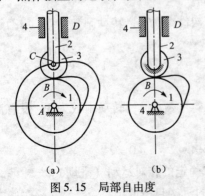

图 5.15　局部自由度

3. 虚约束

在运动副引入的约束中，有些约束对机构自由度的影响是重复的。这些对机构运动不起限制作用的重复约束，称为消极约束或虚约束，在计算机构自由度时应除去不计。

图 5.16 所示机车车轮联动机构中 AB，CD，EF 三个构件相互平行且长度相等，此机构中有 4 个活动构件，6 个低副，没有高副，由式（5-1）得：

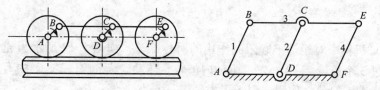

图 5.16　虚约束

$$F = 3N - (2P_L + P_H) = 3 \times 4 - 2 \times 6 - 0 = 0$$

该机构的自由度为 0，表明该机构不能运动，显然与实际情况不符。

进一步分析发现，该机构中的运动轨迹有重叠现象。如果去掉构件 4（铰链 E，F 同时被去掉），当原动件 1 转动时，构件 3 上 E 点的轨迹并不发生改变。也就是说，构件 4 及铰链 E，F 是否存在对于整个机构的运动并无影响。机构中加入构件 4 及铰链 E，F 后，机构增加了一个约束，但此约束并不限制机构的运动，是虚约束。在计算机构自由度时应除去构件 4 及转动副 E、F。此时机构中有 3 个活动构件，4 个低副，没有高副，由式（5-1）得：$F = 3N - 2P_L - P_H = 3 \times 3 - 2 \times 4 - 0 = 1$，该机构有确定的相对运动。

在计算机构自由度时，如果机构中存在虚约束，应将含有虚约束的构件及其组成的运动副去掉。平面机构中常见的虚约束有如下几种情况。

（1）被连接件上点的轨迹与机构上连接点的轨迹重合时，将出现虚约束，如图 5.16 所示。

（2）机构运动时，两构件上两点间距离始终保持不变，构件和运动副连接这两点时会带进虚约束，如图 5.17 所示的 A，B 两点。

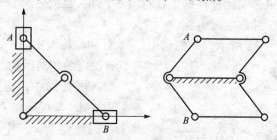

图 5.17　虚约束

（3）如果两个构件组成的移动副如图 5.18（a）所示相互平行，或两个构件组成如图 5.18（b）所示的多个轴线重合的转动副时，只需考虑其中一处，其余各处的约束均为虚约束。

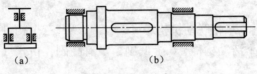

（a） （b）

图 5.18 虚约束

（4）机构中对运动不起限制作用的对称部分，如图 5.19 所示齿轮系，中心轮 1 通过 3 个齿轮 2，2′，2″、驱动内齿轮 3 转动，齿轮 2，2′，2″中有两个齿轮对传递运动不起独立作用，引入了虚约束。

（5）如图 5.20 所示，两构件组成多处接触点公法线重合的高副，只考虑一处高副。

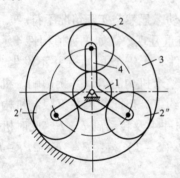

图 5.19 对称部分引入虚约束

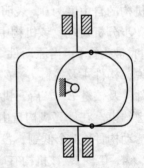

图 5.20 两构件组成多处接触点
公共线重合的高副

需要注意的是：虚约束是在一些特定的几何条件下引入的，如"平行""重合""距离不变"等。如果几何条件不满足，虚约束会转化为有效约束。此外机构中引入虚约束是为了受力均衡，增大刚度等，同时也提高了对制造和装配精度的要求；机构中虚约束是实际存在的，在计算中所谓"除去不计"是从运动观点分析做的假想处理，并非实际拆除。

例 5.4 图 5.21 所示大筛机构中，*AB* 杆和凸轮为主动件，试判断该机构是否具有确定的相对运动。

解：该机构中，滚子处为局部自由度；顶杆 *AE* 与机架在 *E* 和 *E′* 组成两个导路平行的移动副，其中之一为虚约束；*C* 处是复合铰链。故对该机构计算机构自由度时，活动件数为 7 个，转动副为 7 个，

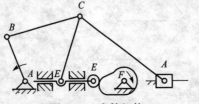

图 5.21 大筛机构

移动副为 2 个 (存在 1 个虚约束), 高副 1 个, 由式 (5 - 1) 得:

$$F = 3N - 2P_L - P_H = 3 \times 7 - 2 \times 9 - 1 = 2 ,$$

该机构的自由度和原动件数都为 2, 故该机构有确定的相对运动。

§5.4　平面机构的运动分析

5.4.1　平面机构运动分析

设计任何新的机构, 都必须进行机构的运动分析, 以确定机构是否能够满足工作要求。机构的运动分析就是要从给定的原动件的运动规律出发, 进行从动件的位置、速度和加速度分析, 以确定机构的位置、构件的空间运动轨迹、从动件速度变化的规律等。

机构的运动分析是设计新机构的重要步骤, 分析的方法包括图解法、解析法和实验法。图解法简单直观, 适合于精度要求不高的机构运动分析和对机构做简单的定性分析场合。

机构运动速度分析是机构运动分析的重要组成部分, 速度分析的图解法又分为速度瞬心法和矢量方程图解法两种。在仅需对机构作速度分析时, 采用速度瞬心法十分方便, 本节重点介绍这一方法。

5.4.2　速度瞬心及其位置的确定

一、瞬心的概念

作平面相对运动的两个构件上, 瞬时速度相等的重合点称为这两个构件的速度瞬心, 简称瞬心。常用符号 P_{ij} 表示 i, j 两构件间的瞬心。若瞬心处的绝对速度为零, 则该瞬心为绝对瞬心, 否则称为相对瞬心。

机构中每两个构件就有一个瞬心, 根据排列组合的知识可知: 由 N 个构件 (含机架) 组成的机构的瞬心总数 K 为: $K = N(N-1)/2$。

二、瞬心位置的确定

1. 根据瞬心的定义确定瞬心的位置

机构中通过运动副直接相连的两构件间的瞬心确定非常简单。通过转动副相连的两构件的瞬心, 即转动副的回转中心, 如图 5.22 所示; 通过移动副相连接的两构件, 因两构件上任一点的相对运动速度方向均平行于导路, 故其瞬心必位于垂直移动副导路方向上的无穷远处, 如图 5.23 示; 通过平面高副相连接的两构件之间的瞬心, 若为纯滚动, 则接触点 M 即为瞬心 P_{12}, 如图 5.24 (a) 所示; 如果既作相对滚动, 又有相对滑动, 则瞬心 P_{12} 必位于其接触点公法线 n—n 上, 具体位置需根据其他条件来确定, 如图 5.24 (b) 所示。

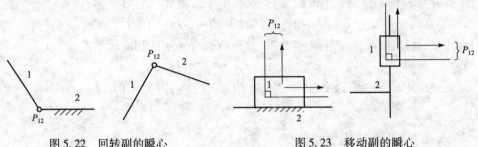

图 5.22　回转副的瞬心　　　　　　　图 5.23　移动副的瞬心

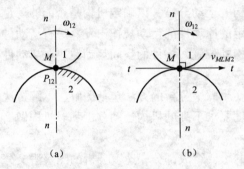

图 5.24　纯滚动副的瞬心

2. 借助三心定理确定瞬心的位置

对于不通过运动副直接相连的两构件的瞬心位置，可借助三心定理来确定。所谓三心定理，即 3 个彼此作平面平行运动的构件的 3 个瞬心必位于同一直线上。只有 3 个瞬心位于同一直线上，才有可能满足瞬心为等速重合的条件。下面举例说明其应用。

图 5.25 所示的平面四杆机构中，瞬心 P_{12}，P_{23}，P_{34}，P_{14} 的位置可直观地确定，而瞬心 P_{13}，P_{24} 则无法直观确定。但根据三心定理，对于构件 1，2，3 来说，P_{13} 必在 P_{12} 和 P_{23} 的连线上，对于构件 1，4，3 来说，P_{13} 又应在 P_{14} 和 P_{34} 的连线上，上述两线的交点即为瞬心 P_{13}。同理可求得瞬心 P_{24}。

5.4.3　利用速度瞬心法进行机构的速度分析

已知图 5.25 所示机构中各构件的尺寸和原动件 2 的角速 ω_2，利用瞬心法可以确定机构在图示位置时从动件 4 的角速度 ω_4 以及连杆 3 上点 E 的速度 v_E。

瞬心 P_{24} 为构件 2，4 的等速重合点，故：

$$\omega_2 \overline{P_{12}P_{24}} \mu_l = \omega_4 \overline{P_{14}P_{24}} \mu_l \quad (5-2)$$

式中，μ_l 为机构的尺寸比例尺，是构件的真实长度与图示长度之比，单位为 m/mm 或 mm/mm。

由式（5-2）可求得：

$$\omega_2/\omega_4 = \overline{P_{12}P_{24}}/\overline{P_{14}P_{24}}$$

$$\omega_4 = \omega_2 \overline{P_{12}P_{24}}/\overline{P_{14}P_{24}} \quad （顺时针）$$

$$(5-3)$$

式中，ω_2/ω_4 为机构中原动件 2 与从动件 4

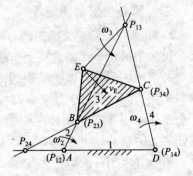

图 5.25　速度瞬心法

的瞬时角速度之比，称为机构的传动比或传递函数。由式（5-3）可知，该传动比等于该两构件的绝对瞬心至相对瞬心距离的反比。又因为瞬心 P_{13} 为连杆 3 在图示位置的瞬时转动中心，故：

$$v_B = \omega_3 \, \overline{P_{13}B}\mu_l = \omega_2 \, \overline{P_{12}B}\mu_l$$

可得：

$$\omega_3 = \omega_2 \, \overline{P_{12}B} / \overline{P_{13}B}$$

P_{13} 为绝对瞬心，则：$v_E = \omega_3 \, \overline{P_{13}E}\mu_l$，方向垂直于 $P_{13}E$，指向与 ω_3 一致。

利用瞬心法对机构进行速度分析较简便，当某些瞬心位于图纸之外时，将给求解带来困难。同时，速度瞬心法不能用机构的加速度分析。

 思考与练习

5-1　什么是运动副？它在机构中起何作用？试举出运用转动副、移动副的两个实例。

5-2　区别高副和低副的依据是什么？

5-3　计算机构自由度时，需要注意哪些问题？

5-4　机构具有确定运动的条件是什么？

5-5　什么是局部自由度和虚约束？机构中为什么要引入虚约束和局部自由度？

5-6　绘制题图 5-6 所示机构的机构示意图。

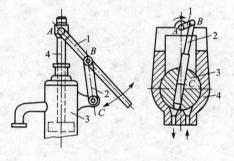

题图 5-6

5-7　试计算题图 5-7 所示机构的自由度。若含有复合铰链、局部自由度或虚约束，请逐一指出。并判定机构是否具有确定的运动。

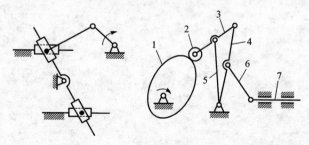

题图 5-7

　　5-8　绘制题图5-8所示机构的机构示意图，并计算自由度。如结构上有错误，请提出改进意见。

　　5-9　求机构在题图5-9所示位置时全部速度瞬心的位置（用符号P_{ij}直接标注在图上）和构件1，3的角速比。

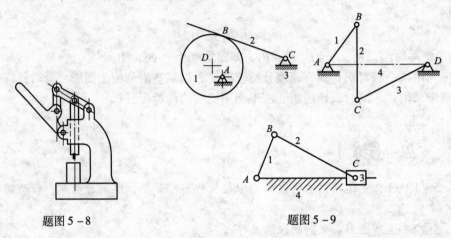

题图5-8　　　　　　　　　　　　　题图5-9

第6章

平面连杆机构

平面连杆机构是由若干构件用低副连接而成的，又称低副机构。低幅运动具有可逆性，改变原动件，各构件的相对运动规律不变。

平面连杆机构的构件间压强小，便于润滑，磨损较小寿命较长，适合传递较大动力；构件结构简单易于制造，加工精度高，可获得较高的运动精度；连杆可做得较长，便于实现较远距离的操纵控制；机构中存在作平面运动的构件，其上各点的轨迹和运动规律多样，可实现预定的运动轨迹和运动规律，广泛应用于各种机械设备和仪器仪表中，如内燃机、冲压机、牛头刨床等的主运动机构都是平面连杆机构；雷达天线俯仰角的调整机构、摄影车的升降机构、港口起重机等设备中的传动及操纵机构等都采用了平面连杆机构。

平面连杆机构的运动和动力输出，必须经过中间构件进行传递，传动路线较长，易产生较大的累积误差，同时使机械效率降低；在连杆机构运动中，连杆及滑块所产生的惯性力难以用一般平衡方法加以消除，因而连杆机构不宜用于高速运动。

平面连杆机构的类型很多，最简单的由4个构件组成，各构件间的相对运动均在同一平面或平行平面内的平面四杆机构，简称四杆机构。

§6.1 平面四杆机构的基本形式及其应用

6.1.1 四杆机构的基本形式

构件间的运动副均为转动副的四杆机构，是四杆机构的基本形式，称为铰链四杆机构。如图 6.1 所示，其中 AD 杆为机架，与机架相连的 AB 杆和 CD 杆称为连架杆，与机架相对的 BC 杆称为连杆。通常将能绕机架作整周回转运动的连架杆称为

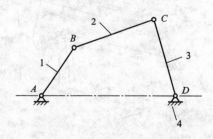

图 6.1　铰链四杆机构

曲柄；只能在小于360°的范围内摆动的连架杆称为摇杆。

　　根据连架杆中是否存在曲柄以及曲柄的数目，铰链四杆机构分为曲柄摇杆机构、双曲柄机构和双摇杆机构3种基本形式。

1. 曲柄摇杆机构

　　在铰链四杆机构的两连架杆中，一个为曲柄；另一个为摇杆时即称为曲柄摇杆机构。曲柄摇杆机构可以实现定轴转动与定轴摆动之间的运动及动力传递。曲柄摇杆机构多以曲柄为主动件且作等速转动，摇杆为从动件做往复摆动，如图6.2 所示的雷达天线俯仰角的调整机构和图6.3 所示的搅拌机构。如图6.4 所示的缝纫机踏板机构，则是以摇杆为主动件，曲柄为从动件的曲柄摇杆机构。

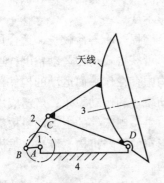

图6.2　俯仰角的调整机构

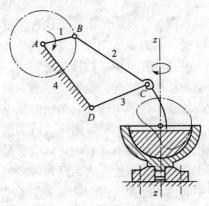

图6.3　搅拌机构

2. 双曲柄机构

　　在铰链四杆机构中，两连架杆均为曲柄的是双曲柄机构。双曲柄机构可以实现定轴转动与定轴转动之间的运动及动力传递。

　　图6.5 所示双曲柄机构中，两曲柄的长度不等，主动曲柄 AB 等速回转一周时，从动曲柄 CD 变速回转一周。图6.6 所示的惯性筛就是利用从动曲柄 CD 的变速转动，使筛子具有适当的加速度，从而利用被筛物料的惯性达到筛分的目的。

　　图6.7 所示的双曲柄机构中，连杆与机架的长度相等，两曲柄的长度也相等，且转向相同，称为正平行四边形机构。这种机构的运动特点是两曲柄的角速度始终保持相等，且连杆始终作平动，故应用也很广泛。

　　图6.8 所示的摄影车的升降机构，

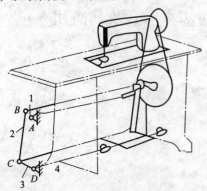

图6.4　缝纫机踏板机构

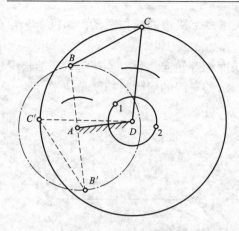

图 6.5　双曲柄机构

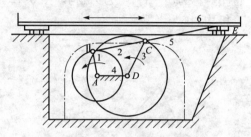

图 6.6　惯性筛

其升降高度的变化采用两组正平行四边形机构来实现,利用连杆 7 始终作平动这一特点,可使与连杆固连一体的座椅始终保持水平位置,以保证摄影者安全可靠工作。图 6.9 所示的天平机构,能始终保持天平盘 1,2 处于水平位置。此外机车车轮的联动机构(如图 6.10 所示)也属于正平行四边形机构。

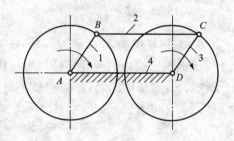

图 6.7　正平行四边形机构

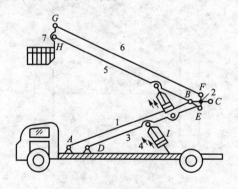

图 6.8　摄影车升降机构

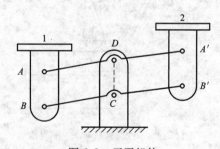

图 6.9　天平机构

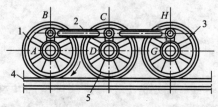

图 6.10　机车车轮联动机构

正平行四边形机构中的主动曲柄在转动一周的过程中,将两次与从动曲柄、连杆及机架共线,此时,可能出现从动曲柄与主动曲柄转向相同或相反的运动不确定现象。为消除这种运动不确定现象,采用两种措施:①在从动曲柄上加飞轮，利用其惯性保证其确定运动；② 采用多个机构的错位联动，如机车车轮的联动机构等。

图 6.11 所示双曲柄机构中，两曲柄长度相等转向相反，连杆与机架的长度也相等称为逆平行四边形机构。图 6.12 所示的车门的启闭机构就是逆平行四边形机构的应用实例。

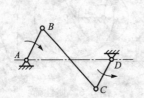

图 6.11　逆平行四边形机构

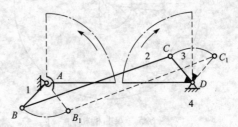

图 6.12　车门启闭机构

3. 双摇杆机构

铰链四杆机构的两连架杆均为摇杆时称为双摇杆机构。图 6.13 所示为鹤式起重机的变幅机构。当摇杆 CD 摆动时，连杆 BC 上悬挂重物的 M 点作近似水平直线运动，可避免重物移动时因不必要的升降而发生事故，或消耗过多能量。

两摇杆长度相等的双摇杆机构称等腰梯形机构，图 6.14 所示的汽车前轮转向机构就是其应用实例。

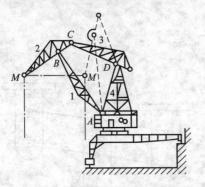

图 6.13　鹤式起重机的变幅机构

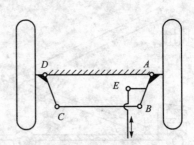

图 6.14　汽车前轮转向机构

6.1.2　铰链四杆机构曲柄存在条件

一、曲柄存在的条件

图 6.15 所示铰链四杆机构中，构件 1，2，3，4 的杆长分别为 a，b，c，d，且 $a<d$。由曲柄定义可知，杆 1 为曲柄，它能绕铰链 A 相对机架做整周转动，这就要求铰链 B 能通过 B_2 点（距离 D 点最远）和 B_1 点（距离 D 点最近）两个

特殊位置，AB 位于 AB_2 和 AB_1 位置时，杆 1 和杆 4
共线。

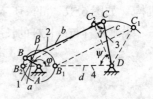

由 $\Delta B_2 C_2 D$，可得：

$$a + d \leqslant b + c \qquad (6-1)$$

由 $\Delta B_1 C_1 D$，可得：

$$b \leqslant (d-a) + c \quad 或 \quad c \leqslant (d-a) + b$$

即：

图 6.15　曲柄存在的条件

$$b + a \leqslant d + c \qquad (6-2)$$

$$a + c \leqslant d + b \qquad (6-3)$$

将式（6-1）、式（6-2）和式（6-3）两两相加，

可得：

$$a \leqslant b \quad a \leqslant c \quad a \leqslant d \qquad (6-4)$$

以上不等式组说明：AB 杆是机构中的最短杆。

综合分析以上不等式及图 6.15，可得出铰链四杆机构有曲柄（有周转副）
的条件，其条件如下。

（1）机构中的最短杆和最长杆长度之和不大于其他两杆长度之和；

（2）连架杆或机架为最短杆。

二、铰链四杆机构的基本类型

图 6.15 中最短杆 1 为曲柄，φ，β，γ 和 ψ 分别为该机构相邻两杆间的夹角。
当曲柄 1 整周回转时，曲柄与相邻两杆的夹角 φ、β 的变化范围为 0～360°；而摇
杆与相邻两杆的夹角 γ，ψ 的变化范围小于 360°。根据相对运动原理可知，连杆 2
和机架 4 相对曲柄 1 也是整周转动；相对于摇杆 3 则作小于 360°的摆动。当各杆长
度不变而以不同杆为机架时，可以得到不同类型的铰链四杆机构，如图 6.16 所示。

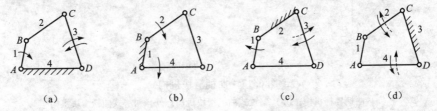

图 6.16　取不同的构件为机架，铰链四杆机构的内部演化

（1）取与最短杆相邻的杆件为机架，两连架杆中一个为曲柄；另一个为摇
杆，则得曲柄摇杆机构（如图 6.16（a）、（c）所示）。

（2）取最短杆为机架，两连架杆同时成为曲柄，则得双曲柄机构（如图 6.16
（b）所示）。

（3）取与最短杆相对的杆件为机架，两连架杆都不能整周回转，则得双摇杆

机构（如图6.16（d）所示）。

若最短杆与最长杆的长度之和大于其余两杆长度之和时，只能得到双摇杆机构。

§6.2 平面四杆机构的演化机构

上一节我们所介绍的3类铰链四杆机构，远远满足不了实际工作机械的需要，在工程实际应用中，常常采用多种不同外形、构造和特性的四杆机构，这些四杆机构可以看做是由铰链四杆机构通过各种方法演化而来的。这些演化机构扩大了平面连杆机构的应用，丰富了平面四杆机构的内涵。

6.2.1 改变相对杆长、转动副演化为移动副——曲柄滑块机构

如图6.17所示，将曲柄摇杆机构中的摇杆的杆长增大至无穷长，摇杆与连杆相连的转动副就转化成了移动副。

图6.17（a）所示的铰链四杆机构 $ABCD$ 中，如果要求 C 点运动轨迹的曲率半径较大甚至是 C 点作直线运动，则摇杆 CD 的长度就要特别长，甚至是无穷大，这显然给布置和制造带来困难或根本不可行。在实际应用中，根据需求制作一个导路，将 C 点做成一个与连杆铰接的滑块并使之沿导路运动即可，不再专门做出 CD 杆。这种含有移动副的四杆机构称为曲柄滑块机构。

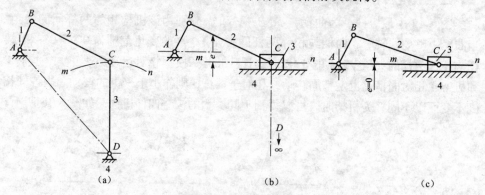

图6.17 曲柄滑块机构

（a）曲柄摇杆机构；（b）偏置式曲柄滑块机构；（c）对心式曲柄滑块机构

当滑块运动的轨迹为曲线时称为曲线滑块机构，当滑块运动的轨迹为直线时称为直线滑块机构。直线滑块机构可分为两种情况：如图6.17（b）所示为偏置曲柄滑块机构，导路与曲柄转动中心有一个偏距 e；当 $e=0$，即导路通过曲柄转动中心时，称为对心曲柄滑块机构，如图6.17（c）所示。

对心曲柄滑块机构结构简单，受力情况好，在实际生产中得到广泛应用。今后没有特别说明，所提的曲柄滑块机构即对心曲柄滑块机构。需要注意的是，滑

块的运动轨迹不仅局限于圆弧和直线，还可以是任意曲线，甚至可以是多种曲线的组合，这就远远超出了铰链四杆机构简单演化的范畴，也使曲柄滑块机构的应用更加灵活、广泛。

曲柄滑块机构在工程实际中的应用非常广泛。图 6.18（a）所示为应用于内燃机、空压机、蒸汽机的活塞－连杆机构中的曲柄滑块机构，其中活塞相当于滑块。图 6.18（b）所示为用于自动送料装置的曲柄滑块机构，曲柄每转一圈活塞送出一个工件。当需要将曲柄做得较短时，通常采用图 6.18（c）所示的偏心轮机构，其偏心圆盘的偏心距 e 就是曲柄的长度。这种结构减少了曲柄的驱动力，增大了转动副的尺寸，提高了曲柄的强度和刚度，广泛应用于冲压机床、破碎机等承受较大冲击载荷的机械中。

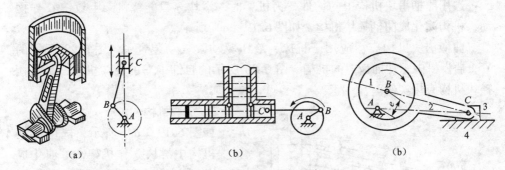

图 6.18 曲柄滑块机构的应用
（a）活塞连杆机构；（b）自动送料装置；（c）偏心轮机构

6.2.2 变换单移动副机构的机架

将图 6.17（c）所示的对心曲柄滑块机构，选用不同构件作为机架，可演化成如图 6.19 所示的具有不同运动特性和不同用途的机构。

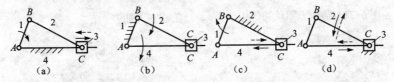

图 6.19 取不同构件为机架时，含一个移动副四杆机构的内部演化
（a）曲柄滑块机构；（b）转动导杆机构；（c）摇块机构；（d）定块机构

1. 转动导杆机构

所谓导杆是指机构中不与机架相连而组成移动副的构件，如图 6.19（b）所示。转动导杆机构可以看做是在一个尺寸已定的对心曲柄滑块机构中，通过选取原机构中的曲柄为机架得到的。转动导杆机构的应用如图 6.20 所示回转式油泵及图 6.21 所示小型刨床。

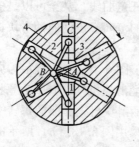

图 6.20　回转式油泵

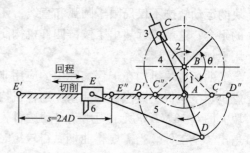

图 6.21　小型刨床

2. 摇块机构

选用曲柄滑块机构中的构件 2 为机架时，滑块 3 只能绕机架上铰链 C 作摆动，机构演化成曲柄摇块机构，如图 6.19（c）所示。

曲柄摇块机构广泛应用于机床、液压驱动及气动装置中，图 6.22 所示的 Y54 插齿机中驱动插齿刀的机构，图 6.23 所示的自卸卡车的翻斗机构，是曲柄摇块机构应用实例。

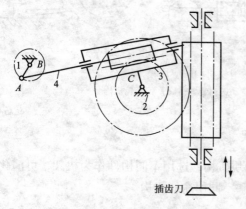

插齿刀

图 6.22　插齿刀驱动的机构

3. 定块机构

如图 6.19（d）所示，选用曲柄滑块机构中滑块 3 作机架，可演化成定块机构。它应用于手压卿筒（图 6.24）和双作用式水泵等机械中。

4. 摆动导杆机构

摆动导杆机构可以看做是在转动导杆机构的基础上，通过改变各构件的相对尺寸得到的。图 6.25 所示的牛头刨床的主传动机构是摆动导杆机构在机械中的应用。

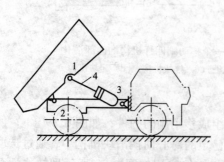

图 6.23　自卸翻斗机构

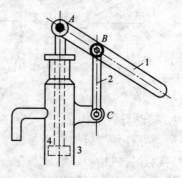

图 6.24　手压卿筒

6.2.3 变化双移动副机构的机架

1. 移动导杆机构

移动导杆机构如图 6.26（a）所示，当主动件曲柄 1 等速回转时，从动件导杆 3 的位移与主动件 1 转角的正弦成正比，故又称为正弦机构。该机构的运动简图可用图 6.26（b）表示。

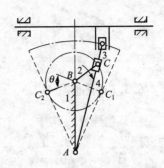

图 6.25 牛头刨床的主传动机构

2. 双转块机构

图 6.26 所示移动导杆机构中，若取杆 1 为机架，即可得到图 6.27（a）所示的双转块机构。这种机构的两滑块均能相对于机架做整周转动，当主动滑块 2 转动时，通过连杆 3（中间连接块）可使从动滑块 4 获得与滑块 2 完全同步的转动。图 6.27（b）所示的十字滑块联轴器是双转块机构在工程中的应用。

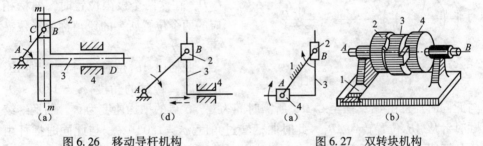

图 6.26 移动导杆机构

（a）移动导杆机构；（b）正弦机构

图 6.27 双转块机构

（a）双转块机构；（b）十字滑块联轴器

3. 双滑块机构

选取图 6.26（b）所示的移动导杆机构中的构件 3 为机架，可得到图 6.28（a）所示的双滑块机构。一般两滑块移动方向互相垂直，连杆 AB（或其延长线）上的任一点 M 的轨迹必为椭圆，故双滑块机构常用做椭圆仪，如图 6.28（b）所示。

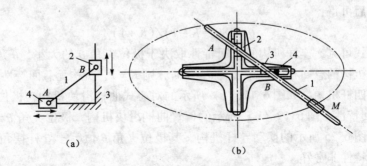

图 6.28 双滑块机构

（a）双滑块机构；（b）椭圆仪

§6.3 平面四杆机构的运动特性

6.3.1 急回特性

在某些连杆机构中，当主动件（一般为曲柄）作等速转动时，从动摇杆做往复摆动，且摆回时的平均速度比摆去时的平均速度要大，这种性质称为连杆机构的急回特性。在生产实际中利用连杆机构的急回特性可以缩短非生产时间，提高生产效率。

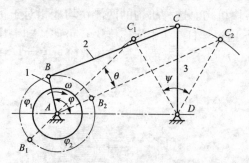

图 6.29 曲柄摇杆机构

图 6.29 所示的曲柄摇杆机构，主动曲柄 AB 在等速转动一周的过程中，与连杆 BC 两次共线，此时从动摇杆 CD 分别位于两极限位置 C_1D 和 C_2D，在这两个极限位置时，曲柄相应的两个位置所夹的锐角称为极位夹角，以 θ 表示。

曲柄由 AB_1 位置顺时针转到 AB_2 位置时，转过的角度 $\varphi_1 = 180° + \theta$，与此同时摇杆由 C_1D 摆至 C_2D，所需时间为 t_1，C 点的平均速度为 v_1。曲柄继续顺时针从 AB_2 位置转到 AB_1，此时曲柄转过角度 $\varphi_2 = 180° - \theta$，与此同时摇杆由 C_2D 摆回至 C_1D，所需时间为 t_2，C 点的平均速度为 v_2。

由于曲柄等速转动，$\varphi_1 \geqslant \varphi_2$，所以 $t_1 \geqslant t_2$，因为摇杆 CD 来回摆动的行程相同，故：$v_2 \geqslant v_1$，说明曲柄摇杆机构具有急回特性。

连杆机构急回特性的相对程度，用行程速比系数 K 来表示，即：

$$K = v_2/v_1 = (C_1C_2/t_2)/(C_1C_2/t_1) = t_1/t_2 = \varphi_1/\varphi_2$$
$$= (180° + \theta)/(180° - \theta) \tag{6-5}$$

整理后可得：

$$\theta = 180°(K-1)/(K+1) \tag{6-6}$$

由上式可见，连杆机构的急回特性取决于极位夹角 θ 的大小，θ 角越大，K 值越大，机构的急回程度越高，若 $\theta = 0$ 时，则 $K = 1$，机构无急回特性。

其他四杆机构，如图 6.17（c）所示的对心式曲柄滑块机构，极位夹角 $\theta = 0$，无急回特性；图 6.19（b）所示的偏置曲柄滑块机构，极位夹角 $\theta \neq 0$，有急回特性；图 6.25 所示的摆动导杆机构，其极位夹角 θ 恒等于导杆摆角 ψ，该机构的急回特性非常好。

6.3.2　平面机构的传力特性

一、压力角和传动角

在工程应用中的连杆机构除了要满足运动要求外，还应具有良好的传力性能，以减小结构尺寸和提高机械效率。下面在不计重力、惯性力和摩擦作用的前提下，分析曲柄摇杆机构的传力特性。如图 6.30 所示，主动曲柄的动力通过连杆作用于摇杆上的 C 点，驱动力 F 必然沿 BC 方向，将 F 分解为切线方向和径向方向两个分力 F_t 和 F_r，切向分力 F_t 与 C 点的运动方向 v_c 同向，是驱动从动件运动的有效分力，是从动件产生有效的回转力矩；F_r 与 C 点的运动方向 v_c 垂直，是无效分力，它增加了从动件转动时的摩擦阻力矩。由图可知：

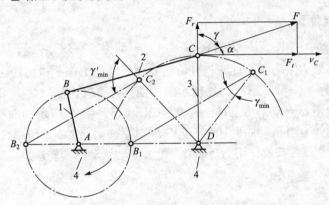

图 6.30　曲柄摇杆机构的压力角和传动角

$$F_t = F\cos \alpha \text{ 或 } F_t = F\sin \gamma \tag{6-7}$$

$$F_r = F\sin \alpha \text{ 或 } F_r = F\cos \gamma \tag{6-8}$$

式中，α 是 F_t 与 F 的夹角，称为机构的压力角，即驱动力 F 与 C 点的运动方向的夹角。α 随机构的不同位置有不同的值，它表明了在驱动力 F 不变情况下，推动摇杆摆动的有效分力 F_t 的变化规律，α 越小 F_t 就越大。

压力角 α 的余角 γ 是连杆与摇杆所夹锐角，称为传动角。与 α 相比较 γ 更便于观察，所以通常用它来检验机构的传力性能。传动角 γ 也会随机构的不断运动而相应变化，为保证机构有较好的传力性能，应控制机构的最小传动角 $\gamma_{\min}$。一般可取 $\gamma_{\min} \geqslant 40°$，重载高速场合 $\gamma_{\min} \geqslant 50°$。曲柄摇杆机构的最小传动角出现在曲柄与机架共线的两个位置之一，如图 6.30 所示的 B_1 点或 B_2 点位置。

图 6.31 所示偏置式曲柄滑块机构，以曲柄为主动件，滑块为工作件，传动角 γ 为连杆与导路垂线所夹锐角，最小传动角 $\gamma_{\min}$ 出现在曲柄位于与偏距方向相反一侧且垂直于导路时的位置；对心式曲柄滑块机构，其最小传动角 $\gamma_{\min}$ 出现在曲柄垂直于导路时的位置。

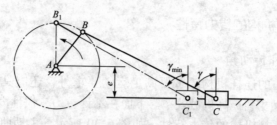

图 6.31 曲柄滑块机构的传动角

以曲柄为主动件的摆动导杆机构，因为滑块对导杆的作用力始终垂直于导杆，其传动角 γ 恒为 $90°$，即 $\gamma = \gamma_{min} = \gamma_{max} = 90°$，表明导杆机构具有最好的传力性能。

二、死点位置

从 $F_t = F\cos\alpha$ 知，当压力角 $\alpha = 90°$ 时，驱动力的有效分力 $F_t = 0$，对从动件的作用力或有效力矩为零，此时连杆不能驱动从动件工作。机构处在这种位置称为死点，又称止点。图 6.32（a）所示的曲柄摇杆机构，从动曲柄 AB 与连杆 BC 共线时，压力角 $\alpha = 90°$，传动角 $\gamma = 0$。如图 6.32（b）所示的曲柄滑块机构，以滑块做主动件，当从动曲柄 AB 与连杆 BC 共线时，外力 F 作用线通过从动曲柄 AB 的转动中心，有效作用力矩为 0，无法推动从动曲柄转动。

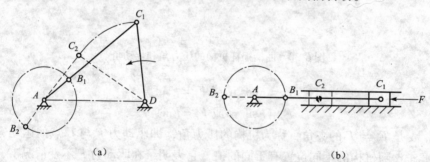

图 6.32 平面四杆机构的死点位置

从传动的角度来看，机构中存在死点是不利的，因为这时从动件会出现卡死或运动不确定的现象（如缝纫机曲拐不动或倒转）。为克服死点对传动的不利影响，应采取相应措施使需要连续运转的机器顺利通过死点。

（1）对于连续运转的机器，可以利用从动件的惯性来通过死点位置，例如缝纫机踏板机构就是借助于带轮的惯性通过死点位置的，如图 6.33 所示。

（2）采用机构错位排列，将两组以上的机构组合起来，各组机构的死点位置相互错开。蒸汽机车车轮联动机构是由两组位置相互错开 $90°$ 曲柄滑块机构组成，如图 6.34 所示。

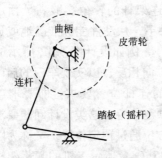

图 6.33　利用惯性克服死点

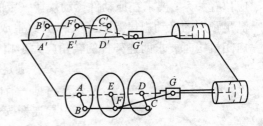

图 6.34　机车车轮错位排列

四杆机构是否存在死点，取决于从动件与连杆是否共线。图 6.32（a）所示的曲柄摇杆机构，如果以曲柄为主动件，摇杆为从动件，连杆 *BC* 与摇杆 *CD* 不存在共线的位置，故该机构不存在死点；图 6.32（b）所示的曲柄滑块机构，如果改曲柄为主动件也不存在死点。

工程上有时也利用死点位置来实现一定的工作要求。如图 6.35（a）所示的飞机起落机构，当起落架放下时，*BC* 与 *CD* 杆共线，机构处于死点位置，地面对机轮的作用力不会使 *CD* 杆转动，从而保证飞机起落可靠。又如图 6.35（b）所示的夹紧机构，当工件被夹紧后，*BC* 与 *CD* 杆共线，机构处于死点位置，即使工作反力再大也不能使机构反转，要松开工件，只有向上推动手柄才能实现，从而保证了夹紧可靠。图 6.35（c）所示的折叠椅也利用了死点位置来承受外力。

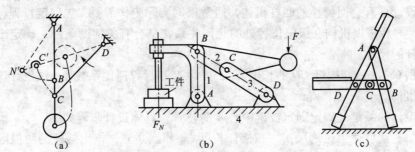

图 6.35　机构死点位置的应用

（a）飞机起落架；（b）夹紧机构；（c）折叠构

§6.4　平面四杆机构的设计

平面四杆机构的设计，主要包括根据使用要求选定机构的型式，确定机构中各构件的尺寸。这种设计一般可归纳为两类：一是根据给定的设计要求选定机构型式；二是确定各构件尺寸，并满足结构条件、动力条件和运动连续条件等。

平面连杆机构设计的三大类基本问题如下。

（1）满足预定运动的规律要求：即要求两连架杆的转角能够满足预定的对应位置关系；要求在原动件运动规律一定的条件下，从动件能够准确地或近似地满足预定的运动规律要求（又称函数生成问题）。例如设计图6.12所示的车门启闭机构时要求两连架杆的转角应大小相等，方向相反，以实现车门的启闭。

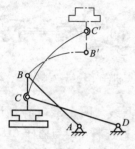

图6.36　铸造用翻箱机构

（2）满足预定的连杆位置要求：即要求连杆能依次占据一有序的预定位置。这类设计问题要求机构能引导连杆按一定方位通过预定位置，又称为刚体引导问题。例如图6.35（a）所示飞机的起落架机构和图6.36所示铸造用翻箱机构。

（3）满足预定的轨迹要求：即要求机构运动过程中，连杆上某些点能实现预定的轨迹要求（简称轨迹生成问题）。搅拌机构和鹤式起重机机构的设计都属于轨迹生成问题。

四杆机构的设计方法有图解法、解析法和实验法。其中图解法直观简便但精确度不高；解析法精确但计算量大，目前，使用计算机作辅助设计，既精确又迅速，是设计方法的新方向；实验法简便但不实用。本节通过设计实例介绍各类常见四杆机构的图解设计方法。

四杆机构设计实例

1. 按给定行程速比系数 K 设计四杆机构

设计具有急回特性的四杆机构，通常根据实际工作需要，先确定行程速比系数 K，然后根据机构在极限位置处的几何关系，结合有关辅助条件，确定出机构中各杆的尺寸。

例6.1　已知摇杆 CD 的长度 l_{CD}、摆角 ψ 和行程速比系数 K，试设计该曲柄摇杆机构。

设计的关键是确定固定铰链中心 A 的位置，具体设计步骤如下。

（1）选取适当比例尺 μ_l，按摇杆长度 l_{CD} 和摆角 ψ，作出摇杆的两极限位置 C_1D 和 C_2D，如图6.37所示。

（2）由 $\theta = 180° (K-1) / (K+1)$ 算出极位夹角 θ。

（3）连接 C_1C_2，作 $\angle C_1C_2O = \angle C_2C_1O = 90° - \theta$ 可得到点 O。以 O 为圆心、OC_1 为半径作辅助圆，C_1C_2 所对的圆心角为 2θ，圆周角为 θ。

（4）在辅助圆圆周上允许范围内任选一点 A，使 $\angle C_1AC_2 = \theta$。

（5）摇杆在极限位置时，连杆与曲柄共

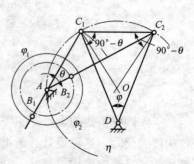

图6.37　按 K 值设计机构

线，则有：$AC_1 = BC - AB$；$AC_2 = BC + AB$，故有：$AB = (AC_2 - AC_1)/2$；$BC = (AC_2 + AC_1)/2$。

由上述两式求得 AB 和 BC，并由图中量取 AD 后，可得曲柄、连杆、机架的实际长度分别为 $l_{AB} = AB\mu_l$；$l_{BC} = BC\mu_l$；$l_{AD} = AD\mu_l$。

例 6.2 已知条件：机架长度 l_{AC}、行程速比系数 K，试设计该摆动导杆机构。

由图 6.38 可知，摆动导杆机构的极位夹角 θ 和导杆的摆角 ψ 相等，需要确定的尺寸是曲柄的长度 l_{AB}。其设计步骤如下。

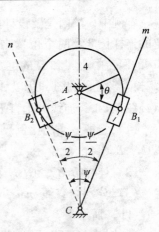

图 6.38 按 K 值设计机构

（1）选取适当比例尺 μ_l，行程速比系数 K，代入公式：$\theta = 180°(K - 1)/(K + 1)$，求极位夹角 $\theta(\theta = \psi)$。

（2）任选一点 C 作为固定铰链中心，作出夹角为 ψ 的导杆的两极限位置。

（3）作摆角 ψ 的角平分线，在角平分线上取 $AC = l_{AC}/\mu_l$ 得固定铰链中心 A 的位置。

（4）过 A 点作极限位置的垂线 AB_1（或 AB_2），即得到曲柄长度 AB，曲柄的实际长度 $l_{AB} = AB\mu_l$。

2. 按给定的连杆位置设计四杆机构

例 6.3 图 6.39（a）所示加热炉的炉门，要求设计一四杆机构，把炉门从开启位置 B_2C_2（炉门水平位置，受热面向下）转变为关闭位置 B_1C_1（炉门垂直位置，受热面朝向炉膛）。

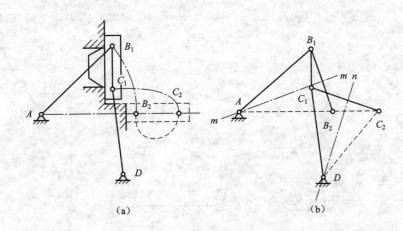

（a）　　　　　　　　　　（b）

图 6.39 加热炉炉门启闭机构

　　本例中，炉门是要设计的四杆机构中的连杆。因此设计的主要问题是根据给定的连杆长度及两个位置来确定另外三杆的长度（就是要确定两连架杆 AB 及 CD 的回转中心 A 和 D 的位置）。由于连杆上 B 点的运动轨迹是以 A 为圆心，以 AB 长为半径的圆弧，所以 A 点必在 B_1 和 B_2 连线的垂直平分线上，同理可得 D 点必在 C_1 和 C_2 连线的垂直平分线上。

　　（1）选取适当的比例尺 μ_l，按已知条件画出连杆（即炉门）BC 的两个位置 B_2C_2，B_1C_1；

　　（2）连接 B_1B_2，C_1C_2，分别作 B_1B_2，C_1C_2 的垂直平分线 mm，nn；

　　（3）分别在直线 mm，nn 上任意选取一点作为转动铰链中心 A，D，如图 6.39（b）所示。

　　由以上分析可知，设计平面机构时，若只给定连杆两个位置，则有无穷多个解。一般是再根据具体情况增加辅助条件（比如限制最小传动角、各杆的尺寸范围或其他结构要求等）得到确定的解。

　　思考与练习

　　6-1　何谓平面连杆机构？它有哪些特点？常应用于何种场合？

　　6-2　铰链四杆机构有哪几种类型，应怎样判别？各有何运动特点？

　　6-3　机构的急回特性有何作用？判断四杆机构有无急回特性的根据是什么？

　　6-4　准确描述极位夹角、压力角、传动角的概念。它们对机构的传动特性有何影响？

　　6-5　画出题图6-5所示各机构的压力角、传动角，箭头标注的构件为原动件。

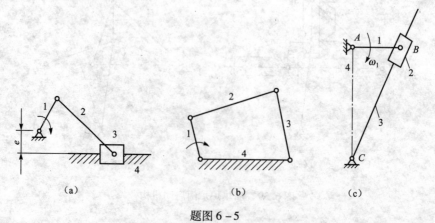

題图 6-5

6-6　什么是连杆机构的死点？是否所有四杆机构都存在死点？什么情况下出现死点？请举例出避免死点和利用死点的例子。

6-7　铰链四杆机构中曲柄存在的条件是什么？曲柄是否一定是最短杆？

6-8　试根据题图 6-8 中注明的尺寸判断该铰链四杆机构属于哪一类机构？

6-9　题图 6-9 所示四铰链运动链各构件长度：$l_{AB}=55$ mm，$l_{BC}=40$ mm，$l_{CD}=50$ mm，$l_{AD}=25$ mm。试确定（1）哪个机件作机架时机构为曲柄摇杆机构？（2）哪个构件作机架时机构为双曲柄机构？（3）哪个构件作机架时机构为双摇杆机构？

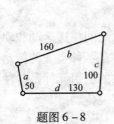

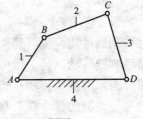

题图 6-8　　　　　　　　　　　　　题图 6-9

6-10　试用图解法设计题图 6-10 所示，铰链四杆机构。已知行程速比系数 $K=1.5$，摇杆 CD 的长度 $l_{CD}=0.075$ m，机架 AD 的长度 $l_{AD}=0.1$ m，摇杆的一个极限位置与机架间的夹角 45°，求曲柄 AB 的长度 l_{AB} 和连杆 BC 的长度 l_{BC}。

6-11　题图 6-11 所示为牛头刨床上的曲柄摆动导杆机构，已知行程速比系数 $K=1.65$，机架 AC 的长度 $l_{AC}=400$ mm，设计此机构。

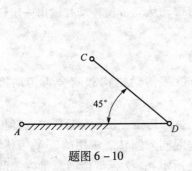

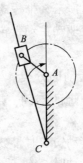

题图 6-10　　　　　　　　　　　　题图 6-11

第7章

挠性传动机构

挠性传动通过挠性曳引元件在两个或多个传动轮之间传递运动和动力。主要包括带传动和链传动两类。带传动中使用的曳引元件是各种类型的传动带，按工作原理可分为摩擦型带传动和啮合型带传动。链传动的曳引元件是各种类型的传动链，通过传动链的各个链节与链轮轮齿相互啮合实现传动。

§7.1　带传动机构

7.1.1　带传动的类型、特点及应用

一、带传动机构的组成

如图 7.1 所示，带传动机构由主动带轮、从动带轮、中间挠性带以及机架等组成。原动机驱动主动带轮转动时，通过皮带带动从动带轮转动并输出一定转速和扭矩。

二、带传动的分类

按传动原理的不同，带传动机构分为摩擦带传动机构和啮合带传动机构两类。

摩擦带传动安装时带被张紧在带轮上，产生的初拉力使带与带轮之间产生压力。主动轮转动时，依靠摩擦力拖动从动轮一起同向回转。常用的有 V 带传动、平带传动、圆带传动和多楔带传动（如图 7.1 所示）；啮合带传动靠带内侧凸齿与带轮外缘上的齿槽相啮合实现传递运动和动力，如同步齿形带传动（如图 7.2 所示）。

按传动带截面形状带分为：平带、圆形带、V 形带、多楔带和同步齿形带等，如图 7.3 所示。

平带截面形状为矩形，内表面为工作面，结构简单、带轮容易制造、传递功率小，分为普通平带和片基平带两种。

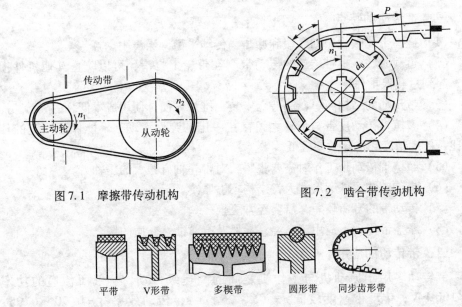

图 7.1　摩擦带传动机构　　　　图 7.2　啮合带传动机构

平带　　V 形带　　多楔带　　圆形带　同步齿形带

图 7.3　传动带的形状

V 形带的截面形状为梯形，两侧面为工作表面，传动时摩擦力大，可传递的功率较大。又分为：窄 V 带、宽 V 带、齿形 V 带、联组 V 带、带楔角 V 带等。其中普通 V 带是应用最广泛的一种传动带，其传动功率大，结构简单，价格便宜。由于带与带轮槽之间是 V 形槽面摩擦，可以产生比平带更大的有效拉力。

多楔带是在平带基体上由多根 V 带组成的传动带，以侧面为工作面，可传递很大的功率，兼有平带弯曲应力小和 V 带摩擦力大的优点，多用于传递动力较大、结构紧凑的场合。

圆形带的横截面为圆形，只用于小功率传动，牵引能力小，常用于仪器、家用器械、人力机械中。

齿形带（同步带）是以钢丝绳或玻璃纤维为强力层，外覆以聚氨酯或氯丁橡胶的环形带，带的内周制成齿状，使其与齿形带轮啮合。

同步带传动由一根内周表面设有等间距齿形的环形带和轮缘带有与带齿吻合的齿槽的带轮所组成。它综合了带传动、链传动和齿轮传动的优点，转动时，通过带齿与轮的齿槽相啮合来传递动力。同步带传动有准确的传动比，可获得恒定的输出速率，传动平稳，噪声小，传动比范围大，最高可达 1:12，允许的最大线速度 $v \leqslant 50$ m/s，传递功率从几瓦到五百千瓦，传动效率高达 98%，结构紧凑，适宜于多轴传动，不需润滑，耐污染，可在有污染和工作环境较为恶劣的场合正常工作，广泛应用于各种类型的机械传动中。

按传动用途带传动可分为传动带和输送带。传动带主要用于传递运动和动力；输送带主要用于传送物品。

三、带传动的特点

(1) 挠性带能吸收振动，缓和冲击，传动平稳，噪声小。

(2) 过载时，摩擦带传动的传动带会在带轮上打滑，可以防止其他机件损坏，起到过载保护作用。

(3) 带传动的结构简单，制造、安装和维护方便，使用成本低。

(4) 摩擦带传动皮带与带轮之间存在一定的弹性滑动，不能保证恒定的传动比，传动精度和传动效率较低。

(5) 摩擦带传动带工作时需要张紧，对带轮轴有很大的压轴力。

(6) 带传动装置外廓尺寸大，结构不够紧凑。

(7) 传动带的寿命较短，需要经常更换。

(8) 摩擦带传动不适用于高温、易燃及有腐蚀性介质的场合。

四、带传动的应用

带传动多用于原动机与工作机之间的高速级传动，一般所传递的功率 $p \leqslant 100 \text{ kW}$；传动带速度较低 $v = (5 \sim 25) \text{ m/s}$；传动效率 $\eta = 0.90 \sim 0.95$；传动比 $i \leqslant 7$。

摩擦带传动适用于要求传动平稳、传动比要求不高、中小功率的远距离传动；摩擦带传动由于摩擦会产生电火花，故不能用于有爆炸危险的场合。

7.1.2　V 带传动

一、V 带的结构特点及参数

V 带的结构尺寸已标准化，按截面尺寸从小到大可分为 Y，Z，A，B，C，D，E 7 种型号。表 7-1 列出了 V 带截面尺寸参数。

表 7-1　V 带截面尺寸（GB/T 11544—1997）

型　号	普通 V 带							窄 V 带			
	Y	Z	A	B	C	D	E	SPZ	SPA	SPB	SPC
顶宽 b	6.0	10	13.0	17.0	22.0	32.0	38.0	10	13.0	17.0	22.0
节宽 b_p	5.3	8.5	11.0	14.0	19.0	27.0	32.0	8.5	11.0	14.0	19.0
高度 h	4.0	6.0	8.0	11.0	14.0	19.0	25.0	8	10	14	18
楔角 θ	40°										
每米质量 q	0.03	0.06	0.11	0.19	0.33	0.66	1.02	0.07	0.12	0.20	0.37

标准 V 带都制成无接头的环形带，其横截面结构如图 7.4 所示。由抗拉体、顶胶、底胶、包布组成。普通 V 带抗拉体的结构形式有帘布结构和绳芯结构两种。帘布结构的抗拉体由几层胶帘布组成，帘布芯制造方便，抗拉强度高，型号

齐全，应用较多。线绳结构抗拉体由浸胶的线绳组成，绳芯结构的柔韧性好，抗弯强度高，适用于带轮较小，载荷不大，转速较高的场合，目前国产线绳结构的 V 带仅有 Z，A，B，C 4 种型号。

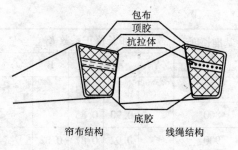

图 7.4　标准 V 带结构

如图 7.5 所示，带绕在带轮上时产生弯曲，外层受拉伸长，内层受压缩短，内外层之间必有一长度不变的中性层，其宽度 b_p 称为节宽，普通 V 带的截面高度为 h。V 带轮上与 b_p 相应的带轮直径 d_d 称为基准直径，V 带轮上与 b_p 相应的带轮槽宽为 b_d，与带轮基准直径相应的带的周线长度称为基准长度，用 L_d 表示，普通 V 带的长度 L_d 系列和带长修正系数 K_L 如表 7-2 所示。

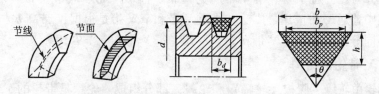

图 7.5　标准普通 V 带结构参数

表 7-2　普通 V 带的长度 L_d 系列和带长修正系数 K_L（GB/T 13575.1—2008）

基准长度 L_d	带长修正系数 K_L					基准长度 L_d	带长修正系数 K_L			
	Y	Z	A	B	C		Z	A	B	C
200	0.81					1 400	10.1	0.96	0.90	
224	0.82					1 600	1.04	0.99	0.92	0.83
250	0.84					1 800	1.06	1.01	0.95	0.86
280	0.87					2 000	1.08	1.03	0.98	0.88
315	0.89					2 240	1.10	1.06	1.00	0.91
355	0.92					2 500	1.30	1.09	1.03	0.93
400	0.96	0.79				2 800		1.11	1.05	0.095
450	1.00	0.80				3 150		1.13	1.07	0.097
500	1.02	0.81				3 550		1.17	1.09	0.099
560		0.82				4 500		1.19	1.13	1.02
630		0.84	0.81			5 000			1.15	1.04

基准长度 L_d	带长修正系数 K_L					基准长度 L_d	带长修正系数 K_L			
	Y	Z	A	B	C		Z	A	B	C
710		0.86	0.83			5 600			1.18	1.07
800		0.90	0.85			6 300				
900		0.92	0.87	0.82		7 100				
1 000		0.94	0.89	0.84		8 000				
1 120		0.95	0.91	0.86		9 000				
1 250		0.98	0.93	0.88		10 000				

　　V 带分为：普通 V 带、窄 V 带、宽 V 带、齿形 V 带、联组 V 带、带楔角 V 带等。其中普通 V 带应用最广泛。普通 V 带和窄 V 带是根据 V 带高 h 与节宽 b_p 之比的不同分类的：普通 V 带 $h : b_p = 7 : 10$，窄 V 带 $h : b_p = 9 : 10$。

二、V 带轮的结构

　　V 带轮由轮缘、腹板（轮辐）和轮毂 3 部分组成。轮缘是带轮的工作部分，制有梯形轮槽，普通 V 带轮轮缘结构尺寸见表 7 - 3；轮毂是带轮与轴的连接部分，轮缘与轮毂则用轮辐（腹板）连接成一整体。

表 7 - 3　普通 V 带轮轮缘结构尺寸（GB 10412—2002）

h_{amin}	1.6	2.0	2.75	3.5	4.8	8.1	9.6
h_f	4.7	7.0 9.0	8.7 11.0	10.8 14.0	14.3 19.0	19.9	23.4
e	8	12	15	19	25.5	37	44.5
f	7	8	10	12.5	17	23	29
b_d	5.3	8.5	11.0	14.0	19.0	27.0	32.0
δ_{min}	5	5.5	6	7.5	10	12	15
B	$B = (z-1)e + 2f$　　z 为皮带的根数						

φ	32°		$\leqslant 60$					
	34°			$\leqslant 80$	$\leqslant 118$	$\leqslant 190$	$\leqslant 315$	
	36°	d_d	> 60				$\leqslant 475$	$\leqslant 600$
	38°			> 80	> 118	> 190	> 315	> 475　> 600

　　按腹板（轮辐）结构的不同 V 带轮分为实心带轮、腹板带轮、孔板带轮和轮辐带轮。带轮直径较小（$d \leqslant (1.5 \sim 3) d_0$）时可采用实心式带轮，如图 7.6 所示；中等直径带轮采用腹板式或孔板式（$d \leqslant 300$ mm 是常用腹板结构，$300 \leqslant d \leqslant 400$ mm 是多用孔板结构），如图 7.7、图 7.8 所示；直径大于 350 mm 的带轮采用轮辐式，如图 7.9 所示。

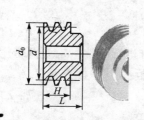

图 7.6　实心式带轮

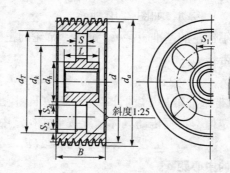

图 7.7　孔板式带轮

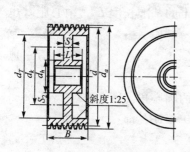

图 7.8　腹板式带轮

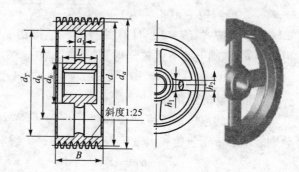

图 7.9　轮辐式带轮

三、V 带轮的设计要求

（1）带轮的质量轻、质量分布均匀、转速较高时应进行动平衡试验。

（2）带轮应有足够的承载能力和良好的结构工艺性，没有过大的铸造内应力。

（3）带轮轮槽工作面应精细加工，表面粗糙度要合适，以减少带的磨损。

（4）轮槽的尺寸和槽面的角度应保持一定的精度，以使载荷分布较为均匀等。

四、V 带轮的材料

　　V 带轮的材料主要采用铸铁，常用材料的牌号为 HT150 或 HT200，允许的最大圆周速度为 25 m/s；转速较高时宜采用铸钢或钢板冲压后焊接而成；小功率时可用铸铝或塑料。

7.1.3　带传动的几何参数

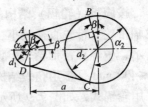

图7.10　带传动几何参数

摩擦带传动的主要几何参数有中心距 a、基准带长 L_d 和包角 α。V 带传动只适合于两轴平行，且从动带轮和主动带轮旋向相同的开口传动，不允许用于交叉或半交叉传动，如图7.10 所示。

若已知大小带轮的基准直径 d_1 和 d_2，带轮的主要参数之间有如下关系：

V 带基准带长 L_d：

$$L_0 = 2a_0 + \pi(d_1 + d_2)/2 + (d_1 - d_2)^2/(4a_0) \tag{7-1}$$

式中，L_0 是 V 带基准带长 L_d 的计算值，需按照国家标准进行圆整；a_0 是两带轮中心距 a 的初定值，根据传动具体情况按下式初定中心距：

$$0.7(d_1 + d_2) \leqslant a_0 \leqslant 2(d_1 + d_2) \tag{7-2}$$

V 带传动的中心距 a：

中心距是带轮传动中主动轮和从动轮轴线间的距离，可按下式计算：

$$a \approx \{2L - \pi(d_1 + d_2) + \sqrt{[2L - \pi(d_1 + d_2)]^2 - 8(d_2 - d_1)^2}\}/8 \tag{7-3}$$

若已经按式（7-1）计算并查表圆整得到了带的基准长度 L_d，中心距 a 也可以在 a_0 基础上按下式核定得到，有：

$$a = a_0 + (L_d - L_0)/2 \tag{7-4}$$

V 带传动的包角 α：

带传动的包角是指传动带和带轮接触弧所对的圆心角。图7.10 中 α_1 和 α_2 分别表示小带轮包角和大带轮包角。显然：$\alpha = 180° \pm 2\beta$，即：

$$\alpha_1 = 180° - (d_2 - d_1) \times 57.3°/2 \tag{7-5a}$$

$$\alpha_2 = 180° + (d_2 - d_1) \times 57.3°/2 \tag{7-5b}$$

7.1.4　带传动的工作情况分析

一、V 带传动的受力分析

当一根或多根环形 V 带被张紧套装在主动轮 1 和从动轮 2 上时，带与带轮的接触面间会产生正压力。机构工作时，靠带与带轮间的摩擦力传递运动与动力。保证带与带轮同步传动的静摩擦力是有极限的，如果传动的阻力超过了最大静摩擦力，带就会在带轮面上打滑，带传动将不能正常工作。

1. 带传动中的初拉力和有效拉力

为保证带传动正常工作，传动带必须以一定的张紧力套在带轮上。如图7.11 所示，在开始传动前，传动带静止，带两边承受相等的张紧拉力，称为初拉力 F_0。

当传动带传动时，由于带与带轮接触面之间摩擦力的作用，带两边的拉力不再相等。一边被拉紧，拉力由 F_0 增大到 F_1，称为紧边；一边被放松，拉力由 F_0 减少到 F_2，称为松边，如图 7.12 所示。

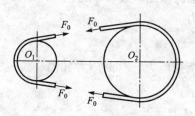

图 7.11 空载时带传动受力

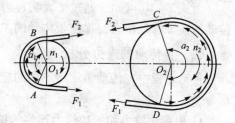

图 7.12 荷载时带传动受力

在工程中，我们近似的认为，传动带在空载和荷载状态下的长度是相等的，荷载时，皮带松边的伸长量和紧边的缩短量是近似相等的，故紧边拉力的增加量等于松边拉力的减少量，即：$F_1 - F_0 = F_0 - F_2$，可得：$F_1 + F_2 = 2F_0$。取包在主动轮上的传动带为分离体，由力矩平衡条件可得：$\sum F_f = F_1 - F_2$，也就是说，传动带紧边和松边的拉力差就是带传动中传递功率的拉力，称之为有效拉力，用 F_e 表示。有效拉力就是带传递的有效圆周力，其大小是由带与带轮接触面上各点的摩擦力的总和决定，即：$F_e = \sum F_f$。

综上所述，我们不难得到带传动松，紧边拉力，初拉力，有效拉力之间的关系式：

$$F_1 = F_0 + F_e/2 \qquad F_2 = F_0 - F_e/2 \qquad (7-6)$$

带速为 v 时，带传动有效拉力所能传递的功率 P 为：

$$P = Fv/1\,000 \qquad (7-7)$$

2. 带传动中的最大摩擦力——有效拉力的临界值

带与带轮接触面摩擦力的总和 $\sum F_f$，在初拉力 F_0、带轮包角 α 以及接触面摩擦系数 f 一定的条件下是有极限值的。当传动阻力超过极限摩擦力 $(\sum F_f)_{max}$，带将在带轮上打滑，传动也会因为打滑而失效。确定有效拉力临界值，是进行带工作能力设计的关键。

在皮带打滑的临界状态下，带传动松边拉力和紧边拉力的关系可以利用柔韧体摩擦的欧拉公式表示：

$$F_1 = F_2 e^{f_v \alpha} \qquad (7-8)$$

将式（7-6）代入式（7-8）可得初拉力为 F_0 时，带所能传递的最大有效拉力，即有效拉力的临界值为：

$$F_{max} = 2F_0 (e^{f_v \alpha} - 1)/(e^{f_v \alpha} + 1) \qquad (7-9)$$

将 $F_1 + F_2 = 2F_0$ 代入式（7-9）可得：

$$F_{max} = F_1 (1 - 1/e^{f_v \alpha}) \qquad (7-10)$$

式中，e 为自然对数的底数，e≈2.718；α 为 V 带在小带轮上的包角（rad）；f_v 为接触面当量摩擦系数。

由式 7 - 10 可知，通过增大初拉力、接触面摩擦系数和小轮包角可以增大带传动的最大有效拉力，提高带传动的工作能力。

二、带传动的应力分析

传动过程中，传动带中所产生的应力包括拉应力、弯曲应力和离心拉应力 3 部分。

1. 由紧边拉力和松边拉力产生的拉应力 σ

紧边拉应力为：

$$\sigma_1 = F_1/A \tag{7-11}$$

松边拉应力为：

$$\sigma_2 = F_2/A \tag{7-12}$$

式中，A 为传动带截面面积。

传动带张紧在带轮上，在带的全长上均有拉应力 σ 作用，因为紧边拉力 F_1 大于松边拉力 F_2，因此，紧边拉应力 σ_1 大于松边拉应力 σ_2。

2. 离心拉应力 σ_c

传动带绕过带轮沿弧面运动时将产生离心力：$F_c = qv^2$，离心力虽然只发生在带作圆周运动的部分，但因平衡它所引起的离心拉力，作用在带的全长上，因此离心拉应力为：

$$\sigma_c = F_c/A = qv^2/A \tag{7-13}$$

式中，q 为每米带长的质量。

3. 弯曲应力 σ_b

带绕过带轮时，因为发生弯曲变形产生弯曲应力 σ_b，弯曲应力只在带与带轮相接触的部分存在：

$$\sigma_b = 2Eh_a/d_d \tag{7-14}$$

式中，E 是传动带的弯曲弹性模量；h_a 是带的外表面到截面的距离。

带轮的直径越小，带越厚，带的弯曲应力就越大，显然，小带轮上的弯曲应力 σ_{b1} 大于大带轮上的弯曲应力 σ_{b2}。为避免弯曲应力过大，国家标准规定了各种类型传动带所对应的最小带轮直径 $d_{d\min}$。

4. 带传动应力分布

带传动的总应力是上述 3 应力的和，将传动带横截面上的正应力旋转 90°，作如图 7.13 所示的带传动应力分布图。显然传动过程中带上的最大应力发生在带的紧边进入小带轮的切点 A 处，其值为：

$$\sigma_{\max} = \sigma_1 + \sigma_c + \sigma_{b1} \tag{7-15}$$

由图 7.13 可以看到，作用在带上某一横截面上的应力，随着工作位置的不

同是变化的，受交变载荷作用。传递一定
功率时，当应力循环次数达到极限时，带
会发生疲劳破坏。

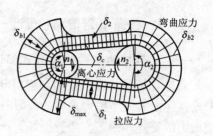

三、带传动的运动分析

1. 带传动的弹性滑动

传动带是弹性体，受到拉力后会产生
弹性伸长，伸长量随拉力大小的变化而改

图 7.13　带传动应力分布

变。带由紧边绕过主动轮进入松边时，带的拉力由 F_1 减小为 F_2，其弹性伸长量
也由 δ_1 减小为 δ_2，带在绕过带轮的过程中，相对于轮面后收缩了（$\delta_1 - \delta_2$），带
与轮面间出现局部相对滑动，使得带的速度逐步小于主动轮的圆周速度。同样，
当带由松边绕过从动轮进入紧边时，拉力增加，带逐渐被拉长，沿轮面产生向前
的相对滑动，使带的速度逐渐大于从动轮的圆周速度。这种由于带的弹性变形而
产生的带与带轮间的相对滑动称为**弹性滑动**。

打滑是传动过载，最大有效拉力不足，引起带与带轮沿整个接触弧全面滑
动。打滑现象首先发生在小带轮处，会使传动带剧烈磨损、发热，从动轮转速急
剧降低直至停止转动。

弹性滑动和打滑是两个截然不同的概念。打滑是过载引起的失效形式，是可
以避免的。弹性滑动是由于松、紧边拉力差造成的，只要传递圆周力，就必然会
发生弹性滑动，所以弹性滑动是摩擦带传动固有的现象。

2. 带传动的传动比

由于弹性滑动的影响，使从动轮的圆周速度 v_2 低于主动轮的圆周速度 v_1，
产生了速度的损失，圆周速度的相对降低程度可用滑差率 ε 来表示。

$$\varepsilon = \left[(v_1 - v_2)/v_1 \right] \times 100\% \qquad (7-16)$$

式中，v_1 是主动带轮的圆周速度，$v_1 = \pi d_{d1} n_1 / (60 \times 1\,000)$；

v_2 是主动带轮的圆周速度，$v_2 = \pi d_{d2} n_2 / (60 \times 1\,000)$。

整理可得：　　　$\varepsilon = (v_1 - v_2)/v_1 = 1 - d_{d2} n_2 / (d_{d1} n_1)$ 　　　(7-17)

在机械传动中，通常将主动轮和从动轮的转速之比，称为传动比，用 i_{12}
表示，

$$i_{12} = n_1 / n_2 \qquad (7-18)$$

联立式（7-17）和式（7-18），可得到考虑弹性滑动的摩擦带传动的传动比
公式：

$$i_{12} = n_1 / n_2 = d_{d2} / \left[d_{d1} (1 - \varepsilon) \right] \qquad (7-19)$$

一般带传动的滑动系数 $\varepsilon = 0.01 \sim 0.03$，值很小，非精确计算时可忽略不
计，故在工程上经常使用式（7-20），确定带传动的传动比。

$$i_{12} = n_1 / n_2 = d_{d_2} / d_{d_1} \qquad (7-20)$$

7.1.5　普通 V 带传动的设计

一、V 带传动主要失效形式和设计准则

通过对 V 带传动的受力和应力分析可知，当带所传递的圆周力 F 超过了带与带轮接触面之间摩擦力总和的极限时，将发生过载打滑，传动会失效；传动带在变应力的反复作用下，疲劳损坏，产生裂纹、脱层、松散直至断裂；此外预拉力过大时，作用在带轮轴上的横向载荷会引起轴过度的弯曲变形。

V 带传动的设计准则是：保证带传动不发生打滑的前提下，最大限度发挥带的工作能力，使其具有一定的疲劳强度和寿命。

V 带传动的疲劳强度条件为：

$$\sigma_{\max} = \sigma_1 + \sigma_c + \sigma_{b1} \leqslant [\sigma] \tag{7-21}$$

二、V 带传动设计的原始参数及设计内容

设计 V 带传动的一般已知条件包括：传动的用途和工作条件，传动的功率 P，主动轮的转速 n_1，从动轮的转速 n_2 或传动比 i，对传动位置和外部尺寸要求等。

普通 V 带传动的设计主要包括：确定原动机类型，带的型号、长度、根数，传动比、中心距，带轮材料、直径、结构尺寸，带的初拉力和压轴力，传动的张紧和防护等。

三、V 带传动设计的步骤和方法

1. 确定计算功率

$$P_c = K_A \cdot P \tag{7-22}$$

式中，P 为带传动传递的额定功率，单位为 kW；K_A 是传动工作情况系数，综合考虑载荷性质和运转时间等因素的影响确定，见表 7-4。

表 7-4　工作情况系数 K_A

载荷性质	工作机	原动机					
		电动机（交流启动、直流并励、三角启动）四缸以上内燃机			电动机（联机交流启动、直流复励或串励）四缸以下内燃机		
		每天工作小时数					
		<10	10~16	>16	<10	10~16	>16
载荷变动很小	液体搅拌机、鼓风机、通风机（≤7.5 kW）、离心式水泵和压缩机、轻负荷输送机	1.0	1.1	1.2	1.1	1.2	1.3

续表

载荷性质	工 作 机	原动机					
		电动机（交流启动、直流并励、三角启动）四缸以上内燃机			电动机（联机交流启动、直流复励或串励）四缸以下内燃机		
		每天工作小时数					
		< 10	10 ~ 16	> 16	< 10	10 ~ 16	> 16
载荷变动小	带式运输机、旋转式水泵和压缩机、通风机（≤ 7.5 kW）发电机	1.1	1.2	1.3	1.2	1.3	1.4
载荷变动大	斗式提升机、压缩机、往复式水泵、起重机、冲剪机床、重载运输机、纺织机、振动筛	1.2	1.3	1.4	1.4	1.5	1.6
载荷变动很大	破碎机（旋转式、鄂式）、磨碎机（球磨、棒磨、管磨）	1.3	1.4	1.5	1.5	1.6	1.8

2. 选定 V 带的型号

根据计算功率 P_c 和小轮转速 n_1，查图 7.14 选择普通 V 带的型号。当选择坐标点临近两种型号的交界线时，可分别选择两种带型设计计算，最后通过分析比较择优选定。

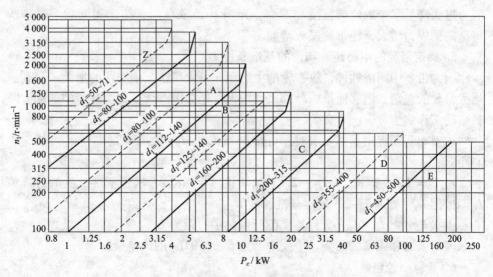

图 7.14 普通 V 带的型号

3. 确定带轮基准直径 d_{d1}、d_{d2}

表 7-5 列出了 V 带轮的最小基准直径和带轮的基准直径系列,选择小带轮基准直径时,应使 $d_{d1} \leqslant d_{\min}$,以减小带内的弯曲应力。大带轮的基准直径 d_{d2},由传动比公式:

$$d_{d2} = id_{d1} \qquad (7-23)$$

通过计算并圆整为标准值。

表 7-5　普通 V 带轮最小基准直径　(GB/T 13575.1—2008)

带的型号	Y	Z	A	B	C
带轮最小基准直径 /mm	20	50	75	125	200
带轮基准直径系列 /mm	20, 22.4, 25, 28, 31.5, 35.5, 40, 45, 50, 56, 63, 71, 75, 80, 85, 90, 95, 100, 106, 112, 118, 125, 132, 140, 150, 160, 170, 180, 200, 212, 224, 236, 250, 265, 280, 300, 315, 335, 355, 375, 400, 425, 450, 475, 500, 530, 560, 600, 630, 670, 710, 750, 800, 900, 1 000, 1 060, 1 120, 1 250, 1 350, 1 400, 1 500, 1 600, 1 700, 1 800, 2 000, 2 120, 2 240, 2 360, 2 500				

4. 验算带速 v

由 $v = \pi d_{d1} n_1 / (6 \times 10^4) = \pi d_{d2} n_2 / (6 \times 10^4)$ 计算传动带的速度。带速 v 应为 5~25 m/s,以 10~20 m/s 为宜。$v > 25$ m/s 时,带绕过带轮时离心力过大,会使带与带轮之间的压紧力减小,导致摩擦力降低,从而使传动能力下降,而且离心力过大降低了带的疲劳强度和寿命。而当 $v < 5$ m/s 时,传递相同功率时带所传递的圆周力增大,使带的根数增加。

5. 确定带轮的中心距 a 和带的基准长度 L_d

因为带是中间挠性件,故带轮的中心距 a 可大可小,中心距的增大,有利于增大带轮的包角,但会使结构外廓尺寸增大,还会因载荷变化引起带的颤动,降低带的工作能力。

未对中心距提出具体要求时,可按 $0.7(d_{d1} + d_{d2}) \leqslant a_0 \leqslant 2(d_{d1} + d_{d2})$ 初选中心距。

由 $L_0 = 2a_0 + \pi(d_{d1} + d_{d2})/2 + (d_{d1} - d_{d2})^2/(4a_0)$,求带基准长度的计算值 L_0。根据 L_0,查表 7-2,确定基准长度 L_d。

由 $a = a_0 + (L_d - L_0)/2$ 计算实际所需的中心距。

考虑安装和张紧的需要,应使中心距有 $\pm 0.03 L_d$ 的调整量。

6. 验算小轮包角

由公式 $\alpha_1 = 180° - (d_{d_2} - d_{d_1}) \times 57.3°/2 \geqslant (90° \sim 120°)$ 确定小轮包角。

为保证带的传动能力，要求小轮的包角 $\alpha_1 \geqslant 120°$，仅用于传递运动时，要求小轮的包角 $\alpha_1 \geqslant 90°$，否则应增大中心距、减小传动比或者增加张紧轮。

7. 确定 V 带的根数

$$z = K_A P / [(P_0 + \Delta P_0) K_\alpha K_L] \tag{7-24}$$

式中，P_0 是单根普通 V 带在包角 $\alpha = 180°$、特定带长以及平稳工作条件下的基本额定功率，单位为 kW（见表 7-6）。

表 7-6　单根普通 V 带的基本额定功率 P_0

带型	小带轮基准直径/mm	小带轮转速 $n / \mathrm{r \cdot min^{-1}}$						
		400	730	800	980	1 200	1 460	2 800
Z	50	0.06	0.09	0.10	0.12	0.14	0.16	0.26
	63	0.08	0.13	0.15	0.18	0.22	0.25	0.41
	71	0.09	0.17	0.20	0.23	0.27	0.31	0.50
	80	0.14	0.20	0.22	0.26	0.30	0.36	0.56
A	75	0.27	0.42	0.45	0.52	0.60	0.68	1.00
	90	0.39	0.63	0.68	0.79	0.93	1.07	1.64
	100	0.47	0.77	0.83	0.97	1.14	1.32	2.05
	112	0.56	0.93	1.00	1.18	1.39	1.62	2.51
	125	0.67	1.11	1.19	1.40	1.66	1.93	2.98
B	125	0.84	1.34	1.44	1.67	1.93	2.20	2.96
	140	1.05	1.69	1.82	2.13	1.47	2.83	3.85
	160	1.32	2.16	2.32	2.72	3.17	3.64	4.89
	180	1.59	2.61	2.81	3.30	3.85	4.41	5.76
	200	1.85	3.05	3.30	3.86	4.50	5.15	6.43
C	200	2.41	3.80	4.07	4.66	5.29	5.86	5.01
	224	2.99	4.78	5.12	5.89	6.71	7.47	6.08
	250	3.62	5.82	6.23	7.18	8.21	9.06	6.56
	280	4.32	6.99	7.52	8.65	9.81	10.74	6.13
	315	5.14	8.34	8.92	10.23	11.53	12.48	4.16
	400	7.06	11.52	12.10	13.67	15.04	15.51	—

ΔP_0 是 $i\neq 1$ 时，单根普通 V 带额定功率的增量，单位为 kW（见表 7 - 7）。

表 7 - 7　包角修正系数 K_{α}

包角 α	180°	170°	160°	150°	140°	130°	120°	110°	100°
K_{α}	1.00	0.98	0.95	0.92	0.89	0.86	0.82	0.78	0.74

K_L 是带长修正系数，考虑带长不等于特定长度时对传动能力的影响；

K_{α} 是包角修正系数，考虑 $\alpha\neq180°$ 时，带传动能力会有所下降（见表 7 - 8）。

表 7 - 8　单根普通 V 带额定功率的增量 ΔP_0

带型	小轮转速 $n_1/\mathrm{m \cdot s^{-1}}$	传 动 比									
		1.00 ~ 1.01	1.02 ~ 1.04	1.05 ~ 1.08	1.09 ~ 1.12	1.13 ~ 1.18	1.19 ~ 1.24	1.25 ~ 1.34	1.35 ~ 1.51	1.52 ~ 1.99	≥2.0
Z	400	0.00	0.00	0.00	0.00	0.00	0.00	0.00	0.00	0.01	0.01
	730	0.00	0.00	0.00	0.00	0.00	0.00	0.01	0.01	0.01	0.02
	800	0.00	0.00	0.00	0.00	0.01	0.01	0.01	0.01	0.02	0.02
	980	0.00	0.00	0.00	0.00	0.01	0.01	0.01	0.02	0.02	0.02
	1 200	0.00	0.00	0.01	0.01	0.01	0.01	0.02	0.02	0.02	0.03
	1 460	0.00	0.00	0.01	0.01	0.01	0.02	0.02	0.02	0.02	0.03
	2 800	0.00	0.01	0.02	0.02	0.03	0.03	0.03	0.04	0.04	0.04
A	400	0.00	0.01	0.01	0.02	0.02	0.03	0.03	0.04	0.04	0.05
	730	0.00	0.01	0.02	0.03	0.04	0.05	0.06	0.07	0.08	0.09
	800	0.00	0.01	0.02	0.03	0.04	0.05	0.06	0.08	0.09	0.10
	980	0.00	0.01	0.03	0.04	0.05	0.06	0.07	0.08	0.10	0.11
	1 200	0.00	0.02	0.03	0.05	0.07	0.08	0.10	0.11	0.13	0.15
	1 460	0.00	0.02	0.04	0.06	0.08	0.09	0.11	0.13	0.15	0.17
	2 800	0.00	0.04	0.08	0.11	0.15	0.19	0.23	0.26	0.30	0.34
B	400	0.00	0.01	0.03	0.04	0.06	0.07	0.08	0.10	0.11	0.13
	730	0.00	0.02	0.05	0.07	0.10	0.12	0.15	0.17	0.20	0.22
	800	0.00	0.03	0.06	0.08	0.11	0.14	0.17	0.20	0.23	0.25
	980	0.00	0.03	0.07	0.10	0.13	0.17	0.20	0.23	0.26	0.30
	1 200	0.00	0.04	0.08	0.13	0.17	0.21	0.25	0.30	0.34	0.38
	1 460	0.00	0.05	0.10	0.15	0.20	0.25	0.31	0.36	0.40	0.46
	2 800	0.00	0.10	0.20	0.29	0.39	0.49	0.59	0.69	0.79	0.89

续表

带型	小轮转速 $n_1/\mathrm{m \cdot s^{-1}}$	传动比								
		1.00 ~ 1.01	1.02 ~ 1.04	1.05 ~ 1.08	1.09 ~ 1.12	1.13 ~ 1.18	1.19 ~ 1.24	1.25 ~ 1.34	1.35 ~ 1.51	1.52 ~ 1.99	≥2.0
C	400	0.00	0.04	0.08	0.12	0.16	0.20	0.23	0.27	0.31	0.35
	730	0.00	0.07	0.14	0.21	0.27	0.34	0.41	0.48	0.55	0.62
	800	0.00	0.08	0.16	0.23	0.31	0.39	0.47	0.55	0.63	0.71
	980	0.00	0.09	0.19	0.27	0.37	0.47	0.56	0.65	0.74	0.83
	1 200	0.00	0.12	0.24	0.35	0.47	0.59	0.70	0.82	0.94	1.06
	1 460	0.00	0.14	0.28	0.42	0.58	0.71	0.85	0.99	1.14	1.27
	2 800	0.00	0.27	0.55	0.82	1.10	1.37	1.64	1.92	2.19	2.47

计算所得的 z 应圆整为整数，带的根数不宜过多，一般 2 ~ 5，通常 $z \leqslant 10$，以使各根带受力均匀，否则应改选带的型号或者增加大带轮的基准直径后再计算。

8. 确定带的初拉力 F_0 及计算作用在轴上的载荷 F_Q

保持适当的初拉力是带传动工作的首要条件，初拉力过小，极限摩擦力小，传动能力下降，容易发生打滑；初拉力过大，将降低带的寿命，并使轴和轴承受力增大。单根普通 V 带合适的初拉力 F_0 可按下式计算：

$$F_0 = 500P_c(2.5/K_\alpha - 1)/(zv) + qv^2 \qquad (7-25)$$

V 带的初拉力，将对带轮轴和轴承产生压力 F_Q，轴压过大会影响周和轴承的强度及寿命。

F_Q 可近似地按带两边的预拉力 F_0 的合力来计算。由图 7.15 可得，作用在轴上的载荷为：

$$F_Q = 2zF_0\sin(\alpha_1/2) \qquad (7-26)$$

四、V 带传动的张紧、安装和维护

1. V 带传动的张紧

根据摩擦传动原理，带必须在预张紧后才能正常工作；此外带工作一定时间后，会产生永久的不可回复的伸长，带的松弛导致张紧力逐步减小，带的传动能力下降，必须重新张紧，才能保证带传动的能力，使之正常工作。

2. 带传动的张紧方法

（1）调整中心距。采用定期或者自动调整中心距

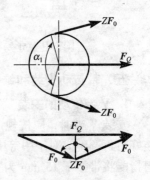

图 7.15 受力分析示意图

的方法来调节带的张紧力，使带重新张紧。常见的有滑道式和摆架式两种结构。如图7.16、图7.17所示。

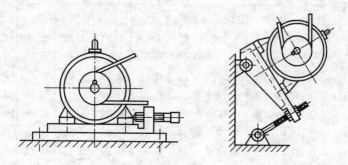

图7.16 定期调整中心距张紧

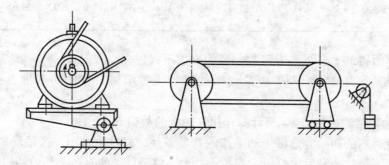

图7.17 自动调整中心距张紧

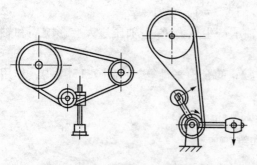

图7.18 张紧轮张紧装置

（2）采用张紧轮。当中心距不能调节时，可采用张紧轮将带张紧，如图7.18所示。张紧轮一般放在松边的内侧并尽量靠近大轮，使带只受单向弯曲，同时避免过分影响带在小轮上的包角。张紧轮与带轮的轮槽尺寸相同，且直径小于小带轮的直径。

五、带传动安装和维护

1. V带传动的安装

安装V带时，应按规定的初拉力张紧。安装时应减小中心距，松开张紧轮，装好后再调整。对于中等中心距的带传动，也可凭经验安装，带的张紧程度以大拇指能将带按下15 mm为宜，如图7.19所示。新带使用前，最好预先拉紧一段时间后再使用。严禁用其他工具强行撬入或撬出，以免对带造成不必要的损坏。

安装传动带时，两带轮轴线应相互平行，两轮的 V 形槽对称中心平面应重合；同组使用的带应型号相同，长度相等，以免各带受力不均。

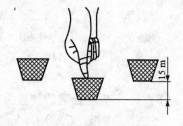

图 7.19 经验安装法

2. 带传动维护

带轮机构应配置安全防护罩，以保障操作人员的安全，同时防止油、酸、碱对带的腐蚀；应定期检查带有无松弛和断裂现象，如发现有皮带松弛或断裂，应全部更换新带，切忌新、旧带混用；禁止给带轮加润滑剂，带轮槽及带上的油污应及时清除；带传动工作温度一般不应超过 60 ℃；带传动久置后才会再用，且应将传动带放松。

V 带传动设计实例

例 7.1 某振动筛的 V 带传动机构，已知电动机功率 $P = 1.7$ kW，转速 $n_1 = 1\,430$ r/m，工作机的转速 $n_2 = 258$ r/m，根据空间尺寸要求，中心距 $a \approx 500$ mm。带传动机构每天工作 16 h，试设计该 V 带传动机构。

解： 1）确定计算功率 P_c

根据 V 带传动工作条件，查表 7 – 5 可得：工作情况系数 $K_A = 1.3$，

$$P_c = K_A \cdot P = 1.3 \times 1.7 = 7.21 \text{ kW}$$

2）选取 V 带型号

根据 P_c，n_1，由普通 V 带型号选择线图（图 7.14）选用 Z 形 V 带。

3）确定带轮基准直径 d_{d1}，d_{d2}

由表 7 – 6 选定：$d_{d1} = 80$ mm。

从动轮的基准直径为：$d_{d2} = i d_{d1} = n_1 d_{d1}/n_2 = 1\,430 \times 80/258 = 401.1$ mm

根据表 7 – 6 选定：$d_{d2} = 400$ mm

4）验算带速 v

$$5 \text{ m/s} \leqslant v = \pi d_{d1} n_1/(6 \times 10^4) = 80 \times 1\,430\pi/(6 \times 10^4)$$
$$= 5.99 \text{ m/s} \leqslant 15 \text{ m/s}$$

因此传动带带速合适。

5）确定 V 带基准长度和中心距

初选中心距 $a_0 = 500$ mm。

带基准长度的计算值为 $L_0 = 2a_0 + \pi(d_{d1} + d_{d2})/2 + (d_{d1} - d_{d2})^2/(4a_0)$
$$= 1\,804.8 \text{ mm}$$

查表 7 – 2 确定带的基准长度 $L_d = 1\,800$ mm。

实际中心距为 $a = a_0 + (L_d - L_0)/2 = 500 + (1\,800 - 1\,804.8)/2 = 497.6$ mm

6）验算小轮包角

$\alpha_1 = 180° - (d_{d2} - d_{d1}) \times 57.3°/2 = 143.16° \geqslant 120°$，合用。

7）确定 V 带的根数

查表 7 – 7 得：$P_0 = 0.35$ kW；查表 7 – 9 得：$\Delta P_0 = 0.03$ kW

查表 7 – 8 得：$K_\alpha = 0.90$；查表 7 – 2 得 $K_L = 1.06$，

$z = K_A P / [(P_0 + \Delta P_0) K_\alpha K_L] = 7.21 / [(3.5 + 0.03) \times 0.90 \times 1.06] = 6.09$，

取 $z = 6$。

8）计算 V 带合适的初拉力

查表 7 – 1 得：$Q = 0.06$ kg/m

$$F_0 = 500 P_c (2.5 / K_\alpha - 1) / (zv) + qv^2$$
$$= (500 \times 7.21)(2.5 / 0.9 - 1) / (6 \times 5.99) + 0.06 \times 5.99^2$$
$$= 56.8 \text{ N}$$

9）计算作用在轴上的载荷

$$F_Q = 2z F_0 \sin(\alpha_1 / 2) = 2 \times 6 \times 56.8 \sin(143.16 / 2) = 646.7 \text{ N}$$

§7.2 链传动机构

7.2.1 链传动机构概述

如图 7.20 所示，链传动机构是由装在平行轴上的链轮和跨绕在两链轮上的环形链条所组成，以链条作中间挠性件，靠链条与链轮轮齿的啮合来传递运动和动力。与带传动相比，链传动没有弹性滑动和打滑现象能保持准确的平均传动比；由于是啮合传动，不需要很大的张紧力，轴上载荷小。

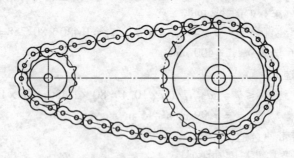

图 7.20　链传动机构

链传动机构结构简单，能在温度较高，有油污、粉尘等恶劣环境条件下工作，且耐用、维护容易，常用于中心距较大的场合。链传动机构仅能用于平行轴间的传递，且瞬时速度不均匀，瞬时传动比不恒定，传动中有一定的冲击和噪声，不宜在载荷变化很大和急速反向的传动中使用。

链传动的传动比 $i \leqslant 8$；中心距 $a \leqslant 5 \sim 6$ m；传递功率 $P \leqslant 100$ kW；圆周速度 $v \leqslant 15$ m/s；传动效率 $\eta = 0.92 \sim 0.96$。链传动机构广泛应用于矿山机械、农业机械、机床及摩托车中。

7.2.2　链传动零件

按照链条的结构不同，传递动力用的链条主要有滚子链和齿形链两种。其中齿形链结构复杂，价格较高，其应用不如滚子链广泛。

滚子链的结构如图 7.21 所示，滚子链由滚子、套筒、销轴、内链板、外链板组成。其中，内链板 2 和套筒 4、外链板 1 和销轴 5 分别用过盈配合固联在一起，分别称为内、外链节，内、外链节形成铰链。滚子与套筒、套筒与销轴均为间隙配合。当链条啮入和啮出时，内、外链节作相对转动；同时，滚子沿链轮轮齿滚动，可减少链条与轮齿的磨损。

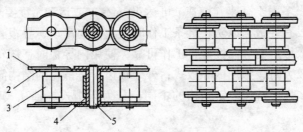

图 7.21　滚子链

1—外链板；2—内链板；3—滚子；4—套筒；5—销轴

为减轻链条的质量并使链板各横剖面的抗拉强度大致相等。内、外链板均制成"∞"字形。组成链条的各零件由碳钢或合金钢制成，并进行热处理，以提高强度和耐磨性。

滚子链相邻两滚子中心的距离称为链节距，用 p 表示，它是链条的主要参数。节距 p 越大，链条各零件的尺寸越大，所能承受的载荷越大。相同节距的链条可以制成单排链和多排链，如双排链或三排链。排数越多，承载能力越大。由于受制造和装配精度，会使各排链受力不均匀，故一般不超过 3 排，如图 7.21 所示。

滚子链链条接头处的固定形式如图 7.22 所示，大节距链条一般采用开口销固定，小节距链条一般采用弹簧卡连接，使用弹簧卡时应注意卡的开口应背向链条的运动方向，以避免链条在运动中因碰撞导致弹簧卡脱落。当链条的节数是奇数时，应采用过渡链节。过渡链节在工作中会引起附加的弯曲应力，降低链的承载能力，故链节数应尽可能选为偶数。

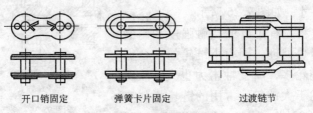

开口销固定　　　　弹簧卡片固定　　　　过渡链节

图 7.22　滚子链的接头形式

滚子链已标准化，分为 A、B 两个系列，常用的是 A 系列，B 系列仅供维修进口设备和出口用。滚子链的主要几何尺寸和极限拉伸载荷等都有相应国家标准（GB/T 1243.1），可通过设计手册查定。设计时，要根据载荷大小及工作条件等选用适当的链条型号，确定链传动的几何尺寸及链轮的结构尺寸。

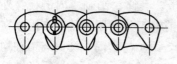

图 7.23　齿形链

齿形传动链又称无声链，由一组齿形链板并列铰接而成，如图 7.23 所示。工作时，通过链片侧面的两直边与链轮轮齿相啮合传动。齿形链具有传动平稳、噪声小，承受冲击性能好，工作可靠等优点。但结构复杂，质量较大，价格较高，多用于高速（链速 v 可达 40 m/s）或运动精度要求较高的传动。

齿形链上设有导板，以防止链条工作时发生侧向窜动，导板有内导板和外导板之分。内导板齿形链导向性好，工作可靠，使用内导板时，链轮轮齿上要开导槽，链轮尺寸较大时，采用内导板式；外导板齿形链链轮的结构简单，在链轮尺寸较小时常用。齿形链按铰链结构的不同，分为圆销式、轴瓦式和滚柱式 3 种，如图 7.24 所示。

圆销式　　　轴瓦式　　　滚柱式

图 7.24　齿形链铰链的结构

链轮是链传动的主要零件，链轮的齿形应保证链节能平稳而自由的进入和退出啮合，在啮合时应保证良好的接触，同时链齿形状应尽可能简单，便于加工制造。

滚子链链轮的齿形已标准化（GB 1244—2006），有双圆弧齿形和三圆弧一直线齿形两种，双圆弧齿形结构简单，三圆弧一直线齿形可用标准刀具加工。

链轮由轮毂、轮缘、轮辐 3 部分组成，常见的形式有整体式、腹板式和组合式，如图 7.25 所示。小直径链轮制成实心式，中等直径的链轮通常采用腹板式，大尺寸链轮或经常需要更换的链轮则经常设计成组合式。

链轮的基本参数包括：配用链条的节距 p、套筒的最大外径 d_{d1}、排距 p_1 以及齿数 z。链轮的主要尺寸，如图 7.26 所示。

链轮的材料应有足够的接触强度和耐磨性，齿面多经热处理。因为小链轮的啮合循环次数比大链轮多，所受冲击力也大，故所用材料一般优于大链轮。常用的链轮材料有碳素钢（如 Q235、Q275、45、ZG310 - 570

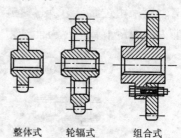

整体式　　轮辐式　　　组合式

图 7.25　带轮结构

等），灰铸铁（如 HT200）等，重要的链轮采用合金钢。

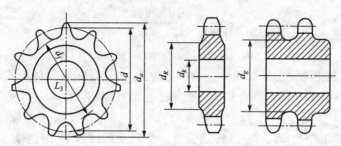

图 7.26　链轮的主要尺寸图

7.2.3　链传动的运动特性

链条绕上链轮后形成折线，相当于链条绕在一边长为链节距 p 的多边形轮子上，因此链传动相当于一对多边形轮子之间的传动（图 7.27）。

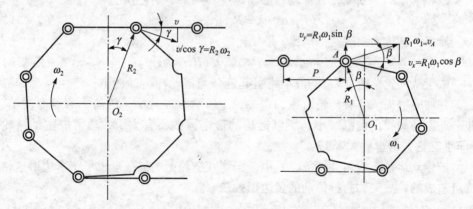

图 7.27　链传动的运动不均匀性

设两链轮的齿数为 z_1、z_2，节距为 p（mm），两链轮的转速为 n_1、n_1（r/min），则链条线速度（简称链速）为：

$$v = z_1 p n_1 / (60 \times 1\,000) = z_2 p n_2 / (60 \times 1\,000) \qquad (7-27)$$

可得链传动的平均传动比为：

$$i = n_1 / n_2 = z_2 / z_1 \qquad (7-28)$$

由上式可见，当链轮的齿数确定后，链传动的平均传动比就为定值。

为了便于分析，假设链的主动边（紧边）在传动时总是处于水平位置（如图 7.27 所示），主动链轮以角速度 ω_1 回转，当链节与链轮轮齿在 A 点啮合时，链轮上该点的圆周速度为 $v_A = \omega_1 R_1$，v_A 与水平方向的夹角为 β，v_A 可分解为链条水平前进的速度（即链速）v_x 和垂直方向上下运动的分速度 v_y。

链条铰链 A 点前进的分速度为：

$$v_x = \omega_1 R_1 \cos \beta \qquad (7-29)$$

链条铰链 A 点上下运动的分速度为：

$$v_y = \omega_1 R_1 \sin \beta \qquad (7-30)$$

式中，R_1 为主动链轮的分度圆半径，单位为 mm。由于销轴随链轮的转动不断改变位置，任一链节从进入啮合到退出啮合，β 角在 $-180°/z_1 \sim +180°/z_1$ 的范围变化。

当主动轮以角速度 ω_1 等速转动时，链条的瞬时速度 v_x 周期性地由小变大，又由大变小，每转过一个节距变化一次。同理，链条在垂直于链节中心线方向的分速度，也作周期性变化，使链条上下抖动。显然主动链轮齿数越少，β 的变化范围越大，链速变化越明显。由于链速的变化，链条工作时不可避免产生振动和动载荷。

在从动链轮上，γ 角的变化范围为 $-180°/z_2 \sim +180°/z_2$，由于链速 v_x 不等于常数和 γ 角的不断变化，从动轮的角速度 ω_2 也周期性变化。

$$\omega_2 = v_x/(R_2 \cos \gamma) = R_1 \omega_1 \cos \beta/(R_2 \cos \gamma) \qquad (7-31)$$

显然，链传动的瞬时传动比 i 是变化的，即：

$$i = \omega_1/\omega_2 = R_2 \cos \gamma/(R_1 \cos \beta) \qquad (7-32)$$

由于从动轮角速度 ω_2 的波动将引起链条与链轮轮齿的冲击，产生振动和噪声，并加剧磨损。随着链轮齿数的增加，β 和 γ 相应减小，传动中的速度波动、冲击、振动和噪声也都减小，所以链轮的最小齿数不宜太少，通常取主动链轮（即小链轮）的齿数大于 17。

链传动运动不均匀性特征，是由于围绕在链轮上的链条形成了正多边形这一特点造成的，故又称为链传动的**多边形效应**。

7.2.4　链传动的受力情况分析

链传动在安装时应使链条受到一定的张紧力，张紧的目的主要是使松边不至于过松，以免影响链条正常退出啮合和产生振动、跳齿和脱链现象。

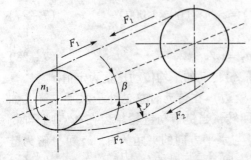

图 7.28　受力分析示意图

如图 7.28 所示，链传动工作时，紧边和松边的拉力不相等。不考虑动载荷，紧边受的拉力 F_1 为：

$$F_1 = F_e + F_c + F_f \qquad (7-33)$$

式中，F_e 为链传动的有效圆周力，单位为 N；$F_e = 1\,000P/v$，P 为传递的功率，单位为 kW；F_c 为链传动的离心拉力，单位为 N；$F_c = qv^2$，q 是单位长度链条质量，单位为 kg/m；

F_f 是由链条本身质量引起的悬垂力，与链条松边垂度和传动的布置方式有关，如图 7.29 所示，$F_f = k_f qga$；k_f 为垂度系数，水平布置时，$k_f = 6$；倾斜角小于 40° 的传动，$k_f = 4$；大于 40° 的传动，$k_f = 2$；垂直传动，$k_f = 1$；

离心拉力对轴压没有影响，$F_Q = F_e + F_f$，悬垂力比较小，可近似取为：$F_f = (0.2 \sim 0.3)F_e$，故链作用在轴上的压力 F_Q 为：

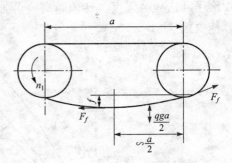

图 7.29　悬垂力计算简图

$$F_Q = (1.2 \sim 1.3)F_e \qquad\qquad (7-34)$$

有冲击和振动时取大值。

7.2.5　滚子链传动的设计计算

一、滚子链传动的失效形式和额定功率

链传动的主要失效形式包括：链板的疲劳破坏、链条铰链的磨损、链条铰链的胶合以及链条的静力拉断等。

由于链条受变应力的作用，经过一定的循环次数后，链板会发生疲劳破坏，在正常润滑条件下，疲劳强度是限定链传动承载能力的主要因素。链节与链轮啮合时，滚子与链轮间会产生冲击，高速时冲击载荷较大，套筒与滚子表面发生冲击疲劳破坏，这类疲劳通常发生在中高速闭式链传动中；当润滑不良或速度过高时，销轴与套筒的工作表面摩擦发热较大，使两表面发生黏附磨损，严重时则产生胶合，胶合将限制链传动的极限转速；链在工作过程中，销轴与套筒的工作表面会因相对滑动而磨损，导致链节的伸长，容易引起跳齿和脱链，这是开式链传动中最主要的失效形式；链传动在低速（$v < 6$ m/s）重载或瞬时严重过载时，链条可能被拉断。

二、链传动的额定功率

各种失效形式将使链传动的工作能力受到限制。图 7.30 是通过实验作出的单排滚子链的极限功率曲线。1 是在正常润滑条件下，铰链磨损限定的极限功率曲线；2 是链板疲劳强度限定的极限功率曲线；3 是套筒、滚子冲击疲劳强度限定的极限功率曲线；4 是铰链（套筒、销轴）胶合限定的极限功率曲线。图中阴影部分 5 为实际使用的许用功率（区域）。若润滑不良及工作情况恶劣，磨损将很严重，其极限功率大幅度下降，如图 7.31 中虚线 6 所示。由上图可以看出，在中等速度的链传动中，链传动的承载能力取决于链板的疲劳强度。随着带速的增高，链条的多边形效应增大，传动能力主要取决于套筒、

滚子冲击疲劳强度。转速越高疲劳强度越低，并出现铰链胶合现象，使链条迅
速失效。

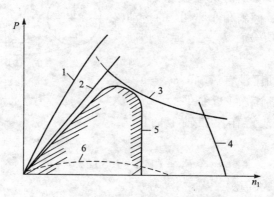

图 7.30　单排滚子链极限功率曲线

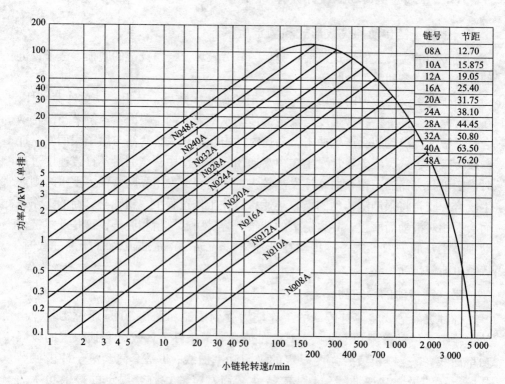

链号	节距
08A	12.70
10A	15.875
12A	19.05
16A	25.40
20A	31.75
24A	38.10
28A	44.45
32A	50.80
40A	63.50
48A	76.20

图 7.31　部分型号滚子链的额定功率曲线

　　图 7.31 是部分型号滚子链的额定功率曲线（GB/T 18150—2006）。该曲线
是在两链轮共面，小轮齿数 $z_1 = 19$，链长 $L_p = 100$ 节，载荷平稳，按推荐的方式
润滑，工作寿命为 15 000 h，链条因磨损而引起的相对伸长量不超过 3% 等特定

条件下通过实验制定的极限功率曲线。根据小链轮转速 n_1，此图可查得在该情况下各种型号的链在链速 $v > 0.6$ m/s 时允许传递的额定功率 P_0。

三、链传动的设计准则

（1）链速 $v \geqslant 0.6$ m/s 的中高速链传动，利用功率曲线作为设计准则。当实际情况不符合实验规定的条件时，查得的 P_0 值应乘以小链轮齿数系数 K_Z、链长系数 K_L、多排链系数 K_P 和工作情况系数 K_A 等一系列修正系数。当传动不能按标准推荐的方式润滑而使润滑不良时，链的磨损加剧，额定功率 P_0 值应降低，当 $v \leqslant 1.5$ m/s，且润滑不良时，取图值的 30%～60%；无润滑时取图值的 15%（寿命不能保证 15 000 h）；当 1.5 m/s $< v \leqslant 7$ m/s，且润滑不良时，取图值的 15%～30%；当 $v > 7$ m/s 且润滑不良时，传动不可靠，不宜采用。

（2）当 $v < 0.6$ m/s 时，链传动的主要失效形式是过载拉断，应进行静强度校核。

四、链传动的设计方法和步骤

1. 链传动设计的原始参数及设计内容

设计链传动的一般已知条件包括：传动的用途和工作条件；传动的功率 P；小链轮的转速 n_1、大链轮的转速 n_2 或传动比 i；原动机的类型等。

链传动的设计主要包括：链的节距、大小链轮的齿数；链条的节数和排数；中心距；链轮的材料、直径、结构尺寸；链传动的润滑方式等。

2. 链传动设计的步骤和方法

1）选择链轮的齿数（或传动比）

链传动的传动比 i 过大，会导致链传动的结构尺寸增大，链条在小轮上的包角 α_1 减小，同时啮合的链齿数减少，容易造成跳齿和链条的过度磨损；通常 $i \leqslant 7$，推荐 $i = 2 \sim 3.5$。速度较低，载荷平稳时，可以选得稍大。

小链轮的齿数 z_1 对链传动的平稳性和使用寿命影响较大，z_1 过小会导致：动载荷增大，传动不均匀；链条进入和退出啮合时，链节距间相对转角增大，加剧铰链磨损；同时也会使链传递的圆周力增大，加速链条和链轮的磨损。z_1 过大会导致：传动的结构和尺寸增加；链条节距增长，造成脱链。通常 $17 \leqslant z_1 \leqslant 120$，一般链节数是偶数，为使磨损均匀，链轮齿数一般选取与链节数互为质数的奇数，并优先选用 17，19，21，23，25，38，57，76，95，114。大链轮的齿数 z_2，由 $z_2 = iz_1$ 计算，并取整。

2）确定计算功率 P_c

$$P_c = K_A \cdot P$$

式中，K_A 为链传动的工况系数，见表 7–9；P 为传动的额定功率，单位为 kW。

表 7-9　链传动的工况系数 K_A

载荷种类	工　作　机	原动机		
		内燃机 – 液力传动	电动机或汽轮机	内燃机 – 机械传动
平稳载荷	液体搅拌机、中小型离心式鼓风机、离心式压缩机、轻型输送机、离心泵、均匀载荷的一半机械	1.0	1.0	1.2
中等冲击	大型或载荷不均匀的运输机、中型起重机和提升机、农业机械、食品机械、木工机械、干燥机、破碎机	1.2	1.3	1.4
较大冲击	工程机械、矿山机械、石油钻井机械、锻压机械、冲床、剪床、中型起重机、振动机械	1.4	1.5	1.7

3）确定链的节距 p 及排数

链的节距大小反映了链节和链轮齿的各部分尺寸的大小。在一定的条件下，链的节距大，链条的承载能力强，但多边形效应显著，振动冲击和噪声严重。选择节距的原则是：在保证传动能力的前提下，为使得传动结构紧凑，传动寿命长，尽可能选择小节距单排链。一般，高速轻载时，选用小节距单列链；高速重载时，选用小节距多列链；在低速重载时，选用大节距，单列链；从经济性角度出发，中心距小、传动比大时，选用小节距多列链；中心距大，传动比小时，选择大节距单排链。

链条的节距 p 和排数根据小轮的转速 n_1 和单排链所能传递的功率 P_0 由图7.32 得到。

链传动实际情况与实验标准不同，实际应用中，单排链所能传递的功率应加以修正：

$$P_0 = K_A P/(K_Z K_L K_P) \tag{7-35}$$

式中，P_0 为单排链的额定功率，单位为 kW；P 为链传动传递的功率，单位为 kW；

K_Z 为小链轮的齿数系数，由表7-10确定，当工作点落在图7.31 的曲线顶点左侧时（属于链板疲劳），查表中 K_Z；当工作点落在图7.31 的曲线右侧时（属于套筒、滚子冲击疲劳），查表中 K_Z'；

表 7 − 10 小链轮的齿数系数 K_Z

Z_1	9	10	11	12	13	14	15	16	17
K_A	0.446	0.500	0.554	0.609	0.664	0.719	0.775	0.831	0.887
K_A'	0.326	0.382	0.441	0.502	0.566	0.633	0.701	0.773	0.846
Z_1'	19	21	23	25	27	29	31	33	35
K_A'	1.00	1.11	1.23	1.34	1.46	4.58	1.70	1.82	1.93
K_A'	1.00	1.16	1.33	1.51	1.69	1.89	2.08	2.29	2.50

K_L 为链长系数（图 7.32），图中曲线 1 为链板疲劳计算用，曲线 2 为套筒、滚子冲击疲劳计算用；当失效形式无法预先估计时，取曲线中小值计算。

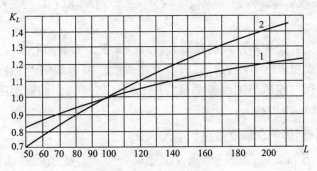

图 7.32 链长系数 K_L

K_P 为多排链系数（见表 7 − 11）。

表 7 − 11 多排链系数 K_P

排 数	1	2	3	4	5	6
K_P	1.0	1.7	2.5	3.3	4.0	4.6

4）链传动的中心距和链节数

在传动比 $i \neq 1$ 时，链轮中心距过小，会造成链在小链轮上的包角小，与小链轮啮合的链节数少。同时，因总的链节数减少，链速一定时，单位时间链节的应力变化次数增加，使链的寿命降低。但中心距太大，除结构不紧凑外，还会使链的松边颤动。

在不受机器结构的限制时，一般情况可初选中心距

$$a_0 = （30 \sim 50）p \tag{7 − 36}$$

最大可取 $a_{0max} = 80p$，如果设有张紧装置或托板时，a_0 可大于 80 p。

最小中心距 a_{0min} 可先按传动比初步确定：

当 $i \leqslant 3$ 时，$a_{min} = (d_{a1} + d_{a2})/2 + （30 \sim 50）mm \tag{7 − 36a}$

当 $i > 3$ 时，$a_{\min} = (d_{a1} + d_{a2})/2 \cdot (9 + i)/10\text{mm}$ (7 – 36b)

式中，d_{a1}，d_{a2} 是大小链轮齿顶圆直径，单位为 mm。

链的长度常用链节数 L_p 表示：

$$L_p = L/p$$

式中，L 为链长，mm。

链节数为：

$$L_p = 2a_0/p + (z_1 + z_2)/2 + (p/a_0)[(z_2 - z_1)/2\pi]^2 \tag{7 – 37}$$

由式（7 – 36）计算出的 L_p 值应圆整为相近的整数且最好为偶数，以免使用过渡链节。

根据链长 L 就能计算最后中心距：

$$a = p[(L - (z_1 + z_2)/2) + \sqrt{(L_P - (z_1 + z_2)/2)^2 - 8((z_2 - z_1)/2\pi)^2}]/4$$

(7 – 38)

为了便于链的安装并使链的松边有合理的垂度，安装中心距应比计算中心距略小；链条磨损后，链节增长，造成垂度过大时，将引起啮合不良和链的振动，为了在工作过程中能适当的调整垂度，中心距一般可调，调整范围 $\Delta a \geqslant 2p$，松边垂度 $f = (0.01 \sim 0.02)a$。

五、低速链传动的静力强度计算

对于 $v < 0.6$ m/s 的低速链传动，主要失效形式是链条因过载被拉断，故应按抗拉静强度条件进行计算，根据已知的传动条件，由图 7.32 初选链条型号，然后校核安全系数 S。

$$S = F_Q/(K_A F) \geqslant [S] \tag{7 – 39}$$

式中，S 为静强度计算的安全系数；F_Q 为链条的最低破坏载荷，由链号查表可得；K_A 为工作情况系数，由表 7 – 10 确定；$[S]$ 为许用静强度安全系数，通常 $[S] = 4 \sim 8$。

7.2.6 链传动的布置、张紧和润滑

一、链传动的布置

在链传动中，两链轮的回转平面必须在同一平面内，两轮轴线必须平行，两链轮的中心连线最好是水平的，也可以与水平面成45°以下的倾斜角，尽量避免垂直传动，以免链的垂度增大时，链与下链轮啮合不良或脱离啮合，如图 7.33 所示。为避免松边在上时，可能造成的因松边垂度过大而出现链条与轮齿干扰，甚至引起松边

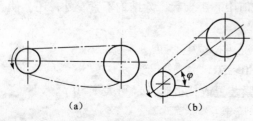

(a)　　　　　　　(b)

图 7.33　链轮的布置

与紧边的碰撞的现象，一般应使链的紧边在上，松边在下，以便链节和链轮轮齿顺利地进入和退出啮合。

二、链的张紧

链传动的张紧并不决定链的工作能力，只是调整垂度的大小，为防止链条垂度过大造成啮合不良和松边的颤动，链传动机构需要使用张紧装置。

当中心距不可调时，可采用张紧轮。张紧轮应安装在链条松边靠近小链轮处，放在链条内、外侧均可，如图 7.34 所示。张紧轮可以是链轮，也可以是无齿的滚轮，不论是带齿还是不带齿的张紧轮，其节圆直径最好与小链轮的节圆直径相近。不带齿的张紧轮可用夹布胶木制造，宽度应比链宽一些。中心距可调时，可通过调整中心距来控制张紧程度。

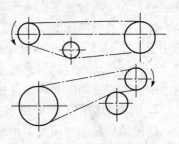

图 7.34　链轮的张紧

三、链传动的润滑

链传动中销轴与套筒的磨损将导致链节伸长，这是影响链传动寿命的最主要原因，因而适当的润滑是延长链传动使用寿命最有效的手段，对于高速重载的链传动尤为重要。

良好的润滑有利于缓和冲击、提高承载能力，减少磨损、延长使用寿命，因此链传动应合理地确定润滑方式和润滑剂种类。

1. 链传动常用的润滑方式

链传动装置中常用的润滑方式有人工定期润滑、滴油润滑、油浴润滑和压力喷油润滑等。闭式链传动中润滑的方式根据链速和节距按图 7.35 选择。

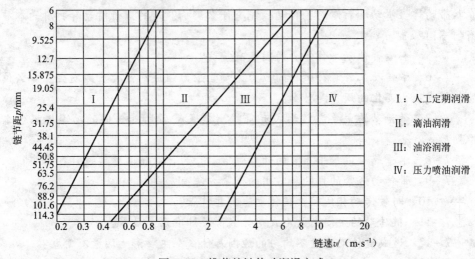

Ⅰ：人工定期润滑

Ⅱ：滴油润滑

Ⅲ：油浴润滑

Ⅳ：压力喷油润滑

图 7.35　推荐的链传动润滑方式

人工定期润滑用油壶或油刷给油,每班注油一次,用于链速 $v \le 4$ m/s 的不重要传动;滴油润滑用油杯通过油管向松边的内、外链板间隙处滴油,用于链速 $v \le 10$ m/s 的传动;油浴润滑链从密封油池中通过,链条浸油深度 6 ~ 12 mm,用于链速 $v = 6$ ~ 12 m/s 的传动。

飞溅润滑在密封容器中,用甩油盘将油甩起,经由壳体上的集油装置将油导流到链上。甩油盘速度应大于 3 m/s,浸油深度一般为 12 ~ 15 mm。

压力喷油润滑用油泵将油直接喷到链条上,喷油口应设在链条进入啮合处。适用于链速 $v \ge 8$ m/s 的大功率传动链传动。

开式链传动不宜润滑,应定期拆下用煤油清洗,干燥后浸入 70 ~ 80 ℃ 的润滑油中,待铰链间隙充满油液后再安装使用。

2. 链传动常用的润滑油

链传动装置中常用的润滑油有 L – AN32、L – AN46、L – AN68、L – AN100 等全损耗系统用油。低温传动链宜采用黏度低的润滑油,功率大的传动应采用黏度高的润滑油。对于开式和低速重载传动,可在润滑油中加入 MoS_2、WS_2 等添加剂。

 思考与练习

7–1 简述摩擦带传动的工作原理及特点。

7–2 V 带传动有何优缺点?在相同的条件下,为什么 V 带比平带的传动能力大?

7–3 与其他传动一起使用时,为什么带传动一般都放在高速级?

7–4 什么是带的弹性滑动和打滑?引起带弹性滑动和打滑的原因各是什么?带的弹性滑动和打滑对带传动性能有什么影响?带的弹性滑动和打滑的本质有何不同?

7–5 影响带传动工作能力的因素有哪些?

7–6 带传动工作时,带内的应力由哪些应力组成?最大应力发生在什么位置?带内应力变化的规律是什么?

7–7 带传动的主要失效形式有哪些?单根 V 带所能传递的功率根据什么准则确定?

7–8 水平或接近水平布置的开口带传动,为什么将其紧边设计在下边?

7–9 带传动张紧的目的和常用的张紧方法有哪些?

7–10 与带传动相比较,链传动有哪些特点?

7–11 链传动的主要失效形式是什么?设计准则是什么?

7–12 造成链传动速度不均匀的原因是什么?主要影响因素有哪些?

7–13 链速一定时,链轮齿数的大小与链节距的大小对传动动载荷有什么影响？

7 - 14　设计一减速机用普通 V 带传动。原动机为三相异步电动机，功率 $P = 7$ kW，转速 $n_1 = 1\,420$ r/min，减速机工作平稳转速 $n_2 = 700$ r/min，每天工作 8 h，中心距约为 600 mm。

7 - 15　设计一套筒滚子链传动。已知功率 $P_1 = 7$ kW，小链轮转速 $n_1 = 200$ r/min，大链轮转速 $n_2 = 102$ r/min。有中等冲击，三班制工作。

第8章

凸 轮 机 构

在各种机器中，特别是自动化机器中，为实现各种复杂的运动要求，常采用凸轮机构。凸轮是一种具有曲线轮廓或凹槽与从动件接触，当凸轮运动（旋转或移动）时，推动从动件按任意给定的运动规律运动的机构。凸轮结构设计比较简便，只要将凸轮的轮廓曲线按照从动件的运动规律设计出来，从动件就能准确地实现预定的运动规律。

§8.1 凸轮机构的应用及分类

凸轮机构是由凸轮、从动件、机架以及附属装置组成的一种高副机构。结构简单，只要设计出适当的凸轮轮廓曲线，就可以使从动件实现任何预期的运动规律；凸轮轮廓与从动件之间为点接触或线接触，容易磨损，多用于传力不大、轻载荷的控制或调节机构中。

8.1.1 凸轮机构的应用

图8.1所示为内燃机配气凸轮机构。凸轮1以等角速度回转，它的轮廓驱使从动件2（阀杆）按预期的运动规律启闭阀门。

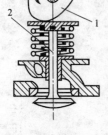

图8.1 内燃机配气
凸轮机构
1—凸轮；2—从动件

图8.2所示为绕线机中用于排线的凸轮机构，当绕线轴3快速转动时，经齿轮带动凸轮1缓慢地转动，通过凸轮轮廓与尖顶A之间的作用，驱使从动件2往复摆动，使线均匀地缠绕在轴上。

图8.3为应用于冲床上的凸轮机构示意图。凸轮1固定在冲头上，当冲头上下往复运动时，凸轮驱使从动件2以一定的规律水平往复运动，从而带动机械手装卸工件。

图8.4为自动送料机构。当带有凹槽的凸轮1转动时，通过槽中的滚子，驱使从运件2作往复移动。凸轮每回转一周，从动件即从储料器中推出一个毛坯，送到加工位置。

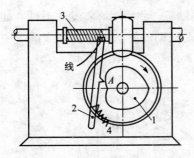

图 8.2　绕线机的凸轮机构

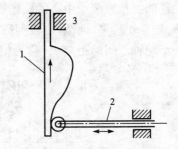

图 8.3　冲床装卸料凸轮机构

凸轮机构的优点为：只需设计适当的凸轮轮廓，便可使从动件得到所需的规律，并且结构简单、紧凑、设计方便。它的缺点是凸轮轮廓与从动件之间为点接触或线接触，易磨损，所以通常用于传力不大而需要实现特殊运动规律场合。

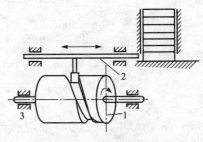

图 8.4　自动送料机构

8.1.2　凸轮机构的分类

根据凸轮和从动件的不同形状和形式，凸轮机构分为如下几类。

1. 按凸轮的形状分类

（1）盘形凸轮。是凸轮的最基本形式，这类凸轮是一个绕固定轴转动并且具有变化半径的盘形零件，如图 8.1 和图 8.2 所示。

（2）移动凸轮。当盘形凸轮的回转中心趋于无穷远时，凸轮相对机架作直线运动，这类凸轮称为移动凸轮，如图 8.3 所示。

（3）圆柱凸轮。将移动凸轮卷成圆柱体即成为圆柱凸轮，如图 8.4 所示。

2. 按从动件的形状分类

（1）尖顶从动件。这类从动件结构简单，但尖顶易于磨损（接触应力很高），只适用于传力不大的低速凸轮机构中，如图 8.5（a）、（b）、（f）所示。

（2）滚子从动件。由于滚子与凸轮间为滚动摩擦，所以不易磨损，可以实现较大动力的传递，应用最为广泛，如图 8.5（c）、（d）、（g）所示。

（3）平底从动件。这类从动件与凸轮间的作用力方向不变，受力平稳在高速情况下，凸轮与平底间易形成油膜可以减小摩擦与磨损。但不能与具有内凹轮廓的凸轮配对使用；且不能和移动凸轮和圆柱凸轮配对使用，如图 8.5（e）、（h）所示。

3. 按从动件运动形式分类

（1）直动从动件（又称移动从动件）。从动件沿某固定轨迹作往复移动。直动从动件的尖顶或滚子中心的轨迹通过凸轮的轴心，称为对心直动从动件，如图8.5（a）、（c）、（e）所示；否则称为偏置直动从动件，从动件尖顶或滚子中心轨迹与凸轮轴心间的距离 e，称为偏距，如图8.5（b）、（d）所示。

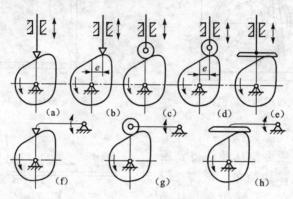

图8.5　凸轮机构的形式

（2）摆动从动件。从动件相对机架做往复摆动。摆动从动件的凸轮机构运动较为灵活，如图8.5（f）、（g）、（h）所示。

4. 按凸轮与从动件保持高副接触的方法（锁合）分类

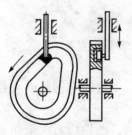

图8.6　几何锁合的
凸轮机构

（1）力锁合。利用重力、弹簧力或其他外力使从动件与凸轮始终保持接触的凸轮机构，如前述图8.3所示。

（2）几何锁合（又称形锁合）。依靠凸轮和从动件从动件的特殊几何形状保持两者的接触，如图8.6所示。

将不同类型的凸轮和从动件组合起来，可以得到各种不同类型的凸轮机构。如图8.5（e）所示凸轮机构可命名为：对心直动平底从动件盘形凸轮机构。

§8.2　常用从动件的运动规律

凸轮机构是由凸轮旋转或平移带动从动件进行工作的，设计凸轮结构时，首先要根据实际工作要求确定从动件的运动规律，然后依据这一运动规律设计出凸轮轮廓曲线。由于工程实际中工作要求的多样性和复杂性，从动件需要满足的运动规律也各种各样。本节将介绍几种常用的凸轮从动件运动规律。

8.2.1　凸轮与从动件的运动关系

从动件的运动规律即从动件的位移 s、速度 v 和加速度 a 随时间 t 变化的规律。设计凸轮机构时，首先应根据工作要求确定从动件的运动规律，然后按照这一运动规律确定凸轮轮廓线。如图 8.7（a）所示，以凸轮轮廓的最小向径 $r_{\min}$ 为半径所绘的圆称为基圆，基圆与凸轮轮廓线有两个连接点 A 和 D。A 点为从动件处于上升的起始位置。当凸轮以等角速 ω_1 绕 O 点逆时针回转时，从动件从 A 点开始被凸轮轮廓以一定的运动规律推动，由 A 到达距 O 点最远位置 B'，从动件由 A 到 B' 的过程称为推程。从动件在推程中所走过的距离 h 称为升程，而与推程对应的凸轮转角 δ_t 称为推程运动角。当凸轮继续以 O 点为中心转过圆弧 BC 时，从动件因与 O 点的距离保持不变而在最远位置停留不动，圆弧 BC 对应的圆心角 δ_s 称为远休止角。凸轮继续回转，曲线 CD 使从动件在弹簧力或重力作用下，以一定的运动规律回到距 O 点最近位置 D，此过程称为回程。曲线 CD 对应的转角 δ_h 称为回程运动角。在凸轮基圆段从动件保持最近位置不动，基圆段对应的转角 δ'_s 称为近休止角。当凸轮连续回转时，从动件重复上述运动。

如图 8.7（b）所示，以直角坐标系的纵坐标代表从动件位移 s_2，横坐标代表凸轮转角 δ_1（当凸轮等角速转动时横坐标通常也代表时间 t），可以画出从动件位移 s_2 与凸轮转角 δ_1 之间关系曲线，简称为从动件位移线图；将位移线图的纵坐标改为代表从动件速度的 v_2，可得到从动件速度 v_2 与凸轮转角 δ_1 之间的关系曲线，简称为从动件速度线图；将纵坐标改为代表从动件加速度的 a_2，可得到从动件加速度 a_2 与凸轮转角 δ_1 之间的关系曲线，简称为从动件加速度线图。位移图、速度图、加速度图统称为从动件的运动线图。

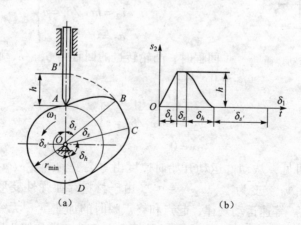

图 8.7　从动件位移线图

由以上分析可知，从动件的位移线图取决于凸轮轮廓曲线的形状，也就是说，从动件的不同运动规律要求凸轮具有不同的轮廓曲线。

8.2.2　凸轮与从动件常用的运动规律

一、等速运动

凸轮机构在推程时，已知凸轮转过的运动角为 δ_t，从动件的升程为 h。以 T 表示推程运动总时间，则等速运动时有：

从动件的速度：

$$v_2 = v_0 = h/T = c_1 \tag{8-1}$$

从动件的位移：

$$s_2 = \int v_2 dt = ht/T \tag{8-2}$$

从动件的加速度：

$$a_2 = dv_2/dt = 0 \tag{8-3}$$

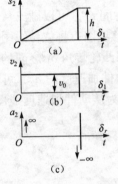

图 8.8 所示为从动件等速运动的运动线图。

凸轮以匀角速度 ω_1 转动时，凸轮的推程角为 $\delta_t = \omega_1 T$，t 时刻凸轮的转角为 $\delta_1 = \omega_1 t$，则：

$$\delta_t/T = \delta_1/t$$

代入以上各式，可得到从动件的速度、位移和加速度与凸轮转角之间的关系：

$$\left.\begin{array}{l} s_2 = h\delta_1/\delta_t \\ v_2 = h\omega_1/\delta_t = c \\ a_2 = 0 \end{array}\right\} \tag{8-4}$$

图 8.8　等速运动规律

回程时，凸轮转过的回程角 δ_h，从动件相应由 h 回落至 0。故：

$$\left.\begin{array}{l} s_2 = h(1 - \delta_1/\delta_t) \\ v_2 = -h\omega_1/\delta_h = c \\ a_2 = 0 \end{array}\right\} \tag{8-5}$$

由图 8.8 可见，从动件运动开始时速度由零突变为 v_0，故 $a_2 \to +\infty$；运动终止时，速度由 v_0 突变为零，$a_2 \to -\infty$（由于材料存在弹性变形，实际上不可能达到无穷大）。等速运动规律，起点和终点瞬时的加速度 α 无穷大，惯性力将引起刚性冲击，这种运动规律不宜单独使用，在运动开始和终止段应当用其他运动规律过渡。从动件按等速运动规律运动的凸轮机构通常应用于中、小功率和低速场合。

二、等加速等减速运动

从动件在推程（或回程）的前半段作等加速运动，后半段作等减速运动的运动规律，称为等加速等减速的运动规律。

从动件在推程的前半行程，运动的时间为 $T/2$，升程为 $h/2$，对应的凸轮转角为 $\delta_t/2$。将这些参数代入位移方程 $s_2 = a_0 t^2/2$，可得：

$$h/2 = a_0 (T/2)^2/2 \tag{8-6}$$

故：

$$a_2 = a_0 = 4h/T^2 = 4h(\omega_1/\delta_t)^2 \tag{8-7}$$

将式（8-7）两次积分，代入初始条件 $\delta_1 = 0$ 时，$v_2 = 0$，$s_2 = 0$，可得推程的前半行程中从动件作等加速运动时的运动方程：

$$s_2 = 2h(\delta_1/\delta_t)^2, v_2 = 4h\omega_1 \delta_1/\delta_t^2, a_2 = 4h\omega_1^2/\delta_t^2 \tag{8-8}$$

在推程的后半行程中从动件作等减速运动，凸轮的转角是由 $\delta_t/2$ 开始到 δ_t 为止。同理，可以导出从动件等减速运动方程为：

$$s_2 = h - 2h(\delta_t - \delta_1)^2/\delta_t^2, v_2 = 4h\omega_1(\delta_t - \delta_1)/\delta_t^2, a_2 = -4h\omega_1^2/\delta_t^2 \tag{8-9}$$

图 8.9 为按公式作出的等加速等减速运动的位移线图。该图是一凹一凸两段抛物线连接而成的曲线。等加速部分的抛物线可按下述方法画出。

在横坐标轴上将线段分成若干等份（图中为 3 等份），得 1，2，3 点，过这些点作横轴的垂线。过点 O 作任意的斜线 OO'，以适当的单位长度自点 O 按 $1:4:9$ 的比例量取对应长度，得 1，4，9 点。连

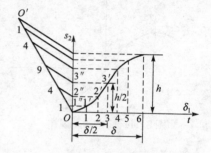

图 8.9　等加等减速运动规律位移线图

接直线 9 - 3″，并分别过 4、1 两点，作其平行线 4 - 2″ 和 1 - 1″，分别与 s_2 轴相交于 2″，1″点。由 1″，2″，3″点分别向过 1，2，3 各点的垂线投影，得 1′，2′，3′点，将这些点连接成光滑的曲线，即为等加速段的抛物线。用同样的方法可得等减速度段的抛物线。

图 8.10 为等加等减速运动的从动件的运动线图。等加等减运动的从动件 v 是连续变化的；由加速度线可知，从动件在升程始末，以及由等加速过渡到等减速的瞬时，加速度出现有限值的突然变化，这将产生有限惯性力的突变，从而引起冲击。这种从动件在瞬时加速度发生有限值的突变时所引起的冲击称为柔性冲击。等加速等减速运动规律不适用于高速，仅用于中低速凸轮机构。

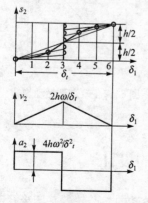

图 8.10　等加等减速运动规律

三、余弦加速度运动规律（又称简谐运动）

点在圆周上做匀速运动时，它在该圆的直径上的投影所构成的运动称为简谐运动。简谐运动规律位移线图，如图 8.11 所示，做法如下。

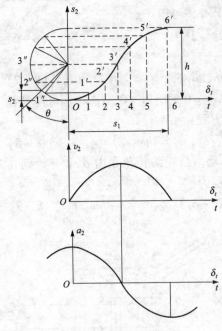

图 8.11　简谐运动规律

以从动件的行程 h 为直径画半圆，将此半圆分成若干等份得 $1''$, $2''$, $3''$, $4''$, … 点。将 δ 坐标轴上，凸轮运动角 δ 也分成相应的等份 1，2，3，4，…，过这些点作 δ 轴的垂线，将圆周上的等分点投影到相应的垂直线上得 $1'$, $2'$, $3'$, $4'$, … 点。用光滑的曲线连接 $1'$, $2'$, $3'$, $4'$, … 点，即得到从动件的位移线图。

从动件在推程作简谐运动的运动方程为：

$$\left.\begin{array}{l} s_2 = h \left[1 - cos \left(\pi\delta_1/\delta_t \right) \right] /2 \\ v_2 = h\pi\omega_1 \sin \left(\pi\delta_1/\delta_t \right) / \left(2\delta_t \right) \\ a_2 = h\pi^2 \omega_1^2 \cos \left(\pi\delta_1/\delta_t \right) / \left(2\delta_t^2 \right) \end{array}\right\}$$

$$(8-10)$$

从动件在回程作简谐运动的运动方程为：

$$\left.\begin{array}{l} s_2 = h \left[1 + \cos \left(\pi\delta_1/\delta_t \right) \right] /2 \\ v_2 = - h\pi\omega_1 \sin \left(\pi\delta_1/\delta_t \right) / \left(2\delta_t \right) \\ a_2 = - h\pi^2 \omega_1^2 \cos \left(\pi\delta_1/\delta_t \right) / \left(2\delta_t^2 \right) \end{array}\right\}$$

$$(8-11)$$

由加速度线图可见，一般情况下，这种运动规律的从动件在行程的始点和终点有柔性冲击；当加速度曲线保持连续时，这种运动规律能避免冲击。

四、改进型运动规律简介

为消除位移曲线上的折点，将位移线图作一些修改。如图 8.12 所示，将行程始、末两处各取一小段圆弧或曲线 OA 及 BC，并将位于曲线上的斜直线与这两段曲线相切，以使曲线圆滑。当推杆按修改后的位移规律运动时，将不产生刚性冲击。但这时在 OA 及 BC 这两段曲线处的运动将不再是等速运动。

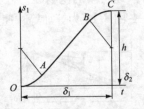

图 8.12　改进型运动规律

在实际应用时，或者采用单一的运动规律，或者采用几种运动规律的配合，应视从动杆的工作需要而定，原则上应注意减轻机构中的冲击。

§8.3　盘形凸轮轮廓曲线的设计

根据工作条件要求，选定了凸轮机构的型式、凸轮转向、凸轮的基圆半径和从动件的运动规律后，就可以进行凸轮轮廓曲线的设计。凸轮轮廓曲线的设计有图解法和解析法。图解法利用几何作图的方式直接绘制出凸轮轮廓曲线，这种方法简便易行、直观，但精确度低，但只要细心作图，图解的准确度是能够满足一般工程要求的。对精度要求较高的凸轮，如高速凸轮、靠模凸轮等，图解法往往不能满足要求。解析法通过列出凸轮轮廓曲线的方程式，定出凸轮轮廓曲线上各点的坐标，或计算出凸轮的一系列向径值，并据此数据加工凸轮轮廓曲线。解析法精确度较高，但设计工作量大，但可以借助计算机进行设计计算，现代凸轮轮廓曲线设计以解析法为主，加工也容易采用先进的加工方法，如线切割机、数控铣床及数控磨床等加工。无论作图法还是解析法，其基本原理都是相同的。

8.3.1　凸轮廓线设计方法的基本原理

凸轮机构工作时，通常从凸轮为主动件作连续回转运动。用图解法绘制凸轮轮廓曲线时，需要凸轮与图面相对静止。为此，我们应用"反转法"，其原理如图 8.13 所示。

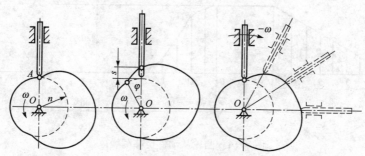

图 8.13　凸轮反转法原理

图 8.13 所示对心直动尖顶从动件盘形凸轮机构。当凸轮以等角速度 ω_1 逆时针转动时，从动件在导路内完成预期的运动规律。根据相对运动原理，如果给整个机构附加一个绕凸轮轴心 O 的公共角速度 $-\omega_1$，各构件间的相对运动不变，但凸轮将静止不动。此时，从动件一方面随机架和导路以角速度 $-\omega_1$ 绕 O 点转动；另一方面在导路中按原来的运动规律往复移动。尖顶始终与凸轮轮廓曲线相接触，在从动件的这种复合运动中，尖顶的运动轨迹就是凸轮轮廓曲线。这种按相对运动原理绘制凸轮轮廓曲线的方法称为"反转法"。用"反转法"绘制凸轮轮廓在已知从动件位移线图和基圆半径后，主要包含 3 个步骤：将凸轮的转角和从动件位移线图分成对应的若干等份；用"反转法"画出反转后从动件各导路的位置；根据所分的等份量取从动件相应的位移，得到凸轮的轮廓曲线。

8.3.2　作图法设计凸轮轮廓曲线

一、对心直动尖顶从动件盘形凸轮轮廓绘制

若已知某对心直动尖顶从动件盘形凸轮的基圆半径 $r_b = 25$ mm，凸轮以等角

速度 ω 逆时针方向回转，从动件的运动规律如表 8 - 1 所示。

表 8 - 1　从动件运动规律

序　号	凸轮运动角 φ	从动件运动规律
1	0°~120°	等速上升 $h = 20$ mm
2	120°~180°	从动件在最高位置不动
3	180°~270°	等加等减速下降 $h = 20$ mm
4	270°~360°	从动件在最低位置不动

利用作图法设计该凸轮轮廓曲线的作图步骤如下。

（1）如图 8.14 所示，根据表 8 - 1，选取适当的比例 μ_l，作从动件的位移线图，并将横坐标等份分段。

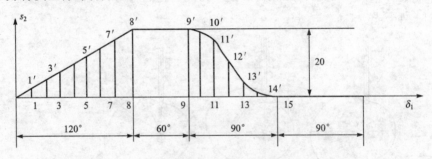

图 8.14　凸轮从动件位移图线

（2）确定凸轮的旋转中心 O 和从动件的导路，并以相同的比例 μ_l 用 r_b 为半径作凸轮的基圆。基圆与导路的交点 A_0 是从动件尖顶的起始位置，如图 8.15（a）所示。

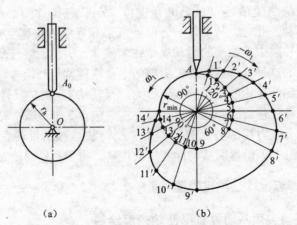

（a）　　　　　　　　（b）

图 8.15　对心直动尖顶从动件盘形凸轮轮廓

（3）自 OA 沿与 ω 的相反方向（顺时针）取角度 δ_t，δ_s，δ_h，$\delta_{s'}$，并将它们分成与图 8.14 对应的若干等份，得 1，2，3，…点。连接 $O1$，$O2$，$O3$，…得到反转后从动件导路的各个位置，在各导路位置上量对应的位移量，得 $11'$，$22'$，$33'$，…，如图 8.15（b）所示。

（4）用光滑曲线连接 $A_0 \to 15'$，即得所求的凸轮廓线，如图 8.15（b）所示。

二、对心直动滚子从动件盘形凸轮轮廓绘制

对心移动滚子从动件盘形凸轮轮廓的设计方法与对心移动尖顶从动件盘形凸轮轮廓的设计方法基本相同。如图 8.16 所示，首先将滚子的中心视为尖顶从动件的尖顶，按照尖顶从动件凸轮轮廓的绘制方法画出一条凸轮轮廓曲线 β_0，接着以 β_0 轮廓曲线上各点为圆心，以滚子半径 r_t 为半径画一系列圆，然后再画出这些圆的包络曲线 β，即得到所设计的滚子从动件凸轮机构的凸轮轮廓曲线，通常将 β_0 称为对心移动滚子从动件盘形凸轮的理论轮廓曲线，将 β 称为对心移动滚子从动件盘形凸轮的实际轮廓曲线。$r_{\min}$ 为理论轮廓曲线的基圆半径。由图 8.16 可知，滚子从动件凸轮的基圆半径 $r_{\min}$ 在理论轮廓上度量。

三、对心直动平底从动件盘形凸轮轮廓绘制

绘制对心直动平底从动件盘形凸轮轮廓时，把从动件导路中心线与从动件平底的交点作为尖顶从动件的顶点，按尖顶从动件盘形凸轮轮廓的绘制方法作出平底从动件盘形凸轮的理论轮廓曲线。如图 8.17 所示，首先在平底上选一固定点 A_0，按照尖顶从动件凸轮轮廓的绘制方法，求出凸轮理论轮廓上各点 A_1，A_2，

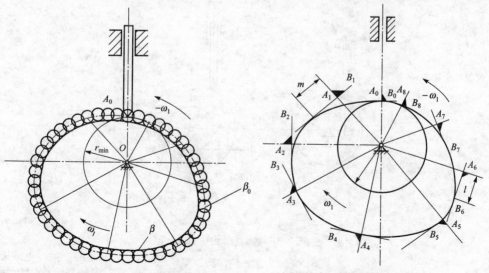

图 8.16　滚子从动件凸轮机构　　　　图 8.17　平底从动件凸轮机构

A_3，…；接着过这些点画出各个位置的平底 A_1B_1，A_2B_2，A_3B_3，…，然后作这些平底的包络线，可以得到所设计的对心直动平底从动件盘形凸轮的实际轮廓曲线。为了保证平底始终与轮廓接触，通过作图可以找出在左右两侧距导路最远的两个切点，图中位置 1，6 是平底分别与凸轮轮廓相切于平底的最左位置和最右位置，平底中心距左右两侧的长度应分别大于 m 和 l。

四、偏置从动件盘形凸轮

当凸轮机构的构造不允许从动件轴线通过凸轮轴心或者为了获得较小的机构尺寸，机械中采用偏置从动件盘形凸轮机构。此外，平底从动件凸轮机构采用偏置的方法还可使从动件得到微小的转动，以减少平底与凸轮间的摩擦。

偏置直动尖顶从动件盘形凸轮轮廓曲线的绘制方法与对心直动尖顶从动件盘形凸轮的相似。偏置式凸轮机构从动件导路的轴线与凸轮轴心 O 的距离称为偏距 e。从动件在反转运动中依次占据的位置，不再是由凸轮回转轴心 O 作出的径向线，而是始终与 O 保持一偏距 e 的直线，导路轴线始终与以凸轮回转轴心 O 为圆心，以偏距 e 为半径所作的偏距圆相切，从动件的位移应沿这些切线上量取。如图 8.18（a）所示，在基圆上，任取一点 B_0 作为从动件升程的起始点，过 B_0 作偏距圆的切线，该切线即是从动件导路线的起始位置。如图 8.18（b）所示，由 B_0 点开始，沿 ω 相反方向将基圆分成与位移线图相同的等份，得各等分点 $B1'$，$B2'$，$B3'$，…。过 $B1'$，$B2'$，$B3'$，…各点作偏距圆的切线并延长，这些切线就是从动件在反转过程中依次占据的位置；在各条切线上自 B_1'，B_2'，B_3'…，截取 $B_1'B_1$，$B_2'B_2$，$B_3'B_3$，…得 B_1，B_2，B_3，…各点，将 B_0，B_1，B_2，…连成光滑曲线，得凸轮轮廓曲线。

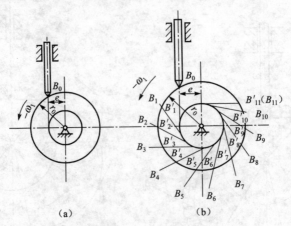

图 8.18　偏置凸轮机构

五、摆动从动件凸轮轮廓设计

已知从动件的角位移线图，如图 8.19（a）所示，凸轮与摆动从动件的中心

距为 l_{OA}，摆动从动件长度为 l_{AB}，凸轮的基圆半径为 r_{min}，凸轮以等角速度 ω_1 逆时针回转，用"反转法"绘制凸轮的轮廓，步骤如图 8.19（b）所示。

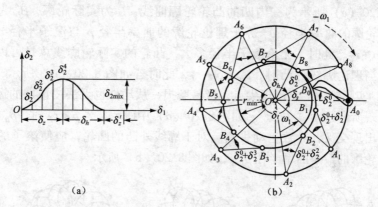

图 8.19　摆动从动件凸轮机构

（1）选取适当比例 μ_l，根据 l_{OA} 定 O 点与 A_0 的位置，以 O 为圆心，r_{min} 为半径作基圆。

（2）以 A_0 为中心，以 l_{AB} 为半径作圆弧与基圆交于 B_0 点，该点为从动件起始位置，δ_2^0 为从动件的初位角。

（3）以 O 为圆心，OA_0 为半径画圆，沿 $-\omega_1$ 的方向取角度 δ_t，δ_h，$\delta_{t'}$ 并将 δ_t，δ_h 分为与图 8.19（b）相对应的等份，可得机架在反转过程中所占的位置 OA_1，OA_2，OA_3，…。

（4）由图 8.19（a）求出从动件摆角 δ_2 在不同位置的数值。据此画出摆动从动件相对于机架的一系列位置 A_1B_1，A_2B_2，A_3B_3，…。

其中，$\angle OA_1B_1 = \delta_2^0 + \delta_2^1$，$\angle OA_2B_2 = \delta_2^0 + \delta_2^2$，$\angle OA_3B_3 = \delta_2^0 + \delta_2^3$…

（5）以 A_1，A_2，A_3，…为圆心，l_{AB} 为半径画圆弧，截 A_1B_1 于 B_1，截 A_2B_2 于 B_2，截 A_3B_3 于 B_3，…。将 B_0，B_1，B_2，B_3，…连成光滑曲线，便得到摆动尖顶从动件凸轮轮廓。

与直动从动件凸轮一样，如果采用滚子或平底从动件，即已上述凸轮轮廓为理论轮廓，在理论轮廓上选一系列点作滚子或平底，并作它们的包络线，可求出相应的实际轮廓曲线。

8.3.3　凸轮机构设计中的几个问题

设计凸轮机构时，不仅要满足从动件的运动规律，还需满足传力性能良好的和结构紧凑的要求。这些要求与凸轮机构的压力角 α、基圆半径 r_b、滚子半径 r_T 等参数有关。

一、滚子半径的选择

从动件的滚子半径对凸轮轮廓有影响。滚子从动件中滚子半径的选择，需考虑从动件的结构、强度及凸轮廓线的形状等诸多因素。这里我们讨论凸轮廓线与滚子半径的关系。

图 8.20（a）所示为一内凹的凸轮轮廓曲线，β 为实际轮廓，β_0 为理论轮廓。实际轮廓的曲率半径 ρ_a 等于理论轮廓的曲率半径 ρ 与滚子半径 r_T 之和，即：$\rho_a = \rho + r_T$。此时，无论滚子半径多大，凸轮的实际轮廓线总是可以平滑地作出的。当理论廓线外凸时，$\rho_a = \rho - r_T$，此时若如图 8.20（c）所示，$\rho = r_T$，则 $\rho_a = 0$，实际轮廓上将出现尖点，极易磨损，从动件也无法按预期的运动规律运动，出现所谓运动"失真"。如图 8.20（d）中所示，当 $\rho < r_T$ 时，ρ_a 为负值，实际轮廓出现交叉，导致运动失真。对于廓线外凸的凸轮，应使滚子的半径 r_T 小于理论轮廓的最小曲率半径 ρ_{min}，如图 8.20（b）所示。

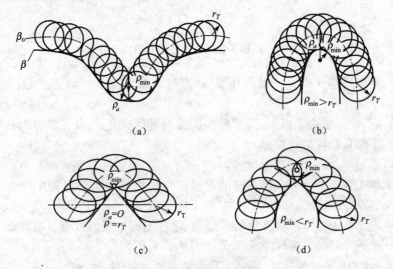

(a)　　　　　　　　　　　(b)

(c)　　　　　　　　(d)

图 8.20　滚子半径选择

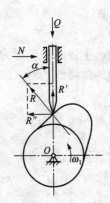

图 8.21　凸轮机构的压力角

为了避免失真并减小磨损，通常使 $r_T \leqslant 0.8\rho_a$，并使 $\rho_{amin} \geqslant (3 \sim 5)\,\mathrm{mm}$，若设计的廓线不能满足要求，可增大基圆半径或修改从动件的运动规律。考虑到凸轮机构的强度和结构因素，滚子的半径不能太小，通常 $r_T = (0.1 \sim 0.5)r_b$，r_b 为凸轮的基圆半径。

二、压力角的校核

和连杆机构一样，凸轮机构从动件运动方向和接触轮廓法线方向之间所夹的锐角称为压力角。图 8.21 所示的尖顶直动从动件凸轮机构。不考虑摩擦，凸轮对从动件的作用力 **R** 沿接触点的法线方向，从动件运动方向与所受力 **R** 方向所夹的锐角 α 为压力角。将 **R** 分解为沿从动件运动方向的轴向

分力 R' 和与之垂直的侧向分力 R''，有：$R'' = R'\tan\alpha$，当驱动从动件运动的 R' 一定时，压力角 α 越大，侧向分力 R'' 越大，机构的效率越低。α 增大到一定程度时，R'' 所引起的摩擦阻力将大于轴向分力 R'，无论凸轮施加多大的力给从动件，从动件都无法运动，凸轮机构处于自锁状态。

为了保证凸轮机构正常工作具有一定的传动效率，必须对压力角加以限制。凸轮轮廓曲线上各点的压力角是变化的，设计时应使最大压力角不超过许用值。通常直动从动件凸轮机构许用压力角 $[\alpha]=30°$，摆动从动件凸轮机构建议 $[\alpha]=45°$。依靠外力维持接触的凸轮机构，其从动件是在弹簧或重力作用下返回的，回程不会出现自锁。因此，这类凸轮机构通常只须对推程的压力角进行校核。

设计凸轮机构时，通常先根据结构需要初步选定基圆半径，然后用图解法或解析法设计凸轮轮廓。为确保运动性能，必须对轮廓各处的压力角进行校核，检验最大压力角是否在许用范围之内。用图解法检验时，在凸轮理论轮廓曲线比较陡的地方取若干点（如图 8.22 中的 B_1、B_2 等点），作出过这些点的法线和从动件 B 点的运动方向线，求出它们之间所夹的锐角 α_1，α_2，…。若其中最大值超过许用压力角，则应考虑修改设计，

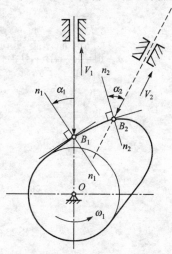

图 8.22　凸轮最大压力角校验

通常采用加大凸轮基圆半径或将对心凸轮机构改为偏置凸轮机构等方法。

三、基圆半径的选择

设计凸轮轮廓时，首先应确定凸轮的基圆半径 r_b。基圆半径的大小，直接影响凸轮的结构尺寸、从动件运动是否"失真"和凸轮机构的传力性能。因此，对凸轮基圆的选取必须给予足够重视。目前，凸轮基圆半径的选取常采用以下两种方法。

1. 根据凸轮的结构确定基圆半径

当凸轮与轴做成一体（凸轮轴）时：

$$r_b = r + r_T + (2 \sim 5) \tag{8-11}$$

当凸轮装在轴上时：

$$r_b = (1.5 \sim 1.7)r + r_T + (2 \sim 5) \tag{8-12}$$

式中，r 为凸轮轴的半径，单位为 mm；r_T 为从动件滚子的半径，单位为 mm。

非滚子从动件凸轮机构，计算基圆半径时，可以不计 r_T。

2. 根据 $\alpha_{\max} \leqslant [\alpha]$，确定 $r_{b\min}$

图 8.23 所示为工程上常用的诺模图，图中上半圆的标尺代表凸轮转角 δ_0，

下半圆的标尺为最大压力角 α_{max}，直径的标尺代表从动件规律的 h/r_b 的值（h 为从动件的行程，r_b 为基圆半径）。

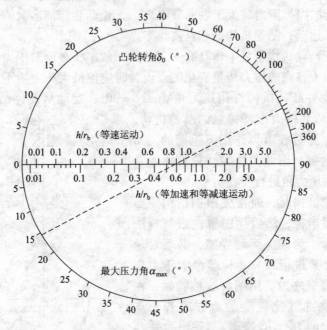

图 8.23　求凸轮基圆半径的诺模图

例 8.1　设计一对心直动尖顶从动件盘形凸轮机构，已知凸轮的推程运动角为 $\delta_t = 175°$，从动件在推程中按等加速和等减速规律运动，行程 $h = 18$ mm，最大压力角 $\alpha_{max} = 16°$。试确定凸轮的基圆半径 r_b。

解：（1）将 $\delta_t = 175°$、$\alpha_{max} = 16°$ 的两点，以直线相连（如图 8.23 中虚线所示）。

（2）由虚线与直径上等加速和等减速运动规律的标尺的交点得：$h/r_b = 0.6$。

（3）计算最小基圆半径：$r_{bmin} = h/0.6 = 18/0.6 = 30$ mm。

（4）基圆半径：按 $r_b \geqslant r_{bmin}$ 选取。

四、偏置方位的确定

对于直动从动件盘形凸轮机构，为了改善其传力性能、减小凸轮尺寸，经常采用偏置凸轮机构。在确定偏置方位时应保证在凸轮机构运动的推程时，凸轮与从动杆相对运动的瞬心和从动件导路应在旋转中心的同侧：凸轮顺时针转动时，从动件导路应偏于凸轮轴心的左侧；逆时针转动时，从件导路应偏置于凸轮轴心的右侧，如图 8.24 所示。

8.3.4　凸轮副的主要失效形式

组成凸轮副的凸轮轮廓与从动件之间理论上是点或线接触，由于接触面很

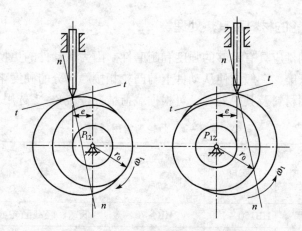

图 8.24　偏置凸轮机构偏置的方位设置

小，在凸轮运转过程中的交变应力往往很大，此外，凸轮轮廓与从动件在接触处存在相对运动，凸轮轮廓和从动件的工作面磨损较严重。凸轮副的主要失效形式有以下几种类型。

（1）接触疲劳磨损（点蚀）：凸轮副在交变接触应力和剪切应力的作用下，工作表面产生裂纹，裂纹沿着与工作表面倾斜的方向扩展到一定深度后，又向工作表面延伸，形成小片而脱落，在工作表面上留下一个个小凹坑。这种现象称为接触疲劳磨损，又称点蚀。

（2）黏着磨损（胶合）：当凸轮副接触处相对滑动速度较高时，工作表面温度增高，使接触表面不平整的峰顶材料产生塑性变形，导致凸轮副材料产生粘焊现象，并因相对滑动使粘焊处被撕脱，在工作表面沿滑动方向形成沟痕。这种现象称为黏着磨损，也称胶合。

（3）磨粒磨损：凸轮副在相对运动过程中带入硬质颗粒，使工作表面上的材料脱落，称为磨粒磨损。点蚀脱落的金属屑和介质中的硬颗粒杂质，都是导致磨粒磨损的因素。

（4）腐蚀磨损：在高温、潮湿的环境，或在有腐蚀性气体的工作位置上运转的凸轮副，工作表面与周围介质发生化学反应或电化学反应，使表层材料变质脱落，称为腐蚀磨损。

（5）振动和噪声：凸轮－从动件系统是多自由度弹性振动系统。由于凸轮轮廓加工后存在微观的切削痕迹，痕迹峰脊与从动件工作表面相对运动时，对系统附加高频激振源，严重时导致强烈振动和有害噪声。

提高凸轮副材料表面硬度、降低表面粗糙度、采取润滑是防止或减轻失效的主要措施。

8.3.5　凸轮的材料及其热处理

凸轮和从动件应具有足够的强度和耐磨性。因为从动件的更换比凸轮更换简便且成本较为低廉，一般应使从动件上与凸轮相接触部分的硬度略低于凸轮的硬度。凸轮副常用材料及其热处理，可根据载荷情况按表 8 - 2 选用。

表 8 - 2　凸轮副常用材料

材料类型	热 处 理	硬 度	接触疲劳强度极限 $s_{H\lim}$/MPa	特 点 和 用 途
碳素钢	正火	HB150 ~ 190	2HB + 70	低速、轻载凸轮或从动件
	调质	HB220 ~ 250	2HB + 70	综合性能较好，用于中低速、中载的凸轮或从动件
	调质后表面淬火	HRC45 ~ 50	17HRC + 200	中高速、中载、中等精度的凸轮或从动件
合金钢	调质	HB220 ~ 285	2HB + 70	性能优于碳素钢调质，应用情况同碳素钢
	调质后表面淬火	HRC45 ~ 50	17HRC + 200	淬透性好，应用情况同碳素钢
	氮化	HV550 ~ 750	1 050	接触疲劳强度高，用于中高速、中载高精度的凸轮或从动件

思考与练习

8 - 1　在直动滚子从动件盘形凸轮机构中，保持凸轮实际廓线不变，增大或减少滚子半径，从动件运动规律是否发生变化？

8 - 2　什么是凸轮机构的压力角？当凸轮廓线设计完成后，发现压力角超过许用值，应采用什么措施减小压力角？

8 - 3　什么是凸轮机构运动失真？应如何避免出现运动失真现象？

8 - 4　在直动滚子从动件盘形凸轮机构中，为什么要采用偏置从动件？

8 - 5　凸轮机构的基圆半径取决于哪些因素？

8 - 6　题图 8 - 6 所示偏置直动从动件盘形凸轮机构，AB 段为凸轮的推程轮廓曲线，CD 段为凸轮的回程轮廓曲线，请在图上标出从动件的行程 h、推程运

动角 δ_t、远程休止角 δ_s、回程运动角 δ_h、近休止
角 $\delta_{s'}$。

8 - 7　用作图法求题图 8 - 7 所示各凸轮从图
示位置转过 45° 后机构的压力角 α。

8 - 8　设计一对心直动尖顶从动件盘形凸轮
机构。已知凸轮的基圆半径 $r_b = 25$ mm，凸轮逆时
针等速回转。在推程中，凸轮转过 135° 时，从动
件等加速等减速上升 30 mm；凸轮继续转过 60°
时，从动件保持不动。在回程中，凸轮转过 120°
时，从动件以等速规律回到原处；凸轮转过其余
45° 时，从动件又保持不动。试用作图法绘制从动
件的位移曲线图及凸轮的轮廓曲线。

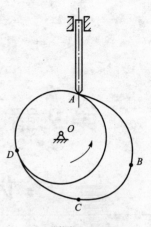

题图 8 - 6

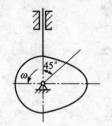 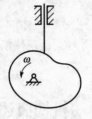  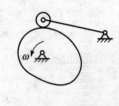

题图 8 - 7

第9章

齿轮传动机构

齿轮机构是由在圆周上均匀分布着某种轮廓曲面的齿的轮子构成的传动机构，用于传递空间任意两轴之间的运动和动力，是现代机械传动中应用最广泛也最重要的传动形式。

§9.1 齿轮传动机构概述

齿轮传动与其他传动形式相比较，具有传递动力大、效率高（可达 0.94 ~ 0.99）、使用寿命长、工作平稳、可靠性高、传动比恒定、能传递任意夹角两轴间的运动、传动功率及圆周速度范围大（所传递的功率从一瓦到几万千瓦，速度可高达 300 m/s）、结构紧凑等一系列优点。其主要缺点是齿轮制造和安装的精度要求较高，成本较高；受齿轮尺寸的限制，不适合于远距离传动；没有过载保护作用。

如图 9.1 所示，齿轮传动根据相互啮合两齿轮轴线相对位置的不同可以分为平面齿轮传动（又称平行轴齿轮传动）和空间齿轮传动（包括相交轴齿轮传动和交错轴齿轮传动）。

根据齿廓形状的不同，分为渐开线齿轮传动、摆线齿轮传动和圆弧齿齿轮传动。其中渐开线齿轮传动应用最为广泛。根据齿轮齿向的不同，分为直齿齿轮传动、斜齿齿轮传动、曲齿齿轮传动和人字齿齿轮传动；根据轮齿所在表面的不同，分为圆柱齿轮传动、圆锥齿轮传动；根据啮合的方式不同分为内啮合齿轮传动和外啮合齿轮传动；根据齿轮传动工作条件的不同，分为开式齿轮传动和闭式齿轮传动。

齿轮的种类很多，最基本、应用最多的是渐开线直齿圆柱齿轮。

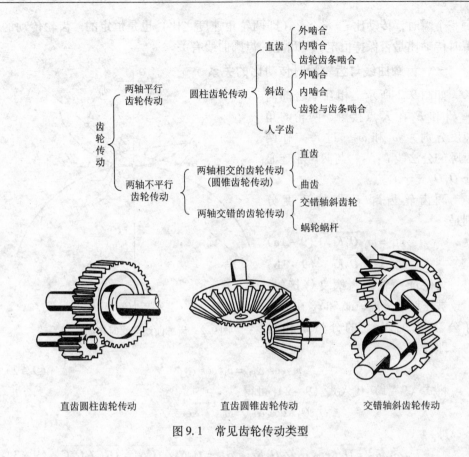

直齿圆柱齿轮传动　　　　　直齿圆锥齿轮传动　　　　　交错轴斜齿轮传动

图 9.1　常见齿轮传动类型

§9.2　齿廓啮合基本定律

　　齿轮传动是依靠主动轮的轮齿依次推动从动轮的轮齿来进行工作的。对齿轮传动的基本要求之一是：瞬时传动比保持不变。否则，当主动轮以等角速度 ω_1 回转时，从动轮的角速度 ω_2 是变化的，从而产生惯性力，这种惯性力将影响轮齿的强度、寿命和工作精度。齿廓啮合基本定律就是研究当齿廓形状符合何种条件时，才能满足瞬时传动比保持不变这一基本要求。

9.2.1　齿廓啮合基本定律

　　所谓啮合，是指一对轮齿相互接触并相对运动的状态。齿轮传动是依靠主动轮的轮齿和从动轮轮齿依次啮合，拨动从动轮的轮齿转动来实现的。

　　齿轮传动的平均传动比为：

$$i = n_1/n_2 = z_2/z_1 \qquad\qquad (9-1)$$

当两轮齿数确定后，平均传动比就是恒定的，但这并不能保证在传动过程的每一个瞬时，传动比 $i = \omega_1/\omega_2$（即两轮角速度之比）也是恒定的。齿轮传动的瞬时传动比是否保持恒定，与齿轮的齿廓曲线有关。

一、齿廓曲线与齿轮瞬时传动比的关系

如图 9.2 所示，相互啮合的齿廓 E_1 和 E_2 在 K 点接触，两轮的角速度分别为 ω_1 和 ω_2，过 K 点作两齿廓的公法线 N_1N_2，与两齿轮连心线 O_1O_2 交于 C 点。

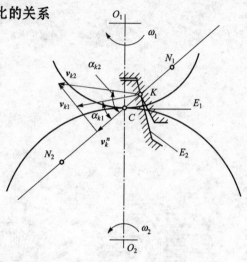

两齿轮齿廓 K 点的速度分别是：

$$v_{k1} = \omega_1 \overline{O_1K} \qquad (9-1a)$$
$$v_{k2} = \omega_2 \overline{O_2K} \qquad (9-1b)$$

为保证两轮齿齿廓良好接触，不致被压坏或分离，v_{k1} 和 v_{k2} 在沿齿廓公法线 N_1N_2 上的分量是相等的，即：

图 9.2　齿廓曲线与瞬时传动比的关系

$$v_{k1}\cos\alpha_{k1} = v_{k2}\cos\alpha_{k2} \qquad (9-2)$$

将式（9-1）代入式（9-2）可得：

$$\omega_1\overline{O_1K}\cos\alpha_{k1} = \omega_2\overline{O_2K}\cos\alpha_{k2}$$

即：

$$i = \omega_1/\omega_2 = \overline{O_2K}\cos\alpha_{k2}/\overline{O_1K}\cos\alpha_{k1} = \overline{O_2N_2}/\overline{O_1N_1} = \overline{O_2C}/\overline{O_1C} \qquad (9-3)$$

由式（9-3）可知：要保证齿轮的传动比为定值，即：ω_1/ω_2 为常数，C 点应为两轮连心线 O_1O_2 上的定点。

二、齿廓啮合基本定律

一对相互啮合的齿廓无论在什么位置啮合，两轮的传动比恒等于连心线被齿廓接触点的公法线所分成的两线段的反比。这就是齿廓啮合基本定律。

两齿轮连心线与齿廓接触点的公法线的交点 C 称为**啮合节点**。符合齿廓啮合定律的一对齿轮的啮合节点 C 是一个定点。以两轮中心为圆心，过节点 C 所作的两个相切的圆分别称为两轮的节圆。显然，由式（9-3）可知，齿轮的传动比 i 与主动轮节圆半径 O_1C 和从动轮节圆半径 O_2C 之比成反比。满足齿廓啮合基本定律而互相啮合的一对齿廓，称为**共轭齿廓**。符合齿廓啮合基本定律的齿廓曲线有很多，传动齿轮的齿廓曲线除了要求满足传动比恒定外，还必须考虑齿轮制造、安装和强度等方面的要求。在机械中，常用的齿廓有渐开线齿廓、摆线齿廓（仅用于钟表齿轮）、圆弧齿廓和抛物线齿廓，其中以渐开线齿廓应用最为广泛。

9.2.2　渐开线齿廓

一、渐开线的形成及性质

如图9.3所示，一直线L与半径为r_b的圆相切，当直线沿该圆作纯滚动时，直线上任一点K的轨迹$\overset{\frown}{AK}$称为该圆的**渐开线**。该圆称为渐开线的**基圆**，该圆的半径r_b称为基圆半径。作纯滚动的直线L称为渐开线的**发生线**。

（1）发生线在基圆上滚过的一段长度$\overline{NK}$等于基圆上相应被滚过的一段弧长$\overset{\frown}{AN}$。

（2）因为N点是发生线沿基圆滚动时的速度瞬心，故发生线L是渐开线上K点的法线。又因为渐开线的发生线与基圆相切，所以渐开线上任一点的法线必与基圆相切。

（3）发生线L与基圆的切点N就是渐开线上K点的曲率中心，线段$\overline{NK}$为K点的曲率半径。K点离基圆愈远，相应的曲率半径愈大；K点离基圆愈近，相应的曲率半径就愈小。

（4）渐开线是从基圆开始向外逐渐展开的，故基圆以内无渐开线。

（5）如图9.4所示，渐开线的形状取决于基圆的大小。基圆半径愈小，渐开线愈弯曲；基圆半径愈大，渐开线愈趋平直。

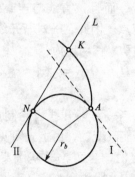
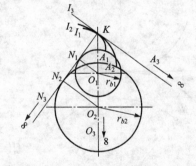

图9.3　渐开线的形成　　　　　　图9.4　渐开线的形状与基圆半径关系

（6）渐开线齿廓上某点K所受压力F_k的方向与该点的速度方向v_k所夹的锐角称为该点的压力角α_k。如图9.5所示，

$$\cos\alpha_k = \overline{ON}/\overline{OK} = r_b/r_k \tag{9-4}$$

显然，齿廓上各点的压力角是变化的，远离基圆的齿廓压力角大，靠近基圆的压力角小，基圆上齿廓的压力角为0。

（7）如图9.6所示，同一基圆上，任意两条渐开线的公法线处处相等。

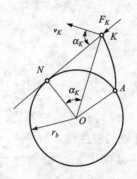

图 9.5　渐开线的压力角

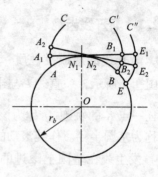

图 9.6　渐开线的公法线

二、渐开线齿廓的特点

如图 9.7 所示，一对渐开线齿廓在任意位置啮合，过啮合接触点（K 点）作这对齿廓的公法线 N_1N_2，根据渐开线的性质可知，公法线 N_1N_2 必同时与两基圆相切，即 N_1N_2 为两基圆的一条内公切线。由于两基圆的大小和位置均固定不变，其同一方向的内公切线只有一条。因此，不论两齿廓在何处啮合，它们的接触点一定在这条内公切线上（如图 9.7 中的点 K'）。这条内公切线是接触点 K 的轨迹，称为啮合线，**一对渐开线齿廓的啮合线是一条定直线**。

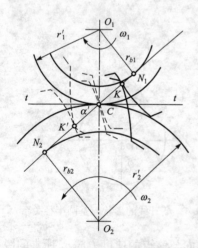

图 9.7　渐开线齿廓的啮合特点

无论两齿廓在何位置啮合，接触点的公法线是一条定直线，而且该直线与连心线 O_1O_2 的交点 C 是一定点。因此，**一对渐开线齿廓能实现定传动比传动**，传动比为：

$$i = \omega_1/\omega_2 = \overline{O_2C}/\overline{O_1C} = r_2'/r_1' = r_{b2}/r_{b1}$$

$$(9-5)$$

上式表明：当一对渐开线齿轮制成之后，其基圆半径是不能改变的，由上式可见两轮的传动比 i 为一定值，与两轮的基圆半径成反比。即使两轮的中心距稍有改变（节圆变化），其角速比仍保持原值不变，这种性质称为**渐开线齿轮传动的可分性**。这是渐开线齿轮传动的一个重要优点，给齿轮的制造、安装带来了很大方便。

如图 9.7 所示，两齿廓在任意位置啮合时，接触点的公法线与节圆公切线之间所夹的锐角称为啮合角，用 α' 表示。因为两渐开线齿廓接触点的公法线是定直线，所以其**啮合角始终不变**，而且在数值上恒等于节圆上的压力角。在齿轮传动中，两齿廓间正压力的方向是沿其接触点的公法线，该方向随啮合角的改变而变化。渐开线齿廓啮合的啮合角不变，齿廓间正压力的方向也始终不变。若齿轮传递的力矩恒定，则轮齿之间、轴与轴承之间压力的大小和方向均不变，这对于齿轮传动的平稳性是十分有利的。

§9.3　渐开线标准直齿圆柱齿轮

9.3.1　渐开线标准直齿圆柱齿轮各部分名称和符号

图 9.8 所示为直齿圆柱齿轮的一部分。为使齿轮能在两个方向传动，轮齿两侧齿廓由形状相同、方向相反的渐开线曲面组成。

（1）齿顶圆：齿轮各齿顶端所确定的圆称做齿顶圆，用 d_a 表示其直径。

（2）齿根圆：齿轮所有各齿之间的齿槽底部所确定的圆称做齿根圆，用 d_f 表示其直径。

（3）基圆：形成渐开线的基础圆，用 d_b 表示其直径。

（4）分度圆：为便于齿轮几何尺寸的计算、测量所规定的一个基准圆，其直径用 d 表示。在标准齿轮上齿轮的分度圆通过齿轮轮齿齿厚和齿槽宽相等的位置。

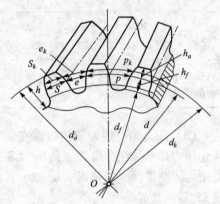

图 9.8　渐开线标准直齿圆柱齿轮结构

（5）齿厚：轮齿在任意圆周上的弧长，用 S_k 表示。

（6）齿槽宽：又称齿间宽，齿槽在任意圆周上的弧长，用 e_k 表示。

（7）齿距：任意圆周上相邻两齿间同侧齿廓之间的弧长，用 p_k 表示。

齿轮不同的圆周上的齿厚、齿槽宽和齿距是不同的，通常，分别以 s，e，p 表示分度圆上的齿厚、齿槽宽和齿距。

（8）齿顶高：分度圆与齿顶圆之间的径向高度，用 h_a 表示。

（9）齿根高：分度圆与齿根圆之间的径向高度，用 h_f 表示。

（10）齿全高：齿顶圆与齿根圆之间的径向高度，用 h 表示。

9.3.2　齿轮基本参数

（1）齿数：在齿轮整个圆周上轮齿的总数，用 z 表示，影响齿轮的传动比和齿轮尺寸。

（2）模数：模数是以分度圆作为齿轮几何尺寸计算依据的基准而引入的参数。

$$d = mz \qquad (9-6)$$

显然：$zp = \pi d$，有：$d = zp/\pi$，由于式中含有无理数 π，不便于齿轮的设计、制造及检测。因此，规定 p/π 等于整数或有理数，可令：

$$m = p/\pi \qquad (9-7)$$

称为模数 m，单位为 mm。

模数是决定齿轮尺寸的一个基本参数。齿数相同的齿轮，模数愈大，其尺寸也愈大。为便于齿轮的互换使用和简化刀具，国家标准规定了齿轮模数的标准系列，见表 9-1。

表 9-1　标准模数系列（GB 1357—2008）

第一系列	1 1.25 2 2.5 3 4 5 6 8 10 12 16 20 25 32 40 50		
第二系列	1.125 1.375 1.75 2.25 2.75 3.6 4.5 5.5 （6.5） 7 9 （11） 14 18 22 28 36 45		

注：① 适用于渐开线圆柱齿轮，对斜齿轮是指法面模数；② 优先采用第一系列，括号内的模数尽可能不用。

（3）压力角：齿轮轮齿齿廓在齿轮各圆上具有不同的压力角，通常所说的齿轮压力角是指在分度圆上的压力角，国标（GB 1356—2001）中规定分度圆压力角为标准值，一般情况：$\alpha = 20°$。在某些场合也采用 $\alpha = 14.5°$，$15°$，$22.5°$ 及 $25°$ 等的齿轮。

（4）齿顶高系数 h^* 和顶隙系数 c^*：为了以模数 m 表示齿轮的几何尺寸，规定齿顶高和齿根高分别为：

$$h_a = h_a^* m \qquad (9-8)$$
$$h_f = （h_a^* + c^*）m \qquad (9-9)$$

式中，h_a^* 和 c^* 分别称为齿顶高系数和顶隙系数，对于圆柱齿轮，其标准值按正常齿制和短齿制规定为：正常齿 $h_a^* = 1$，$c^* = 0.25$；短齿 $h_a^* = 0.8$，$c^* = 0.3$。
其中：

$$c = c^* m \qquad (9-10)$$

称为齿轮传动的顶隙，它是指一对齿轮啮合时，一个齿轮的齿顶圆到另一个齿轮的齿根圆的径向距离。顶隙有利于润滑油的流动。

9.3.3　渐开线标准直齿圆柱齿轮几何尺寸计算

基本参数为标准值，具有标准的齿顶高和齿根高，分度圆齿厚等于齿槽宽的渐开线直齿圆柱齿轮称为渐开线标准直齿圆柱齿轮，不能同时具备上述特征的直齿轮都是非标准齿轮。渐开线标准直齿圆柱齿轮的几何尺寸公式见表 9-2。

表 9-2 标准直齿圆柱齿轮传动的参数和几何尺寸计算公式

名称	代号	公式与说明
齿数	z	根据工作要求确定
模数	m	由轮齿承载能力确定，并按表 9-1 取标准值
压力角	α	分度圆上压力角：$\alpha = 20°$
分度圆直径	d	$d_1 = mz_1 \qquad d_2 = mz_2$
基圆直径	d_b	$d_{b1} = d_1 \cos \alpha_1 \qquad d_{b2} = d_2 \cos \alpha_2$
齿顶高	h_a	$h_a = h_a^* m$
齿根高	h_f	$h_f = h_f^* m$
齿全高	h	$h = h_a + h_f$
顶隙	c	$c = c^* m$
齿顶圆直径	d_a	$d_{a1} = d_1 \pm 2h_a = (z_1 \pm 2h_a)m$ $d_{a2} = d_2 \pm 2h_a = (z_2 \pm 2h_a)m$
齿根圆直径	d_f	$d_{f1} = d_1 \mp 2h_f = (z_1 \mp 2h_a \mp c^*)m$ $d_{f2} = d_2 \mp 2h_f = (z_2 \mp 2h_a \mp c^*)m$
分度圆齿距	p	$p = \pi m$
分度圆齿厚	s	$s = \pi m/2$
分度圆齿槽宽	e	$e = \pi m/2$
基圆齿距	p_b	$p_b = \pi m \cos \alpha$
中心距	a	$a = (d_2 \pm d_1)/2 = m(z_2 \pm z_1)/2$
表中出现的"$\pm$"或"$\mp$"运算符，上面用于外啮合齿轮，下面的用于内啮合齿轮。		

图 9.8 所示的是标准直齿圆柱外齿轮，除了外齿轮，还有标准直齿圆柱内齿轮和齿条。

内齿轮（如图 9.9）与外齿轮的不同包括：内齿轮的齿顶圆小于分度圆，齿根圆大于分度圆；内齿轮的齿廓是内凹的，其齿厚和槽宽分别对应于外齿轮的槽宽和齿厚；内齿轮的齿顶圆小于分度圆但必须大于基圆。

齿条（如图 9.10）与外齿轮相比主要有以下特点：齿条齿廓在不同高度上的压力角相等，且等于齿廓的倾斜角——齿形角，标准值为 20°；齿条齿廓在不同高度上的齿距均相等 $p = \pi m$；齿条齿廓不同高度线上的齿厚和槽宽各不相同，其中一条高度线上的齿厚等于槽宽，即：$e = s$，这条线称为齿条中线（它相当于标准齿轮的分度圆）。

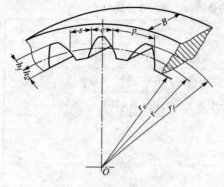

图 9.9　直齿圆柱内齿轮

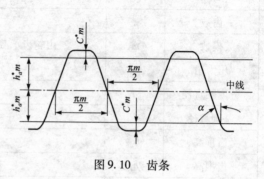

图 9.10　齿条

§9.4　渐开线标准直齿圆柱齿轮传动

9.4.1　渐开线齿轮正确啮合的条件

一对渐开线齿廓能保证定传动比传动，但这并不表明任意两个渐开线齿轮都能搭配起来正确啮合传动。如图 9.11 所

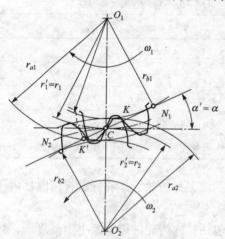

图 9.11　齿轮正确啮合条件

示，齿轮传动时每一对轮齿啮合仅一段时间便要分离，由后一对轮齿接替进入啮合。渐开线齿轮传动时，其齿廓啮合点应在啮合线 N_1N_2 上，当前一对齿在啮合线上的 K 点接触时，其后一对齿应在啮合线上另一点 K' 接触，这样才能保证，当前一对齿分离时，后一对齿不中断地接替传动。

令 K_1 和 K'_1 表示轮 1 齿廓上的啮合点，K_2 和 K'_2 表示轮 2 齿廓上的啮合点。为了保证前后两对齿有可能同时在啮合线上接触，轮 1 相邻两齿同侧齿廓沿法线的距离 $K_1K'_1$ 应与轮 2 相邻两齿同侧齿廓沿法线的距离 $K_2K'_2$ 相等（$K_1K'_1$，$K_2K'_2$ 分别为两轮相邻轮齿同侧齿廓沿法线方向的齿距，称为渐开线齿轮的法向齿距）。即：

$$p_{n1} = \overline{K_1K'_1} \qquad p_{n2} = \overline{K_2K'_2}$$

故：
$$p_{n1} = \overline{K_1K'_1} = p_{n2} = \overline{K_2K'_2}$$

一对齿轮实现定传动比传动的正确啮合件为：**两轮的法向齿距相等**。由渐开线性质可知，齿轮法向齿距与基圆齿距相等，则该条件又可表述为**两轮的基圆齿距相等**，即：

$$p_{b1} = p_{b2} \tag{9-11}$$

将 $p_{b1} = \pi m_1 \cos \alpha_1$ 和 $p_{b2} = \pi m_2 \cos \alpha_2$ 代入式（9-11）可得：

$$m_1 \cos \alpha_1 = m_2 \cos \alpha_2$$

式中的 m_1，m_2 和 α_1，α_2 分别表示两轮的模数和压力角，由于模数和压力角都已经标准化了，为满足上式，应使：

$$\left. \begin{array}{l} m_1 = m_2 = m \\ \alpha_1 = \alpha_2 = \alpha \end{array} \right\} \tag{9-12}$$

由上式可见，一对渐开线齿轮正确啮合的条件是：**模数和压力角分别相等**。

一对齿轮正确啮合必须使两轮的模数相等，故两轮的传动比 i 可以表示为：

$$i = \omega_1 / \omega_2 = d_2 / d_1 = z_2 / z_1 \tag{9-13}$$

9.4.2　渐开线齿轮连续啮合的条件

齿轮传动是由两轮轮齿依次啮合来实现的。要使齿轮连续传动，就必须做到在前一对轮齿尚未脱离啮合时，后一对轮齿就应进入啮合。

如图 9.12 所示，设轮 1 为主动轮，轮 2 为从动轮。齿廓的啮合是由主动轮 1 的齿根部推动从动轮 2 的齿顶开始，因此，从动轮齿顶圆与啮合线的交点 B 为一对齿廓进入啮合的开始，随着轮 1 推动轮 2 转动，两齿廓的啮合点沿着啮合线移动。当啮合点移动到齿轮 1 的齿顶圆与啮合线的交点 B' 时（图中虚线位置），这对齿廓终止啮合，两齿廓即将分离。故啮合线 $N_1 N_2$ 上的线段 BB' 为齿廓啮合点的实际轨迹，称为实际啮合线，而线段 $N_1 N_2$ 称为理论啮合线。

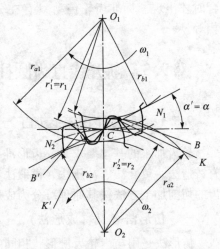

图 9.12　重合度

一对轮齿在 B 点开始啮合时，前一对轮齿仍在 K 点啮合，传动就能连续进行。这时实际啮合线段 BB' 的长度大于齿轮的法向齿距 p_n。如果前一对轮齿已于 B' 点脱离啮合，而后一对轮齿仍未进入啮合，则传动发生中断，将引起冲击。所以，保证连续传动的条件是：**使实际啮合线长度大于或至少等于齿轮的法向齿距 p_n**（或基圆齿距 p_b），即：$\overline{BB'} \geqslant p_b$。

通常将实际啮合线长度与基圆齿距之比称为齿轮的重合度，用 ε 表示，即：

$$\varepsilon = \overline{BB'} / p_b \geqslant 1 \tag{9-14}$$

在实际应用中，啮合齿轮的 ε 值应大于或等于许用值。许用重合度 $[\varepsilon]$ 的值随齿轮机构的使用要求和制造精度而定，在一般的机械制造中$[\varepsilon] = 1.1 \sim 1.4$。

齿轮传动的重合度越大，说明同时参与啮合的轮齿对数越多，每对轮齿所受的载荷就越小，提高齿轮啮合的重合度可以提高齿轮的承载能力。

9.4.3　渐开线齿轮啮合的标准中心距和啮合角（无侧隙啮合条件）

一对齿轮传动时，齿轮节圆上的齿槽宽与另一轮节圆上的齿厚之差称为齿侧间隙。在齿轮加工时，刀具轮齿与工件轮齿之间是没有齿侧间隙的；在齿轮传动过程中，为了消除反向传动空程和减少撞击，也要求齿侧间隙等于零。标准直齿圆柱齿轮分度圆上的齿厚和齿槽宽相等，一对正确啮合的渐开线齿轮的模数也是相等，即：$s_1 = e_1 = \pi m/2 = s_2 = e_2$。**当两轮的分度圆和节圆重合时**，可以满足无侧隙啮合条件。

安装时使一对标准齿轮的分度圆与节圆重合的中心距称为标准中心距，用 a 表示。

$$a = (d_1' + d_2')/2 = (d_1 + d_2)/2 = m(z_1 + z_2)/2 \qquad (9-15)$$

标准中心距啮合时，两轮的啮合角就等于分度圆上的压力角。应当指出，分度圆和压力角是单个齿轮本身所具有的，而节圆和啮合角是两个齿轮相互啮合时才出现。标准齿轮传动只有在分度圆与节圆重合时，压力角和啮合角才相等。

§9.5　渐开线直齿圆柱齿轮的切齿原理及变位齿轮

9.5.1　渐开线齿轮轮齿加工方法

轮齿加工的基本要求是：齿形准确和分齿均匀。近代齿轮的加工方法很多，有铸造法、热轧法、冲压法、模锻法和切齿法等。最常用的是切削加工方法，轮齿的切削加工方法按其原理可分为成形法和范成法两类。

一、仿形法（又称成形法）

仿形法是用与齿轮齿槽形状相同的圆盘铣刀或指状铣刀在铣床上加工齿轮的方法，如图 9.13 所示。

切削时，铣刀转动，同时毛坯沿它的轴线方向移动一个行程，这样就切出一个齿间，也就是切出相邻两齿的各一侧齿槽；然后毛坯退回原来的位置，用分度头将毛坯转过 $360°/z$，继续切削第二个齿间。依次进行即可切削出所有轮齿。根据渐开线的性质，模数相等，不同基圆半径的齿轮，其渐开线齿廓的形状是不同的。因此在加工模数相同，齿数不同的齿轮时，每一种齿数的齿轮需要一把铣刀。这在工程上是做不到的，在工程上加工同样 m 的齿轮时，根据齿数不同，一般备有 8 把或 15 把一套的铣刀，来满足加工不同齿数齿轮的需要，表 9-3 是

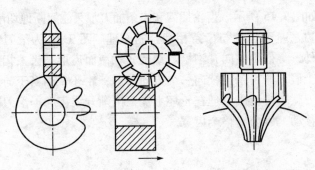

盘状铣刀切削轮齿　　　　　　　　指状铣刀切齿

图 9.13　仿形法加工轮齿

1～8 号圆盘铣刀加工齿轮的齿数范围。

表 9－3　圆盘铣刀加工齿轮齿数范围

刀号	1	2	3	4	5	6	7	8
加工齿数范围	12～13	14～16	17～20	21～25	26～34	35～54	55～134	>135

　　仿形法加工方法简单，不需要专用机床，但轮齿加工精度较低，逐齿切削，切削不连续，生产率低。适用于单件生产及精度要求不高的齿轮加工。

二、范成法（又称展成法）

　　范成法是加工齿轮最常用的一种方法，是利用一对齿轮互相啮合传动时，两轮的齿廓互为包络线的原理来加工的。如图 9.14 所示，将相互啮合传动的齿轮之一变为刀具，而另一个作为轮坯，并使二者仍按原传动比进行传动，在传动过程中，刀具的齿廓就会在轮坯上包络出与其共轭的齿廓。

　　范成法种类很多，有插齿、滚齿、剃齿、磨齿等，其中最常用的是插齿和滚齿，剃齿和磨齿用于精度和表面粗糙度要求较高的场合。范成法切制齿轮常用的刀具有 3 种：齿轮插刀、齿条插刀和齿轮滚刀。

　　图 9.14 所示为用齿轮插刀加工轮齿的情形。齿轮插刀的形状和齿轮相似，其模数和压力角与被加工齿轮相同。加工时，插齿刀沿轮坯轴线方向作上下往复的切削运动；同时机床的传动系统严格地保证插齿刀与轮坯之间的范成运动。齿轮插刀刀具顶部比正常齿高出 $c^* m$，以便切出顶隙部分。当齿轮插刀的齿数增加到无穷多时，其基圆半径变为无穷大，插刀的齿廓变成直线齿廓，齿轮插刀就变

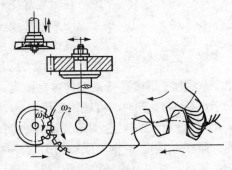

图 9.14　范成法加工轮齿

成齿条插刀，如图 9.15 所示。齿轮插刀和齿条插刀都只能间断地切削，生产率低。

滚齿加工方法基于齿轮与齿条相啮合的原理。图 9.16 为滚刀切削轮齿的情形。滚刀 1 的外形类似沿纵向开沟槽的螺旋，轴截面齿形与齿条相同。滚刀转动时，相当于这个假想的齿条连续向一个方向移动，轮坯 2 相当于与齿条相啮合的齿轮，这样滚刀就能按范成原理在轮坯上加工出渐开线齿廓。滚刀除旋转外，还沿轮坯的轴向移动，以切出整个齿宽。

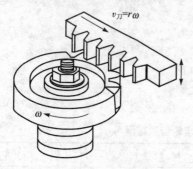

图 9.15　齿条插刀加工轮齿

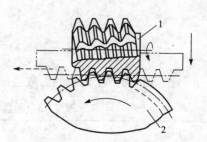

图 9.16　齿轮滚刀加工轮齿
1—滚刀；2—轮坯

用展成法加工齿轮时，只要刀具与被切齿轮的模数和压力角相同，不论被加工齿轮的齿数是多少，都可以用同一把刀具来加工，这给生产带来了极大的便利，因此展成法在齿轮制造中得到了广泛的应用。

9.5.2　渐开线齿轮的根切现象

如图 9.17 所示，渐开线齿轮轮齿的根切现象，是指用范成法的刀具正常加工轮齿时，有的齿轮轮齿根部的渐开线被刀具的顶部切去一部分的现象。

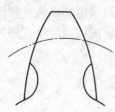

图 9.17　根切现象

根切现象使得轮齿根部变薄，抗弯强度被削弱；根切破坏了渐开线齿廓形状，减小了重合度，降低了齿轮的传动精度，使得齿轮传动的传动比发生改变，还增大了噪声。在齿轮加工时，应避免发生根切现象。

图 9.18 为齿条刀的齿顶线超过极限啮合点 N_1（即啮合线与被切齿轮基圆的切点）的情况。当刀具以速度 v 移动到位置Ⅱ时，刀刃齿廓将被加工轮齿的渐开线齿廓完全切出。范成加工继续进行，刀具移动距离 s 到达位置Ⅲ时，刀刃齿廓与啮合线 N_1N_2 交于点 K。与此同时，齿坯相应转过 φ，其基圆转过的弧长为 $\overline{N_1N_1'}$，显然 $\overline{N_1N_1'} = \overline{N_1K}$，因此有：$\overline{N_1N_1'} < \overline{N_1K}$，该式表明渐开线齿廓上的点 N_1' 落在刀刃的左内侧，即点 N_1' 附近的渐开线被刀刃切掉（如图 9.18 所示阴影部分），从而产生根切。显然，在用范成法加工轮齿时，若刀具的齿顶超过啮合极限点 N_1 被切齿轮必定发生轮齿根切。

综上所述，要避免被切齿轮发生根切现象，就必须保证刀具的齿顶线不超过极限啮合点 N。即：$\overline{CK} \leqslant \overline{CN_1}$，齿条刀的齿顶高为 $h_a^* m$，有：$h_a^* m / \sin \alpha \leqslant (mz \sin \alpha)/2$。故：

$$z \geqslant 2h_a^* / \sin^2 \alpha \qquad (9-16)$$

正常齿制的标准直齿圆柱齿轮不发生根切的最少齿数为：$z_{\min} = 17$。

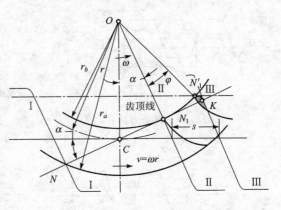

图 9.18　根切产生的原因

9.5.3　渐开线变位齿轮简介

用展成法加工正常齿制的渐开线标准直齿圆柱齿轮时，为避免发生根切，齿轮的最小齿数不得少于 17 齿，这就使得齿轮的最小尺寸受到限制；当齿轮的安装中心距不等于标准中心距时，齿轮或不能安装或齿侧间隙过大影响齿轮传动的质量；此外一对标准齿轮传动时，小齿轮的齿根厚度小而啮合次数又较多，故小齿轮的强度较低，齿根部分磨损也较严重，因此小齿轮容易损坏，同时也限制了大齿轮的承载能力。

对于工程中出现的上述问题，解决的办法是：在加工齿轮时，将齿轮刀具向远离或靠近被加工齿轮的轴线方向移动，使得刀具的分度圆（或中线）与被加工齿轮的分度圆分离或相交，加工出非标准的变位齿轮。

一、变位齿轮基本概念

（1）图 9.19 所示为齿条刀具。齿条刀具上，与刀具顶线平行、齿厚等于齿槽宽的直线 nn，称为齿条刀具的中线。中线以及与中线平行的任一直线，称为分度线。齿条上除中线外其他分度线上的齿厚与齿槽宽不相等。

（2）如图 9.20 所示，加工齿轮时齿条刀具的中线与轮坯的分度圆相切，并作纯滚动。由于刀具中线上的齿厚与齿槽宽相等，故被加工齿轮分度圆上的齿厚与齿槽距也是相等的，其值为：$\pi m/2$，此时加工出来的齿轮为标准齿轮。

（3）如图 9.21 所示，保持刀具与轮坯的相对运动关系不变，将刀具远离或靠近轮坯中心一段距离 xm，此时轮坯的分度圆不再与刀具中线相切，而与中线以上或以下的某一分度线相切。这时与轮坯分度圆相切并作纯滚动的刀具分度线上的齿厚与齿槽宽不相等，被加工的齿轮在分度圆上的齿厚与齿槽宽也不相等。当刀具远离轮坯中心移动时，被加工齿轮的分度圆齿厚增大。当刀具向轮坯中心靠近时，被加工齿轮的分度圆齿厚减小。

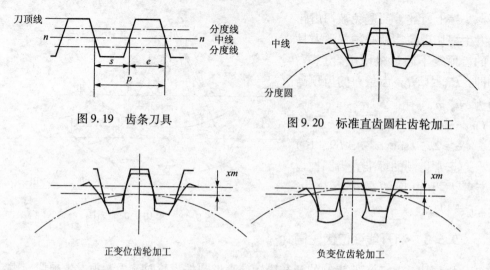

图 9.19　齿条刀具　　　　　　　图 9.20　标准直齿圆柱齿轮加工

正变位齿轮加工　　　　　　　负变位齿轮加工

图 9.21　变位齿轮加工

　　这种通过改变刀具相对于轮坯的位置所加工出来的齿轮，称为变位齿轮。齿条刀具的中线相对于被加工齿轮分度圆所移动的距离 xm 称为变位量，其中 m 为齿轮的模数，x 为变位系数。刀具中线远离轮坯中心称为正变位，此时变位系数 x 为正数，所切出的齿轮称为正变位齿轮。刀具靠近轮坯中心称为负变位，此时的变位系数 x 为负数，所加工出来的齿轮称为负变位齿轮。标准齿轮就是变位系数为 0 的齿轮。

二、变位对齿轮几何参数的影响

　　如图 9.22 所示，齿条刀具变位后，节线上的齿距和压力角与分度线上的齿距和压力角相同，所以切出的变位齿轮的模数 m、齿数 z 和压力角 α 都没有改变，即变位齿轮的分度圆和基圆不改变，其齿廓渐开线也不改变，只是随变位系数的不同，取同一渐开线上不同的区段作为齿廓。与标准齿轮相比较，正变位齿轮分度圆上的齿厚变宽，齿槽宽变小，同时齿顶高增大，齿根高减小；负变位齿轮齿厚变窄，齿槽宽变大，同时齿顶高减小，齿根高增大。

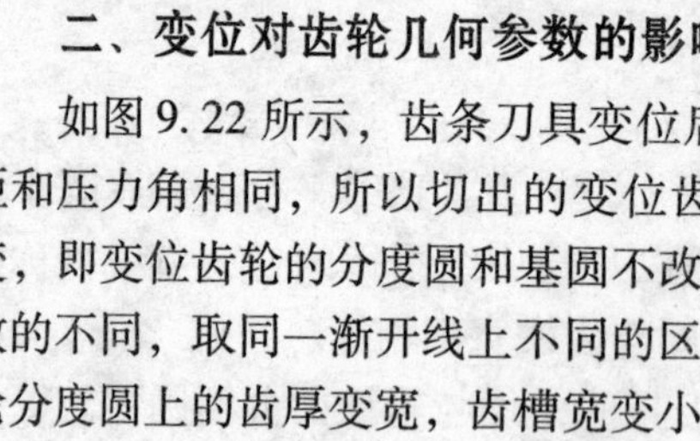

　　变位可以加工出齿数少于 17 齿但不发生根切的齿轮，当 $z < 17$ 时，采用 $x_{\min} > 0$ 的正变位可避免根切；当 $z > 17$ 时，若采用负变位，只要变位系数选取适当，齿轮也不会产生根切；当小齿轮正变位时，齿顶圆变大，大齿轮负变位，齿顶圆变小，从而使实际啮合线远

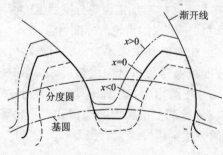

图 9.22　变位齿轮与标准齿轮

离 N_1 点，相对地提高了两轮的承载能力并改善齿轮的磨损情况。此外，小齿轮正变位后，齿根加厚，可使大小齿轮的抗弯能力接近。变位齿轮可以实现非标准中心距的无侧隙传动。

§9.6 渐开线直齿圆柱齿轮传动的设计

9.6.1 渐开线直齿圆柱齿轮传动常见的失效形式

机械零件由于强度、刚度、耐磨性和振动稳定性等因素不能正常工作时，称为失效。机械零件在变应力作用下引起的破坏称为疲劳破坏，机械零件抵抗疲劳破坏的能力称为疲劳强度。齿轮传动的失效主要是轮齿的失效，其失效形式有以下几种。

1. 轮齿折断

如图 9.23 所示，轮齿像一个悬臂梁，受到脉动循环或对称循环的变应力作用，轮齿根部产生的弯曲应力最大。当该应力值超过轮齿的许用弯曲疲劳强度时，齿根处产生疲劳裂纹，并不断扩展使轮齿断裂。此外，突然过载、严重磨损及安装制造误差等也会造成轮齿折断。轮齿的折断有两种情况，一种是因短时意外的严重过载或受到冲击载荷时突然折断，称为**过载折断**；另一种是由于循环变化的弯曲应力的反复作用而引起的**疲劳折断**。轮齿折断一般发生在轮齿根部。

提高轮齿抗折断能力的措施有：减小齿根应力集中（如增加齿根过渡圆角，降低齿根部分表面粗糙度）；提高齿轮传动的安装精度及支承刚性，避免轮齿偏载；在设计时限制齿根部分最大弯曲应力；采用适当的热处理工艺，使轮齿有足够的齿芯韧性和齿面硬度，齿根部分进行表面强化处理（如喷丸、滚压）。齿面磨损示意图如图 9.24 所示。

图 9.23 轮齿折断

图 9.24 齿面磨损

2. 齿面磨损

落入轮齿间灰尘、砂粒、金属微粒等，在齿面相对运动时，会使齿面间产生摩擦磨损。严重时轮齿会因齿面减薄过多而折断。齿面磨损是开式传动的主要失效形式。通过提高齿面硬度、降低齿面粗糙度、采用清洁的润滑油以及将开式传动变为闭式传动等方法，可以有效地减少齿面磨损。

3. 齿面点蚀

如图9.25所示,轮齿工作表面上产生一些细小的凹坑,称为点蚀。轮齿齿面在脉动循环变化的接触应力重复作用下,表层产生疲劳裂纹,裂纹的扩展使金属微粒剥落,形成凹坑。通常疲劳点蚀首先发生在节线附近的齿根表面处。

点蚀使齿面有效承载面积减小,点蚀的扩展会严重损坏齿廓表面,引起冲击和噪声,造成传动的不平稳。点蚀是闭式软齿面齿轮传动的主要失效形式。而开式齿轮传动,由于齿面磨损速度较快,裂纹还未扩展到金属剥落时,表层已被磨掉,因而一般看不到点蚀现象。通过提高闭式传动齿轮齿面硬度、降低齿面的粗糙度、增大润滑油黏度及采用合理变位,可改善齿面点蚀。

4. 齿面胶合

在高速重载齿轮传动中,轮齿齿面啮合区的压力很大,润滑油膜因温度升高容易破裂,造成齿面金属直接接触,齿面间会发生金属因高温焊粘在一起的现象,当两齿面相对运动时,较软的齿面金属被撕下,在轮齿表面沿滑动方向出现条状伤痕,称为胶合。如图9.26所示,这种现象称为齿面胶合。

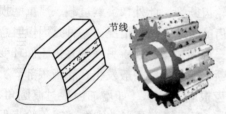 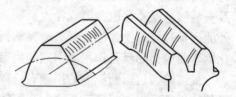

图9.25 齿面点蚀　　　　　　　　　图9.26 齿面胶合

5. 塑性变形

重载且摩擦力很大的齿轮传动,齿面较软的轮齿表层金属可能沿滑动方向滑移,出现局部金属流动现象,使齿面产生塑性变形,齿廓失去正确的齿形。在启动和过载频繁的传动中较易产生这种失效形式。如图9.27所示,主动齿轮齿面所受摩擦力背离节线,齿面在节线附近下凹;从动齿轮齿面所受摩擦力指向节线,齿面在节线附近上凸。通过提高齿面的硬度、增大润滑油黏度可减轻齿面塑性变形。

图9.27 齿面塑性变形

9.6.2 渐开线直齿圆柱齿轮的设计准则

齿轮传动必须具备足够的工作能力,以确保在其工作寿命期间不会发生任何形式的失效。为此对于每一种失效形式,都应建立相应的设计准则,但是对于齿面磨损和齿面塑性变形,至今国内外尚未形成相应的设计准则,对于齿面胶合,目前在我国也只是对高速重载齿轮传动，才根据"渐开线圆柱齿轮胶合承载能力计算方法（GB 6413—2003）"要求作齿面抗胶合能力设计计算。目前在设计普通齿轮传动时，通常只对齿面点蚀和齿轮疲劳折断建立计算准则，即按保证齿根弯曲疲劳强度和齿面接触疲劳强度进行设计计算。

闭式齿轮传动中齿轮的设计准则如下：

（1）软齿面（≤350 HBS）齿轮主要失效形式是齿面点蚀，按齿面接触疲劳强度进行设计计算，按齿根弯曲疲劳强度校核。

（2）硬齿面（＞350 HBS）或铸铁齿轮，由于抗点蚀能力较高，轮齿折断的可能性较大，故可按齿根弯曲疲劳强度进行设计计算，按齿面接触疲劳强度校核。

开式齿轮传动中齿轮的设计准则：开式齿轮传动齿面磨损为主要失效形式，故通常按照齿根弯曲疲劳强度进行设计计算，确定齿轮的模数，考虑磨损因素，再将模数增大 10%～20%，而无需校核接触疲劳强度。

9.6.3　齿轮常用的材料及热处理方法

一、齿轮材料

齿轮材料的力学性能对齿轮传动的承载能力影响极大，在设计齿轮传动前，应合理选择齿轮的材料并确定热处理工艺。齿轮材料应具有足够的抗折断、抗点蚀、抗胶合和抗磨损能力，应保证轮齿齿面有足够的硬度和耐磨性，芯部有较强韧性以承受冲击载荷和变载荷作用，此外材料应有良好的加工工艺性和热处理性能，以便于加工和提高力学性能。

常用的齿轮材料有各种牌号的优质碳素钢、合金结构钢、铸钢、铸铁和非金属材料等。表 9-4 列出了常用齿轮材料及其热处理后的硬度。

表 9-4　常用齿轮材料及热处理

材　　料		机械性能/MPa		热处理方式	硬　　度	
名称	牌号	σ_b	σ_s		HBS	HRC
调质钢	45	588	294	正火	169～217	
		647	373	调质	229～286	
		700	450	表面淬火		40～50
	35SiMn	785	510	调质	229～286	
	40Cr	786	490	调质	250～280	
	40MnB	900	650	表面淬火		45～55

续表

材　料		机械性能/MPa		热处理方式	硬　度	
名称	牌号	σ_b	σ_s		HBS	HRC
渗碳钢	20Cr	637	392	渗碳、淬火、回火		56 ~ 62
	20CrMnTi	1 079	834			
渗氮钢	38CrMoAlA			调质渗氮	850 HV	
铸钢	ZG270 - 500	500	270	回火	140 ~ 176	
	ZG340 - 640	640	340		162 ~ 197	
	ZG35SiMn	640	420	调质	200 ~ 250	
铸铁	QT400 - 15	400	300		156 ~ 200	
	QT600 - 3	600	370		190 ~ 270	
	HT250	250			157 ~ 236	
	HT300	300			157 ~ 236	

（1）锻钢具有强度高、韧性好、便于制造和热处理等优点，大多数齿轮都用锻钢制造。软齿面齿轮：齿面硬度小于 350 HBS，常用中碳钢和中碳合金钢，如 45 钢、40Cr、35SiMn 等材料，进行调质或正火处理。这种齿轮适用于强度、精度要求不高的场合，轮坯经过热处理后进行插齿或滚齿加工，生产便利、成本较低。在确定大、小齿轮硬度时为使两齿轮的轮齿接近等强度，应注意使小齿轮的齿面硬度比大齿轮的齿面硬度高 30 ~ 50 HBS。

硬齿面齿轮：硬齿面齿轮的齿面硬度大于 350 HBS，常用的材料为中碳钢或中碳合金钢经表面淬火处理。大小齿轮都是硬齿面时，小齿轮的硬度应略高，也可和大齿轮相等。

（2）当齿轮的尺寸较大（大于 400 ~ 600 mm）不便于锻造时。可用铸造方法制成铸钢齿坯，再进行正火处理以细化晶粒。

（3）低速、轻载场合的齿轮可以制成铸铁齿坯。当尺寸大于 500 mm 时，制成齿圈或轮辐式齿轮。灰口铸铁的铸造性能、建模性能、抗点蚀和抗胶合能力较好，但抗冲击性、抗弯曲性能和抗磨损能力较差，灰铁内的石墨具有自润滑性。灰铁材料适合于轻载、低速、载荷平稳和润滑条件较差的齿轮传动；球墨铸铁力学性能优于灰铁，可用于替代铸钢。近年来，也常用可锻铸铁和蠕墨铸铁制造齿轮。

（4）非金属材料一般用于高速、轻载和要求低噪声场合的齿轮传动，寿命较低。齿轮常用的非金属材料有聚酰胺（尼龙）、酚醛塑料（夹布胶木）和聚四氟乙烯（塑料王）等。

二、常用的热处理方式

（1）表面淬火：一般用于中碳钢和中碳合金钢，如45钢、40Cr。齿面硬度52~56 HRC，耐磨性好，齿面接触强度高。表面淬火的方法有高频淬火和火焰淬火等。

（2）渗碳淬火：用于低碳钢和低碳合金钢，如20钢、20Cr。齿面硬度56~62 HRC，齿面接触强度高耐磨性好，轮齿芯部保持有较高的韧性，常用于受冲击载荷的重要齿轮传动。

（3）调质：用于中碳钢和中碳合金钢。调质处理后齿面硬度可达220~260 HBS。

（4）正火：能消除内应力、细化晶粒，改善力学性能和切削性能。中碳钢正火处理可用于机械强度要求不高的齿轮传动中。

（5）渗氮处理：是一种化学处理方式，通常作为高硬度齿轮的最终热处理方式。经渗氮处理后，轮齿表面硬度可高达69~72 HRC。

9.6.4　齿轮传动精度简介

齿轮传动的质量取决于齿轮传动的精度，齿轮传动的精度等级的选用应根据齿轮的不同类型、传动的用途、使用的条件、传递的功率以及圆周速度等确定。国家标准"渐开线圆柱齿轮的精度 GB 10095—2001"对齿轮及齿轮副规定13个精度等级，0级最高，12级最低。表9-5列出了4~9级精度齿轮和其允许达到的圆周速度的关系，可作为设计时的参考。

表 9-5　齿轮传动常用精度等级及应用（摘自 GB 10095—2001）

精度等级	圆周速度/（m·s^{-1}）			应用举例
	直齿圆柱齿轮	斜齿圆柱齿轮	直齿圆锥齿轮	
4	>40	>70		用于在平稳、无噪声下工作的齿轮，高速透平机齿轮、精密分度机构齿轮、检测7级精度的测量齿轮
5 6	>20≤15	>40≤30	≤9	高速、重载；如机床、汽车、飞机中重要齿轮，分度机构的齿轮、高速减速器齿轮
7	≤10	≤15	≤6	高速、中载或低速、重载；如标准系列减速器的齿轮、机床和汽车变速器的齿轮
8	≤6	≤10	≤3	如机床、汽车和拖拉机中的一般齿轮，起重机中齿轮、农业机械中重要齿轮
9	≤2	≤4	≤2.5	低速重载下工作的齿轮、粗糙机械中齿轮、农机齿轮

齿轮传动机构在制造和安装的过程中，不可避免的产生误差。如齿形、齿距、齿向误差和轴线误差等。设计时应根据精度等级和使用要求的不同，从标准中查取相应的公差数值。国家标准将每个精度等级的各项公差相应分为 3 个组，每个公差组分别反映齿轮的不同的传动性能，如表 9-6 所示。

表 9-6　齿轮传动的公差组

公差组	误 差 特 性	对传动性能的影响
Ⅰ	以齿轮一转为周期的误差	传递运动的准确性
Ⅱ	在齿轮一周内多次周期地重复出现的误差	传动的平稳性、噪声、振动
Ⅲ	齿向线误差	载荷分布均匀性

9.6.5　直齿圆柱齿轮轮齿的受力分析和计算载荷

齿轮传动的主要失效形式有齿面破坏和轮齿折断两类，都发生在轮齿上。齿面破坏主要与轮齿的接触强度有关，轮齿折断主要与轮齿的齿根弯曲强度有关。

直齿圆柱齿轮轮齿的受力分析

对齿轮进行强度计算时，首先要建立轮齿的受力模型，分析轮齿所受载荷的大小、方向和性质。在理想状态下齿轮的工作载荷沿接触线均匀分布，为简化力学模型，用作用于齿宽中点的集中载荷代替均布载荷，此外由于齿面上的摩擦力与其他方向载荷相比很小，所以通常不考虑摩擦力的影响。直齿圆柱齿轮的受力模型和端面受力图如图 9.28 所示。

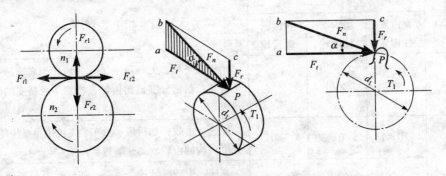

图 9.28　直齿圆柱齿轮的受力模型和端面受力

在设计齿轮传动时，通常已知小齿轮的转速 n_1（r/min）和所传递的功率 P_1（kW），故小齿轮所传递的扭矩为：$T_1 = 9.55 \times 10^6 P_1/n_1$（N·mm）。忽略齿面间的摩擦力，轮齿间的总作用力 F_n 沿轮齿啮合点的公法线 N_1N_2 方向作用，法向

力 F_n 可以分解为正交的周向力 F_t 和径向力 F_r，其中：

$$F_t = 2T_1/d_1 \qquad\qquad (9-17)$$

$$F_r = F_t \tan \alpha \qquad\qquad (9-18)$$

$$F_n = F_t/\cos \alpha \qquad\qquad (9-19)$$

式中，d_1 为小齿轮分度圆直径，单位为 mm；α 为齿轮分度圆上的压力角，$\alpha = 20°$。

如图 9.28 所示，圆周力 F_t 的方向，在主动轮上与圆周速度方向相反，在从动轮上与圆周速度方向相同。径向力 F_r 的方向对两轮都是由作用点指向轮心。

法向力 F_n 是在载荷沿齿宽均匀分布的理想条件下计算出来的，称为名义载荷。

齿轮传动机构在实际运转时，由于齿轮、轴、支承等的制造和安装误差，以及机构在受载时产生变形等原因，载荷沿齿宽并不是均匀分布的，载荷可能集中出现在轮齿某一侧，造成载荷局部集中。轴和轴承的刚度越小、齿宽 b 越宽，载荷集中越严重。此外，由于各种原动机和工作机的特性不同（如机械的启动和制动、工作机构速度的突然变化和过载等）、齿轮制造误差和受力变形，将导致齿轮传动中的附加动载荷。综合考虑集中载荷和附加动载荷影响，在进行齿轮强度计算时，用计算载荷 F_c 代替名义载荷 F_n，即：

$$F_c = KF_n \qquad\qquad (9-20)$$

式中，K 为载荷系数，见表 9-7。

表 9-7　齿轮传动的载荷系数 K

原动机	工作机特性		
	工作平稳	中等冲击	较大冲击
电动机、透平机	1 ~ 1.2	1.2 ~ 1.5	1.5 ~ 1.8
多缸内燃机	1.2 ~ 1.5	1.5 ~ 1.8	1.8 ~ 2.1
单缸内燃机	1.6 ~ 1.8	1.8 ~ 2.0	2.1 ~ 2.4

斜齿圆柱齿轮、圆周速度低、精度高、齿宽系数小时 K 取小值；直齿圆柱齿轮、圆周速度高、精度低、齿宽系数大时 K 取大值。齿轮在两轴承之间对称布置时 K 取小值，不对称布置及悬臂布置时 K 取较大值。

9.6.6　直齿圆柱齿轮传动的强度计算

进行齿轮传动的强度设计时，对于一般齿轮传动采用简化设计计算方法，对于重要的齿轮传动采用精确设计计算方法。"JB/T 8830—2001 高速渐开线圆柱齿轮和类似要求齿轮承载能力计算方法"中介绍了我国最新颁布的渐开线齿轮承载能力的计算方法。本节只介绍简化计算方法。

齿轮传动的强度计算分为设计计算和强度计算。设计计算用于对已知使用条件和载荷的齿轮进行设计，以确定齿轮的主要参数和尺寸；强度计算用于对已知参数和尺寸的齿轮进行强度校验。

一、软齿面闭式齿轮传动设计

根据齿轮设计准则，对于软齿面闭式齿轮传动机构中的齿轮，按齿面接触强度进行设计计算，得到齿轮参数后再按齿根弯曲强度进行校核。

1. 齿面接触疲劳强度计算

为防止轮齿因齿面接触疲劳而出现疲劳点蚀，要求齿面的最大接触应力不超过接触疲劳极限应力。如图 9.29 所示，齿面接触应力以两圆柱体接触时的最大接触应力为基础进行，根据弹性力学中的赫兹公式，两圆柱体在载荷作用下接触区产生的最大接触应力为：

$$\sigma_H = \sqrt{(F_n/b)\left[(1/\rho_1 \pm 1/\rho_2)/\left[\pi((1-\mu_1^2)/E_1 + (1-\mu_2^2)/E_2)\right]\right]}$$

$$(9-21)$$

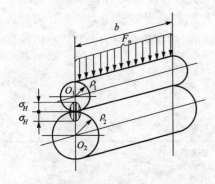

图 9.29　圆柱体接触时的接触应力

式中，b 为接触长度，单位为 mm；ρ_1、ρ_2 为两圆柱体接触处的曲率半径，单位为 mm；

该式表明接触应力应随齿廓上各接触点的综合曲率半径的变化而不同，靠近节点的齿根处最大。但为了简化计算，通常控制节点处的接触应力。

由图 9.30 可知，节点处的齿廓曲率半径分别为：

$$\rho_1 = N_1 P = (d_1 \sin \alpha)/2,$$
$$\rho_2 = N_2 P = (d_2 \sin \alpha)/2$$

令 $\rho_\Sigma = (\rho_1\rho_2)/(\rho_1 \pm \rho_2)$ 为综合曲率半径，齿轮传动的传动比为：

$$u = d_2/d_1 = z_2/z_1,$$
$$\rho_\Sigma = (u d_1 \sin \alpha)/[2(u \pm 1)]$$

式中，F_n 为作用于圆柱体上的载荷，单位为 N；实际计算中引入载荷系数 K，以计算载荷：

$$F_{nc} = KF_n = 2KT_1/\cos \alpha$$

即：$$\sigma_H = \sqrt{(2KT_1/d_1 b\cos \alpha)\left[(1/\rho \pm 1/\rho_2)/\left[\pi((1-\mu_1^2)/E_1 + (1-\mu_2^2)/E_2)\right]\right]}$$

$$= \sqrt{1/\left[\pi((1-\mu_1^2)/E_1 + (1-\mu_2^2)/E_2)\right]} \times$$

$$\sqrt{2/(\sin \alpha\cos \alpha)} \sqrt{\left[2KT_1(u \pm 1)\right]/(u b d_1^2)}$$

令 $Z_E = \sqrt{1/\left[\pi((1-\mu_1^2)/E_1 + (1-\mu_2^2)/E_2)\right]}$，$Z_H = \sqrt{2/(\sin \alpha\cos \alpha)}$，

Z_E 称为配对齿轮材料的弹性系数，单位为 $\sqrt{\text{MPa}}$，它反映了配对齿轮材料的

弹性模量和泊松比对接触应力的影响，其值见表 9-8。式中 μ_1，μ_2 为两圆柱体材料的泊松比；E_1，E_2 为两圆柱体材料的弹性模量；Z_H 为节点区域系数，反映了节点处齿廓曲率半径对接触应力的影响，$\alpha_n = 20°$ 时，Z_H 值见图 9.31。标准直齿圆柱齿轮的节点区域系数 $Z_H \approx 2.5$。

齿面接触疲劳强度校核公式为：

$$\sigma_H = Z_H Z_E \sqrt{2KT_1(u \pm 1)/(\psi_d d_1^3 u)} \leqslant [\sigma_H] \qquad (9-22)$$

式中，" $\pm$ "：两圆柱体外接触用 " $+$ "，内接触用 " $-$ "；用 $b = \psi_d \cdot d$ (9-23)
表示轮齿宽度，ψ_d 为齿宽系数，其值见表 9-9；$[\sigma_H]$ 为齿轮材料许用接触疲劳强度，单位为 MPa；σ_H 为齿面最大接触应力，单位为 MPa；

$$[\sigma_H] = \sigma_{H\lim} Z_N / S_H \qquad (9-24)$$

式中，$\sigma_{H\lim}$ 为试验齿轮的接触疲劳极限，单位为 MPa；其值由图 9.34 查出。S_H 为齿面接触疲劳安全系数，其值由表 9-10 查出。Z_N 为接触强度计算的寿命系数，其值如图 9.32 所示，其中 $N = 60nat$，n 是齿轮的转速（r/min），a 为齿轮回转一周齿轮同侧齿廓参与啮合的齿数，t 为轮齿工作时间。

齿面接触疲劳强度计算公式为：

$$d_1 \geqslant \sqrt[3]{[2KT_1(u \pm 1)/(\psi_d u)][(Z_H Z_E)/[\sigma_H]]^2} \qquad (9-25)$$

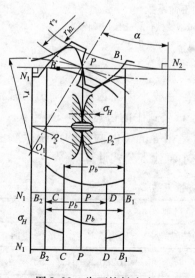

图 9.30 齿面接触应力

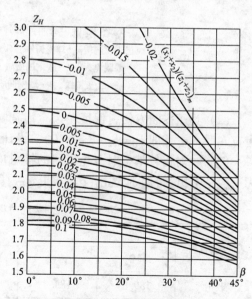

图 9.31 节点区域系数 Z_H

进行接触疲劳强度设计计算时应注意齿轮参数的选择。

（1）传动比 $u < 8$ 时采用一级齿轮传动；若总传动比 $u = 8 \sim 40$，可分为二级传动；若总传动比 $u > 40$，可分为 3 级或 3 级以上传动；

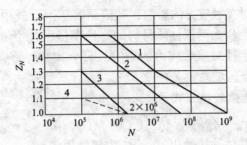

图 9.32　接触强度计算的寿命系数

1—碳钢（经正火、调质、表面淬火、渗碳淬火）、球墨铸铁、珠光体可锻铸铁；

（允许一定点蚀）；2—材料与热处理同 1，不允许出现点蚀；3—碳钢调质后、渗氮钢气体渗氮、

灰铸铁；4—碳钢调质后液体渗氮

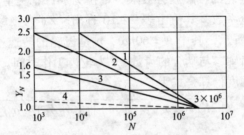

图 9.33　弯曲强度计算的寿命系数

1—碳钢（经正火、调质）、球墨铸铁、珠光体可锻铸铁；2—碳钢表面淬火、

渗碳淬火；3—碳钢调质后、渗氮钢气体氮化、

灰铸铁；4—碳钢调质后液体氮化

（2）为了安装方便，保证轮齿全齿宽啮合，一般小齿轮齿宽 b_1 应比大齿轮齿宽 b_2 稍大一些即 $b_1 = b_2 + (5 \sim 10)$。设计和校核公式中的齿宽为 b_2；

（3）一对齿轮啮合时，轮齿间的接触应力是相等的，但两轮的许用接触应力一般是不相等的，应选用 $[\sigma_{H1}]$ 和 $[\sigma_{H2}]$ 中较小者代入公式计算。

表 9 – 8　配对齿轮材料的弹性系数 Z_E　　　　　$\sqrt{\text{MPa}}$

小齿轮材料	大齿轮材料				
	锻钢	铸铁	球墨铸铁	灰铸铁	酚醛塑料
锻钢	189.8	188.9	186.4	162.0	56.4
铸铁		188.0	180.5	161.4	
球墨铸铁			173.9	156.6	
灰铸铁				143.7	

表 9 – 9　齿轮的齿宽系数 ψ_d

齿轮相对于轴承的位置	大轮或两轮齿面硬度 不大于 350 HBS	大轮或两轮齿面硬度 大于 350 HBS
对称布置	0.8 ~ 1.4	0.4 ~ 0.9
不对称布置	0.4 ~ 1.2	0.3 ~ 0.6
悬臂布置	0.3 ~ 0.4	0.2 ~ 0.5

表 9 – 10　齿轮设计的最小安全系数

安全系数	静强度		疲劳强度	
	一般情况	齿轮破坏会产生严重后果	一般情况	齿轮破坏会产生严重后果
S_{Hmin}	1.0	1.3	1.0 ~ 1.2	1.3 ~ 1.6
S_{Fmin}	1.4	1.8	1.4 ~ 1.5	1.6 ~ 3.0

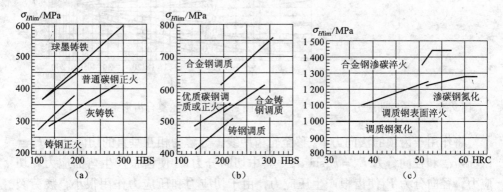

图 9.34　试验齿轮的接触疲劳强度极限 σ_{Hlim}

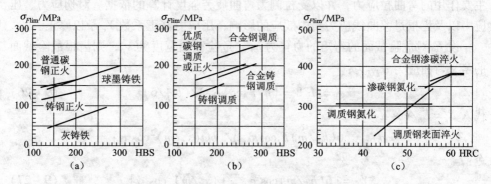

图 9.35　试验齿轮的弯曲疲劳强度极限 σ_{Flim}

2. 齿根弯曲疲劳强度计算

齿轮传动过程中，轮齿齿根处的弯曲强度是最弱的，为了防止齿轮在工作时发生轮齿折断，应限制在轮齿根部的弯曲应力。

轮齿弯曲应力计算时，假定全部载荷由一对轮齿承受且作用于齿顶处，这时齿根所受的弯曲力矩最大。将轮齿看做宽度为 b 的悬臂梁，危险截面用 $30°$ 切线法确定（如图 9.36 所示），作与轮齿对称线成 $30°$ 角并与齿根过渡圆弧相切的两条切线，通过两切点并平行于齿轮轴线的截面即为轮齿危险截面。

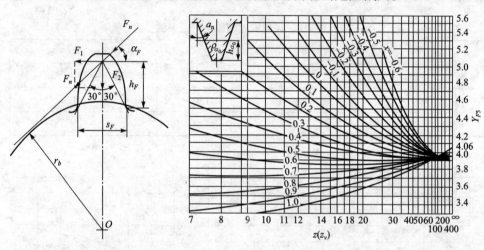

图 9.36　齿轮弯曲应力　　　　　图 9.37　外齿轮复合齿形系数 Y_{FS}

将作用于齿顶的法向力 F_n 移至轮齿中线，分解为相互垂直的切向分力 $F_1 = F_n\cos\alpha_F$ 和径向分力 $F_2 = F_n\sin\alpha_F$。其中切向分力 F_1 使齿根产生弯曲应力和切应力，径向分力 F_2 使齿根产生压应力，由于切应力和压应力作用很小，疲劳裂纹往往从齿根受拉边开始。因此，在进行齿根弯曲疲劳强度设计计算时只考虑起主要作用的弯曲拉应力，并以受拉侧为弯曲疲劳强度计算的依据。对切应力、压应力以及齿根过渡曲线应力集中效应的影响，用应力修正系数 Y_s 予以修正。

设 F_1 对危险截面的弯矩的力臂为 h_F，危险截面宽度为 s_F，则齿根危险截面的名义弯曲应力 σ_{F0} 为：

$$\sigma_{F0} = M/W = (h_F F_n\cos\alpha_F)/(b s_F^2/6) \qquad (9-26)$$

代入 $F_t = F_n/\cos\alpha$，得：

$$\sigma_{F0} = [6(h_F/m)F_t\cos\alpha_F]/[bm(s_F/m)^2\cos\alpha]$$

令：

$$Y_F = [6(h_F/m)\cos\alpha_F]/[(s_F/m)^2\cos\alpha] \qquad (9-27)$$

称为齿形系数，是与轮齿形状有关的参数。故：

$$\sigma_{F0} = F_t Y_F/(bm) \qquad (9-28)$$

将 $F_t = 2T_1/d_1$，$d_1 = mz_1$ 代入上式，并引入载荷系数 K 和应力修正系数 Y_S，可得齿根危险截面的工作弯曲应力 σ_F 的强度校核公式为：

$$\sigma_F = 2KT_1 Y_{FS}/(bm^2 z_1) \leqslant [\sigma_F] \qquad (9-29)$$

式中，b 为齿宽，单位为 mm；m 为模数，单位为 mm；T_1 为小轮传递转矩，单位为 N·mm；K 为载荷系数；z_1 为小齿轮齿数；Y_{FS} 为复合齿形系数，$Y_{FS} = Y_F Y_S$；外齿轮的复合齿形系数 Y_{FS} 由图 9.37 查得。

$[\sigma_F]$ 为齿轮的许用弯曲疲劳强度，按下式计算：

$$[\sigma_F] = \sigma_{Flim} Y_N/S_{Fmin} \qquad (9-30)$$

式中，σ_{Flim} 为试验齿轮的齿根弯曲疲劳极限，单位为 MPa，按图 9.35 查取；S_F 为轮齿弯曲疲劳安全系数，按表 9-10 查取；Y_N 为弯曲强度计算寿命系数，按图 9.32 查取；

对于 $i \neq 1$ 的齿轮传动，由于 $z_1 \neq z_2$，因此 $Y_{FS1} \neq Y_{FS2}$，而且两轮的材料和热处理方法，硬度也不相同，则 $[\sigma_{F1}] \neq [\sigma_{F2}]$，因此，两个齿轮的弯曲强度应分别验算。

将 $b = \psi_d \cdot d$ 代入式（9-28）可得齿根弯曲疲劳强度的设计公式：

$$m \geqslant \sqrt[3]{4KT_1 Y_{FS}/(\psi_a z^2 [\sigma_F])} \qquad (9-31)$$

式中的 $Y_{FS}/[\sigma_F]$，应以 $Y_{FS1}/[\sigma_{F1}]$ 和 $Y_{FS2}/[\sigma_{F2}]$ 中较大者代入。所算得的模数应按表 9-1 圆整为标准值。对于传递动力的齿轮，其模数应大于 1.5 mm，以防止意外断齿。

在满足轮齿弯曲强度的条件下，应尽可能增加齿数使传动的重合度增大，以改善传动的平稳性和载荷分配；在中心距 a 一定时，齿数增加可以减小模数，齿顶高和齿根高都会随之减小，从而节约材料和减少金属切削量。

对于闭式传动，当齿面硬度不太高时，轮齿的弯曲强度通常是足够的，故齿数可取多些，常取 $z_1 = 24 \sim 40$。当齿面硬度很高时，轮齿的弯曲强度通常不足，故齿数不宜过多，但应避免根切，一般 $z_1 = 17 \sim 20$。

设计实例：直齿圆柱齿轮传动的设计

例 9.1　一台由电动机驱动的单级直齿圆柱齿轮减速器中的齿轮传动，已知传动比 $i = 5$，主动轮传递的功率 $P_1 = 20$ kW，齿轮按 7 级精度加工，单向回转，单班制工作，使用年限 10 年，$n_1 = 1\,470$ r/min，齿轮相对于轴承为对称布置，载荷有中等冲击，设备可靠度要求较高。（建议两轮材料都选 45 号钢）

因齿轮有中等冲击，精度为 7 级，为防止小齿轮过早失效，采用软、硬齿面组合较为合理。其失效形式以齿面疲劳点蚀为主。

（1）确定配对齿轮的材料：大、小齿轮均选 45 号钢，参照表 9-4，大齿轮调质齿面硬度为（210～230）HBS。小齿轮表面淬火齿面硬度为（43～48）HRC。

（2）单级直齿圆柱齿轮减速器中的齿轮传动，输入转速 $n_1 = 1\,470$ r/min，$i = 5$，可知输出转速 $n_2 = 294$ r/min，为中速减速器中的齿轮，参照表 9-5，初定齿轮为 7 级精度。

（3）查图 9.34，可得：$\sigma_{H\lim1} = 1\,100$ MPa，$\sigma_{H\lim2} = 570$ MPa；

查图 9.35，可得：$\sigma_{F\lim1} = 330$ MPa，$\sigma_{F\lim2} = 220$ MPa；

根据给定条件确定两轮循环应力作用次数：

$$N_1 = 60 n_1 at = 60 \times 1\,470 \times 1 \times 10 \times 300 \times 8 = 2.116\,8 \times 10^9;$$

查图 9.32 得：$Z_{N1} = 1.0$　查图 9.33 得：$Y_{N1} = 1.0$，$N_2 = N_1/u = 2.116\,8 \times 10^9/5 = 4.233\,6 \times 10^8;$

查图 9.32 得：$Z_{N2} = 1.04$。查图 9.33 得：$Y_{N2} = 1.0$；

设备的可靠性要求较高，根据表 9-10 确定：$S_{H\min} = 1.1$，$S_{F\min} = 1.4$。

则：

$$[\sigma_{H1}] = \sigma_{H\lim1} Z_{N1}/S_{H1} = 1\,100 \times 1.0/1.1 = 1\,000 \text{ MPa}$$
$$[\sigma_{H2}] = \sigma_{H\lim2} Z_{N2}/S_{H2} = 570 \times 1.04/1.1 = 538.9 \text{ MPa}$$
$$[\sigma_{F1}] = \sigma_{F\lim1} Y_{N1}/S_{F\min} = 330 \times 1.0/1.4 = 235.7 \text{ MPa}$$
$$[\sigma_{F2}] = \sigma_{F\lim2} Y_{N2}/S_{F\min} = 220 \times 1.0/1.4 = 157.1 \text{ MPa}$$

（4）确定齿轮设计计算的部分参数。

小齿轮的名义转矩：$T_1 = 9\,550 P_1/n_1 = 9\,550 \times 20/1\,470 = 129.63$ N·m；

齿轮传动有中等冲击，查表 9-7，确定载荷系数 $K = 1.6$；

初步选定小齿轮的齿数 $z_1 = 25$，$z_2 = uz_1 = 5 \times 25 = 125$；

齿轮相对于轴承为对称布置，查表 9-9，确定齿宽系数 $\psi_d = 1$；

配对齿轮均为锻钢，查表 9-8，齿轮的材料系数 $Z_E = 189.8\ \sqrt{\text{MPa}}$；

标准直齿圆柱齿轮啮合，查图 9.31，齿轮传动的节点区域系数 $Z_H = 2.5$。

（5）齿面点蚀是齿轮传动的主要失效形式，故用齿面接触疲劳强度进行设计计算。

确定小轮直径：
$$d_1 \geqslant \sqrt[3]{[2KT_1(u \pm 1)/(\psi_d u)][(Z_H Z_E)/[\sigma_H]]^2}$$
$$= \sqrt[3]{\frac{[2 \times 1.6 \times 129.63(5+1)/(1 \times 5)]}{[(2.5 \times 189.8)/538.9]^2}} = 67.24 \text{ mm}$$

确定齿轮的模数：$m = d_1/z_1 = 67.24/25 = 2.69$，查表 9-1 圆整为标准值：$m = 3$。

（6）校验小轮的线速度：$v = \pi d_1 n_1/(60 \times 1000) = 3.14 \times 67.24 \times 1\,470/60\,000 = 5.17$ m/s

经查表 9-5 知，7 级精度齿轮符合要求。

（7）确定齿轮的各基本参数。

齿轮的分度圆直径：$d_1 = mz_1 = 3 \times 25 = 75$ mm，$d_2 = mz_2 = 3 \times 125 = 375$ mm

齿轮的中心距：$a = m(z_1 + z_2)/2 = 3 \times 150/2 = 225$ mm

齿宽：$b_2 = d_1\psi_d = 75 \times 1 = 75$ mm，$b_1 = b_2 + (5 \sim 10) = (80 \sim 85)$ mm，取
$b_1 = 80$ mm

（8）按齿根弯曲疲劳强度校核。

查图 9.36，得齿轮的复合齿形系数为：$Y_{FS1} = 4.3$，$Y_{FS2} = 3.95$；

$$\sigma_{F1} = 2KT_1 Y_{FS1}/(b_1 m^2 z_1) = 2 \times 1.6 \times 129.63 \times 4.3/(80 \times 3^2 \times 25)$$
$$= 105.95 \text{ MPa} \leqslant 235.7 \text{ MPa} = [\sigma_{F1}] \quad \text{小齿轮合格；}$$

$$\sigma_{F2} = 2KT_2 Y_{FS2}/(b_2 m^2 z_2) = 2 \times 1.6 \times 129.63 \times 3.95/(75 \times 3^2 \times 125)$$
$$= 97.32 \text{ MPa} \leqslant 157.1 \text{ MPa} = [\sigma_{F2}] \quad \text{大齿轮合格。}$$

§9.7　斜齿圆柱齿轮机构

发生线在基圆上作纯滚动时，发生线上任一点的轨迹为该圆的渐开线。对于具有一定宽度的直齿圆柱齿轮，其齿廓侧面是发生面 S 在基圆柱上作纯滚动时，平面 S 上任意一条与基圆柱母线 NN' 平行的直线 KK' 所形成的渐开线曲面，如图 9.38 所示。

直齿圆柱齿轮啮合时，齿面的接触线与齿轮的轴线平行，轮齿沿整个齿宽同时进入或退出啮合，因而轮齿上的载荷是突然加上或卸掉，容易引起冲击、振动和噪声，传动平稳性差，不适于高速传动。

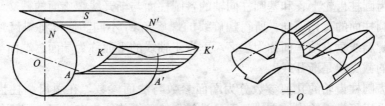

图 9.38　直齿圆柱齿轮齿廓的形成和齿面接触线

9.7.1　斜齿圆柱齿轮齿廓的形成及啮合特性

如图 9.39 所示，当发生面 S 在基圆柱上做纯滚动时，其上与母线 NN' 成倾斜角 β_b 的斜直线 KK' 在空间所走过的轨迹，为斜齿圆柱齿轮的渐开线螺旋齿面。

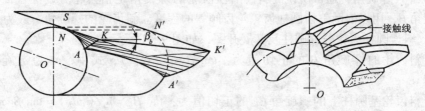

图 9.39　斜齿圆柱齿轮齿廓的形成和齿面接触线

斜直线 KK' 与母线 NN' 所交的倾斜角 β_b 称为基圆柱上的螺旋角。斜齿圆柱齿轮啮合时，其接触线都平行于斜直线 KK'，因齿高有一定限制，故在两齿廓啮合过程中，接触线长度由零逐渐增长，从某一位置以后又逐渐缩短，直至脱离啮合，即斜齿轮进入和脱离接触都是逐渐进行的，故传动平稳，噪声小，此外，由于斜齿轮的轮齿是倾斜的，同时啮合的轮齿对数比直齿轮多，重合度比直齿轮大，传动平稳承载能力强，广泛用于高速重载传动中。斜齿轮传动的主要缺点是运转时会产生轴向力，轴支座的结构比较复杂。

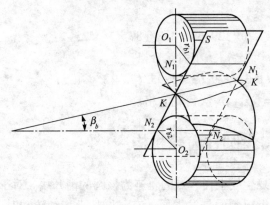

图 9.40 斜齿圆柱齿轮啮合传动

如图 9.40 所示，斜齿圆柱齿轮啮合传动时，斜齿齿廓的公法面 S 既是两基圆柱的公切面，又是传动的啮合面。

9.7.2 斜齿圆柱齿轮的几何参数和尺寸计算

斜齿圆柱齿轮上，和基圆柱同轴的各圆柱面与渐开线螺旋面的截交线为一螺旋线，圆柱面的直径不同，所得螺旋线的螺旋角 β_i 不同。通常将斜齿轮上与分度圆柱螺旋线垂直的平面称为法面。垂直于轴线的平面称为端面，端面与渐开线螺旋面的截交线是渐开线。

斜齿圆柱齿轮的几何参数分为端面参数与法面参数。在斜齿圆柱齿轮加工时，多采用滚齿或铣齿的方法，刀具沿斜齿轮的螺旋线方向进刀，因而斜齿轮的法面参数与刀具参数相同，是斜齿轮的标准参数。由于一对斜齿轮啮合在端面上看与直齿轮相同，就是一对渐开线齿廓啮合，故斜齿轮的几何尺寸计算一般在端面上进行。

一、斜齿轮的基本几何参数

（1）螺旋角：通常所说的斜齿圆柱齿轮的螺旋角是指齿轮分度圆柱面上的螺旋角 β，用以表示斜齿圆柱齿轮轮齿倾斜的程度。斜齿轮的螺旋角一般为 8° ~ 20°。斜齿圆柱齿轮分度圆柱及其展开图，如图 9.41 所示。

斜齿轮的螺旋角 β 的正切值为：$\tan \beta = p_z/(\pi d)$，式中，p_z 为螺旋线的导程。

斜齿轮基圆柱上的螺旋角 β_b 的正切值为：$\tan \beta_b = p_z/(\pi d_b) = \tan \beta \cos \alpha_t$，式中 α_t 为斜齿轮的端面压力角。

显然：与渐开线螺旋面齿廓截交的圆柱面的直径越大，螺旋角也越大；螺旋

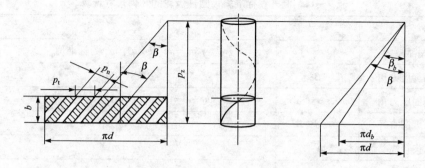

图 9.41 斜齿圆柱齿轮分度圆柱及其展开图

角大，轮齿就越倾斜，传动的平稳性越好，但轴向力会越大。

（2）模数分为法面模数 m_n 和端面模数 m_t，其中法面模数 m_n 是标准值（见表 9-1）。斜齿轮的端面模数为：

$$m_t = m_n / \cos \beta \tag{9-32}$$

（3）齿距分为法向齿距 p_n 和端面齿距 p_t

斜齿轮的法向齿距为：

$$p_n = \pi m_n \tag{9-33}$$

斜齿齿轮的端面齿距为：

$$p_t = p_n / \cos \beta \tag{9-34}$$

（4）齿顶高系数和顶隙系数：斜齿轮法面的齿顶高系数 h_{an}^* 和顶隙系数 c_n^* 是标准值。

斜齿轮端面的齿顶高系数 h_{at}^* 为：

$$h_{at}^* = h_{an}^* / \cos \beta \tag{9-35}$$

斜齿轮端面的顶隙系数 c_t^* 为：

$$c_t^* = c_n^* / \cos \beta \tag{9-36}$$

（5）压力角：如图 9.42 所示，α_n 为斜齿圆柱齿轮分度圆齿廓上法面（$A_1 B_1 D$）压力角，α_t 为分度圆齿廓上端面（ABD）压力角。有：

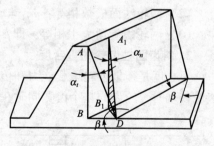

图 9.42 压力角

$$\tan \alpha_t = \tan \alpha_n / \cos \beta \tag{9-37}$$

二、渐开线标准斜齿圆柱齿轮传动的几何尺寸计算

渐开线标准斜齿圆柱齿轮的端面齿廓曲线为渐开线。故可将渐开线标准直齿圆柱齿轮的几何尺寸计算方法用于斜齿轮的端面尺寸计算。渐开线标准斜齿圆柱齿轮的几何尺寸按表 9-11 的公式计算。

表 9 – 11 渐开线标准斜齿圆柱齿轮的几何尺寸计算

名称	代号	计 算 公 式
端面模数	m_t	$m_t = m_n/\cos\beta$，m_n 为标准值
螺旋压力角	β	$\beta = 8° \sim 20°$
端面压力角	α_t	$\tan\alpha_t = \tan\alpha_n/\cos\beta$，$\alpha_n$ 为标准值
分度圆直径	d	$d_1 = m_t z_1 = m_n z_1/\cos\beta$
齿顶高	h_a	$h_a = m_n$
齿根高	h_f	$h_f = 1.25 m_n$
全齿高	h	$h = h_a + h_f = 2.25 m_n$
齿顶圆直径	d_a	$d_a = d \pm 2h_a$
齿根圆直径	d_f	$d_f = d \mp 2h_f$
中心距	a	$a = (d_1 \pm d_2)/2 = m_n(z_1 \pm z_2)/2\cos\beta$

9.7.3 斜齿圆柱齿轮正确啮合的条件和重合度

1. 渐开线标准斜齿圆柱齿轮正确啮合的条件

渐开线标准斜齿圆柱齿轮正确啮合的条件是：两齿轮在相同平面内的模数相等，压力角相等，螺旋角大小相等，外啮合时，螺旋方向相反，内啮合时螺旋方向相同。即：

（1）两轮的法面压力角相等：$\alpha_{n1} = \alpha_{n2} = 20°$。

（2）两轮法面模数相等：$m_{n1} = m_{n2} = m$。

（3）两轮螺旋角大小相等：即 $\beta_1 = \mp\beta_2$。

2. 斜齿圆柱齿轮的重合度

重合度是衡量齿轮承载能力和传动平稳性的重要指标，如图 9.43 所示。直齿轮传动时，轮齿的整个齿宽同时在 B_2B_2 处进入啮合，在 B_1B_1 处脱离啮合，其重合度为 ε_α。斜齿轮传动，轮齿进入和脱离啮合都不是整个齿宽，B_1 只是从轮齿的一端开始脱离啮合，到整个轮齿全部脱离啮合还要继续啮合 $\Delta L = b\tan\beta_b$，故斜齿轮传动的重合度较直齿轮增加了 ε_β，即：

$$\varepsilon_\beta = \Delta L/p_t = b\tan\beta_b/p_t$$

(9 – 38)

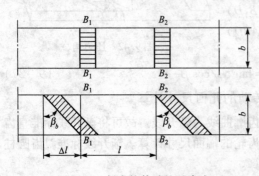

图 9.43 斜齿轮传动的重合度

故斜齿圆柱齿轮传动的重合

度为:

$$\varepsilon = \varepsilon_\alpha + \varepsilon_\beta \qquad\qquad (9-39)$$

式中, ε_α 为斜齿轮啮合的端面重合度; ε_β 为轴向重合度, 是由轮齿倾斜增加的重合度。

9.7.4　斜齿圆柱齿轮的当量齿数

加工斜齿轮时, 铣刀是沿着螺旋线方向进刀的, 故应按齿轮的法面齿形选择铣刀。此外, 在计算轮齿的强度时, 力作用在法面内, 也需要知道法面的齿形。工程中通常采用近似方法确定斜齿轮的法面参数。

如图 9.44 所示, 过斜齿轮分度圆柱面上 C 点作轮齿螺旋线的法平面 nn, 它与分度圆柱面的交线为一椭圆。椭圆的长半轴为 $a = d/2\cos\beta$, 短半轴为 $b = d/2$, 在 C 点的曲率半径为 $\rho = a^2/b$。由于该椭圆剖面与其他轮齿的法向不垂直, 故除 C 点外剖面上其他位置的齿形均已变形, 并非斜齿轮的法向齿形。

以 ρ 为分度圆半径, 以斜齿轮的法面模数 m_n 为模数, 以 $\alpha_n = 20°$ 作为压力角, 作一虚拟的直齿圆柱齿轮, 该直齿轮的齿形与斜齿轮的法面齿形最为接近。这个假想

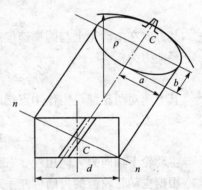

图 9.44　斜齿圆柱齿轮当量齿数

的直齿圆柱齿轮被称为斜齿圆柱齿轮的当量齿轮, 它的齿数称为斜齿轮的当量齿数 z_v。

$$z_v = 2\rho/m_n = d/m_n\cos^2\beta = m_t z/m_n\cos^2\beta = z/\cos^3\beta \qquad (9-40)$$

斜齿圆柱齿轮的当量齿数总是大于实际齿数, 且往往不是整数, 但无须圆整。因为斜齿圆柱齿轮的当量齿轮是一个虚拟的直齿圆柱齿轮, 不发生根切的最少齿数为 $z_{v\min} = 17$, 故正常齿标准斜齿轮不发生根切的最少齿数为: $z_{\min} = z_{v\min}\cos^3\beta$。

9.7.5　斜齿圆柱齿轮传动的强度计算简介

一、斜齿圆柱齿轮传动的受力分析

不考虑摩擦力的影响, 斜齿圆柱齿轮轮齿所受的法向力 $\boldsymbol{F}_n$ 作用于轮齿的法平面内, 如图 9.45 所示, $\boldsymbol{F}_n$ 可分解为 3 个互相垂直的分力即圆周力 $\boldsymbol{F}_t$、径向力 $\boldsymbol{F}_r$ 和轴向力 $\boldsymbol{F}_a$。

圆周力为:

$$F_t = 2T_1/d_1 \qquad\qquad (9-41)$$

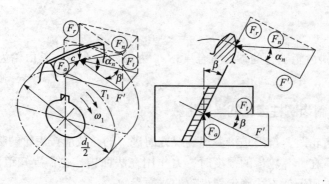

图 9.45　斜齿圆柱齿轮受力分析

其方向在主动轮上与圆周速度方向相反，在从动轮上与圆周速度方向相同。

径向力为：

$$F_r = (F_t \tan \alpha_n)/\cos \beta \qquad (9-42)$$

其方向对两轮都是由作用点指向轮心。

轴向力为：

$$F_a = F_t \tan \beta \qquad (9-43)$$

主动轮上轴向力方向用左、右手螺旋定则确定。

根据主动轮轮齿的齿向伸左手或右手（左旋伸左手，右旋伸右手），握住轴线，沿主动轮的转向握拳，大拇指所指方向即为轴向力作用方向，从动轮上的轴向力的方向与主动轮上轴向力的方向相反。

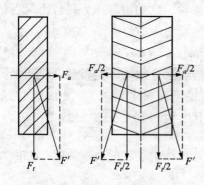

图 9.46　斜齿轮上的轴向力

显然，斜齿轮的螺旋角 β 越大，轮齿间相互作用的轴向力也越大，轴向力最终会通过轴承作用在轴承座和箱体上，增加轴承的负荷，使支座结构复杂化。为限制轴向力，斜齿轮的螺旋角不宜过大，一般 $\beta = 8° \sim 15°$，在安装、加工空间和技术条件许可的情况下，可将斜齿轮的轮齿沿齿宽方向做成左右对称的人字轮齿形状。如图 9.46 所示，因齿轮左右两侧完全对称，两侧所产生的轴向分力可以相互抵消，人字齿轮制造成本较高。

二、斜齿圆柱齿轮传动的强度校核

1. 齿面接触强度计算

斜齿轮传动重合度较大，在法面内斜齿轮当量齿轮的分度圆半径增大，齿廓的曲率半径增大，使得斜齿轮的齿面接触应力较直齿轮有所降低。因此斜齿轮轮齿的抗点蚀能力比直齿轮高，考虑斜齿轮传动的这些特点，标准斜齿轮传动齿面接触疲劳强度的校核公式和设计公式分别为：

$$\sigma_H = Z_E Z_H Z_\beta \sqrt{2KT_1(u \pm 1)/(bd_1^2 u)} \leqslant [\sigma_H] \qquad (9-44)$$

$$d_1 \geqslant \sqrt[3]{(Z_E Z_H Z_\beta/[\sigma_H])^2 \cdot 2KT_1(u \pm 1)/(\psi_d u)} \qquad (9-45)$$

式中，Z_β 为斜齿轮的螺旋角系数，是考虑螺旋角造成接触线倾斜对齿面接触应力的影响引入的参数；$Z_\beta = \sqrt{\cos\beta}$，$[\sigma_H]$ 的确定方法、各参数的意义和单位与直齿轮相同。

2. 轮齿弯曲疲劳强度计算

斜齿轮轮齿的弯曲应力在轮齿法面内分析，方法与直齿圆柱齿轮的相似。斜齿轮啮合时重合度较大，参与啮合的轮齿对数较多，且轮齿的接触线是倾斜的，有利于降低斜齿轮的弯曲应力，因此斜齿轮轮齿的抗弯能力比直齿轮高。考虑到斜齿轮传动的特点，斜齿轮轮齿齿根弯曲疲劳强度的校核公式和设计公式分别为：

$$\sigma_F = (1.6KT_1 Y_{FS}\cos\beta)/bz_1 m_n^2 \leqslant [\sigma_F] \qquad (9-46)$$

$$m_n \geqslant \sqrt[3]{(1.6KT_1 Y_{FS}\cos^2\beta)/(\psi_d z_1^2[\sigma_F])} \qquad (9-47)$$

式中，Y_{FS} 可根据斜齿轮的当量齿数，查图 9.37；m_n 为斜齿轮的法面模数，计算出的数值应按表 9-1 选取标准值；$[\sigma_F]$ 的确定方法、其余各参数的意义和单位与直齿轮相同。

§9.8　直齿圆锥齿轮机构

直齿圆柱齿轮传动和斜齿圆柱齿轮传动机构都属于平面齿轮传动机构，用于传递两平行轴之间的运动和动力。在实际机械传动中，有时候两传动轴的轴线是相交的，因而在圆柱齿轮机构的基础上，发展了圆锥齿轮机构。圆锥齿轮机构属于空间机构。

9.8.1　直齿圆锥齿轮传动的特点和应用

圆锥齿轮简称锥齿轮，圆锥齿轮传动是用来传递空间两相交轴之间运动和动力的一种齿轮传动，其轮齿分布在截圆锥体上，齿形从大端到小端逐渐变小。圆柱齿轮中的有关圆柱均变成了圆锥，如分度圆锥、节圆锥、基圆锥、齿顶圆锥等。为计算和测量方便，通常取大端参数为标准值。一对圆锥齿轮两轴线间的夹角 Σ 称为轴角。其值可根据传动需要任意选取，在一般机械中，多取 $\Sigma = 90°$。圆锥齿轮的轮齿有直齿、斜齿和曲齿等形式。直齿和斜齿齿轮设计、制造及安装均较简单，但噪声较大，用于 $v < 5$ m/s 的低速传动；曲线齿锥齿轮具有传动平稳、噪声小及承载能力大等特点，用于高速重载的场合。本节只讨论 $\Sigma = 90°$ 的标准直齿圆锥齿轮传动。

圆锥齿轮的运动关系相当于一对节圆锥作纯滚动。如图9.47所示，一对标准直齿圆锥齿轮啮合，其节圆锥与分度圆锥重合，δ_1、δ_2为节锥角，Σ为两节圆锥轴线的夹角，d_1、d_2为大端节圆直径。当$\Sigma = \delta_1 + \delta_2 = 90°$时，圆锥齿轮传动的传动比为：

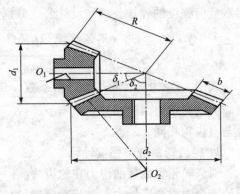

$$i = n_1/n_2 = d_2/d_1 = z_2/z_1$$
$$= \sin \delta_2/\sin \delta_1 = \tan \delta_2 = \cot \delta_1$$
$$(9-48)$$

图9.47 标准直齿圆锥齿轮传动

9.8.2 直齿圆锥齿轮齿廓曲面的形成

如图9.48所示，锥齿轮的齿廓是发生面A沿基圆锥作纯滚动，平面上过锥顶的直线OK所形成渐开线曲面，即圆锥齿轮齿廓曲面。直线OK上各点的轨迹都是渐开线。渐开线NK上各点与锥顶O的距离相等，所以该渐开线在以O为球心，OK为半径的球面上，因此圆锥齿轮的齿廓曲线是以锥顶O为球心的球面渐开线。因球面渐开线无法在平面上展开，给设计和制造造成困难，故常用背锥上的齿廓曲线来代替球面渐开线。过锥齿轮的大端，其母线与锥齿轮分度圆锥母线垂直的圆锥称为背锥。将两锥齿轮大端球面渐开线齿廓向两背锥上投影，得到近似渐开线齿廓。再将两背锥展成两扇形齿轮，并把扇形齿轮补足成一个完整的圆柱齿轮。这个假想的圆柱齿轮称作圆锥齿轮的当量齿轮，当量齿轮的齿数称作圆锥齿轮的当量齿数，用z_v表示。$z_v = z/\cos \delta$。

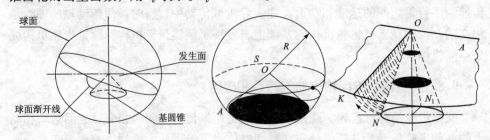

图9.48 锥齿轮齿廓曲面的形成

9.8.3 直齿圆锥齿轮的参数和几何尺寸

GB/T 12369—1990规定，锥齿轮传动的几何尺寸计算以其大端参数作为标准，大端分度圆上的压力角$\alpha = 20°$，大端模数为标准模数。轴交角$\Sigma = 90°$时，标准直齿圆锥齿轮的几何尺寸计算公式见表9-12。表9-13为GB/T 12368—

1990 给出的圆锥齿轮模数系列。

表 9 – 12 $\Sigma = 90°$ 标准直齿圆锥齿轮的几何尺寸计算

名称	符号	计算公式及其说明
传动比	i	$i = n_1/n_2 = d_2/d_1 = z_2/z_1 = \sin \delta_2/\sin \delta_1 = \tan \delta_2 = \cot \delta_1$
分度圆锥角	$\delta_1 \ \delta_2$	$\delta_2 = \arctan z_2/z_1$, $\delta_1 = 90° - \delta_2$
分度圆直径	$d_1 \ d_2$	$d_1 = m_e z_1$ $d_2 = m_e z_2$
齿顶高	h_a	$h_a = m_e$
齿根高	h_f	$h_f = 1.2 m_e$
全齿高	h	$h = h_a + h_f = 2.2 m_e$
顶隙	c	$c = 0.2 m_e$
齿顶圆直径	$d_{a1} \ d_{a2}$	$d_{a1} = m_e z_1 + 2 m_e \cos\delta_1$, $d_{a2} = m_e z_2 + 2 m_e \cos \delta_2$
齿根圆直径	$d_{f1} \ d_{f2}$	$d_{f1} = m_e z_1 - 2.4 m_e \cos \delta_1$, $d_{f1} = m_e z_2 - 2.4 m_e \cos \delta_2$
外锥距	R_e	$R_e = \sqrt{r_1^2 + r_2^2} = m_e \sqrt{z_1 + z_2}/2 = d_1/(2\sin \delta_1) = d_2/(2\sin \delta_2)$
齿宽	b	$b \leqslant R_e/3$
齿顶角	θ_a	$\theta_a = \arctan (h_a/R_e)$（不等顶隙）, $\theta_a = \theta_f$（等顶隙）
齿根角	θ_f	$\theta_a = \arctan (h_f/R_e)$
根锥角	$\delta_{f1} \ \delta_{f2}$	$\delta_{f1} = \delta_1 - \theta_f$, $\delta_{f2} = \delta_2 - \theta_f$
顶锥角	$\delta_{a1} \ \delta_{a2}$	$\delta_{a1} = \delta_1 - \theta_a$, $\delta_{a2} = \delta_2 - \theta_a$

表 9 – 13   圆锥齿轮标准模数系列

大端模数	0.1 0.12 0.15 0.2 0.25 0.3 0.35 0.4 0.5 0.6 0.7 0.8 0.9 1
	1.125 1.25 1.375 1.5 1.75 2 2.25 2.5 2.75 3 3.25 3.5 3.75 4
	4.5 5 5.5 6 6.5 7 8 9 10 11 12 14 16 18 20 22 25 28 30
	32 36 40 45 50

9.8.4 直齿圆锥齿轮正确啮合的条件

一对锥齿轮啮合传动相当于其当量圆柱齿轮传动，直齿圆锥齿轮正确啮合的条件由当量圆柱齿轮正确啮合条件得到，即：相互啮合的两轮大端模数和大端分度圆上的压力角分别相等，且两轮的锥距相等。有：$m_{e1} = m_{e2} = m$，$\alpha_1 = \alpha_2 = \alpha = 20°$，$\Sigma = \delta_1 + \delta_2$。

§9.9 齿轮的结构设计及齿轮传动的润滑

9.9.1 齿轮的结构设计

齿轮由轮缘、轮辐和轮毂组成，齿轮结构设计主要确定齿轮的轮缘、轮毂及腹板（轮辐）的结构形式和尺寸大小。结构设计应考虑齿轮的几何尺寸、材料、使用要求、工艺性及经济性等因素，确定适合的结构形式，再根据设计手册推荐的经验数据确定结构尺寸。

根据齿轮直径大小，重要性和材料等确定齿轮毛坯的加工方法是齿轮结构设计的第一步，齿轮毛坯制造方法分为锻造齿坯和铸造齿坯两种。当齿顶圆直径 $d_a \leqslant 500$ mm 时，通常采用锻造齿坯；当圆柱齿轮 $d_a > 500$ mm、锥齿轮 $d_a > 300$ mm 时，为减少加工量和锻造难度，通常采用铸造齿坯；大型齿轮 $d_a > 600$ mm，为节省贵重材料，可用优质材料做齿圈套装于铸钢或铸铁的轮心上；单件或小批量生产的大型齿轮，可做成焊接结构齿轮。为了节省材料或解决工艺问题，有时也采用组合装配式结构，如过盈组合和螺栓联结组合。

一、锻造齿轮

1. 齿轮轴

齿轮的齿根圆到键槽底面的距离 e 很小，（如图 9.49 所示，圆柱齿轮 $e \leqslant 2.5$ m，圆锥齿轮的小端 $e \leqslant 1.6$ m），为保证轮毂键槽的强度足够，将齿轮与轴做成整体齿轮轴。

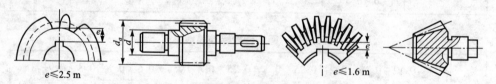

图 9.49 齿轮轴

2. 实心齿轮（又称盘式齿轮）

当齿顶圆直径 $d_a \leqslant 200$ mm 或高速传动且要求低噪声时，采用图 9.50 所示实心结构。

3. 辐板式齿轮

如图 9.51 所示，当齿顶圆直径 $d_a \leqslant 500$ mm 时，采用锻造辐板式结构，以减轻齿轮的重量、节约材料。锻造腹板式齿轮的结构尺寸如图 9.52 所示。

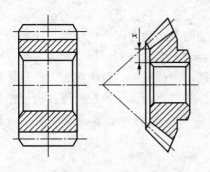

图 9.50　实心齿轮

锻造腹板齿轮　　　　铸造腹板齿轮

图 9.51　腹板齿轮

二、铸造齿轮

齿轮直径 $d_a > 500$ mm 时，采用轮辐式结构。受锻造设备的限制，轮辐式齿轮多为铸造齿轮。轮辐剖面形状可以采用椭圆形（轻载）、十字形（中载）、及工字形（重载）等，如图 9.51 所示。铸造腹板式齿轮的结构尺寸如图 9.53 所示。

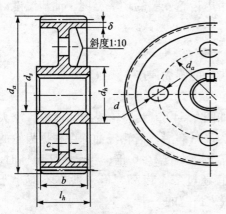

d_h=1.6 ds; l_h=(1.2.~1.5) ds, 使 $l_h \geqslant b$

c=0.3 b; δ=(2.5.~4)mm，但不小于 8 mm

d_0 和 d 按结构取定, d 较小时可不开孔

图 9.52　锻造腹板齿轮

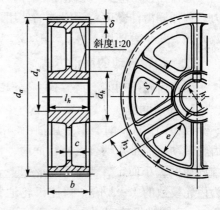

d_h=1.6 ds(铸钢); d_h=1.6 ds(铸铁); e= 0.8 ds

l_h=(1.2.~1.5)ds, $l_h \geqslant b$; c=0.2b, $\geqslant 10$ mm;

δ=(2.5~4) mn, $\geqslant 8$ mm; h_1= 0.8 ds; h_2= 0.8h_1;

h_2= 0.8 h_1;s= 1.5h_1, $\geqslant 10$ mm;

图 9.53　铸造腹板齿轮

9.9.2　齿轮传动的润滑

齿轮传动的润滑是为了减小由于齿面接触摩擦造成的功率损失、减少齿面磨损、降低噪声、改善散热条件并防止齿轮锈蚀，是保证齿轮传动正常运转，提高传动效率和机构寿命的重要措施。

齿轮传动的润滑具有其特殊性。齿轮传动过程中轮齿形成油楔的条件差；由于相互啮合齿面间的压力大，且齿面相对滑动的大小和方向变化频繁，使得齿轮经常处于边界润滑和混合润滑状态；轮齿啮合时逐齿进行的，每次啮合都要重新建立油膜，齿轮传动的润滑是断续的；齿轮传动的载荷大，摩擦热也大，易使油温上升，加速了油膜的破坏；齿轮的材料、热处理、加工和装配精度及齿面粗糙度等都是影响齿轮润滑条件的因素。因此，齿轮传动的合理润滑设计是十分重要的。

一、润滑油的种类及选择

齿轮传动的润滑剂大致分为 3 大类：最常用的是液体润滑剂；低速传动，无法使用液体润滑剂时，使用润滑脂，固体润滑剂的使用取决于使用条件及工艺水平。

用于一般闭式齿轮传动的润滑油分为 3 种：L-CKB 抗氧防锈型工业齿轮油、L-CKC 中载荷工业齿轮油和 L-CKD 重载荷工业齿轮油。每一种又分为若干黏度级；用于开式齿轮传动润滑的是开式工业齿轮油及润滑脂。选择润滑油种类时应当考虑齿面接触应力、齿轮状况和使用工况，然后根据齿轮的圆周速度和滚动压力，选择润滑油黏度；润滑油的使用还应考虑齿轮安装的环境温度、油池温度以及光照、灰尘等环境条件。

二、齿轮传动的润滑方式

闭式齿轮传动的润滑方式主要取决于齿轮的圆周速度 v。

1. 油浴润滑

当 $v \leqslant 15$ m/s 时，常采用油浴润滑（如图 9.54），大齿轮浸入油池中，靠大齿轮转动将油带入啮合区进行润滑，也称为飞溅润滑。齿轮浸油深度根据齿轮的圆周速度大小而定，当 $v < 3$ m/s 时，为齿轮模数的 3~6 倍；当 $v > 12$ m/s 时，为齿轮模数的 1~3 倍。圆柱齿轮通常不宜超过一个齿高，但一般亦不应小于 10 mm；圆锥齿轮应浸入全齿宽，至少应浸入齿宽的一半。

多级齿轮传动中，当几个大齿轮直径不相等时，采用惰轮油浴润滑。如图 9.55。

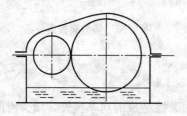

图 9.54 油浴润滑

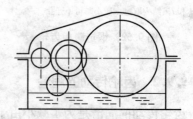

图 9.55 惰轮油浴润滑

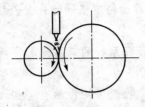

图 9.56　喷油润滑

2. 循环喷油润滑

当 $v > 15$ m/s 时，由于离心力较大，靠大齿轮难以将油池中的油带入啮合区，因而常采用循环喷油润滑，如图 9.56 所示。一般用 $0.5 \sim 1.0 \times 10^5$ Pa 的压力把油喷入啮合区。当 $v > 60$ m/s，散热是主要问题，油从轮齿的啮出侧喷入，不仅对轮齿进行润滑，而且还起冷却作用。对于载荷不大的场合，还可以采用油雾润滑。油量按 10 mm 齿宽用 0.45 L/min 或者每千瓦用 8.5 L/s 来计算，喷油压力一般为 $0.01 \sim 0.2$ MPa。

开式齿轮传动，因传动速度较低，一般采用人工定期加润滑油或润滑脂。对于非金属齿轮，载荷较小时可以不进行润滑；有时也可加入适量油以改善摩擦性能，提高承载能力，或改善材料使其具有自润滑能力。

 思考与练习

9-1　什么是分度圆？标准齿轮的分度圆在什么位置上？

9-2　要使一对齿轮的瞬时传动比保持不变，其齿廓应符合什么条件？

9-3　渐开线是怎样形成的？有哪些重要性质？

9-4　有一个标准渐开线直齿圆柱齿轮，测量其齿顶圆直径 $d_a = 106.40$ mm，齿数 $z = 25$，问是哪一种齿制的齿轮，基本参数是多少？

9-5　标准直齿圆柱齿轮啮合，齿数 $z_1 = 22$，$z_2 = 98$，小齿轮齿顶圆直径 $d_a = 240$ mm，大齿轮全齿高 $h = 22.5$ mm，试判断这两个齿轮能否正确啮合传动？

9-6　已知 C6150 车床主轴箱内一对外啮合标准直齿圆柱齿轮，其齿数 $z_1 = 21$、$z_2 = 66$，模数 $m = 3.5$ mm，压力角 $\alpha = 20°$，正常齿制。确定这对齿轮的传动比、分度圆直径、齿顶圆直径、全齿高、中心距、分度圆齿厚和分度圆齿槽宽。

9-7　已知一标准渐开线直齿圆柱齿轮，其齿顶圆直径 $d_{a1} = 77.5$ mm，齿数 $z_1 = 29$。设计一个大齿轮与其相啮合，传动的安装中心距 $a = 145$ mm，试计算这对齿轮的主要参数及大齿轮的主要尺寸。

9-8　什么是理论啮合线段和实际啮合线段？什么是重合度？重合度等于 1 和小于 1 各会出现什么情况？重合度等于 2 表示什么意义？

9-9　当用滚刀或齿条插刀加工标准齿轮时，其不产生根切的最少齿数怎样确定？当被加工标准齿轮的压力角 $\alpha = 20°$、齿顶高因数 $h_a^* = 0.8$ 时，不产生根切的最少齿数是多少？

9-10　何谓根切现象？什么条件下会发生根切现象？根切的齿轮有什么缺

点？根切与齿数有什么关系？正常齿渐开线标准直齿圆柱齿轮不根切的最少齿数是多少？

9-11　何谓变位齿轮？为什么要使用变位齿轮？移距系数的正负是怎样规定的？正移距的变位齿轮其分度圆齿厚是增大还是减小？

9-12　斜齿圆柱齿轮正确啮合的条件？与直齿轮比较斜齿轮传动有哪些优缺点？

9-13　斜齿轮和圆锥齿轮的当量齿数各有何用处？当量齿数是否一定是整数？

9-14　渐开线齿轮的齿廓形状与什么因素有关？一对互相啮合的渐开线齿轮，若其齿数不同，齿轮渐开线形状有什么不同？若模数不同，但分度圆及压力角相同，齿廓的渐开线形状是否相同？若模数、齿数不变，而改变压力角，则齿廓渐开线的形状是否相同？

9-15　斜齿圆柱齿轮的重合度大小与螺旋角有什么关系？

9-16　设计用于螺旋输送机的减速器中的一对直齿圆柱齿轮。已知传递的功率 $P=10$ kW，小齿轮由电动机驱动，其转速 $n_1=960$ r/min，$n_2=240$ r/min。单向传动，载荷较平稳。

9-17　单级直齿圆柱齿轮减速器中，两齿轮的齿数 $z_1=35$、$z_2=97$，模数 $m=3$ mm，压力角 $\alpha=20°$，齿宽 $b_1=110$ mm、$b_2=105$ mm，转速 $n_1=720$ r/min，单向传动，载荷中等冲击。减速器由电动机驱动。两齿轮均用45钢，小齿轮调质处理，齿面硬度为 220-250 HBS，大齿轮正火处理，齿面硬度 180~200 HBS。试确定这对齿轮允许传递的功率。

9-18　已知一对正常齿标准斜齿圆柱齿轮的模数 $m=3$ mm，齿数 $z_1=23$、$z_2=76$，分度圆螺旋角 $\beta=8°6'34''$。试求其中心距、端面压力角、当量齿数、分度圆直径、齿顶圆直径和齿根圆直径。

9-19　在一般传动中，如果同时有圆锥齿轮传动和圆柱齿轮传动，圆锥齿轮传动应放在高速级还是低速级？为什么？

9-20　试设计斜齿圆柱齿轮减速器中的一对斜齿轮。已知两齿轮的转速 $n_1=720$ r/min，$n_2=200$ r/min。传递的功率 $P=10$ kW，单向传动，载荷有中等冲击，由电动机驱动。

第10章

蜗杆传动机构

卷扬机，带式运输机等起重类机械，要求使用低转速大扭矩、小功率大传动比和传动过程中具备防止负载反转功能，这些要求齿轮机构难以达到，工程上通常使用涡轮蜗杆传动机构。蜗杆机构用于传递空间交错轴间的运动和动力，广泛应用在机床、汽车、仪器、起重运输机械、冶金机械及其他机器或设备中。

§10.1 蜗杆传动的概述

10.1.1 蜗杆、涡轮的形成

图 10.1 所示，蜗杆涡轮传动是由交错轴斜齿圆柱齿轮传动演变而来的。小齿轮的每个轮齿在分度圆柱面上缠绕一周以上，这样就使得小齿轮外形像一根螺杆，称为蜗杆，大齿轮称为涡轮。为了改善啮合状况，将涡轮分度圆柱面的母线改为圆弧形，使之将蜗杆部分地包住，并用与蜗杆形状和参数相同的滚刀范成加工涡轮，齿廓间为线接触，可传递较大的动力。

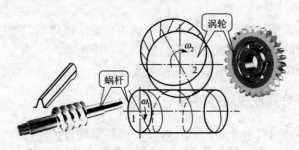

图 10.1 涡轮蜗杆传动

蜗杆传动是一种特殊的交错轴斜齿轮传动，交错角一般为 $\Sigma = 90°$，蜗杆的齿数 z_1 很少，一般 $z_1 = 1 \sim 4$；它具有螺旋传动的某些特点，蜗杆相当于螺杆，涡轮相当于不完全螺母部分包容蜗杆。

10.1.2 蜗杆传动的类型

如图 10.2 所示,按蜗杆形状的不同蜗杆涡轮传动可分:圆柱蜗杆传动、环面蜗杆传动和锥蜗杆传动。

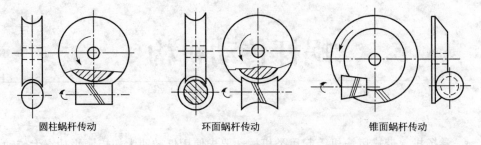

圆柱蜗杆传动   环面蜗杆传动   锥面蜗杆传动

图 10.2 蜗杆涡轮传动

圆柱蜗杆传动按蜗杆的轴面齿形又分为普通圆柱蜗杆和圆弧蜗杆。普通圆柱蜗杆多用直母线刀刃的车刀在车床上切制,可分为阿基米德蜗杆 ZA 型、渐开线蜗杆 ZI 型、法向直廓蜗杆 ZH 型等。如图 10.3 所示。阿基米德蜗杆由于容易加工制造,应用最广,本章只介绍阿基米德蜗杆传动。

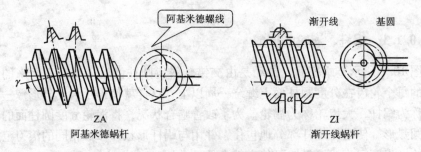

ZA   ZI
阿基米德蜗杆   渐开线蜗杆

图 10.3 圆柱蜗杆

按照蜗杆轮齿的旋向分为左旋蜗杆传动和右旋蜗杆传动,蜗杆轮齿旋向判断与螺旋和斜齿轮的旋向判断方法相同,用左、右手法则。

按照蜗杆轮齿数,分为单头蜗杆和多头蜗杆。

10.1.3 蜗杆涡轮传动的特点

蜗杆涡轮传动同时具备斜齿圆柱齿轮传动和螺旋传动的特点。

蜗杆传动传动比大,零件数目少,结构非常紧凑。在动力传动中,$i = 5 \sim 80$;在分度机构或者手动传动机构中,传动比可达 300;如果只传递运动,传动比可高达 1 000。

在蜗杆传动中由于蜗杆齿是连续不断的螺旋齿,它和涡轮齿的啮合是逐步进入又逐步退出的,同时参与啮合的轮齿对数多,冲击载荷小,传动平稳,无噪声。

以蜗杆为主动件的蜗杆传动，当蜗杆的螺旋升角小于轮齿接触面的当量摩擦角时，蜗杆传动具有自锁性。手动葫芦和浇注机构，通常使用蜗杆传动满足自锁要求。

蜗杆传动与螺旋传动相似，在齿面接触处有相对滑动。滑动速度较大，工作条件不好时，会引起较大的摩擦、磨损和发热，润滑条件恶化。蜗杆传动的摩擦损失较大，效率低。蜗杆传动的效率一般为 $\eta = 70\% \sim 90\%$，有自锁性的蜗杆传动效率仅为 40%。

为保证蜗杆传动有一定的使用寿命，涡轮通常采用价格昂贵的减摩性材料，如青铜，因而成本较高。

蜗杆传动中，蜗杆的轴向力较大，使得轴承的摩擦磨损较大。

蜗杆传动适用于传动比大，传递功率小的两空间交错轴之间的传动。

§10.2　蜗杆传动的基本参数和几何尺寸计算

10.2.1　圆柱蜗杆传动的主要参数

如图 10.4 所示，通过蜗杆轴线并与涡轮轴线垂直的平面，称为蜗杆传动的中间平面（又称主平面）。中间平面对蜗杆而言是轴向平面，对涡轮而言是端面。

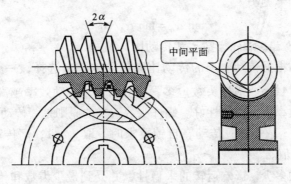

图 10.4　蜗杆传动的中间平面

在中间平面内阿基米德蜗杆具有渐开线齿条的齿廓，其两侧边的夹角为 2α，与蜗杆啮合的涡轮齿廓是渐开线。因而在中间平面内涡轮与蜗杆的啮合传动相当于渐开线齿条与齿轮的啮合传动。为便于加工，规定中间平面内的参数为标准参数。

一、蜗杆传动正确啮合的条件

在中间平面中，为保证蜗杆涡轮传动的正确啮合，蜗杆的轴向模数 m_{a1} 和压

力角 α_{a1} 应分别相等于涡轮的法面模数 m_{t2} 和压力角 α_{t2}，两轴线交错角为 90°时，蜗杆分度圆柱上的导程角 γ 应等于涡轮分度圆柱上的螺旋角 β，且两者的旋向相同。即：

$$\left.\begin{array}{l} m_{a1} = m_{t2} = m \\ \alpha_{a1} = \alpha_{t2} = \alpha \\ \gamma_1 = \beta_2 \end{array}\right\} \tag{10-1}$$

二、蜗杆传动的基本参数

1. 模数 m 和压力角 α

蜗杆传动机构在主平面内的模数和压力角是标准值。和齿轮传动一样，模数是蜗杆传动最重要的计算参数。为便于加工，规定蜗杆的轴向模数为标准模数。涡轮的端面模数等于蜗杆的轴向模数，因此涡轮端面模数也应为标准模数，标准模数系列见表 10 - 1。

表 10 - 1　蜗杆的标准模数（GB/T 10088—1988）

第一系列	1　1.25　1.6　2　2.5　3.15　4　5　6.3　8　10　12.5　16　20　25　31.5　40
第二系列	1.5　3　3.5　4.5　5.5　6　7　12　14

阿基米德蜗杆主平面内分度圆上的压力角 $\alpha_{a1} = 20°$。蜗杆的轴向压力角和法向压力角之间的关系为：

$$\tan \alpha_n = \tan \alpha_a / \cos \gamma \tag{10-2}$$

2. 蜗杆头数 z_1、涡轮齿数 z_2 和传动比 i

蜗杆的头数根据传动要求的传动比和传动效率来选择，一般取 $z_1 = 1 \sim 10$，推荐 $z_1 = 1$，2，4，6。蜗杆头数愈多，γ 角愈大，传动效率越高；蜗杆头数少，升角小，传动效率低，自锁性好。蜗杆头数选择的原则是：传动比较大或要求传递大的转矩时，z_1 取小值；传动有自锁要求时，取 $z_1 = 1$；高传动效率或高速传动时，z_1 取较大值。

涡轮齿数的多少，影响运转的平稳性，并受到最少齿数和传动刚度的限制。涡轮齿数应避免发生根切与干涉，理论上应使 $z_{2min} \geq 17$，但 $z_2 < 26$ 时，啮合区显著减小，会影响传动的平稳性，$z_2 \geq 30$ 时，可始终保持有两对以上轮齿啮合，因此通常规定 $z_2 > 28$。当 $z_2 > 80$ 时（对于动力传动），涡轮直径增大过多，在结构上，蜗杆两支承点间的跨距相应增大，将影响蜗杆轴的刚度和啮合精度。此外，一定直径的涡轮，z_2 过大，模数 m 减小过多，将影响轮齿的弯曲强度；故对于动力传动，常用 $z_2 \approx 28 \sim 70$；对于传递运动的传动，z_2 可达 200、300，甚至可到 1 000。z_1 和 z_2 的推荐值见表 10 - 2。

表 10 - 2　z_1 和 z_2 的推荐值

传动比	7 ~ 8	9 ~ 13	14 ~ 24	25 ~ 27	28 ~ 40	>40
z_1	4	3 ~ 4	2 ~ 3	2 ~ 3	1 ~ 2	1
z_2	28 ~ 32	27 ~ 52	28 ~ 72	50 ~ 81	28 ~ 80	>40

蜗杆传动的传动比等于蜗杆和涡轮转速之比，蜗杆回转一周，涡轮被蜗杆推动转过 z_1 个齿，则：

$$i = n_1/n_2 = z_2/z_1 \qquad (10-3)$$

式中，n_1，n_2 为蜗杆和涡轮的转速，单位为 rpm。在蜗杆传动中，传动比按给定的公称值系列（见表 10 - 3）选取，其中 10，20，40，80 为基本传动比，优先选用。需要特别注意的是蜗杆传动比 i 不等于 d_2/d_1。

表 10 - 3　蜗杆传动传动比公称系列

传动比 i	5　7.5　10　12.5　15　20　25　30　40　50　60　70　80

3. 蜗杆的分度圆直径 d_1 和直径系数 q

为保证蜗杆与涡轮的正确啮合，要用与蜗杆尺寸相同的蜗杆滚刀来加工涡轮。由于相同的模数，可以有许多不同的蜗杆直径，造成要配备很多的涡轮滚刀，以适应不同的蜗杆直径，显然，这样很不经济。为减少涡轮滚刀的数量、便于滚刀的标准化，对每一标准模数规定了一定数量的蜗杆分度圆直径 d_1，并将分度圆直径和模数的比称为蜗杆直径系数 q，即：

$$q = d_1/m = z_1/\tan \gamma \qquad (10-4)$$

如图 10.5 所示，将蜗杆分度圆展开，螺旋线与端面的夹角 γ 称为蜗杆的导程角，得：

$$\tan \gamma = z_1 p_a/(\pi d_1) = z_1 m/d_1 \qquad (10-5)$$

式中，p_a 为蜗杆的轴向齿距，单位为 mm；d_1 为蜗杆分度圆直径，单位为 mm。

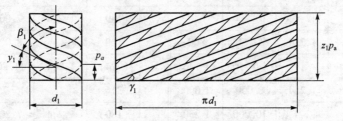

图 10.5　蜗杆分度圆展开图

将式（10 - 4）代入式（10 - 5）得：

$$d_1 = mq \qquad (10-6)$$

m 一定时，q 增大，蜗杆直径 d_1 增大，蜗杆的刚度提高。为保证蜗杆有足够的刚度，小模数蜗杆应有较大的直径系数。蜗杆的导程角大，传动效率高，但蜗杆的刚度和强度低。蜗杆的标准模数 m、分度圆直径 d_1 和直径系数 q 必须匹配，见表 10 - 4。

表 10 – 4　蜗杆基本参数（$\Sigma = 90°$）（摘自 GB/T 10085—1988）

模数 m	分度圆直径 d_1	蜗杆头数 z_1	直径系数 q	$m^2 d_1$	模数 m	分度圆直径 d_1	蜗杆头数 z_1	直径系数 q	$m^2 d_1$
1	18	1	18.000	18	6.3	(80)	1,2,4	12.698	3 175
1.25	20	1	16.000	31.25		112	1	17.778	4 445
	22.4	1	17.920	35	8	(63)	1,2,4	7.875	4 032
1.6	20	1,2,4	12.500	51.2		80	1,2,4,6	10.000	5 376
	28	1	17.500	71.68		(100)	1,2,4	12.500	6 400
2	(18)	1,2,4	9.000	72		140	1	17.500	8 960
	22.4	1,2,4,6	11.200	89.6	10	(71)	1,2,4	7.100	7 100
	(28)	1,2,4	14.000	112		90	1,2,4,6	9.000	9 000
	35.5	1	17.750	142		(112)	1,2,4	11.200	11 200
2.5	(22.4)	1,2,4	8.960	140		160	1	16.000	16 000
	28	1,2,4,6	11.200	175		(90)	1,2,4	7.200	14 062
	(35.5)	1,2,4	14.200	221.9	12.5	112	1,2,4,	8.960	17 500
	45	1	18.00	281		(140)	1,2,4	11.200	21 875
3.15	(28)	1,2,4	8.889	278		200	1	16.000	31 250
	35.5	1,2,4,6	11.27	352		(112)	1,2,4	7.000	28 672
	45	1,2,4	14.286	447.5	16	104	1,2,4,	8.750	35 840
	56	1	17.778	559		(180)	1,2,4	11.250	46 080
4	(31.5)	1,2,4	7.875	504		250	1	15.625	64 000
	40	1,2,4,6	10.000	640		(140)	1,2,4	7.000	56 000
	(50)	1,2,4	12.50	800	20	160	1,2,4,	8.000	64 000
	71	1	17.750	1 136		(224)	1,2,4	11.200	89 600
5	(40)	1,2,4	8.000	1 000		315	1	15.750	126 000
	50	1,2,4,6	10.000	1 250		(180)	1,2,4	7.200	112 500
	(63)	1,2,4	12.600	1 575	25	200	1,2,4,	8.000	125 000
	90	1	18.000	2 250		(280)	1,2,4	11.200	175 000
6.3	(50)	1,2,4	7.936	1 985		400	1	16.000	250 000
	63	1,2,4,6	10.000	2 500					

表中所列模数和分度圆直径为蜗杆第一系列常用数据，括号内数据尽可能不选用。

4. 中心距

蜗杆传动中当蜗杆涡轮的节圆与分度圆重合时，称为标准传动，标准中心距为

$$a = (d_1 + d_2)/2 = m(q + z_2)/2 \qquad (10-7)$$

规定蜗杆传动的标准中心距为：40，50，63，80，100，125，160，（180），200，（225），250，（260），315，（355），400，（450），500，在设计时中心距应按上述标准圆整。

10.2.2　蜗杆传动的几何尺寸计算

标准阿基米德蜗杆主要几何尺寸计算公式见表 10－5。

表 10－5　标准阿基米德蜗杆主要几何尺寸计算公式

名　称	代号	计算关系式	说　明
中心距	a	$a = (d_1 + d_2)/2 = m(q + z_2)/2$	按规定选取
蜗杆头数	z_1		按规定选取
涡轮齿数	z_2	$z_2 = i z_1$	按传动比确定
齿形角	α	$\alpha_a = 20°$	按蜗杆类型确定
模数	m	$m = m_a = m_n/\cos\gamma$	按规定选取
传动比	i	$i = n_1/n_2 = z_2/z_1$	蜗杆为主动，按规定选取
蜗杆直径系数	q	$q = d_1/m = z_1/\tan\gamma$	
蜗杆轴向齿距	p_x	$p_x = \pi m$	
蜗杆导程	p_z	$p_z = \pi m z_1$	
蜗杆分度圆直径	d_1	$d_1 = mq$	按规定选取
顶隙	c	$c = c^* m$	按规定
蜗杆导程角	γ	$\tan\gamma = z_1 p_a/(\pi d_1) = z_1/q$	
涡轮分度圆直径	d_2	$d_2 = m z_2$	

§10.3　普通蜗杆传动失效形式及常用材料

10.3.1　普通蜗杆传动的失效形式及设计准则

一、蜗杆传动齿面相对滑动

蜗杆传动中，蜗杆螺旋面与涡轮齿面间有较大的相对滑动。如图 10.6 所示，

即使在节点 C 处啮合，齿廓之间也有较大的相对滑动。

设蜗杆的圆周速度为 v_1，涡轮的圆周速度为 v_2，v_1 和 v_2 相互垂直，而使齿廓之间产生很大的相对滑动，相对滑动速度 v_s 为：

$$v_s = \sqrt{v_1^2 + v_2^2} = v_1/\cos\gamma \qquad (10-8)$$

齿廓之间的相对滑动速度 v_s 沿蜗杆螺旋线切线方向。相对滑动引起磨损和发热，导致传动效率降低。

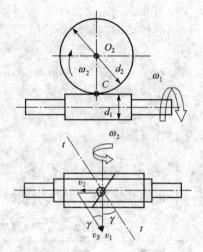

图 10.6　蜗杆传动齿面相对滑动

二、蜗杆传动的失效形式及设计准则

和齿轮传动一样，蜗杆传动的失效形式主要有齿面胶合、疲劳点蚀、齿面磨损和轮齿折断等。由于蜗杆传动中的相对速度较大，效率低，发热量大，所以蜗杆传动的主要失效形式是涡轮齿面胶合、点蚀及磨损。在蜗杆传动中，由于材料和结构上的原因，蜗杆螺旋部分的强度总是高于涡轮轮齿强度，所以失效通常发生在涡轮轮齿上。

在蜗杆传动设计时对胶合和磨损的计算目前还缺乏成熟的方法，因而通常仿照设计圆柱齿轮的方法进行齿面接触疲劳强度和齿根弯曲疲劳强度的计算，但在选取许用应力时，应适当考虑胶合和磨损等因素的影响。对闭式蜗杆传动，通常是先按齿面接触疲劳强度设计，再按齿根弯曲强度进行校核；对于开式蜗杆传动，则通常只需按齿根弯曲疲劳强度进行设计计算。此外，闭式蜗杆传动，由于散热困难，还应进行热平衡计算。

10.3.2　蜗杆、涡轮的材料和结构

一、蜗杆、涡轮的材料

选用蜗杆、涡轮材料时，不但要满足强度要求，更重要的是材料应具有良好的减摩性、抗磨性和抗胶合的能力。

蜗杆一般用碳素钢或合金钢制造。高速重载的蜗杆，应选用 15Cr，20Cr，20CrMnTi 和 20MnVB 等材料，经渗碳淬火至硬度为 56～63 HRC，也可用 40、45，40Cr，40CrNi 等材料，经表面淬火至硬度为 45～50 HRC。不太重要的传动及低速中载蜗杆，常用 40，45 等钢经调质或正火处理，硬度为 220～230 HBS。

参考相对滑动速度选择涡轮材料。常用的有锡青铜、无锡青铜或铸铁。铸造锡青铜抗胶合性和耐磨性好，便于加工，但强度较低，而且价格较贵，通常用于滑动速度 $v_s > 3$ m/s 的传动，常用牌号有 ZQSn10-1 和 ZQSn6-6-3；无锡青铜一般用于 $v_s \leqslant 4$ m/s 的传动，常用牌号为 ZQAl8-4；铸铁用于滑动速度 $v_s <$

2 m/s 的传动，常用牌号有 HT150 和 HT200 等。近年来，随着塑料工业的发展，出现了用尼龙或增强尼龙制造的涡轮。

二、蜗杆、涡轮的结构

如图 10.7 所示，蜗杆通常与轴做成一体，称为蜗杆轴。采用铣制或车制加工蜗杆轴。

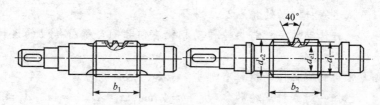

图 10.7　蜗杆轴

涡轮结构分为整体式和组合式。铸铁涡轮或直径小于 100 mm 的青铜涡轮做成整体式。为降低材料成本，大多数涡轮采用组合结构，由齿圈和轮芯组成。齿圈用青铜，轮芯用价格较低的铸铁或钢制造，连接方式有铸造连接、过盈配合连接和螺栓连接，如图 10.8。

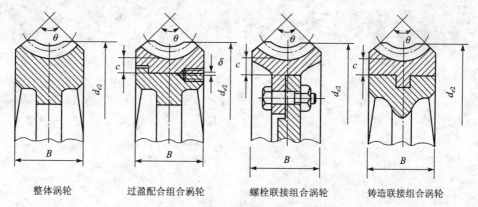

整体涡轮　　过盈配合组合涡轮　　螺栓联接组合涡轮　　铸造联接组合涡轮

图 10.8　涡轮结构

（1）压配式齿圈和轮芯用过盈配合连接。配合面处制有定位凸肩。为使连接更可靠，可加装 4~6 个螺钉，拧紧后切去螺钉头部。由于青铜较软，为避免将孔钻偏，应将螺孔中心线向较硬的轮芯偏移 2~3 mm。这种结构多用于尺寸不大或工作温度变化较小的场合。

（2）螺栓连接式涡轮齿圈和轮芯常用铰制孔用螺栓连接，定位面 A 处采用过盈配合，螺栓与孔采用过渡配合。齿圈和轮芯的螺栓孔要一起铰制。螺栓数目由剪切强度确定。这种连接方式装拆方便，常用于尺寸较大或磨损后需要更换齿圈的涡轮。

（3）组合浇注式在轮芯上预制出榫槽，浇注上青铜轮缘并切齿。该结构适于大批生产。

 思考与练习

10-1　试述蜗杆传动的特点及应用。

10-2　蜗杆传动的失效与齿轮传动相比有何异同？蜗杆传动的设计准则是什么？

10-3　常用的蜗杆传动材料有哪些？应如何选择？

10-4　已知一对蜗杆涡轮的参数：$m=4$ mm，$z_1=2$，$q=11$，$d_2=240$ mm，$ha^*=1$，$c^*=0.25$，求：蜗杆的分度圆直径 d_1 并计算蜗杆传动的传动比。

10-5　已知阿基米德蜗杆传动的参数如下：$m=10$ mm，$\alpha=20°$，$ha^*=1$，$c^*=0.25$，$z_1=1$，$z_2=35$，$q=8$。求：蜗杆与涡轮的分度圆直径；蜗杆与涡轮的齿顶圆直径；蜗杆螺旋线升角 λ 和涡轮的螺旋角 β；中心距 a。

第11章

轮　系

在复杂的现代机械中，对传动提出了减速、增速、换向等各种各样的要求，例如，在各种机床中，需要将电机的一种转速变换为主轴的多级转速；在机械钟表中要使得时针、分针和秒针按一定比例关系转动；在汽车转向机构中，必须保证内外车轮差动运转等。一对齿轮传动往往无法满足如此复杂的工作需求，因而通常需要依靠一系列彼此相互啮合的齿轮（齿条、蜗杆）共同传动。这种由一系列齿轮组成的传动系统称为齿轮系（简称轮系）。本章主要讨论轮系的常见类型、不同类型轮系传动比的计算方法。

§11.1　轮系的概述

11.1.1　轮系的分类

如图 11.1 所示为某涡轮螺旋发动机的主减速器轮系，在这个齿轮系中，轮1 是主动件，构件 H 为从动件。轮系中除轮 2 作复合运动以外，各轮几何轴线的位置都是相对固定的。根据轮系运转时，各齿轮几何轴线相对位置是否发生改变，将轮系分为定轴轮系和周转轮系两大类。

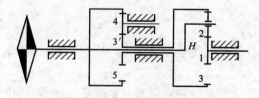

图 11.1　轮系

轮系运转时，组成轮系的所有齿轮的几何轴线位置相对于机架的位置都是固定不变的轮系称为定轴轮系，如图 11.2 所示。在定轴轮系中，各齿轮轴线相互平行的称为平行定轴轮系（又称平面定轴轮系）；轮系中含有相交轴或交错轴齿轮传动的称为空间定轴轮系。定轴轮系是机械中应用最广、最基本的轮系。

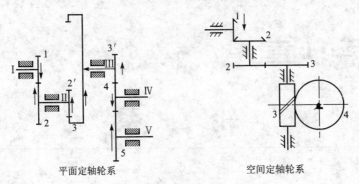

平面定轴轮系　　　　　　　　　空间定轴轮系

图 11.2　定轴轮系

轮系运转时，组成轮系的所有齿轮中至少有一个齿轮轴线的位置相对于机架的位置不固定，而是绕某一固定轴线回转，则称该轮系为周转轮系。

如图 11.3 所示，齿轮 2 的轴线 O_2 绕齿轮 1 的固定轴线 O_1 转动。我们将轴线不动的齿轮称为中心轮，图中的齿轮 1 和 3 为中心轮；将轴线绕某一固定轴线转动的齿轮称为行星轮，如图中齿轮 2；作为行星轮轴线的构件称为系杆（或行星架），如图 11.4 中的转柄 H。通过在整个轮系上加上一个与系杆旋转方向相反、大小相同的角速度，可以把周转轮系转化成定轴轮系。按照机构自由度数目的不同，周转轮系分为行星轮系（一个自由度）和差动轮系（两个自由度）两类。

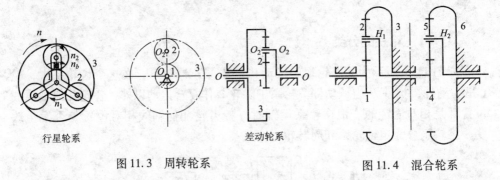

行星轮系　　　　　　　　　　　差动轮系

图 11.3　周转轮系　　　　　　　　　图 11.4　混合轮系

根据中心轮数目的不同行星轮系分为 2K—H 型、3K 型、K–H–V 型，如图 11.5 所示。

既有定轴轮系部分又有周转轮系部分，或者由几部分周转轮系所组成的复杂轮系为复合轮系，又称为混合轮系。如图 11.1 和图 11.4 所示。

11.1.2　轮系的应用

轮系广泛应用于各种机械设备和装置中，其功用主要有以下几个方面。

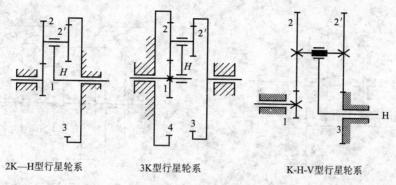

2K—H型行星轮系　　　3K型行星轮系　　　K-H-V型行星轮系

图 11.5　行星轮系

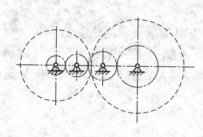

图 11.6　轮系实现远距离传动

1. 实现相距较远的传动

如图 11.6 所示，当主动轴和从动轴相距较远时，仅用一对齿轮传动，会使两齿轮的尺寸庞大，结构不紧凑，不仅浪费材料还会增大加工和安装的难度。改用轮系传动后，可有效缩小传动装置所占空间。

2. 获得大传动比

一对齿轮传动，传动比 i 受到齿轮尺寸、齿数和小齿轮强度的限制，不宜过大。当两轴之间需要较大的传动比时，采用轮系可以很容易获得需要的传动比。特别是采用 K－H－V 型行星齿轮系传动，用很少的齿轮可以使传动比高达 10 000。需要注意的是，这类行星轮系用于减速传动时传动比愈大，机械效率愈低。只适用于某些微调机构，不宜于传递动力。

3. 实现分路传动

当输入轴的转速一定时，利用轮系可将输入轴的一种转速同时传到几根输出轴上，获得所需的各种转速，这就是我们通常说的分路传动。图 11.7 所示为"滚齿机上实现轮坯与滚刀范成运动的传动简图"，轴 I 的运动和动力经过锥齿轮 1，2 传给滚刀，经过齿轮 3，4，5，6，7 和蜗杆传动 8，9 传给轮坯。

4. 实现变速和换向

所谓变速和换向，是指主动轴转速不变时，利用轮系使从动轴获得多种工作速度，并能方便地在传动过程中改变速度的方向，以适应工件条件的变化。图 11.8 所示为龙门刨床的变速换向机构，在图 11.9 左图所示的变速机构中，改变三联滑移齿轮 1－2－3 的位置，可使 II 轴获得不同的转速和动力。在轮系中，通常利用惰轮改变从动轮的转向。如图 11.9 右图所示。

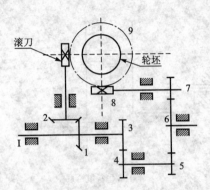

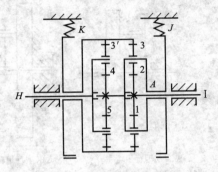

图 11.7　轮系实现分路传动　　　　　　图 11.8　轮系实现变速和换向

5. 实现运动的合成与分解

运动的合成是将两个输入运动合成为一个输出运动。利用差动轮系双自由度的特点，可以实现运动的合成。图 11.10 所示的差动轮系常被用来进行运动的合成，齿轮 1 和齿轮 3 分别独立输入转速 n_1 和 n_3，合成为输出构件 H 的转速。

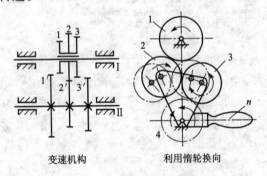

变速机构　　　　　　利用惰轮换向

图 11.9　轮系实现变速和换向

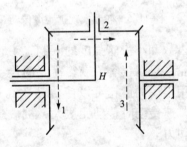

图 11.10　利用轮系实现运动合成

运动分解是将一个输入运动分解为两个输出运动。差动轮系不仅能将两个独立的运动合成为一个运动，还可将一个基本构件的主动转动，按所需比例分解成另两个基本构件的不同运动。图 11.11 所示的汽车后桥的差速器就利用了差动轮系的这一特性。车辆转弯时，发动机通过传动轴驱动齿轮 5 转动，轮 5 和轮 4 组成定轴传动，转臂 H 与齿轮 4 固联，随轮 4 转动，行星齿轮 2 随转臂 H 公转的同时绕转臂 H 自转，带动中心齿轮 1，3（即左右

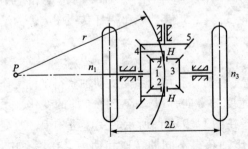

图 11.11　利用轮系实现运动分解

车轮）以不同的转速转动。

§11.2 轮系传动比计算

11.2.1 传动比

一、一对齿轮传动的传动比

一对齿轮的传动比是指两齿轮的角速度（或转速）之比，用 i_{AB} 表示，传动比除了反映从动轮与主动轮转速大小关系之外，还应体现两轮转向的关系。

（1）传动比的大小为：

$$i_{AB} = n_A/n_B = \omega_A/\omega_B = z_B/z_A \qquad (11-1)$$

式中，ω_A、ω_B 表示主动轮和从动轮的角速度，单位为 rad；

n_A，n_B 表示主动轮和从动轮的转速，单位为 rpm；

z_A，z_B 表示主动轮和从动轮的齿数。

（2）齿轮传动时，两轮转向关系可以用符号或者简图上的箭头表示。

当两轴或齿轮的轴线平行时，可以用正号"＋"或负号"－"表示两齿轮的转向相同或相反，并直接标注在传动比的公式中。例如，$i_{AB}=10$，表明：轮 B 和轮 A 的转向相同，转速比为 10；$i_{AB}=-10$，表明：轮 B 和轮 A 的转向相反，转速比为 10。一对内啮合齿轮的转向相同，它们的传动比取"＋"。一对外啮合齿轮的转向相反，它们的传动比取"－"。符号表示法不能用于判断轴线不平行的从动轮的转向。

齿轮的转向还可以用简图上的箭头表示，如图 11.12 所示。一对齿轮内啮合时，从动轮的转向与主动轮转向相同，在简图上用同向的箭头表示；一对齿轮外啮合时，表示从动轮和主动轮转向的箭头，要么同时指向啮合点，要么同时背离啮合点。如图 11.13 所示。

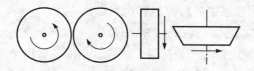

图 11.12 用箭头表示齿轮的转向

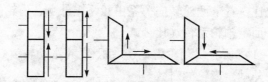

图 11.13 箭头法表示的外啮合齿轮传动转向

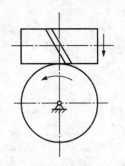

图 11.14　蜗杆传动
转向表示

蜗杆传动中涡轮和蜗杆转向关系，如图 11.14 所示，用箭头表示。图中蜗杆上的斜线，表示蜗杆螺旋的方向和线数（图示为右旋双头蜗杆），当蜗杆按箭头所指方向转动时，用右手螺旋法则（若是左旋蜗杆，则用左手螺旋法则）判断涡轮转向：右手握住蜗杆轴线，顺着蜗杆转动方向握拳，大拇指所指方向的反向就是涡轮转出的方向。

二、轮系的传动比

轮系传动比是指轮系中输入轴（首轮）与输出轴（末轮）角速度或转速之比。进行轮系传动比计算时除计算传动比大小外，还要确定首、末轮转向关系。

11.2.2　定轴轮系传动比的计算

定轴轮系传动中，从输入轴到输出轴的运动是通过逐对啮合的齿轮依次传动实现的。已知定轴轮系各齿轮的齿数，可利用式（11 – 1）一步步地通过计算每对啮合齿轮的传动比，得到所求两轴间的传动比。

图 11.15 所示平面定轴轮系，齿轮 1 与输入轴固联，齿轮 4 与输出轴固联，输入轴的运动和动力，经齿轮 1 与齿轮 2，齿轮 2′与齿轮 3，齿轮 3′与齿轮 4 三级啮合传递到输出轴，各对齿轮传动的传动比分别为：

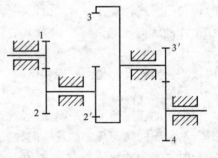

图 11.15　平面定轴轮系

$$i_{12} = n_1/n_2 = -z_2/z_1,$$
$$i_{2'3} = n_{2'}/n_3 = z_3/z_{2'},$$
$$i_{3'4} = n_{3'}/n_4 = -z_4/z_{3'},$$

式中，n_i，z_i 分别为轮系中各齿轮的转速和齿数；

$$i_{12}i_{2'3}i_{3'4} = (n_1/n_2)(n_{2'}/n_3)(n_{3'}/n_4) = n_1/n_4 = i_{14}$$

上式说明，平面定轴轮系的传动比等于组成轮系的各对齿轮传动比的连乘积。

$$i_{14} = i_{12}i_{2'3}i_{3'4} = (-z_2/z_1)(z_3/z_{2'})(-z_4/z_{3'}) = (-1)^2 \cdot z_2z_3z_4/(z_1z_{2'}z_{3'})$$

上式说明，平面定轴轮系的传动比等于组成轮系的各从动轮齿数的连乘积与各主动轮齿数连乘积之比，首末两轮转向关系由轮系中外啮合齿轮的对数决定。

推广后可得平面定轴轮系传动比公式：

$$i_{1k} = (-1)^m \text{所有从动轮齿数连乘积/所有主动轮齿数连乘积} \quad (11 - 2)$$

式中，m 为轮系中外啮合齿轮的对数。

需要注意的是：空间定轴轮系，如图 11.16 所示，包含有圆锥齿轮、螺旋齿轮或涡轮蜗杆。由于一对空间齿轮的几何轴线不平行，它们的转向无所谓相同或相反，可在图上直接用箭头表示各轮的转向。其传动比的大小可用式（11 - 2）来计算，但式中的 $(-1)^m$ 不再适用，只能在图中以标注箭头的方法确定各轮的转向。

例 11.1 已知图 11.17 所示的轮系中各齿轮齿数为 $z_1 = 22$，$z_2 = 25$，$z_{2'} = 20$，$z_3 = 132$，$z_{3'} = 20$，$z_5 = 28$，$n_1 = 1\,450$ r/min，试计算 n_5，并判断其转动方向。

解： 轮系中齿轮 1，2′，3′，4 为主动轮，齿轮 2，3，4，5 为从动轮，共经过 3 次外啮合，1 次内啮合。代入式（11 - 2）得：

$$i_{15} = (-1)^3 \cdot z_2 z_3 z_4 z_5 / (z_1 z_{2'} z_{3'} z_4)$$
$$= (-1)25 \times 132 \times 58 / (22 \times 20 \times 20)$$
$$= -10.5$$
$$n_5 = n_1 / i_{15} = 1450 / (-10.5) = -138.1 \text{ r/min}$$

"$-$"说明齿轮 5 的转向与齿轮 1 的相反，与用箭头在图中表示出来的方向一致。

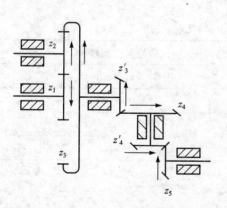

图 11.16　空间定轴轮系

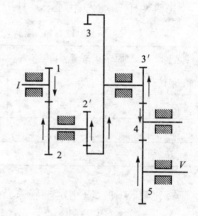

图 11.17　例 11.1 图

在本例中齿轮 4 既是主动轮，又是从动轮，在计算中并未用到它的具体齿数值。在轮系中，将这类齿轮称为惰轮（又称中介轮）。惰轮不影响传动比的大小，但啮合的方式不同，可以改变齿轮的转向，并会改变齿轮的排列位置和距离。

11.2.3　周转轮系传动的计算

在周转轮系中，行星轮既有自转又有公转，且行星轮的几何轴线相对于中心轮的几何轴线作圆周运动。所以不能直接用定轴轮系传动比的公式计算。

如图 11.18 所示，根据相对运动原理，给整个周转轮系加上一个公共的角速

度 $-\omega_H$（即在整个轮系上加上一个与系杆 H 旋转方向相反、大小相同的角速度），此时轮系中各构件之间的相对运动关系并不改变，但系杆的角速度就变成了 0（即系杆可视为静止不动），这样可由定轴轮系的计算公式列出该假想定轴轮系（称其为周转轮系的转化机构）传动比的计算式，进而求出周转轮系的传动比。这种方法称为反转法（又称转化机构法）。

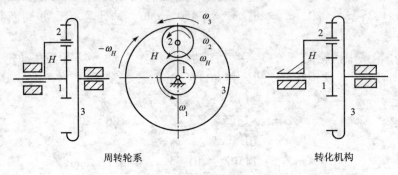

图 11.18　周转轮系及其转化机构

转化机构中各构件相对于系杆 H 的转速，用 n_i^H 表示，见表 11–1。

表 11–1　周转轮系各构件转化前后的转速

构件名称	周转齿轮系中转速	转化齿轮系中的转速
太阳轮 1	n_1	$n_1^H = n_1 - n_H$
行星轮 2	n_2	$n_2^H = n_2 - n_H$
太阳轮 3	n_3	$n_3^H = n_3 - n_H$
系杆 H	n_H	$n_H^H = n_H - n_H = 0$

在转化机构中，应用定轴轮系传动比计算公式可得：

$$i_{13}^H = n_1^H / n_3^H = (n_1 - n_H)/(n_3 - n_H) = -z_3/z_1 \qquad (11-3)$$

推广到一般情况可得：

$$i_{GK}^H = n_G^H / n_K^H = (-1)^m \text{所有从动轮齿数连乘积/所有主动轮齿数连乘积}$$

$$(11-4)$$

式（11-4）只适用于单一周转轮系中齿轮 G，K 和系杆 H 轴线平行的场合；代入上式时，n_G，n_K，n_H 值都应带有自己的正负符号，设定某一转向为正，与其相反的方向为负。上式如用在由锥齿轮组成的单一周转轮系中，转化轮系的传动比的正负号 $(-1)^m$ 不再适用，必须用标注箭头的方法确定各轮转向。

例 11.2　已知图 11.5 中 K–H–V 型行星齿轮系中各齿轮齿数为 $z_1 = 100$，$z_2 = 101$，$z_{2'} = 100$，$z_3 = 99$，求传动比 i_{H1}

解： $i_{13}^H = (n_1 - n_H)/(n_3 - n_H) = (n_1 - n_H)/(0 - n_H) = 1 - n_1/n_H = 1 - i_{1H}$

$$i_{13}^H = n_1^H / n_3^H = (-1)^2 z_2 z_3 / z_1 z_{2'} = 101 \times 99 / (100 \times 100)$$

$$i_{1H} = 1 - i_{13}^H = 1 - 101 \times 99 / (100 \times 100) = 1/10\ 000$$

说明,当系杆 H 转 10 000 转,齿轮 1 才转 1 转,且两构件的转向相同。这说明了周转轮系用很少的齿轮就能获得很大的传动比。

将该轮系中齿轮 3 的齿数 z_3 改为 100 后代入计算,发现 $i_{1H} = -1/100$;

将该轮系中齿轮 2 的齿数 z_2 改为 100 后代入计算,发现 $i_{1H} = 1/100$;

由上述结果可知,行星轮系的结构形式不改变,只要改变其中某一齿轮的齿数,传动比会发生很大的变化,各轮的转向关系也可能随之改变。

例 11.3 已知图 11.5 中 2K – H 型行星齿轮系中各齿轮齿数为 $z_1 = 12$, $z_2 = 28$, $z_{2'} = 14$, $z_3 = 54$,求传动比 i_{H1}。

解: $i_{13}^H = (n_1 - n_H)/(n_3 - n_H) = -z_2 z_3 / z_1 z_{2'} = -28 \times 54 / (12 \times 14) = -9$

$n_3 = 0$,则: $i_{13}^H = 1 - i_{1H}$

即: $i_{1H} = 1 - i_{13}^H = 10$

计算结果为正值,说明系杆 H 与中心轮 1 转向相同。该轮系的转化机构的传动比为负值,通常称该机构为负号机构。

11.2.4 复合轮系传动的计算

在机械设备中,除广泛采用定轴轮系和周转轮系外,还大量应用复合轮系。复合轮系传动比的计算,不能简单地用定轴轮系的方法来处理,也不能对整个机构采用反转法。正确方法是:首先应正确地将复合轮系划分为若干定轴轮系和周转轮系,分别列出各个定轴轮系和复合轮系传动比的方程式;然后找出各基本轮系之间的联系;最后联立求解以上各方程式,求得复合轮系的传动比。

计算复合轮系传动比的关键是区分各个基本轮系,首先找出各个单一的周转轮系,即找出几何轴线位置不固定的行星轮和支承行星轮的构件为系杆,几何轴线与系杆重合且直接与行星轮相啮合的定轴齿轮为中心轮。找出所有基本周转轮系后,剩余部分为定轴轮系。

例 11.4 图 11.19 所示复合轮系,已知各轮齿数 $z_1 = z_2 = z_4 = z_{4'} = 30$, $z_{1'} = 20$, $z_{3'} = 40$, $z_5 = 15$,试求轴 Ⅰ 和轴 Ⅱ 之间的传动比。

解: 1) 区分基本轮系

齿轮 1,2,3 和系杆 H 组成基本周转轮系(一个差动轮系)。剩余部分齿轮 1′,3′,4,4′,5 即为定轴轮系。

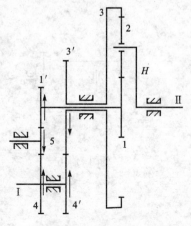

图 11.19 复合轮系

2）求 $i_{I\!I}$ 就是求 i_{4H}

对于差动轮系：

$$i_{13}^H = (n_1 - n_H)/(n_3 - n_H) = -z_3/z_1 = -90/30 = -3$$

对于定轴轮系：

$$i_{41'} = n_4/n_{1'} = z_{1'}/z_4 = 20/30 = 2/3$$

有：$n_{1'} = 3n_4/2$

$$i_{43'} = n_4/n_{3'} = -z_3/z_4 = -40/30 = -4/3$$

有：$n_{3'} = -3n_4/4$

又有：$n_1 = n_{1'}$，$n_3 = n_{3'}$

联立以上各式得：$[(3n_4/2) - n_H]/[(-3n_4/4) - n_H] = -3$

得：$i_{I\!I} = i_{4H} = n_4/n_H = -16/3 \approx -5.33$。

思考与练习

11 - 1　轮系有什么特点？试举出几个应用轮系的实例？

11 - 2　什么是定轴轮系？什么是周转轮系？如何区分差动轮系和行星轮系？

11 - 3　什么叫惰轮？在轮系中有什么作用？

11 - 4　定轴轮系输入、输出轴平行时，如何决定传动比前的正、负号？

11 - 5　什么是原周转轮系的转化轮系？i_{13}^H 与 i_{13} 是否相等？

11 - 6　题图 11 - 6 所示轮系中，各轮齿数为 $z_1 = 20$，$z_2 = 40$，$z_{2'} = 20$，$z_3 = 30$，$z_{3'} = 20$，$z_4 = 40$。试求传动比 i_{14}。采取什么措施可以改变 i_{14} 的符号？

11 - 7　题图 11 - 7 所示轮系，已知首轮转速 $n_1 = 960$ r/min 和转向，$z_1 = 16$，$z_2 = 32$，$z_{2'} = 20$，$z_3 = 2$（右旋），$z_4 = 40$，求涡轮的转速 n_4 及各轮的转向。

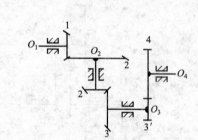

题图 11 - 6

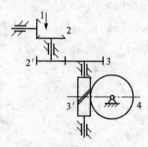

题图 11 - 7

第 12 章

轴　系

　　轴是机械设备重要的零件之一，主要作用是直接支承回转零件，以实现回转运动并传递动力。轴需要用轴承支承，以承受作用于轴上的载荷，这类起支持作用的零部件，称为支承零部件，此外轴上零件还通过各种连接件相互连接，它们的性能相互影响，将轴及轴上的零部件统称为轴系零部件。

§12.1　轴 的 概 述

12.1.1　轴的类型

　　轴是组成机器的重要零件之一，主要功用是支承轴上的旋转零件（如齿轮、带轮、凸轮等）、传递转矩和运动，并使轴上零件具有确定的工作位置。

1. 按照轴线形状分类

　　按照轴线形状分类：轴可分为直轴、曲轴和软轴，如图 12.1 所示。

　　（1）直轴：直轴按外形不同分为光轴、阶梯轴及特殊用途的轴，如凸轮轴、花键轴、齿轮轴、蜗杆轴等。

　　（2）曲轴：曲轴是内燃机、曲柄压力机等机器或某些行星轮系中的专用零件，用以实现往复运动和旋转运动的变换。

　　（3）软轴：软轴主要用于两传动轴线不在同一直线或工作时彼此有相对运动的空间传动，也可用于受连续振动的场合，以缓和冲击。常用于医疗机械、电动手持小型机械中。又称挠性轴。

2. 按照轴所受到的载荷的性质分类

　　按照轴所受到的载荷的性质分类：轴可分为心轴、转轴和传动轴。如图 12.2。

　　（1）心轴：通常指只承受弯矩而不承受转矩的轴。如自行车前、后轮轴，汽车轮轴。根据心轴是否转动又分为固定心轴和转动心轴两类。自行车的前轮轴为固定心轴，汽车的轮轴为转动心轴。

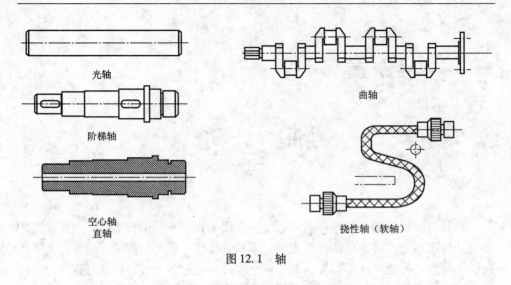

光轴

曲轴

阶梯轴

空心轴
直轴

挠性轴（软轴）

图 12.1　轴

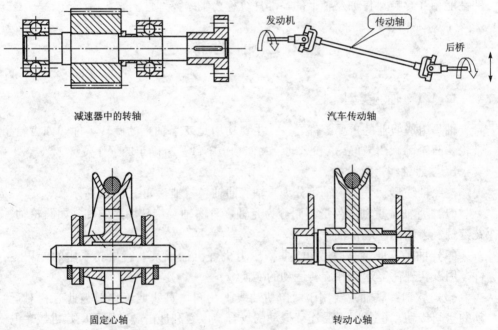

减速器中的转轴

发动机　　　　传动轴　　　　后桥

汽车传动轴

固定心轴

转动心轴

图 12.2　轴的类型

（2）转轴：既受弯矩又受转矩的轴。转轴在各种机器中最为常见。

（3）传动轴：只受转矩不受弯矩或受很小弯矩的轴。车床上的光轴、连接汽车发动机输出轴和后桥的轴，均是传动轴。

为减轻轴的重量，可以将轴制成空心的形式，如图 12.1 所示。

12.1.2　轴的材料和毛坯

一、轴的材料

由于轴工作时产生的应力多为变应力，所以轴的失效多为疲劳损坏，因此轴的材料应具有足够的疲劳强度、较小的应力集中敏感性和良好的加工性能等。还应满足刚度、耐磨性、耐腐蚀性要求。常用的材料主要有碳钢、合金钢、球墨铸铁和高强度铸铁。

选择轴的材料，应考虑轴所受载荷的大小和性质、转速高低、周围环境、轴的形状和尺寸、生产批量、重要程度、材料机械性能及经济性等因素。表 12 – 1 列出了轴的常用材料及其主要机械性能。

（1）碳钢有足够高的强度，对应力集中敏感性较低，便于进行各种热处理及机械加工，价格低、供应充足，应用最广。一般机器中的轴，可用 30，40，45，50 等牌号的优质中碳钢制造，以 45 号钢调质处理最常用。

（2）合金钢具有较高的机械性能，但价格较贵，多用于有特殊要求的轴。常用于制造高速、重载或受力大而要求尺寸小、重量轻的轴；处于高温、低温或腐蚀介质中工作的轴，也多数用合金钢制造。常用的合金钢有：12CrNi2，12CrNi3，20Cr，40Cr，38SiMnMo 等。

（3）通过进行各种热处理、化学处理及表面强化处理，可以提高用碳钢或合金钢制造轴的强度及耐磨性。特别是合金钢，只有进行热处理后才能充分显示其优越的机械性能。

（4）合金钢对应力集中的敏感性较高，因此设计合金钢轴时应从结构上避免或减小应力集中，并减小其表面粗糙度。需要注意的是，在一般工作条件下，钢材的种类和热处理对其弹性模量的影响甚小，因此依靠选用合金钢或通过热处理来提高轴的刚度并无实效。如采用合金钢应通过增大轴径等方式来解决刚度问题。

（5）对于形状复杂的轴，如曲轴、凸轮轴等，采用球墨铸铁或高强度铸造材料来进行铸造加工，易于得到所需形状，而且这类材料具有较好的吸振性能和耐磨性，对应力集中的敏感性也较低。

表 12 – 1　轴的常用材料及其主要机械性能

材料及热处理	毛坯直径	硬度	强度极限	屈服极限	弯曲疲劳极限	应用举例
Q235	—		440	240	200	用于不重要或载荷不大的轴
35 正火	≤ 100	149 ~ 187	520	270	250	塑性好和强度适中，可做一般曲轴、转轴

续表

材料及 热处理	毛坯直径	硬度	强度 极限	屈服 极限	弯曲疲 劳极限	应 用 举 例
45 正火	≤ 100	170～217	600	300	275	用于较重要的轴,应用最广泛
45 调质	≤ 200	217～255	650	360	300	
40Cr 调质	25		1 000	800	500	用于载荷较大,而无很大冲击的重要的轴
	< 100	241～286	750	550	350	
	> 100～300	241～266	700	550	300	
40MnB 调质	25		1 000	800	485	性能接近于 40Cr,用于重要的轴
	≤ 200	241～286	750	500	335	
35CrMo 调质	≤ 100	207～269	750	550	390	用于受重载荷的轴
20Cr 渗碳 淬火回火	15	表面 HRC 56～62	850	550	375	用于要求强度、韧性及耐磨性均较高的轴
	≤ 60		650	400	280	
QT400 - 100	—	156～197	400	300	145	结构复杂的轴
QT600 - 2	—	197～269	600	200	215	

二、轴的毛坯

轴的毛坯可用轧制圆钢材、锻造、焊接、铸造等方法获得。对要求不高的轴或较长的轴,毛坯直径小于 150 mm 时,可用轧制圆钢材;受力大,生产批量大的重要轴的毛坯可由锻造提供;对直径特大而件数很少的轴可用焊件毛坯;生产批量大、外形复杂、尺寸较大的轴,可用做铸造毛坯。

§12.2　轴的结构设计

轴结构设计的任务就是在满足强度、刚度和振动稳定性的基础上,根据轴上零件的定位要求及轴的加工、装配工艺性要求,使轴的各部分具有合理的形状和尺寸。主要要求包括:满足制造安装要求,轴应便于加工,轴上零件要方便装拆;满足零件定位要求,轴和轴上零件有准确的工作位置,各零件要牢固而可靠地相对固定;满足结构工艺性要求,加工方便和节省材料;满足强度要求,尽量减少应力集中等。

12.2.1　轴的结构

轴主要由轴颈、轴头和轴身 3 部分组成,如图 12.3 所示。轴上被支承部分

（与轴承内孔相配合的部分）叫做轴颈；安装轴上旋转零件（带轮，齿轮等）轮毂部分叫做轴头；连接轴颈和轴头的部分叫做轴身。

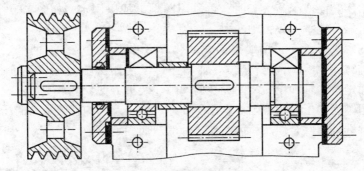

图 12.3 轴的结构

12.2.2 轴上零件的轴向定位

零件在轴上的轴向定位方法，主要取决于零件所受到的轴向力的大小。此外，还要考虑轴的制造和轴上零件装拆的难易程度、对轴强度的影响及工作可靠性等因素。

常用的轴向定位方法有：轴肩（或轴环）、套筒、圆螺母、挡圈、圆锥形轴头等。

1. 轴肩定位（如图 12.4 所示）

阶梯轴上截面变化处叫轴肩，利用轴肩进行轴向定位，结构简单、可靠，并能承受较大轴向力。图 12.3 中，带轮和右轴承就是利用轴肩定位的。轴肩由定位面和过度圆角组成。为保证零件端面能靠紧定位面，轴肩圆角半径必须小于零件毂孔的圆角半径或倒角高度；为保证有足够的强度来承受轴向力，轴肩高度值为 $h = (0.07d + 3) \sim (0.1d + 5)$ mm。

2. 轴环定位（如图 12.5 所示）

轴环的功用及尺寸参数与轴肩相同，宽度 $b \approx 1.4h$。图 12.3 中，齿轮就是利用轴环定位的。锻造毛坯轴上设置轴环，用料少、重量轻，圆钢毛坯上轴环需要车制而成，浪费材料及加工工时，一般少用。

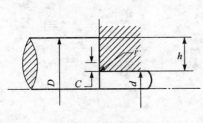

图 12.4 轴肩定位

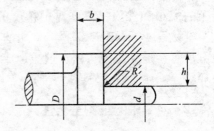

图 12.5 轴环定位

　　轴上有些零件依靠套筒定位，图12.3中左端滚动轴承采用套筒定位。套筒定位结构简单、可靠，但不适合高转速情况。

　　无法采用套筒或套筒太长时，可采用圆螺母加以固定，如图12.6所示。圆螺母定位可靠，能承受较大轴向力。

　　在轴的端部零件可采用端盖定位，图12.3中的带轮及左右两个滚动轴承就采用了端盖（或轴承端盖）定位。轴端还可以使用圆锥面定位，如图12.7所示，圆锥面定位的轴和轮毂之间无径向间隙、装拆方便，能承受冲击，可兼作周向固定，但锥面加工较为麻烦。宜用于高速、冲击及对中性要求高的场合。锥面定位常与轴端挡圈联合使用，可实现零件的双向固定。

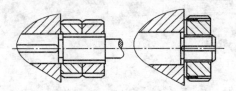

图12.6　圆螺母定位

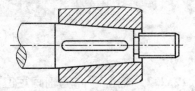

图12.7　锥面定位

　　弹性挡圈（如图12.8）和挡圈定位（如图12.9）。这类定位方式结构简单紧凑，能承受较小的轴向力，可靠性差，只在不太重要的场合使用。

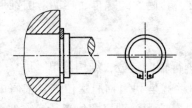

图12.8　弹性挡圈定位

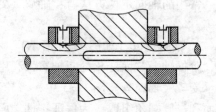

图12.9　挡圈定位

　　圆锥销也可以用作轴向定位，如图12.10所示。它的结构简单，用于受力不大且同时需要轴向定位和固定的场合。

12.2.3　轴上零件的周向定位

　　零件在轴上的周向定位方式根据其传递转矩的大小和性质、零件对中精度的高低、加工难易程度等因素来选择。常用的周向定位方法有：键、花键、销、过盈、成形、弹性环等连接，通称轴毂连接。轴上零件的周向定位详见第四章有关内容。

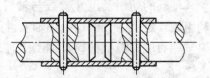

图12.10　圆锥销定位

12.2.4　轴的结构工艺性

　　所谓轴的结构工艺性是指轴的结构应尽量简单，有良好的加工和装配工艺性，以利减少劳动量，提高劳动生产率及减少应力集中，提高轴的疲劳强度。

轴的结构设计应该合理以利于加工和装配。为便于轴上零件的装拆，通常将轴做成阶梯状。一般剖分式箱体中的轴，直径从轴端逐渐向中间增大。如图12.3 所示，可依次将齿轮、套筒、左端滚动轴承，轴承盖和带轮从轴的左端装拆，另一滚动轴承从右边装拆。为便于轴上零件安装，轴端及各轴段的端部应有倒角。在满足使用要求的情况下，轴的形状和尺寸应力求简单，以便于加工。

（1）轴上的某轴段需磨削时，应留有砂轮的越程槽；需切制螺纹时，应留有退刀槽。

（2）为去掉毛刺，利于装配，轴端应倒角。

（3）为减少加工过程中换刀及装夹工件的辅助时间，同根轴上所有圆角半径、倒角尺寸、退刀槽宽度应尽可能统一；当轴上有两个以上键槽时，应置于轴的同一条母线上，以便一次装夹后就能加工。

（4）采用过盈配合连接时，配合轴段的零件装入端，加工成导向锥面。若还附加键联结，则键槽的长度应延长到锥面处，以便于轮毂上键槽与键对中。

（5）如果需要从轴的一端装入两个过盈配合的零件，则轴上两配合轴段的直径不应相等，以防止第一个零件压入后，把第二个零件的配合表面拉毛，影响配合精度。

轴的结构设计应尽可能地减少应力集中，应注意以下几点。

（1）轴上相邻轴段的直径不应相差过大，在直径变化处尽量用圆角过渡，圆角半径尽可能大些。当圆角半径增大受到结构限制时，可将圆弧延伸到轴肩中，称为内切圆角，也可加装过渡肩环使零件轴向定位，如图 12.11 所示。

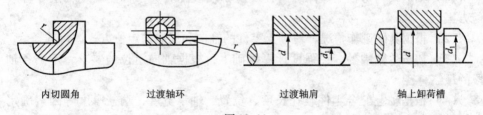

内切圆角　　　　过渡轴环　　　　过渡轴肩　　　　轴上卸荷槽

图 12.11

（2）轴上与零件毂孔配合的轴段，会产生应力集中。配合越紧，零件材料越硬，应力集中越大。其原因是，零件轮毂的刚度比轴大，在横向力作用下，两者变形不协调，相互挤压，导致应力集中。尤其在配合边缘，应力集中更为严重。改善措施有：在轴、轮毂上开卸载槽，如图 12.11。

（3）尽量选用应力集中小的定位方法。采用紧定螺钉、圆锥销钉、弹性挡圈、圆螺母等定位时，需在轴上加工出凹坑、横孔、环槽、螺纹，易引起较大的应力集中，尽量不用；用套筒定位无应力集中。在条件允许时，用渐开线花键代替矩形花键，用盘铣刀加工的键槽代替端铣刀加工的键槽，可以减小应力集中。

改善轴的表面质量，进行表面强化处理，可以避免疲劳裂纹，提高轴的疲劳强度。

结构设计时，可以用改善受力情况、改变轴上零件位置等措施提高轴的强度。例如，在图 12.12 所示的起重机卷筒方案中，方案 a 所示的结构将大齿轮和卷筒联成一体，转矩经大齿轮直接传给卷筒，卷筒轴只受弯矩不传递转矩，在起重同样载荷 Q 时，轴的直径可小于方案 b 所示的结构。又例如，当动力需从两个轮输出时，为了减小轴上的载荷，尽量将输入轮置在中间；把转动的心轴改成固定的心轴，可使轴不承受交变应力。

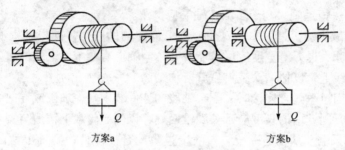

方案a　　　　　　　　　　　方案b

图 12.12　　起重机卷筒

12.2.5　轴结构设计的步骤

轴的结构设计在经过初步强度计算，已知轴的最小直径和轴上零件尺寸（主要是毂孔直径及宽度）后进行。结构设计的主要步骤如下。

（1）轴的结构与轴上零件的位置及从哪端装配有关，首先确定轴上零件装配方案。

（2）根据具体工作情况，对轴上零件的轴向和周向的定位方式进行选择。

（3）初步估算轴径，在强度计算基础上，根据轴向定位的要求，定出各轴段的最终直径。

（4）根据轴上配合零件毂孔长度、位置、轴承宽度、端盖厚度等因素确定各轴段长度。

（5）确定轴的结构细节：如键槽尺寸、倒角尺寸、过渡圆角半径、退刀槽尺寸、轴端螺纹孔尺寸等。

（6）根据配合要求和加工工艺性确定轴的精度。通用机器中轴的精度多为 IT5 ~ IT7；根据装配要求，确定合理的形位公差，包括：配合轴段的直径相对于轴颈（基准）的同轴度及其圆度、圆柱度；定位轴肩对轴线的垂直度；键槽相对于轴线的平行度和对称度等；此外还应合理确定轴表面粗糙度值。

（7）轴的结构设计常与轴的强度计算、刚度计算、轴承及联轴器尺寸的选择计算、键联结强度校核计算等交叉进行，反复修改，最后确定最佳结构方案，画出轴的结构图。

§12.3 轴的设计计算

轴的主要失效形式包括：因疲劳强度不足而产生的疲劳断裂、因静强度不足而产生的塑性变形或脆性断裂、磨损、超过允许范围的变形和振动等。

轴的设计应满足以下准则。

（1）根据轴的工作条件、生产批量和经济性，选取适合的材料、毛坯形式及热处理方式。

（2）根据轴的受力情况、轴上零件的安装位置、配合尺寸及定位方式、轴的加工方法等具体要求，确定轴的合理结构形状及尺寸，即进行轴的结构设计。

（3）轴的强度计算或校核。对受力大的细长轴（如蜗杆轴）和对刚度要求高的轴，还要进行刚度计算。高速工作的轴，有共振危险，应进行振动稳定性计算。

轴在实际工作中，承受各种载荷。设计计算是确保轴可以承受载荷、可靠工作的重要手段。根据轴的失效形式，对轴的计算内容通常为强度计算、刚度计算和临界转速计算。

一、轴的强度计算

轴的强度计算应根据轴的承载情况，采用相应的计算方法，轴的计算方法主要有 3 种方法：许用切应力计算；许用弯曲应力计算；安全系数校核计算。

1. 许用切应力计算

许用切应力计算只需知道轴转矩的大小，方法简便，但计算精度低。主要用于设计以传递转矩为主的传动轴、初步估算轴径以便进行结构设计时和不重要的轴。

受转矩 T 的实心轴，其切应力为：

$$\tau_T = T/W_T = 9550 \times 10^6 P/ \left(0.2 d^3\right) \leqslant \left[\tau_T\right] \qquad (12-1)$$

轴的最小直径设计公式为：

$$d \geqslant \sqrt[3]{9.55 \times 10^6 P/ \left(0.2 \left[\tau_T\right] n\right)} = C \sqrt[3]{P/n} \qquad (12-2)$$

式中，W_T 为轴的抗扭截面系数，单位为 mm³；P 为轴传递功率，单位为 kW；n 是轴的转速，单位为 r/min；C 是与轴材料有关的系数，可查表 12−2；$\left[\tau_T\right]$ 为许用切应力，单位为 MPa；对于受弯矩较大的轴宜取较小的 $\left[\tau_T\right]$ 值。当轴上有键槽时，应适当增大轴径，单键增大 3%，双键增大 7%。

2. 许用弯曲应力计算

对于受弯扭合成作用的转轴，设计时首先应按弯扭组合变形的分析计算方法和相应强度理论，计算出轴上的当量弯矩 M'，再由当量弯矩 M' 计算出危险截面的最大工作应力 σ_{bmax}，设计时保证由弯矩所产生的弯矩应力 σ_b 应不超过许用弯曲应力 $\left[\sigma_{-1b}\right]$，即：

$$\sigma_b = M'/W = M'/(0.1d^3) \leqslant [\sigma_{-1b}] \tag{12-3}$$

设计公式为：

$$d \geqslant \sqrt[3]{M'/(0.1[\sigma_{-1b}])} \tag{12-4}$$

式中，W 为轴的抗弯截面系数；M' 为轴上的当量弯矩，单位为 N·mm；

$[\sigma_{-1b}]$ 为材料在对称循环应力状态下的许用弯曲应力，其值可由表 12-3 选取。所谓不变的转矩只存在于理论上，机器运转不可能完全均匀，且有扭转振动的存在，为保证安全，按脉动转矩计算当量弯矩。校核和设计弯扭组合变形轴时，选用 $[\sigma_{-1b}]$ 作为许用应力。

表 12-2　与轴材料有关的系数 C

轴的材料	Q235 20		Q255 Q275 35			45		40Cr 38SiMnMo	
$[\tau_T]$	12	15	20	25	30	35	40	45	52
C	160	148	135	125	118	112	106	102	98

**表 12-3　材料在静应力、脉动循环应力和对称循环
应力下的许用弯曲应力**　　　　　　　　MPa

材料	许用弯曲应力 $[\sigma_b]$	静应力下许用弯曲应力 $[\sigma_{+1b}]$	脉动循环应力下许用弯曲应力 $[\sigma_{0b}]$	对称循环应力下许用弯曲应力 $[\sigma_{-1b}]$
碳素钢	400	130	70	40
	500	170	75	45
	600	200	95	55
	700	230	110	65
合金钢	800	270	130	75
	900	300	140	80
	1 000	330	150	90
铸钢	400	100	50	30
	500	120	70	40

3. 安全系数校核计算

按当量弯矩 M' 计算轴的强度时，没有考虑轴的应力集中，轴径尺寸和表面品质等因素对轴的疲劳强度的影响，因此对于重要的轴，还需要进行危险截面处疲劳安全系数的精确计算，评定轴的安全裕度，即建立轴在危险截面处的安全系数的校核条件。

$$Sca = \frac{S_\sigma \cdot S_\tau}{\sqrt{S_\sigma^2 + S_\tau^2}} \geqslant [S]; \quad S_\sigma = \frac{\sigma_{-1}}{K_\sigma \delta_a + \varphi_a \delta_m} \geqslant [S]; \quad S_\tau = \frac{\tau_{-1}}{K_\tau \tau_a + \varphi_\tau \cdot \tau_m} \geqslant [S]$$

式中，Sca 为计算安全系数，S_σ，S_τ 分别为受弯矩和扭矩作用时的安全系数；σ_{-1}，τ_{-1} 分别为对称循环应力时材料试件的弯曲和扭转疲劳极限；K_σ，K_τ 为弯曲和扭转时的有效应力集中系数；φ_σ，φ_τ 为弯曲、扭矩时平均应力折合应力幅

的等效系数；σ_a，τ_a 为弯曲、扭转的应力幅；σ_m，τ_m 为弯曲、扭转平均应力。

[S] 最小许用安全系数：

[S] = 1.3 ~ 1.5 用于材料均匀，载荷与应力计算精确时；

[S] = 1.5 ~ 1.8 用于材料不够均匀，载荷与应力计算精确度转低时；

[S] = 1.8 ~ 2.5 用于材料均匀性及载荷与应力计算精确度很低或轴径 $d >$ 200 mm 时。

二、轴的刚度计算

轴受到载荷作用后将发生弯曲、扭转等变形。如果变形量超过允许变形范围，轴上零件就不能正常工作，甚至影响机器的性能。例如机床主轴挠度过大将影响加工精度。因此，对于有刚度要求的轴，必须进行刚度校核。轴的刚度分为弯曲刚度和扭转刚度。

（1）弯曲刚度校核计算应保证由弯曲产生的挠度 $y \leqslant$（[y]），[y] 为许用挠度；由弯曲产生的偏转角 $\theta \leqslant$ [θ]，[θ] 为许用偏转角；

（2）扭转刚度校核计算应保证由扭转变形所产生的扭转角 $\varphi \leqslant$ [φ]，[φ] 为许用扭转角。

y，θ，φ 的计算按材料力学方法计算，[y]，[θ]，[φ] 的值见表 12 - 4。

表 12 - 4 轴的许用挠度 [y]、许用偏转角 [θ] 和许用扭转角 [φ]

变形种类	使用场合	许用值	变形种类	使用场合	许用值
挠度 Y /mm	一般用途的轴	(0.000 3 ~ 0.000 5) l	偏转角 θ /rad	滑动轴承	< 0.001
	刚度要求较高的轴	≤ 0.000 2l		径向球轴承	< 0.05
	感应电机轴	≤ 0.1Δ		调心球轴承	< 0.05
	安装齿轮轴	(0.01 ~ 0.05) m_n		圆柱滚子轴承	< 0.002 5
	安装涡轮轴	(0.02 ~ 0.05) m_t		圆锥滚子轴承	< 0.001 6
	l—支承间跨距；Δ—电机定子与转子间的气隙；m_n—齿轮法面模数；m_t—涡轮端面模数。			安装齿轮处截面	< 0.001 ~ 0.002
			每米长的扭转 φ/(°)·m^{-1}	一般传动	0.5 ~ 1
				较精密传动	0.25 ~ 0.5
				重要传动	< 0.25

§12.4 滑 动 轴 承

轴承主要用于支承轴及轴上零件、保持轴的旋转精度、减少转轴与支承之间的摩擦和磨损。轴承一般分为滚动轴承和滑动轴承两大类。在高速、高精度、重载、结构上要求剖分等场合，滑动轴承有着明显优异的性能。

12.4.1　滑动轴承的类型及特点

滑动轴承与轴径的表面形成滑动摩擦副，工作时，轴与轴承间存在着滑动摩擦。

滑动轴承表面能形成润滑膜将运动副分开，可以大大降低接触面相对运动时滑动摩擦力；油膜具有抗冲击作用和吸振的能力，使得工作平稳并有效降低噪声；此外运动副表面不直接接触，避免了磨损。滑动轴承的承载能力大，回转精度高，在工程上获得广泛的应用，例如汽轮机、离心式压缩机、内燃机、大型电机多采用滑动轴承。此外，在低速带有冲击的机器中，如水泥搅拌机、滚筒清砂机、破碎机等也采用滑动轴承。

根据承受载荷方向的不同，滑动轴承分为径向滑动轴承（又称向心滑动轴承）、止推滑动轴承（又称推力轴承）和径向推力滑动轴承。

根据结构形式的不同，滑动轴承分为整体式滑动轴承和剖分式滑动轴承。

根据运动副表面润滑状态的不同，滑动轴承可分为：流体润滑轴承、非流体润滑轴承和无润滑轴承（不加润滑剂）。

根据润滑油膜形成的原理不同，滑动轴承可分为：动压滑动轴承和静压滑动轴承。

润滑的目的是在摩擦表面间形成润滑膜，以减少摩擦阻力和降低材料磨损。润滑膜可以是由液体或气体组成的流体膜或者固体膜，根据润滑膜的形成原理和特征，润滑状态可以分为流体动压润滑、流体静压润滑、弹性流体动压润滑、边界润滑和干摩擦状态等五种基本类型。各种润滑状态的基本特征见表 12 – 5。

表 12 – 5　各种润滑状态的基本特征

润滑状态	典型膜厚度	润滑膜形成方式	应　　用
流体动压润滑	$1 \sim 100 \ \mu m$	由摩擦表面的相对运动所产生的动压效应形成流体润滑膜	中高速下的面接触摩擦副，如滑动轴承
流体静压润滑	$1 \sim 100 \ \mu m$	通过外部压力将流体送到摩擦表面之间，强制形成润滑膜	低速或无速度下的面接触摩擦副，如滑动轴承、导轨等
弹性流体动压润滑	$0.1 \sim 1 \ \mu m$	与流体动压润滑相同	中高速下点线接触摩擦副，如齿轮、滚动轴承等
薄膜润滑	$10 \sim 100 \ nm$	与流体动压润滑相同	低速下的点线接触高精度摩擦副，如密仪器上的滚动轴承等
边界润滑	$1 \sim 50 \ nm$	润滑油中的成分与金属表面产生物理或化学作用而形成润滑膜	低速重载条件下的摩擦低副
干摩擦	$1 \sim 10 \ nm$	表面氧化膜、气体吸附膜等	无润滑或自润滑的摩擦副

各种润滑状态所形成的润滑膜厚度不同，判断润滑状态必须与接触表面粗糙度进行对比。只有当润滑膜厚度超过两表面的粗糙峰高度时，才能完全避免峰点接触实现全膜流体润滑。实际机械中的摩擦副，通常几种润滑状态同时存在，称为混合润滑状态。

根据润滑膜厚度鉴别润滑状态存在测量上的难度，往往不便采用。工程上通常以摩擦系数值作为判断各种润滑状态的依据。表 12 – 6 为摩擦系数的典型数值。

表 12 – 6　不同润滑状态下的摩擦系数值

摩擦润滑状态	摩擦系数	摩擦润滑状态		摩擦系数
滚动轴承的滚动摩擦	0.01 ~ 0.001	圆柱在平面上纯滚动摩擦		0.001 ~ 0.000 01
流体动压润滑	0.01 ~ 0.001	流体静压润滑		0.01 ~ 0.000 001 （与设计参数有关）
矿物油湿润金属表面的边界润滑	0.15 ~ 0.3	有添加剂的油润滑	配对材料为钢—钢或尼龙—钢	0.05 ~ 0.10
石墨、二硫化钼润滑	0.06 ~ 0.20		配对材料尼龙—尼龙	0.10 ~ 0.20
黄铜 – 黄铜或青铜 – 青铜干摩擦	0.5 ~ 1.5	铅膜润滑		0.08 ~ 0.20
		铜铅合金—钢或巴氏合金—钢干摩擦		0.15 ~ 0.3
橡胶 – 其他材料干摩擦	0.6 ~ 0.9	聚四氟乙烯—其他材料干摩擦		0.04 ~ 0.12

动压滑动轴承利用轴承内孔和轴颈的相对运动以及特定几何形状（多油楔），借助流体的黏性，将润滑剂带进摩擦表面，依靠自然建立的压力润滑油膜，将运动副表面分开。

静压滑动轴承通过固定的润滑系统，将高压润滑剂输入到滑动轴承和轴颈表面之间，使运动副表面分离并承受外载荷。

12.4.2　滑动轴承的结构型式

一、径向滑动轴承

1. 整体式径向滑动轴承

最简单的整体式径向滑动轴承是圆柱孔径向滑动轴承，它可以直接在机器壳体上钻出或镗出孔，在孔中安装套筒型轴瓦，对于要求不高的机器也可以不安装轴瓦，如手动绞车。

典型的整体式滑动轴承由轴承体和轴瓦组成，如图 12.13 所示。轴承体和机架用螺栓固定，轴瓦上开有油孔，并在内表面开油沟以输送润滑油。由于供油方式简单，加工方便，整体式滑动轴承被广泛应用于低速轻载装置中。整体式径向滑动轴承与轴颈的空间间隙不可调，轴瓦磨损后，必须更换，且安装时，轴在轴承内孔中须做轴向运动，安装不便。

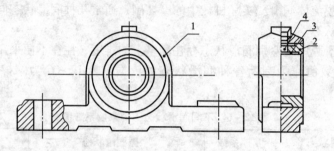

图 12.13　整体式径向滑动轴承
1—轴承体；2—轴瓦；3—油槽；4—油孔

2. 剖分式径向滑动轴承

剖分式径向滑动轴承由轴承盖、轴承座、剖分轴瓦和连接螺栓组成，如图12.14 所示。轴瓦直接支承轴颈，为节省贵金属或其他需要，常在轴瓦内表面贴附一层轴承衬。轴承与机架用螺栓连接，轴瓦内表面不承受载荷的部分开有油沟，润滑油通过漏油孔和油沟流入轴承和轴颈的配合间隙；轴瓦的剖分面最好与载荷方向垂直，多数的剖分面为水平面也有倾斜面（如图12.15 所示）；轴承盖与轴承座剖分面应作成阶梯形，以便于安装时对中定位并防止工作时松动，在剖分面间留有一定的间隙，中间插有垫片，轴瓦磨损后，取出部分垫片，并对轴瓦工作表面进行修刮，可以修复磨损后的间隙；轴承盖适度压紧轴瓦，防止轴瓦在轴承孔中转动，盖上制有螺纹孔，以便安装油杯或油管。剖分式径向滑动轴承装拆时，轴无需做轴向移动，装拆方便。

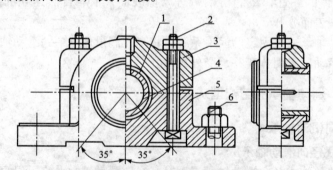

图 12.14　剖分式径向滑动轴承
1—上轴瓦；2—连接螺栓；3—轴承盖；4—下轴瓦；5—轴承座；6—连接螺栓

3. 自动调心滑动轴承（又称自位轴承）

如图12.16 所示，自动调心轴承轴瓦外表面做成凸形球面，与轴承盖及轴承座上的凹形球面配合，轴变形时，轴瓦可随轴线自动调节位置，从而保证轴颈和轴瓦为圆柱面接触。

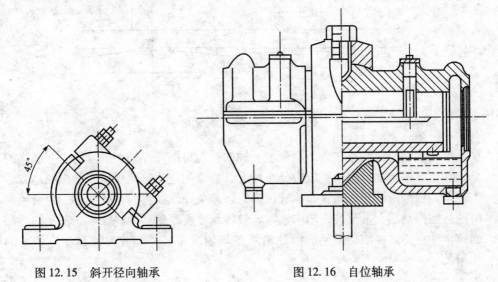

图 12.15　斜开径向轴承　　　　　　　　图 12.16　自位轴承

二、推力滑动轴承

推力滑动轴承用于承受轴向载荷，由轴承座、套筒、径向轴瓦、止推轴瓦所组成。如图 12.17 所示，止推面可以直接利用轴的端面，或在轴的中段做出凸肩或装止推圆盘。推力滑动轴承相对滑动端面通常采用环状端面。当载荷较大时，可采用多环轴颈，这种结构能够承受双向轴向载荷。

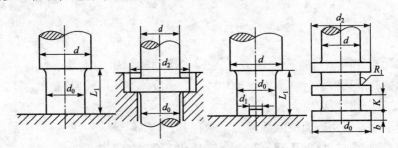

图 12.17　推力滑动轴承

固定轴瓦动压推力滑动轴承，如图 12.18 所示，沿轴承止推面按一块块扇形面开出楔形油室，楔形的倾斜角固定不变，楔形顶部留出平台，承受轴向载荷。

12.4.3　轴瓦的结构和材料

轴瓦是滑动轴承中的重要零件，分为剖分式和整体式结构。

径向滑动轴承的轴瓦内孔为圆柱形。在轴瓦内表面开有油孔和油沟，图 12.19 所示为几种常见的油沟。油孔用来供应润滑油，油沟用来输送和分布润滑

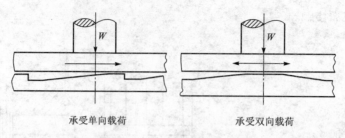

承受单向载荷 承受双向载荷

图 12.18 动压推力滑动轴承

油，以利于润滑油均布在整个轴颈上。轴向油沟可以开在轴瓦剖分面上。油沟的形状和位置影响轴承中油膜压力分布情况，润滑油应该自油膜压力最小的地方输入轴承，油沟应该开在油膜非承载区内，以避免降低油膜的承载能力。为避免润滑油从油沟端部大量流失，轴向油沟应较轴承宽度稍短。某些轴承在轴瓦的两侧面镗出油室，这种结构可使润滑油沿轴向均匀分布，并起着贮油和稳定供油的作用。

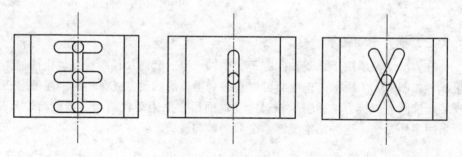

图 12.19 常见的油沟

轴瓦宽度与轴颈直径之比 B/d 是径向滑动轴承中的重要参数称为宽径比。液体摩擦的滑动轴承，常取 $B/d = 0.5 \sim 1$，非液体摩擦的滑动轴承，常取 $B/d = 0.8 \sim 1.5$，有时可以更大些。

为了改善轴瓦表面的摩擦性质，常在其内表面上浇铸一层或两层减摩材料，通常称为轴承衬，故轴瓦又分双金属轴瓦和三金属轴瓦。

12.4.4 轴承材料

轴瓦或轴承衬是滑动轴承的重要零件，轴瓦和轴承衬的材料统称为轴承材料。由于轴瓦或轴承衬与轴颈直接接触，且轴颈部分比较耐磨，因此主要失效形式是轴瓦的过度磨损。轴瓦的磨损与轴颈的材料、轴瓦自身材料、润滑剂和润滑状态直接相关，选择轴瓦材料应综合考虑这些因素，以提高滑动轴承的使用寿命和工作性能。根据滑动轴承的工作情况，要求轴瓦材料具备以下性能：摩擦系数小；导热性好，热膨胀系数小；耐磨、耐蚀、抗胶合能力强；要有足够的机械强度和可塑性。

常见的轴承材料包括：金属材料（如轴承合金、青铜、铝基合金、锌基合金等）、多孔质金属材料（粉末冶金材料）和非金属材料。

轴承合金又称白合金，是锡、铅、锑或其他金属的合金，有锡锑轴承合金和铅锑轴承合金两大类。锡锑轴承合金的摩擦系数小，抗胶合性能良好，对油的吸附性强，耐蚀性好，易跑合，是优良的轴承材料，常用于高速、重载的轴承。但强度较低，价格较贵，使用时必须浇注在青铜、钢或铸铁的轴瓦上，形成较薄的涂层。用青铜作为轴瓦基体导热性良好，这种轴承合金在 110 ℃ 开始软化，为了安全，在设计运行时常将温度控制得比 110 ℃ 低 30 ~ 40 ℃。铅锑轴承合金的各方面性能与锡锑轴承合金相近，但材料较脆，不宜承受较大的冲击载荷，一般用于中速、中载的轴承。

多孔质金属材料是一种粉末材料，具有多孔组织，将其浸在润滑油中，使微孔中充满润滑油，可以变成含油轴承，具有良好的自润滑性能。多孔质金属材料的韧性小，只适应于平稳的无冲击载荷及中、小速度情况下。

常用的轴承塑料有酚醛塑料、尼龙、聚四氟乙烯等，塑料轴承有较大的抗压强度和耐磨性，可用油和水润滑，有自润滑性能，但导热性差。

12.4.5 滑动轴承的润滑

轴承润滑的目的在于降低摩擦功耗，减少磨损，同时还起到冷却、吸振、防锈等作用，轴承能否正常工作，与润滑剂选用正确与否有很大关系。

一、润滑剂

润滑剂的作用是减小摩擦阻力、降低磨损、冷却和吸振。润滑剂有液态、固态、气体及半固态。液体的润滑剂称为润滑油，半固体润滑剂在常温下呈油膏状的称为为润滑脂。

1. 润滑油

润滑油是主要的润滑剂，它的主要物理性能指标是用来表征液体流动的内摩擦性能的黏度，黏度越大，流动性越差。表征润滑油在金属表面上的吸附能力的油性是润滑油另一物理性能指标，油性越大，对金属的吸附能力越强，油膜越容易形成。

润滑油的选择应综合考虑轴的承载量、轴颈转速、润滑方式、滑动轴承的表面粗糙度等因素。一般原则为：在高速轻载条件下工作，为了减小摩擦功耗选择黏度小的润滑油；在重载或冲击载荷条件下工作，采用油性大、黏度大的润滑油，以形成稳定的润滑膜；静压或动静压滑动轴承可选用黏度小的润滑油；表面粗糙或未经跑合的表面应选择黏度高的润滑油。流体动力润滑轴承的润滑油黏度的选取，经过计算进行校核。

2. 润滑脂

润滑脂是用矿物油、各种稠化剂（如钙、钠、锂、铝等金属皂）和水调和而成的。润滑脂的稠度（针入度）大、承载能力强，但物理化学性能不稳定，不宜在温度变化大的条件下使用，多用于低速重载或摆动的轴承中。轴颈速度小于 1 ~ 2 m/s 的滑动轴承可采用润滑脂。

3. 固体润滑剂和气体润滑剂

常用的固体润滑剂有石墨、二硫化钼（MoS_2）和聚四氟乙烯（PTFE）等。一般在重载或高温工作条件下使用。空气是最常用的气体润滑剂，多用于高速及不能用润滑油或润滑脂处。

二、润滑方式

向轴承提供润滑剂是形成润滑膜的必要条件，静压轴承和动静压轴承通过油泵、节流器和油沟向滑动轴承的轴瓦连续供油，形成油膜使得轴瓦与轴颈表面分开。动压滑动轴承的油膜是靠轴颈的转动将润滑油带进轴承间隙，其供油方式有连续供油和间歇供油。

间歇供油采用油壶注油和提起针阀通过油杯注油，脂润滑只能采用间歇供应。

连续供油可采用油芯式油杯，利用毛线或棉纱毛细管作用，自动且连续将润滑油滴入轴承，给油量不能调节，油杯中油面高时给油多，低时供油少，停车时仍继续给油。

飞溅润滑方式是另一种连续供油方式，利用齿轮、曲轴等转动零件，将润滑油由油池拨溅到轴承中进行润滑。采用飞溅润滑时，转动零件的圆周速度应在 5 ~ 13 m/s 范围内，常用于减速器和内燃机曲轴箱中的轴承润滑。

采用油环润滑也可以实现连续供油。在轴颈上套一油环，油环下部浸入油池中，当轴颈旋转时，摩擦力带动油环旋转，把油引入轴承。当油环浸在油池内深度约为轴径的四分之一时，供油量足以维持液体润滑状态的需要，这种方法常用于大型电机的滑动轴承中。

油泵循环给油是最完善的供油方法，给油量充足，供油压力只需 5 × 10^4 MPa，在循环系统中通常配置过滤器、冷却器，并设置油压控制开关，当管路内油压下降时可以报警，或启动辅助油泵，或指令主机停车。这种供油方法安全可靠，但设备费用较高，常用于高速且精密的重要机器中。

三、润滑方式的选择

滑动轴承润滑方式的选择可根据系数 k 确定：

$$k = \sqrt{pv^3} \qquad (12-5)$$

式中，$p = F/dB$ 为运动副表面平均压强，单位为 MPa；v 为轴颈的线速度，单位为 m/s。

$k \leq 2$ 时，用润滑脂润滑（可用于干油杯）；$k = 2 \sim 16$ 时，采用针阀式注油油杯润滑；

$k = 16 \sim 32$ 时，采用油环或飞溅润滑；$k \geq 32$ 时，采用压力循环润滑。

12.4.6　非液体滑动轴承的设计计算

采用润滑脂、滴油润滑的轴承，由于得不到足够的油量，在相对运动表面间难于产生完整的承载油膜，轴承只能在混合摩擦状态下工作，属于非液体滑动轴承。这类轴承的主要失效形式是磨损和胶合，其次是表面压溃和点蚀。这类轴承的计算准则是以维护轴承材料和边界油膜不被破坏为最低要求，即控制轴承的平均压强 p、滑动速度 v 和乘积 pv 分别不超过许用值，即：

$$p \leq [p]; \quad v \leq [v]; \quad pv \leq [pv]$$

式中，$[p]$，$[v]$ 和 $[pv]$ 为许用值，见表 12−7。

pv 值简略地表征轴承的发热因素，它与摩擦功率损耗成正比。pv 值越高，轴承温升越高，容易引起边界油膜的破裂。

表 12−7　常用轴瓦及轴承衬材料的性能

材料及其代号	$[p]$/MPa	$[pv]$/ MPa·m·s^{-1}	HBS		最高工作温度/ ℃	轴颈 硬度
			金属型	砂型		
铸锡锑轴承合金 ZSnSb11Cu6	平稳 25 冲击 20	20	27		150	150 HBS
铸铅锑轴承合金 ZPbSb16Sn16Cu2	15	10	30		150	150 HBS
铸锡磷青铜 ZCuSn10P1	15	15	90	80	280	45 HRC
铸锡锌铅青铜 ZCuSn5Pb5Zn5	8	10	65	60	280	45 HRC
铸铝青铜 ZCuAl10Fe3	15	12	110	100	280	45 HRC

对于径向轴承：

$$p = F/(Bd) \leq [p] \tag{12−6}$$

$$v = \pi dn/(1\,000 \times 60) \leq [v] \tag{12−7}$$

式中，F 为轴承载荷，单位为 N；B 为轴承宽度，单位为 mm；d 为轴径直径，单位为 mm；n 为轴的转速，单位为 rpm。

对于推力轴承：

$$p = 4F/\pi(d^2 - d_0^2)z \leqslant [p] \qquad (12-8)$$

$$v = 2\pi(d + d_0)n/1\,000 \times 60 \leqslant [v] \qquad (12-9)$$

式中，d 和 d_0 分别为环形接触面外径和内径，单位为 mm；通常，$d_0 = (0.6 \sim 0.8)d$；z 为环的数目。

§12.5　滚　动　轴　承

滚动轴承是广泛运用的机械支承。其功能是在保证足够寿命的条件下，支承轴及轴上零件，并与机架相对旋转或相对摆动，尽量降低运动副间的摩擦，以获得较高传动效率。

滚动轴承利用滚动摩擦原理设计而成，是由专业工厂成批生产的标准件。常用的滚动轴承已制定了国家标准，在机械设计中只需根据工作条件选用合适的滚动轴承类型和型号进行组合结构设计。

12.5.1　滚动轴承的概述

滚动轴承内有滚动体，运行时轴承内存在滚动摩擦，与滑动轴承相比，滚动轴承的摩擦因数与磨损较小，摩擦阻力小。启动摩擦力矩低，功率损耗小，滚动轴承的效率可达 0.98% ~ 0.99%；应用设计简单，产品已标准化由专业厂家大批量生产，质量可靠，供应充足，有优良的互换性和通用性；工作负荷、转速和温度的适应范围宽，工况条件的少量变化对轴承性能影响不大；大多数类型的滚动轴承能同时承受径向和轴向载荷，轴向尺寸较小，润滑、维护及保养方便，但大多数滚动轴承径向尺寸较大；在高速、重载荷条件下工作时，寿命短；振动及噪声较大。

滚动轴承的机械效率较高，对轴承的维护要求较低，在中、低转速以及精度要求较高的场合得到广泛应用。

12.5.2　滚动轴承的结构、类型和代号

一、滚动轴承的结构及材料

如图 12.20 所示，滚动轴承一般由内圈 1、外圈 2、滚动体 3 和保持架 4 组成。内圈装在轴颈上（在推力轴承中称为轴圈），采用较紧的过渡配合；外圈装在机座或零件的轴承孔内，通常采用较松的配合；多数情况下，外圈不转动，内圈与轴一起转动。内外圈上有滚道，内有滚动体，滚动体是实现滚动摩擦的滚动元件，当内外圈之间相对旋转时，滚动体除"自转"外还沿着滚道滚动。保持架把滚动体均匀隔开，使其沿圆周均匀分布，减小滚动体之间的摩擦和磨损。为适应某些使用要求，有的轴承可以无内圈或无外圈、或带防尘、

密封圈等结构。

滚动体与内外圈的材料要求有高的硬度和接触疲劳强度、良好的耐磨性和冲击韧性。一般用含铬合金钢制造，常用材料有GCr15、GCr15SiMn，GCr6、GCr9等，经热处理后硬度可达 HRC 61~65。保持架有冲压的和实体的两种，冲压保持架一般用低碳钢板冲压制成，它与滚动体间有较大时间隙；实体保持架常用铜合金、铝合金、酚醛胶布

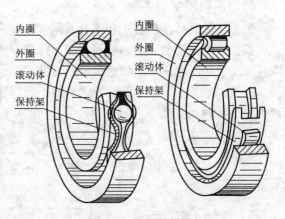

图 12.20　滚动轴承

或塑料做成，有较好的定心作用，高速轴承多采用实体保持架。

二、滚动轴承的结构特性及参数

如图 12.21 所示，滚动轴承的滚动体和外圈接触处的法线 nn 与轴承径向平面（垂直于轴承轴心线的平面）的夹角称为接触角 α，接触角越大轴承承受轴向载荷的能力越强。

如图 12.22 所示，在滚动轴承的滚动体和内、外圈之间存在一定的间隙，使得内、外圈可以产生相对位移，其最大位移量称为游隙，分为轴向游隙 μ_n 和径向游隙 μ_r。游隙的大小对轴承寿命、噪声、温升等有很大影响，应按使用要求进行游隙的选择或调整。

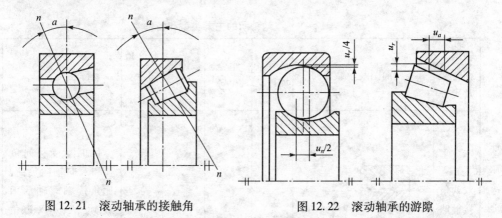

图 12.21　滚动轴承的接触角　　　　图 12.22　滚动轴承的游隙

滚动轴承内、外圈轴线相对倾斜时所夹锐角称为偏移角 θ。能自动适应角偏移的轴承，称为调心轴承。

三、滚动轴承的类型

各类机械具体使用要求和工况不同，需要各种类型的轴承来满足实际需求。

根据滚动体形状，滚动轴承可分为球轴承和滚子轴承。其中，滚子又分为长圆柱滚子、短圆柱滚子、螺旋滚子、圆锥滚子、球面滚子和滚针等，如图12.23所示。表12-8为球轴承和滚子轴承的一般特性比较。表12-9为滚动轴承的主要类型和特性。

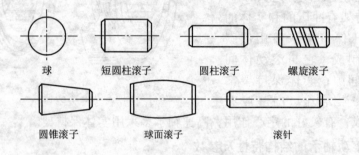

球　　　　短圆柱滚子　　　　圆柱滚子　　　　螺旋滚子

圆锥滚子　　　　　球面滚子　　　　　滚针

图 12.23　滚动体种类

表 12-8　球轴承和滚子轴承的一般特性比较（GB/T 272—1993）

项目	负荷	转速	摩擦	耐冲击性
球轴承	较小负荷	高速	较小	较小
滚子轴承	较大负荷	低速	较大	较大

表 12-9　滚动轴承的主要类型和特性

轴承名称类型及代号	结构简图及承载方向	尺寸系列代号	组合代号	极限转速 n_e	允许角偏转差 θ	特性与应用
双列角接触球轴承0		32 33	32 33	中	—	同时承受径向负荷和双向轴向负荷，比角接触球轴承承载能力大，与双联角接触球轴承比，在同样负荷下能使轴在轴向更紧密地固定

轴承名称类型及代号	结构简图及承载方向	尺寸系列代号	组合代号	极限转速 n_e	允许角偏转差 θ	特性与应用
调心球轴承1或（1）		(0) 2 22 (0) 3 23	12 22 13 23	中	2°~3°	主要承受径向负荷和少量的双向轴向负荷。外圈滚道为球面，具有自动调心性能。适用于多支点轴、弯曲刚度小的轴以及难于精确对中的支承
调心滚子轴承2		13 22 23 30 31 32 40 41	213 222 222 230 231 232 240 241	中	0.5°~2°	主要承受径向负荷和少量的双向轴向负荷。承载能力比调心球轴承大一倍外圈滚道为球面，具有调心性能，适用于多支点轴、弯曲刚度小的轴及难于精确对中的支承
推力调心滚子轴承2		92 93 94	292 293 294		2°~3°	可承受很大的轴向负荷和一定的径向负荷，滚子为鼓形，外圈滚道为球面，能自动调心。转速比推力球轴承高。常用于水轮机轴和起重机转盘等
圆锥滚子轴承3		02 03 13 20 22 23 29 30 31 32	302 303 313 320 322 323 329 330 331 330	中	2°	能承受较大的径向负荷和单向的轴向负荷，极限转速较低。内外圈可分离，轴承游隙可在安装时调整。通常成对使用对称安装。适用于转速较高、轴的刚性较好的场合

轴承名称类型及代号	结构简图及承载方向	尺寸系列代号	组合代号	极限转速 n_e	允许角偏转差 θ	特性与应用
双列深沟球轴承 4		(2) 2 (2) 3	42 43	中		主要承受径向负荷，也能承受一定的双向轴向负荷。它比深沟球轴承具有较大的承载能力
推力球轴承 5		11 12 13 14	511 512 513 514	低	不允许	推力球轴承的套圈与滚动体可分离，单向推力球轴承只能承受单向轴向负荷，两个圈的内孔不一样大，内孔较小的与轴配合，内孔较大的与机座固定。双向推力球轴承可以承受双向轴向负荷，中间圈与轴配合，另两个圈为松圈。高速时，离心力大，寿命较低。常用于轴向负荷大、转速不高的场合
		22 23 24	522 523 524	低	不允许	
深沟球轴承 6 或（16）		17 37 18 19 (0) 0 (1) 0 (0) 2 (0) 3 (0) 4	617 637 618 619 160 60 62 63 64	高	8′~16′	主要承受径向负荷和少量双向轴向负荷，工作时内外圈轴线允许偏斜。摩擦阻力小，极限转速高，结构简单，价格便宜，应用广泛。承受冲击载荷能力较差，适用于高速场合。高速时可代替推力球轴承

轴承名称类型及代号	结构简图及承载方向	尺寸系列代号	组合代号	极限转速 n_e	允许角偏转差 θ	特性与应用
角接触球轴承 7		19 (1) 0 (0) 2 (0) 3 (0) 4	719 70 72 73 74	较高	$2' \sim 3'$	能同时承受径向负荷与单向的轴向负荷，公称接触角有 15°、25°、40° 3 种，a 越大，轴向承载能力也越大。成对使用，对称安装，极限转速较高。适用于转速较高场合
推力圆柱滚子轴承 8		11 12	811 812	低	不允许	能承受很大的单向轴向负荷，但不能承受径向负荷。它比推力球轴承承载能力要大，套圈也分紧圈与松圈。极限转速很低，适用于低速重载场合
圆柱滚子轴承 N		10 (0) 2 22 (0) 3 23 (0) 4	N10 N2 N22 N3 N23 N4	较高	$2' \sim 4'$	只承受径向负荷。承载能力比同尺寸的球轴承大，承受冲击载荷能力大，极限转速高。对轴的偏斜敏感，允许偏斜较小，用于刚性较大的轴上，要求支承座孔很好地对中
滚针轴承 NA		48 49 69	NA48 NA49 NA69	低	不允许	滚动体数量较多，一般没有保持架。径向尺寸紧凑且承载能力很大，价格低廉。不能承受轴向负荷，摩擦系数较大，不允许有偏斜。常用于径向尺寸受限制而径向负荷又较大的装置中

按所承受负荷的主要方向滚动轴承可分为向心轴承、推力轴承和向心推力轴承。

三、滚动轴承类型选择

滚动轴承类型多种多样，选用时应考虑以下各方面因素。

（1）球轴承适于承受轻载荷，滚子轴承适于承受重载荷及冲击载荷。当滚动轴承受纯轴向载荷时，一般选用推力轴承；当滚动轴承受纯径向载荷时，一般选用深沟球轴承或短圆柱滚子轴承；当滚动轴承受纯径向载荷的同时，还有不大的轴向载荷时，可选用深沟球轴承、角接触球轴承、圆锥滚子轴承及调心球或调心滚子轴承；当轴向载荷较大时，可选用接触角较大的角接触球轴承及圆锥滚子轴承，或者选用向心轴承和推力轴承组合在一起，这在极高轴向载荷或要求有较大轴向刚性时尤为适宜。

（2）滚动轴承工作时许用转速因轴承的类型不同有很大的差异。一般情况下，摩擦小、发热量少的轴承，适于高转速。设计时应力求滚动轴承在低于其极限转速的条件下工作。

（3）轴承承受负荷时，轴承套圈和滚动体接触处会产生弹性变形，变形量与载荷成比例，其比值决定轴承刚性的大小。一般通过轴承的预紧来提高轴承的刚性；此外，在轴承支承设计中，考虑轴承的组合和排列方式也可改善轴承的支承刚度。

（4）轴承装入工作位置后，往往由于制造误差造成安装和定位不良。常因轴产生挠度和热膨胀等原因，使轴承承受过大的载荷，引起早期损坏。自动调心轴承可自行克服由安装误差引起的缺陷，因而适合此类用途。

（5）圆锥滚子轴承、滚针轴承和圆锥滚子轴承等属于内外圈可分离的轴承类型（即所谓分离型轴承），安装拆卸方便。

（6）即使是列入产品目录的轴承，市场上不一定有销售；反之，未列入产品目录的轴承有的却大量生产。因此应清楚使用的轴承是否易购得。

四、滚动轴承的代号

滚动轴承代号是用字母加数字来表示轴承结构、尺寸、公差等级、技术性能等特征的产品符号。国家标准 GB/T 272—1993 规定轴承代号由前置代号、基本代号和后置代号组成，滚动轴承的代号表示顺序见表 12 – 12。

基本代号是轴承代号的基础；前置代号和后置代号是轴承代号的补充，在对轴承结构、形状、材料、公差等级、技术要求等有特殊要求时才使用，一般情况可部分或全部省略。

1. 基本代号

表示轴承的基本类型、结构和尺寸，由轴承类型代号、尺寸系列代号、内径代号构成。

轴承类型代号用数字或字母表示不同类型的轴承，见表 12 – 10，代号为 0

时不写出。

表 12 - 10　轴承类型代号

轴承类型	代号	轴承类型	代号
双列角接触球轴承	0	深沟球轴承	6 或（16）
调心球轴承	1	角接触球轴承	7
调心滚子轴承	2	推力圆柱滚子轴承	8
推力调心滚子轴承	2	圆柱滚子轴承	N
圆锥滚子轴承	3	滚针轴承	NA
双列深沟球轴承	4	外球面球轴承	U
推力球轴承	5	四点接触球轴承	QJ

　　尺寸系列代号由两位数字组成，为适应不同承载能力的需要，同一内径尺寸的轴承，使用不同大小的滚动体，因而轴承的外径和宽度也随着改变，这种内径相同而外径或宽度不同的变化称为尺寸系列。前一位数字代表宽度系列（向心轴承）或高度系列（推力轴承），代号为 0 时，可以不表示出来；后一位数字代表直径系列。尺寸系列代号见表 12 - 10。

　　内径代号表示轴承公称内径的大小，表示方法如表 12 - 11。

表 12 - 11　内径代号表示

内径尺寸	代号表示	举例说明	
		代号	内径
10	00		
12	01	6202	15
15	02		
17	03		
20 ~ 480（5 的倍数）	内径/5 的商	23224	120
22、28、32 及 500 以上	/内径	62/22	22

2. 前置代号

前置代号用来表示成套轴承的分部件。

表12-12 滚动轴承代号表示顺序

前置代号	基本代号			后置代号							
	类型代号	尺寸系列代号	内径代号	内部机构	保持架及防尘圈变形	保持架及材料	轴承材料	公差等级	游隙	配置	其他

3. 后置代号

后置代号用来表示轴承的内部尺寸、结构和公差等。常见的轴承内部结构代号和公差等级见表12-13和12-14。

表12-13 滚动轴承内部结构代号

代号	含　义	示例
B	角接触球轴承公称接触角 $\alpha = 40°$，圆锥滚子轴承接触角加大	7210B　32310B
C	角接触球轴承公称接触角 $\alpha = 15°$，调心滚子轴承 C 型	7005C　23122C
AC	角接触球轴承公称接触角 $\alpha = 25°$	7210AC
E	加强型	N207E

表12-14 滚动轴承公差等级代号

代号	含　义	示例
/P6X	公差等级符合标准规定的 6X 级	6205/P6X
/P6	公差等级符合标准规定的 6 级	6205/P6
/P5	公差等级符合标准规定的 5 级	6205/P5
/P4	公差等级符合标准规定的 4 级	6205/P4
/P2	公差等级符合标准规定的 2 级	6205/P6
/P0	公差等级符合标准规定的 0 级（可省略不标注）	6205

例12.1 轴承23224（只有基本代号）。

2-类型代号，调心滚子轴承；32-尺寸系列代号；24-内径代号，$d = 120$ mm；

例12.2 轴承6208—2Z/P6（有基本代号和后置代号，中间以"—"分隔）。

6-类型代号，深沟球轴承；2-尺寸系列代号；08-内径代号，$d = 40$ mm；2Z-轴承两端面带防尘罩；P6-公差等级符合标准规定6级。

12.5.3 滚动轴承的失效形式及寿命计算

一、滚动轴承常见的失效形式和设计准则

影响滚动轴承的主要因素为：载荷情况、润滑情况、装配情况、环境条件及材质或制造精度等。在安装、润滑、维护良好的条件下，滚动体和内、外圈滚道不断地接触，滚动体与滚道受变应力作用，可近似地看做是脉动循环。在载荷的反复作用下，表面一定深度处将产生疲劳裂纹，继而扩展到接触表面，形成疲劳点蚀，致使轴承不能正常工作。通常，疲劳点蚀是滚动轴承的主要失效形式。

当轴承不回转、缓慢摆动或低速转动时，一般不会产生疲劳损坏。过大的静载荷或冲击载荷会使轴承滚道和滚动体接触处产生塑性变形，使滚道表面形成变形凹坑，从而使轴承在运转中产生剧烈振动和噪声，无法正常工作。

此外，使用维护和保养不当或密封润滑不良，可能引起轴承早期磨损、胶合、内外圈和保持架破损等失效形式。

决定轴承尺寸时，要针对主要失效形式进行必要的计算。一般工作条件的回转滚动轴承，应进行接触疲劳寿命计算和静强度计算；对于摆动或转速较低的轴承，只需作静强度计算；高速轴承由于发热而造成的黏着磨损、烧伤是主要的失效形式，除进行寿命计算外，还需核验极限转速。

二、轴承的寿命

轴承中任一元件出现疲劳剥落扩展迹象前运转的总转数或一定转速下的工作小时数，称为轴承的寿命。对于一组同一型号批量生产的滚动轴承，由于材质的不均匀性，热处理和加工装配工艺等随机因素的影响，轴承的寿命有很大的离散性，最长和最短的寿命可达几十倍，对一个具体轴承，很难预知其确切的寿命，必须采用统计的方法进行处理。大量的轴承寿命试验表明，轴承的可靠性与寿命有关。

一组相同轴承能达到或超过规定寿命的百分率，称为轴承寿命的可靠度。工程上，用可靠度 R 度量轴承的可靠性。实验表明，滚动轴承的寿命 L 为 1（10^6 转）时，可靠度 R 为 90%。可靠度 90%、常用材料和加工质量、常规运转条件下的寿命，称为滚动轴承的**基本额定寿命**，以符号 $L_{10}(r)$ 或 $L_{10}(h)$ 表示。

三、基本参数

在滚动轴承的设计中常用到三个基本参数：满足一定疲劳寿命要求的基本额定动载荷 C_r（径向）或 C_a（轴向），满足一定静强度要求的基本额定静强度 C_{0r}（径向）或 C_{0a}（轴向）和控制轴承磨损的极限转速 N_0。各种轴承性能指标值可查有关手册。

（1）基本额定寿命为一百万转（10^6）时，轴承所能承受的恒定载荷称为滚动轴承的基本额定动载荷（C）。在基本额定动载荷作用下，轴承工作 10^6 转不

发生点蚀失效的可靠度为90%。基本额定动载荷大，轴承抗疲劳的承载能力相应较强。

（2）经验表明，在大多数应用场合中，轴承的最大载荷滚动体与滚道接触中心处有相当于滚动体直径0.0001倍的永久变形，不至于对轴承以后的运转产生有害影响。通常将引起如此大小变形的当量静载荷定义为轴承的基本额定静载荷C_0。

实验表明，轴承在基本额定静载荷下，会在最大载荷滚动体与滚道接触中心处产生（于以下计算接触应力相当的，假想径向载荷或轴向静载荷。调心球轴承：4 600 MPa；所有向心及推力滚子轴承：4 000 MPa；除调心球轴承外的所有向心及推力球轴承：4 200 MPa）

（3）滚动轴承的极限转速N_0是指轴承在一定的载荷和润滑条件下，达到所能承受最高热平衡温度时的转速值。当载荷超过规定值时，应降低极限转速，轴承工作转速应低于其极限转速。如果轴承的许用转速不能满足使用要求，可采取：改变润滑方式、改善冷却条件、提高轴承精度、适当增加轴承间隙、改用特殊轴承材料和特殊结构保持架等措施。

四、滚动轴承寿命计算公式

滚动轴承的寿命随载荷的增大而降低，寿命与载荷的关系曲线如图12.24所示，其曲线方程为：

$$p^\varepsilon L_{10} = 常数 \qquad (12-10)$$

式中，ε为轴承的寿命系数，球轴承$\varepsilon = 3$，滚子轴承$\varepsilon = 10/3$；p为轴承的当量动载荷，单位为N；L_{10}为轴承基本额定寿命，以10^6 rpm为单位，当寿命为一百万转时，$L_{10} = 1$。

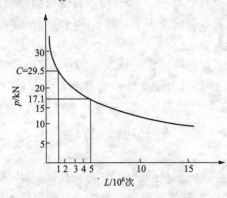

图12.24 寿命与载荷的关系曲线

由手册查得的基本额定动载荷C是以$L_{10} = 1$、可靠度为90%为依据的。由此可得当轴承的当量动载荷为p时，以转速为单位的基本额定寿命L_{10}为：$C^\varepsilon \cdot 1 = p^\varepsilon L_{10}$。即：

$$L_{10} = \frac{C^\varepsilon}{p^\varepsilon} \ (10^6 \text{ rpm}) \quad (12-11)$$

应取$L_{10} \geq L_h'$，L_h'为轴承的预期使用寿命，通常参照机器大修期限预期使用寿命。

若已知轴承的当量动载荷p和预期使用寿命L_h'，则可按下式求得相应的计算额定动载荷C'，它与所选用轴承型号的C值必须满足下式要求：

$$C \geqslant C' = p \sqrt[\varepsilon]{nL_h'/16\ 670} \qquad\qquad (12-12)$$

12.5.4　滚动轴承的组合设计

为保证轴承在机器中能正常工作，除合理选择轴承类型、尺寸外，还应正确进行轴承的组合设计，处理好轴承与其周围零件之间的关系。轴承的组合结构设计包括：轴系支承端结构、轴承与相关零件的配合、轴承的润滑与密封以及提高轴承系统的刚度。

一、支承端结构形式

为保证滚动轴承轴系能正常传递轴向力且不发生窜动，在轴上零件定位固定的基础上，必须合理地设计轴系支点的轴向固定结构。典型的结构形式有 3 类。

1. 两端单向固定

普通工作温度下的短轴（跨距 $L < 400$ mm），支点常采用深沟球轴承（或角接触球轴承、圆锥磙子轴承）两端单向固定方式，每个轴承分别承受一个方向的轴向力。如图 12.25。为允许轴工作时有少量热膨胀，轴承安装时应留有 0.25 mm ~ 0.4 mm 的轴向间隙（间隙很小，结构图上不必画出），间隙量常用垫片或调整螺钉调节。

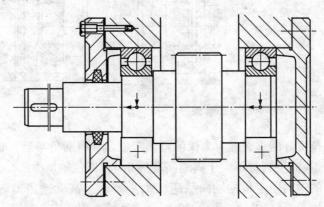

图 12.25　两端单向固定

2. 一端双向固定、一端游动

当轴较长（如 $L > 350$ mm）或工作温度较高时，轴的热膨胀收缩量较大，宜采用一端双向固定、一端游动的支点结构，如图 12.26 所示。固定端由单个轴承或轴承组承受双向轴向力，而游动端则保证轴伸缩时能自由游动。为避免松脱，游动轴承内圈应与轴作轴向固定（常采用弹性挡圈）。用圆柱滚子轴承作游动支点时，轴承外圈要与机座作轴向固定，靠滚子与套圈间的游动来保证轴的自由伸缩。

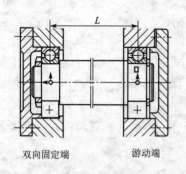

双向固定端　　　　　游动端

图 12.26　一端双向固定、一端游动

3. 两端游动

要求能左右双向游动的轴，可采用两端游动的轴系结构。如图 12.27 所示。人字形齿轮传动的高速主动轴，为了自动补偿轮齿两侧螺旋角的误差，使轮齿受力均匀，采用允许轴系左右少量轴向游动的结构，两端都选用圆柱滚子轴承。与其相啮合的低速齿轮轴系则必须两端固定，以便两轴都得到轴向定位。

轴承在轴上一般用轴肩或套筒定位，定位

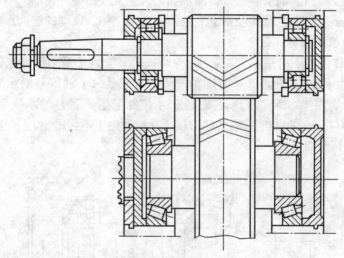

图 12.27　两端游动

端面与轴线保持良好的垂直度。为保证可靠定位，轴肩圆角半径 r_1 必须小于轴承圆角半径 r。轴肩高度通常不大于内圈高度的 3/4，以便轴承拆卸。

轴承内圈的轴向固定根据轴向载荷的大小及转速高低选用轴端挡圈、圆螺母、轴用弹性挡圈等结构，如图 12.28 所示。外圈采用机座孔端面，孔用弹性挡圈、压板、端盖等形式固定，如图 12.29 所示。

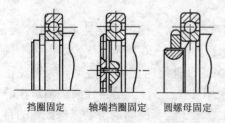

挡圈固定　　　轴端挡圈固定　　　圆螺母固定

图 12.28　内圈轴向固定

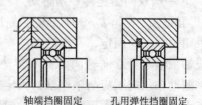

轴端挡圈固定　　　孔用弹性挡圈固定

图 12.29　外圈轴向固定

二、轴承的配合

轴承与轴颈或轴承座的配合目的是把内、外圈牢固地固定于轴或轴承座上，使之相互不发生有害的滑动，防止由于配合面滑动产生不正常的发热和磨损，以及因磨损产生粉末进入轴承内引起早期损坏和振动。此外，轴承的配合会影响轴承的径向游隙，而径向游隙不仅关系到轴承的运转精度，还影响轴承的寿命。

滚动轴承是标准组件，与相关零件配合时其内孔和外径分别是基准孔和基准轴，在配合中不必标注。选择配合时，应考虑载荷的方向、大小和性质，以及轴承类型、转速和使用条件等因素。在尺寸大、载荷大、振动大、转速高或工作温度高等情况下一般应选紧一些的配合，经常拆卸或游动套圈采用较松的配合。外载荷方向不变时，转动套圈应比固定套圈的配合紧一些，一般内圈随轴一起转动，外圈固定不转。内圈取具有过盈的过渡配合；外圈取较松的过渡配合。作游动支承时，轴承外圈取保证有间隙的配合。

三、轴承座的刚度与同轴度

轴和轴承座必须有足够的刚度，以免因过大的变形导致滚动体受力不均。因此轴承座孔壁应有足够的厚度，并常设置加强筋以增加刚度。此外，轴承座的悬臂应尽可能缩短。

两轴承孔必须保证同轴度，以免轴承内外圈轴线倾斜过大。为此，两端轴承尺寸应力求相同，以便一次镗孔，减小同轴度的误差。当同一轴上装有不同外径尺寸的轴承时，可采用套杯结构来安装尺寸较小的轴承，轴承孔尽可能一次镗出。

四、润滑与密封

1. 滚动轴承的润滑

滚动轴承的润滑主要是为了降低摩擦阻力、减轻磨损，同时也有吸振、冷却、防锈和密封等作用。合理的润滑对提高轴承性能，延长轴承的使用寿命有重要意义。

滚动轴承的润滑材料有润滑油、润滑脂及固体润滑剂，具体润滑方式可根据速度因素 dn 值，参考相关表选择。d 为轴颈直径，单位为 mm；n 为工作转速，单位为 r/min。

滚动轴承润滑剂的选择主要取决于速度、载荷、温度等工作条件。一般情况下，采用的润滑油黏度应在 $13 \sim 32$ mm^2/s（球轴承油黏度略低而滚子轴承略高）。脂润滑轴承在低速、工作温度 65 ℃ 以下时选钙基脂；较高温度时选钠基脂或钙钠基脂；高速或载荷工况复杂时选锂基脂；潮湿环境选用铝基脂或钡基脂，不宜选用遇水分解的钠基脂。

2. 滚动轴承的密封

为充分发挥轴承的性能，要防止润滑剂中脂或油的泄漏，还要防止有害异物从外部侵入轴承内，因而尽可能采用完全密封。密封装置是轴承系统的重要设计环节之一，设计要求应能达到长期密封和防尘作用，摩擦和安装误差都要小，拆卸、装配方便且保养简单。

滚动轴承密封按照原理不同分为接触式密封和非接触式密封两类。非接触式密封不受速度限制，接触式密封只能用在线速度较低的场合，为保证密封的寿命及减少轴的磨损，轴接触部分的硬度应在 HRC40 以上，表面粗糙度宜在 $Ra1.60\ \mu m \sim Ra0.80\ \mu m$。

五、轴承的预紧

对某些可调游隙式轴承，在安装时给予一定的轴向预紧力，使内外圈产生相对位移，以消除游隙，并在套圈和滚动体接触处产生弹性预变形，借此提高轴的旋转精度和刚度，称为轴承的预紧。

 思考与练习

12 – 1　轴上零件的轴向固定方法主要有哪些种类？各有什么特点？

12 – 2　轴上零件的周向固定方法主要有哪些种类？各有什么特点？

12 – 3　如何提高轴的疲劳强度？如何提高轴的刚度？

12 – 4　题图 12 – 4 示为轴上的零件的两种布置方案。功率由齿轮 A 输入，齿轮 1 输出扭矩为 T_1，齿轮 2 输出扭矩为 T_2，且 $T_1 > T_2$，试比较两种方案中各轴段所受扭矩的大小。

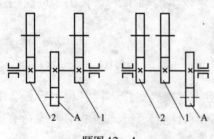

题图 12 – 4

12 – 5　与滚动轴承相比，滑动轴承的主要优点是什么？

12 – 6　剖分式向心滑动轴承的结构有何特点？

12 – 7　按摩擦的类型分，滑动轴承有哪些类型？滑动轴承的润滑应注意哪些因素？

12 – 8　解释下列滚动轴承代号各部含义。

6203/P4，7312C，62203，60210/P6，33310B，310，C36215

12 – 9　从载荷的性质、大小、转速和经济性等方面，说明如何选用球轴承与滚子轴承。

12 – 10　滚动轴承失效的主要形式是哪两种？与之相对应，选用时各应进行什么计算？

12 - 11　滚动轴承寿命设计的主要参数包括哪些?

12 - 12　按功用分轴分为哪几类? 试举例说明。

12 - 13　轴的结构设计应考虑哪些方面的因素?

12 - 14　轴承组件设计时应注意哪些问题?

第 13 章

其他常用机构

平面连杆机构、凸轮机构、齿轮机构是组成机器的 3 种最主要机构，除这些主要机构外，在各种机器和仪器中还应用了许多其他形式和用途的机构，统称为其他常用机构。本章介绍间歇运动机构和螺旋机构的工作原理、类型、特点及应用场合。

机械中尤其是自动机械中，常要求某些执行构件实现周期性时动、时停的间歇运动。如牛头刨床的工件进给运动，机械加工成品或工件输送运动，以及各种机器工作台的转位运动等。能够实现这类动作的机构称为间歇运动机构。间歇运动机构是指主动件作连续运动，从动件作周期性间歇运动的机构。包括棘轮机构、槽轮机构、不完全齿轮机构和凸轮式间歇机构等。不同用途的间歇运动机构有不同的工艺要求，其设计要求也有不同的侧重，同时，各类间歇运动机构又具有不同的性能，设计时应根据具体要求和应用场合，合理选用。

螺旋机构是指利用螺杆和螺母组成的螺旋副来实现传动要求的机构。包括滑动螺旋机构、滚珠丝杠和静压螺旋机构等。

§13.1 棘 轮 机 构

13.1.1 棘轮机构的工作原理及特点

棘轮机构是通过棘爪推动棘轮上的棘齿或从棘齿上滑过，实现周期性间歇运动。

如图 13.1 所示，棘轮机构主要由棘轮、棘爪、摇杆和机架等组成。棘轮 2 与传动轴 4 固连在一起，驱动棘爪 3 铰接于摇杆 1 上，摇杆 1 空套在与棘轮 2 固连的从动轴上，并可绕其来回摆动。当摇杆 1 逆时针方向摆动时，与它相连的驱动棘爪 3 插入棘轮的齿槽内，推动棘轮转过一定的角度；当摇杆顺时针方向摆动时，驱动棘爪 3 在棘轮齿背上滑过，同时，片簧 6 迫使制动棘爪 5 插入棘轮的齿间，阻止棘轮顺时针方向转动，棘轮静止。当摇杆往复摆动时，棘轮作单向的间歇运动。

按结构特点，棘轮机构可分为齿式棘轮机构和摩擦式棘轮机构两大类。

13.1.2 齿式棘轮机构类型及其应用

一、齿式棘轮机构类型

齿式棘轮机构按啮合形式分为外啮合（如图 13.1 所示）、内啮合（如图 13.8 所示）和齿条式。按棘轮齿形可分为锯齿形齿（图 13.1、图 13.2）和矩形齿（图 13.3）两种。矩形齿用于双向转动的棘轮机构。

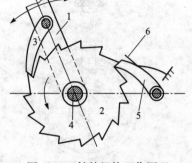

图 13.1　棘轮机构工作原理

1—摇杆；2—棘轮；3，5—棘爪；
4—棘轮轴；6—片簧

按棘轮的运动特点又可分为以下 3 类。

1. 单动式棘轮机构

如图 13.1 所示，这种机构摇杆 1 逆时针摆动时，棘爪 3 驱动棘轮 2 沿同一方向转过一定的角度；摇杆顺时针摆动时，棘轮静止。

2. 双动式棘轮机构

如图 13.2 所示，这种机构摇杆往复摆动一次，能使棘轮 2 沿同一方向间歇转动两次。驱动棘爪 3 可制成平头和钩头两种形式，如图 13.2（a）、（b）所示。以上两种机构的棘轮均采用锯齿形齿。

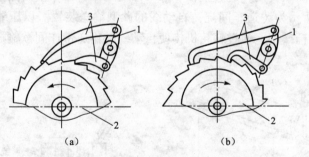

（a）　　　　　　　　　　（b）

图 13.2　双动式棘轮机构（锯齿形齿）

1—摇杆；2—棘轮；3—棘爪

3. 可变向棘轮机构

图 13.3 所示为控制牛头刨床工作台进与退的棘轮机构。棘轮齿为矩形齿，棘轮 2 可双向间歇转动，从而实现工作台的往复移动。装夹工件需工作台停止时，则提起棘爪 1；需要变向时，将棘爪提起转动 180°后再放下即可。图 13.4 所示的棘轮机构也可实现变向，其棘爪 1 设有对称爪端，转动棘爪至双点画线位置，棘轮 2 即可实现反向的间歇运动。

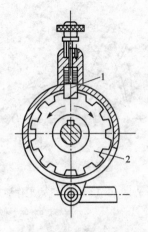

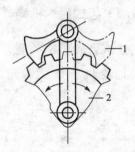

图 13.3　矩形齿棘轮机构
1—棘爪；2—棘轮

图 13.4　可变向棘轮机构
1—棘爪；2—棘轮

二、齿式棘轮机构的应用

棘轮机构在机械中常用于实现送进、输送、制动和超越等工作要求，应用较广。

1. 送进和输送

图 13.5 所示矩形齿棘轮机构，用于牛头刨床工作台横向进给机构，棘轮机构 1 实现正反间歇转动，通过丝杠、螺母带动工作台 2 作横向间歇送进运动。

图 13.6 所示为铸造车间浇铸自动线的砂型输送装置。以压缩空气为原动力的气缸带动摇杆摆动，通过棘轮机构使自动线的输送带作间歇输送运动，输送带不动时自动浇注。

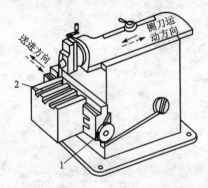

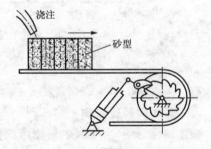

图 13.5　牛头刨床工作台横向进给机构
1—棘轮机构；2—工作台

图 13.6　浇铸式流水线进给机构

2. 制动

图 13.7 所示为起重设备中的棘轮制动器。当提升重物时，棘轮逆时针转动，

棘爪 2 在棘轮 1 齿背上滑过；当需使重物停在某一位置时，棘爪将及时插入棘轮的相应齿槽中，防止棘轮在重力 W 作用下顺时针转动使重物下落，以实现制动。

3. 超越

图 13.8 所示为自行车后轴上的棘轮机构。当脚蹬踏板时，经链轮 1 和链条 2 带动内圈具有棘齿的链轮 3 顺时针转动，再经过棘爪 4 推动后轮轴 5 顺时针转动，从而驱使自行车前进。当自行车下坡或歇脚不蹬踏时，踏板不动，后轮轴 5 借助下滑力或惯性超越链轮 3 转动，此时棘爪 4 在棘轮齿背上滑过，产生从动件转速超越主动件转速的超越运动，实现不蹬踏板的滑行。能实现超越运动的组件称为超越离合器，超越离合器在机械上广泛应用，并已形成系列产品。

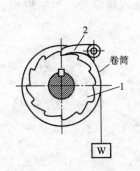

图 13.7　起重设备中的棘轮制动器
1—棘轮；2—棘爪

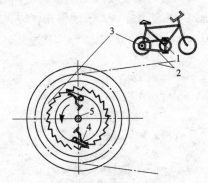

图 13.8　自行车后轴上的棘轮机构
1，3—链轮；2—链条；4—棘爪；5—后轮轴

轮齿式棘轮机构结构简单、运动可靠、棘轮的转角容易实现有级的调节。但机构回程时，棘爪在棘轮齿背上滑过产生噪声；在运动开始和终了时，由于速度突变而产生冲击，运动平稳性差，传递动力小，棘轮轮齿容易磨损，常用于低速轻载，棘轮转角不大的场合。

13.1.3　摩擦式棘轮机构

为减少棘轮机构的冲击及噪声，实现转角大小的无级调节，采用图 13.9 所示的摩擦式棘轮机构。它由摩擦轮 3 和摇杆 1 及其铰接的驱动偏心楔块 2、止动楔块 4 和机架 5 组成。当摇杆逆时针方向摆动时，通过驱动偏心楔块 2 与摩擦轮 3 之间的摩擦力，使摩擦轮逆时针方向转动；当摇杆顺时针方向摆动时，驱动偏心楔块 2 在摩擦轮上滑过，止动楔块 4 与摩擦轮 3 之间的摩擦力促使楔块与摩擦轮卡紧，使摩擦轮静止实现间歇运动。

摩擦式棘轮机构是靠摩擦力工作，应有足够大的摩擦力，才能保证运动的正常实现。摩擦式棘轮机构工作平稳，无噪声，常用作超越离合器，传递运动与动力或实现进给，但其运动准确性较差，故不适合运动精度要求高的场合。

13.1.4　棘轮机构的主要参数和几何尺寸

一、棘轮机构的结构要求

棘轮机构在结构上要求驱动力矩大、棘爪能顺利插入棘轮。如图 13.10 所示，为使棘爪受力最小，应使棘轮齿顶 A 和棘爪的转动中心 O_2 的连线垂直于棘轮半径。棘爪所受到的力包括：正压力 F_n 和摩擦力 F_μ。F_n 可分为圆周力 F_t 和径向力 F_r。其中，F_r 使棘爪落到齿根，F_μ 阻止棘爪落向齿根，为了保证正常工作，必须使棘爪落到齿根且不与齿脱开，这就要求轮齿工作面相对棘轮半径朝齿体内偏斜一角度 φ，工作齿面与向径间的夹角 φ 称为棘齿的偏斜角（又称齿倾角）。当齿倾角 φ 大于摩擦角 ρ 时，棘爪能顺利插入棘轮齿。当摩擦角 ρ 为 $6°$ ~ $10°$时，齿倾角 φ 取 $15°$ ~ $20°$为宜。

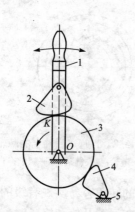

图 13.9　摩擦式棘轮机构

1—摇杆；2—偏心楔块；3—摩擦轮；

4—止动楔块；5—机架

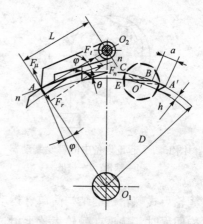

图 13.10　棘轮机构的几何参数

二、棘轮机构的主要参数

1. 棘轮齿数 z 和棘爪数 J

棘轮齿数 z 主要根据工作要求的转角选定。例如，牛头刨床横向进给丝杠的导程为 S，最小进给量为 l，棘轮齿数 z 应满足：$2\pi l/S \geqslant 2\pi/z$，即：

$$z \geqslant S/l \tag{13-1}$$

确定棘轮齿数时，还应考虑载荷的大小。对于传递轻载的进给机构，齿数可取得多一些，但要求 $z \leqslant 250$；传递载荷较大时，考虑到轮齿的强度及安全，齿数取得少一些，如某些起重机械的制动器取 $z = 8$ ~ 30。

棘轮机构的驱动棘爪数通常取 $J = 1$。但在载荷较大、棘轮尺寸受限制、齿数较少时，可采用双棘爪驱动。

2. 齿距 p 和模数 m

棘轮齿顶圆上相邻两齿对应点间的弧长称为齿距，用 p 表示。

令 $m = p/\pi$，m 为棘轮的模数，单位为 mm。

和齿轮模数一样，棘轮的模数已标准化，应按标准选用，常用的 m 值为 1，1.5，2，2.5，3，3.5，4，5，6，8，10，12，14，16，18，20，22，24，26，30。

3. 棘轮的齿形

常见的轮齿齿形为不对称梯形（如图 13.10）；当棘轮承受载荷不大时，为便于加工，选用三角形齿形（如图 13.1，图 13.2）；双向驱动的棘轮机构，常选用对称梯形（如图 13.4）。

三、几何尺寸计算

棘轮齿数 z 和模数 m 确定后，棘轮机构主要几何尺寸可按表 13 – 1 中公式计算。

表 13 – 1　棘轮机构的主要几何尺寸计算公式

名称	符号	计算公式	名称	符号	计算公式
齿顶圆直径	d_a	$d_a = mz$	齿槽圆角半径	r	$r = 1.5\ m$
齿高	h	$h = 0.75\ m$	齿槽夹角	θ	$\theta = 60°$ 或 $55°$
齿根圆直径	d_f	$d_f = d_a - 2h$	棘爪长度	L	$L = p$
齿距	p	$p = \pi m$	棘爪工作高度	h_1	$m \leqslant 2.5, h_1 = h + (2 \sim 3)$
齿宽	b	铸钢 $b = (1.5 \sim 4)\ m$			$m = 3 \sim 5, h_1 = (1.2 \sim 1.7)w$
		铸铁 $b = (1.0 \sim 2)\ m$			$m = 6 \sim 14,\ h_1 = m$
齿顶厚	a	$a = m$	棘爪尖顶圆角半径	r_1	$r_1 = 2$ mm

§13.2　槽　轮　机　构

13.2.1　槽轮工作原理及特点

图 13.11 所示为槽轮机构（又称马氏机构）。槽轮机构由带圆销的主动拨盘 1、具有径向槽的从动槽轮 2 和机架等组成。

拨盘 1 做匀速转动，通过主动拨盘上的圆销与槽的啮入啮出，推动从动槽轮作间歇转动。为防止从动槽轮反转，拨盘与槽轮之间设有锁止弧。拨盘上的凸圆弧与槽轮的凹弧接触时，槽轮静止不动；当圆销进入径向槽时，槽轮转动一个角度；圆销脱离径向槽时，拨盘上的凸弧又将槽轮锁住。拨盘连续转动，重复上述过程，从而实现了槽轮单向间歇转动的目的。

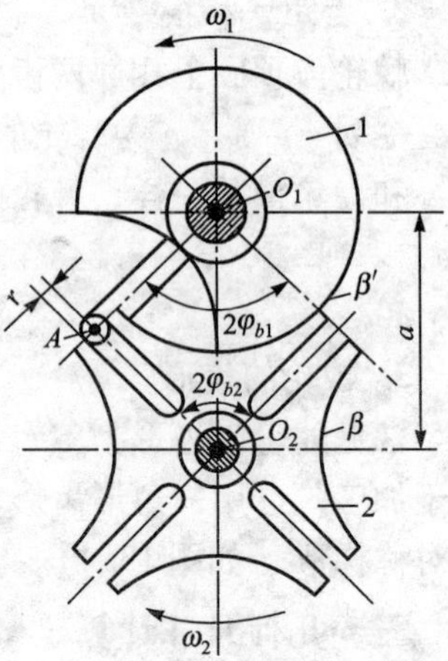

槽轮机构的特点是：结构简单，转位迅速，工作可靠，外形尺寸小，机械效率高，且转动平稳；但槽轮转角不能调整，转速较高时有冲击。故槽轮机构一般应用于转速较低，又不需调节转角的间歇转动的场合。

图 13.11 槽轮机构
1—拨盘；2—槽轮

13.2.2 槽轮机构的类型及应用

普通平面槽轮机构有两种型式：外槽轮机构（如图 13.11）和内槽轮机构（如图 13.12）。它们用于平行轴间的间歇传动。其中，外啮合槽轮机构拨盘与槽轮的转向相反，内啮合槽轮机构拨盘与槽轮的转向相同。

外槽轮机构在工程上得到了广泛应用。图 13.13 所示为槽轮机构在电影放映机中的间歇卷片机构，为了适应人眼的视觉暂留现象，要求影片作间歇移动。槽轮上有 4 个径向槽，当拨盘每转一周时，圆销将拨动槽轮转 1/4 周，使胶片移过一幅画面，并停留一定时间。图 13.14 所示为六角车床刀架的转位槽轮机构。刀架 3 上可装 6 把刀具并与槽轮 2 固连，拨盘每转一周，驱使槽轮（即刀架）转 60°，从而将下一工序的刀具转换到工作位置。

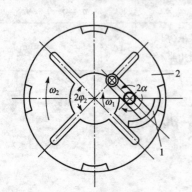

图 13.12 内槽轮机构
1—拨盘；2—槽轮

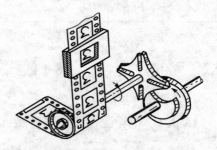

图 13.13 电影放映机的卷片机构

当需要在两相交轴之间进行间歇传动时，可采用球面槽轮机构。图 13.15 所示为两相交轴间夹角为 90°的球面槽轮机构。其从动槽轮机构呈半球形，主动拨盘的轴线及圆柱销的轴线均通过球心。该机构的工作过程与平面槽轮机构相似。主动拨盘上的拔销通常只有一个，槽轮的动、停时间相等。如果在主动拨盘上对称地安装两个拔销，则当一侧的拔销由槽轮的槽中脱出时，另一拔销进入槽轮的另一相邻的槽中，故槽轮连续转动。

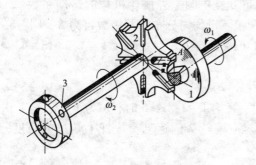

图 13.14　刀架转位槽轮机构

1—拨盘；2—槽轮；3—刀架

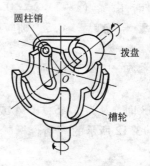

图 13.15　球面槽轮机构

13.2.3　槽轮机构的运动参数和设计准则

一、槽轮机构的运动特性

槽轮机构中拨盘一般作角速度为 ω_1 的等速转动，转角为 φ_1。作间歇运动的槽轮的角速度 ω_2 和角加速度 α_2 均随槽数 z 的变化而变化，槽数 z 越少，槽轮角加速度的最大值越大。

在槽轮运动的前半段，ω_2 增加，α_2 为正值；在槽轮运动的后半段，ω_2 减小，α_2 为负值。且在圆销 A 进入和脱离槽轮径向槽的瞬间，α_2 发生突变，突变量随槽数 z 的减少而增大。因此，为了保证槽轮运动平稳，槽轮的槽数 z 便不宜过少。

二、槽轮机构的设计要点

槽轮机构的主要参数是槽轮的槽数 z 和主动拨盘的圆销数 K。为讨论槽数 z 和圆销数 K 的选择，特引入运动系数的概念。如图 13.11 所示的单圆销外槽轮机构中，为使槽轮在开始和终止转动时瞬时角速度为零，以避免发生刚性冲击，要求圆销进入径向槽和退出径向槽时，径向槽的中线应切于圆销中心的运动轨迹，即 $O_1A \perp O_2A$。由此可得：

$$2\varphi_{01} = \pi - 2\varphi_{02} = \pi - 2\pi/z = \pi(z-2)/z \qquad (13-2)$$

主动拨盘转动一周称为一个运动循环。运动系数是指槽轮机构在一个运动循环中，槽轮运动时间 t_d 与主动拨盘运动时间 t 的比值。因拨盘作等速转动，故运动系数也可用相应角度之比表达，即：

$$\tau = t_d/t = 2\varphi_{O1}/2\pi = (z-2)/2z \tag{13-3}$$

运动系数 τ 必大于零，故槽轮径向槽数 $z \geqslant 3$。当 $z = 3$ 时槽轮运动过程中角速度、角加速度变化很大，尤其在圆销进入和退出径向槽的瞬间，槽轮角加速度发生很大突变，引起的振动和冲击也就很大，因此很少选用 $z = 3$，一般选 $z = 4 \sim 8$。

此外，由 $\tau = (z-2)/2z = 0.5 - 1/z$ 可知：单圆销外槽轮机构的运动系数总小于 0.5。若希望 $\tau > 0.5$，则应采用多圆销。设均匀分布的圆销数目为 K，则：

$$\tau = Kt_d/t = K(z-2)/2z \tag{13-4}$$

因运动系数 τ 应小于 1，可得：

$$K < 2z/(z-2) \tag{13-5}$$

故：$z = 3$ 时，K 为 $1 \sim 5$；$z = 4$ 或 $z = 5$ 时，K 为 $1 \sim 3$；$z \geqslant 6$ 时，K 为 $1 \sim 2$。

图 13.12 所示的内啮合槽轮机构，对应槽轮 2 的运动，拨杆 1 转过的角度 $2\varphi'_{01}$ 为：

$$2\varphi'_{01} = 2\pi - (\pi - 2\varphi_{O2}) = \pi + 2\varphi_{O2} = \pi + 2\pi/z \tag{13-6}$$

其运动系数 τ 为：

$$\tau = 2\varphi'_{01}/2\pi = (z+2)/2z \tag{13-7}$$

由此可知，内啮合槽轮机构的运动系数总大于 0.5。又因 τ 应小于 1，所以 $z > 2$，即内啮合槽轮机构槽轮的径向槽数 $z \geqslant 3$。此外还可推知：内啮合槽轮机构永远只可用一个圆销。

当要求拨盘转一周，槽轮 K 次停歇的时间互不相等时，可将圆销不均匀分布在主动拨盘等径的圆周上。若还要求拨盘旋转一周中槽轮 K 次的运动时间也互不相等时，则应使各圆销中心半径也不相等，此时槽轮的径向槽也应做相应改变。

设计槽轮机构时，首先应根据工作要求选定槽轮机构的类型及槽轮槽数 z 和拨盘圆销数 K，再按照受力情况和实际机器允许的空间安装尺寸，确定中心距 a 和圆销半径 r。槽轮机构的主要尺寸计算公式见表 13-2。

表 13-2　槽轮机构的主要尺寸计算公式

名称	符号	计算公式	名称	符号	计算公式
圆销回转半径	R_1	$R_1 = a\sin(\pi/z)$	槽深	h	$h = R_2 - b$
圆销半径	r	$r \approx R_1/6$	锁止弧半径	R_x	$R_x = R_1 - r - e$ e 为槽顶一侧壁厚， 推荐： $e = (0.6 \sim 0.8)r$ 且：$e \geqslant (3 \sim 5)$ mm
槽轮半径	R_2	$R_2 = a\cos(\pi/z)$			
槽底高	b	$b = a - (R_1 + r) - (3 \sim 5)$			

§13.3　凸轮式间歇机构与不完全齿轮机构简介

13.3.1　凸轮式间歇机构

图 13.16 所示为圆柱凸轮式间歇运动机构。这种机构的主动轮 1 是具有曲线沟槽的圆柱凸轮，从动件 2 是均布有柱销 3 的圆盘。当主动轮 1 转动时，拨动柱销 3，使从动圆盘 2 作间歇运动。从动圆盘的运动规律取决于凸轮轮廓曲线，这种机构常用在高速轻载情况下的间歇运动，间歇运动的频率每分钟可高达 1 500 次左右。

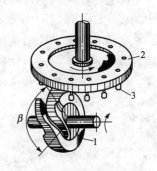

图 13.16　凸轮式间歇机构
1—主动轮；2—圆盘；3—柱销

凸轮式间歇机构的优点是：结构简单，运转可靠，传动平稳，承载能力较大；可以实现任何运动规律，适用于高速、中载和高精度分度的场合，在轻工机械、冲压机械和其他自动机械中广泛应用。但是凸轮的加工较复杂，装配和调整要求也较高，应用受到一定的限制。

13.3.2　不完全齿轮机构

不完全齿轮机构从一般的渐开线齿轮机构演变而来，与一般齿轮机构相比，最大区别在于齿轮的轮齿未布满整个圆周。主动轮上有一个或几个轮齿，其余部分为外凸锁止弧，从动轮上有与主动轮轮齿相应的齿间和内凹锁止弧相间布置。不完全齿轮机构的主要结构形式有外啮合与内啮合两种，如图 13.17 所示，图 13.17（a）为外啮合，图 13.17（b）为内啮合。

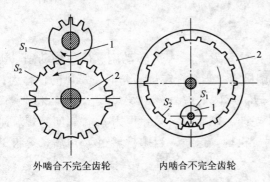

外啮合不完全齿轮　　内啮合不完全齿轮

图 13.17　不完全齿轮机构
1—主动轮；2—从动轮

当主动轮 1 的有齿部分与从动轮轮齿啮合时，推动从动轮 2 转动；当主动轮 1 的有齿部分与从动轮脱离啮合时，从动轮停歇不动。因此，当主动轮连续转动时，从动轮获得时动时停的间歇运动。

图 13.17（a）所示的外啮合不完全齿轮机构，其主动轮 1 转动一周时，从动轮 2 转动六分之一周，从动轮每转一周停歇 6 次。当从动轮停歇时，主动轮上的锁止弧 s_1 与从动轮上的锁止弧 s_2 互相配合锁住，以保证从动轮停歇在预定位置。

与普通渐开线齿轮机构一样，当主动轮匀速转动时，从动轮在运动期间保持匀速转动，但在从动轮运动开始和结束时，即轮齿进入和脱离啮合的瞬时，速度是变化的，存在冲击。

不完全齿轮机构的优点是设计灵活，从动轮运动角范围大，容易实现一个周期中的多次动、停时间不等的间歇运动。缺点是加工复杂；主、从动轮不能互换；在进入和退出啮轮时速度有突变，引起刚性冲击，不宜用于高速传动，适合低速轻载场合。不完全齿轮机构常用于多工位、多工序的自动机械或生产线上，实现工作台的间歇转位和进给运动等。

§13.4　螺旋传动机构

13.4.1　螺旋机构

螺旋传动是利用螺杆和螺母组成的螺旋机构来实现传动要求的。主要用于将回转运动转变为直线运动，同时传递运动和动力的场合。常用的螺旋机构中除了螺旋副外还有转动副和移动副。螺旋机构主要有简单螺旋机构、差动螺旋机构和复式螺旋机构 3 种类型。

最简单的三构件螺旋机构由螺杆、螺母和机架组成，如图 13.18 所示。

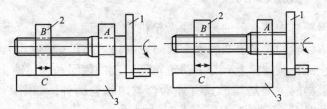

图 13.18　螺旋机构
1—螺杆；2—螺母；3—机架

图 13.18（a）中，B 为螺旋副，导程为 L_B，A 为转动副，C 为移动副。机构中只有一个螺旋副，称为简单螺旋机构。当螺杆转过 φ 角时，螺母的位移为：

$$s = L_B \varphi / (2\pi) \tag{13-8}$$

将图 13.18（a）中的转动副 A 也改为螺旋副，其导程为 L_A，旋向与螺旋副 B 相同，可得图 13.18（b）所示螺旋机构。这时，当螺杆转过 φ 角后，螺母的位移为：

$$s = \varphi (L_A - L_B) / (2\pi) \tag{13-9}$$

由上式可知，当 L_A 和 L_B 相差很小时，位移 s 可以极小。这种螺旋机构称为差动螺旋机构，可用来实现很小的位移。

若图 13.18（b）中螺旋副 A，B 的旋向相反，则螺母的位移为：

$$s = \varphi (L_A + L_B) / (2\pi) \tag{13-10}$$

此时螺母可以产生较大的位移。这种螺旋机构称为复式螺旋机构，用以实现快速移动。

螺旋机构具有结构简单、传动平稳、无噪声、易于自锁等优点，但其效率较低，特别是自锁螺旋机构的效率低于 50%。

13.4.2　螺旋传动的类型、特点

在机械中，有时需要将转动变为直线移动。螺旋传动是实现这种转变经常采用的一种传动形式。例如机床进给机构中采用螺旋传动实现刀具或工作台的直线进给，又如螺旋压力机和螺旋千斤顶的工作部分的直线运动都是利用螺旋传动来实现的。

一、螺旋传动常用的运动方式主要有以下两种

（1）螺杆转动，螺母直线移动，如图 13.19（a）所示，多用于机床进给机构；

（2）螺母固定，螺杆转动并移动，如图 13.19（b）所示，多用于螺旋压力机或螺旋起重器中。

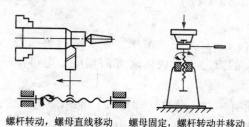

螺杆转动，螺母直线移动　　螺母固定，螺杆转动并移动

图 13.19　螺旋传动运动方式

二、螺旋传动按其用途分类

（1）传力螺旋：以传递动力为主，如各种起重或加压装置的螺旋。要求以较小的转矩产生较大的轴向力，通常为间歇工作，工作速度不高，一般要求具有自锁性。

（2）传导螺旋：以传递运动为主，如机床进给机构的螺旋。通常需在较长的时间内连续工作，工作速度较高，一般要求具有较高的传动精度。

（3）调整螺旋：用以调整、固定零件间的相对位置，如机床、仪器中微调机构的螺旋。不经常转动，一般在空载下调整。

三、螺旋传动按螺旋副摩擦性质的不同分类

（1）滑动螺旋：螺旋副做相对运动时产生滑动摩擦的螺旋。

（2）滚动螺旋：螺旋副做相对运动时产生滚动摩擦的螺旋。

（3）静压螺旋：将静压原理应用于螺旋传动中，需要供油系统。

13.4.3　螺旋副的受力分析、效率和自锁

螺旋副是由外螺纹（螺杆）和内螺纹组成的运动副，经过简化可以看做推动滑块（重物）沿螺纹表面运动（如图 13.20 所示）。

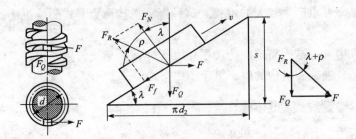

图 13.20　受力分析示意图

一、矩形螺纹

将矩形螺纹沿中径 d_2 处展开得一倾斜角为 λ（即螺纹升角）的斜面，斜面上的滑块代表螺母，螺母和螺杆的相对运动可以看作滑块在斜面上的运动。

滑块沿斜面向上等速运动时，所受到的作用力包括轴向载荷 F_Q、水平推力 F、斜面对滑块的法向反力 F_N 以及摩擦力 F_f。F_N 与 F_f 的合力为 F_R，其中，$F_f = f \cdot F_N$，f 为摩擦系数，F_R 与 F_N 的夹角为摩擦角 ρ。可得：

$$F = F_Q \tan (\lambda + \rho) \tag{13-11}$$

式中，摩擦角为：$\rho = \arctan f$。

滑块沿斜面等速下滑时，轴向载荷 F_Q 变为驱动滑块等速下滑的驱动力，F 为阻碍滑块下滑的支持力，摩擦力 F_f 的方向与滑块运动方向相反，可得：$F = F_Q \tan (\lambda - \rho)$。

显然，当 $\lambda \leqslant \rho$ 时，无论轴向载荷有多大，滑块（即螺母）都不能沿斜面运动，这种现象称为自锁。设计螺旋副时，对要求正反转自由运动的螺旋副，应避免自锁现象，工程中也可以应用螺旋副的自锁特性，如起重螺旋做成自锁螺旋，可以省去制动装置。

螺纹转动所需要的转矩为：

$$T_1 = F d_2 / 2 = d_2 F_Q \tan (\lambda + \rho) / 2 \tag{13-12}$$

螺母旋转一周所需的输入功为：

$$W_1 = 2\pi T_1 \tag{13-13}$$

有用功为：

$$W_2 = F_Q \cdot s \tag{13-14}$$

式中，s 为螺旋副的导程，$s = \pi d_2 \tan \lambda$，单位为 mm；

螺旋副的效率 η 是指有用功与输入功之比，即：

$$\eta = W_2 / W_1 = F_Q \pi d_2 \tan \lambda / \left[F_Q \pi d_2 \tan (\lambda + \rho) \right] = \tan \lambda / \tan (\lambda + \rho) \tag{13-15}$$

效率 η 与螺纹升角 λ 和当量摩擦角 ρ 有关，螺旋线的线数多、升角大，则效率高，反之亦然。当 ρ 一定时，对式（13-15）求极值，可得当升角 $\lambda \approx 40°$

时螺旋副效率最高。由于螺纹升角越大，螺纹制造越困难，且当 $\lambda \geqslant 25°$ 后，螺旋副效率增长并不明显，因此，通常螺旋升角不超过 $25°$。

二、非矩形螺纹

非矩形螺纹是指牙形角 α 不等于零的螺纹，包括三角形螺纹、梯形螺纹和锯齿形螺纹。非矩形螺纹的螺母与螺杆相对运动时，相当于楔形滑块沿楔形槽的斜面移动。非矩形螺纹的受力分析与矩形螺纹的受力分析过程一样，而矩形螺纹与非矩形螺纹的不同之处在于，在相同轴向载荷 F_Q 作用下，非矩形螺纹的法向力比矩形螺纹大。如图 13.21 所示。

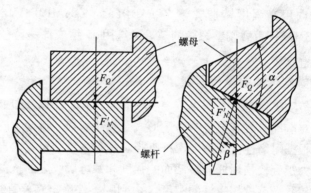

图 13.21　螺纹副法向受力图

为研究非矩形螺纹法向力的增量，我们引入当量摩擦系数 f_v 和当量摩擦角 ρ_v，其中：

$$f_v = f/\cos \beta = \tan \rho_v \tag{13-16}$$

式中的 β 为非矩形螺纹的工作牙侧角。

用当量摩擦角 ρ_v 来代替（13-11）、（13-12）、（13-15）各式中的摩擦角 ρ，即可得到非矩形螺纹，当螺母处于等速上升和等速下降时，螺母所需的水平推力 F、转动螺母所需转矩 T_1 和螺旋副效率 η 以及螺旋副自锁的条件。

显然，牙形角 α 越大，螺纹效率越低。三角螺纹自锁性能比矩形螺纹好，故多采用牙形角大的三角螺纹作为静连接螺纹；传动螺纹要求螺旋副的效率 η 要高，一般采用牙形角较小的梯形螺纹，矩形螺纹和锯齿形螺纹。

13.4.4　滑动螺旋传动

滑动螺旋传动是利用螺杆和螺母的直接接触来传递运动和动力的。由于滑动螺旋副间存在较大的滑动摩擦，摩擦阻力大，效率低。如图 13.18 所示。滑动螺旋传动的结构，主要指螺杆和螺母的固定与支撑的结构形式。

一、螺杆、螺母材料

螺杆材料应具有较高的强度和良好的加工工艺性。对于受力不大、转速较低的传动，螺杆的材料可不经热处理，一般选用45，50，Y40Mn等钢；对于重载、转速较高的重要传动，要求耐磨性高，需进行热处理，可选用T12，65Mn，40Cr，40WMn或20CrMnTi等钢；对于精密的传导螺旋，螺杆热处理后还要求有较好的尺寸稳定性，可选用9Mn2V，CrWMn，38CrMoAl等钢。

螺母材料除要求有足够的强度外，与螺杆配合后还应具有较低的摩擦系数和较好的耐磨性。对一般传动，可选用铸造青铜ZCuSnl0P1，ZCuSn5Pb5Zn5；重载、低速时可选用高强度铸造青铜ZCuAl10Fe3，ZCuAl10Fe3Mn2或铸造黄铜ZCuZn25Al6Fe3Mn3；重载调整螺旋的螺母可选用35钢或球墨铸铁；低速、轻载时也可选用耐磨铸铁。

二、滑动螺旋传动的设计准则

滑动螺旋传动工作时主要承受转矩和轴向力，同时在螺杆和螺母的旋合螺纹间有较大的相对滑动，故其主要的失效形式是螺纹磨损。滑动螺旋传动设计计算的内容包括：根据耐磨性计算确定螺杆直径和螺母高度；对要求自锁的螺杆校核自锁性；对传力螺旋校核螺杆危险截面的强度和螺母螺纹牙的抗剪强度及抗弯强度；对精密的传导螺旋校核螺杆的刚度（由刚度条件确定螺杆直径）；对长径比很大的受压螺杆校核其稳定性；对转速高的长螺杆校核其临界转速。

实际设计中应根据螺旋传动的具体情况进行有针对性的计算，而不必逐项进行校核。滑动螺旋传动的具体设计计算可参考相关机械设计手册或资料。

13.4.5　滚动螺旋传动

如果在滑动螺旋传动的螺杆和螺母之间设置封闭的滚道，并在滚道间填充钢珠，那么，螺旋副的滑动摩擦就变为了滚动摩擦，可减小摩擦，提高传动效率，这种螺旋传动称为滚动螺旋传动，又称滚珠丝杠副，如图13.22所示，滚动螺旋传动由具有螺旋槽的螺杆、螺母及滚道中的滚珠等组成。当螺杆或螺母转动时，滚珠沿螺旋槽滚道滚动，形成滚动摩擦。滚珠经导向装置可返回滚道，反复循环。滚珠的循环方式分为内循环和外循环两类。

如图13.22（a）所示，内循环中螺母的每圈螺纹均装有一反向器，滚珠在同一圈滚道内形成封闭循环回路。内循环滚珠的流动性好，摩擦损失少，传动效率高，径向尺寸小，但反向器及螺母上定位孔的加工精度要求高。如图13.22（b）所示，外循环是利用两端与工作滚道的始末相通的导管作为滚珠的返回通道，其加工较方便，但径向尺寸较大。

由于滚动螺旋传动的精度要求高，且制造比较复杂，所以一般均由专业厂家生产，使用者在设计时通常以选择性计算或校验为主。

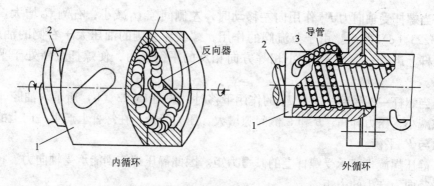

图 13.22　滚珠丝杠中滚珠的循环方式
1—螺母；2—螺杆；3—滚珠

一般情况下，滚珠丝杠副的承载能力取决于其抗疲劳能力，故首先应按寿命条件及额定动载荷选择或校核其基本参数，同时检验其载荷是否超过额定静载荷。当转速很低时，可只按额定静载荷确定或校核其尺寸；当转速较高时，还应考虑丝杠的临界转速。但不论转速高低，一般均应对丝杠进行强度、刚度和稳定性校验。

滚动螺旋传动设计计算的方法、步骤及其有关参数，可查阅相关手册和资料。

13.4.6　静压螺旋传动

如图 13.23 所示，静压螺旋传动工作时，压力油通过节流阀由内螺纹牙侧面的油腔进入螺纹副的间隙，然后经回油孔（虚线所示）返回油箱。从而在螺母与螺杆的螺纹牙表面之间产生一层压力油膜，螺旋传动便在液体摩擦状态下工作，其摩擦系数大大降低了。当螺杆不受力时，螺杆的螺纹牙位于螺母螺纹牙的中间位置，处于平衡状态。此时，螺杆螺纹牙的两侧间隙相等，经螺纹牙两侧流出的油流量相等，因此油腔压力也相等。

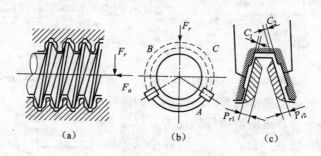

图 13.23　静压螺旋传动的工作原理

当螺杆受轴向力 F_a 作用向左移动时，左侧间隙 C_1 减小，右侧 C_2 增大，如图 13.23（c）所示。由于节流阀的作用，螺纹牙左侧的油压大于右侧的油压，在螺杆上产生一个与 F_a 大小相等方向相反的平衡反力，使螺杆重新处于平衡状态。

当螺杆一端受到径向力 F_r 的作用下移时，如图 13.23（b）所示。油腔 A 侧间隙减小，压力升高，B 和 C 侧间隙增大，压力降低，在螺杆上产生一向上的液压力与 F_r 平衡。

静压螺旋也能承受螺杆上的倾覆力矩。因此静压螺旋副能承受轴向力、径向力和径向力产生的力矩。

§13.5　联轴器、离合器和制动器

联轴器和离合器主要用作轴与轴之间的连接，可使两轴同时转动以传递运动和转矩。联轴器用于刚性静态连接；离合器用于两轴之间的动态连接。联轴器必须在机器停车后，经过拆卸才能使两轴结合或分离。离合器在机器工作中可随时使两轴结合或分离。在工程上使用的联轴器、离合器大都已经标准化，可直接选用。

13.5.1　联轴器

一、联轴器的功能

联轴器是用来连接两轴或者轴和回转件，在传递运动和动力的过程中与轴或回转件一同回转而不脱开的一种装置，联轴器具有补偿两轴相对位移、缓冲、减震和安全防护等功能。

由于制造、安装误差或工作时零件的变形等原因，联轴器所连接的两轴轴线不可避免的产生相对位移，很难保证被连接的两轴精确同心。如图 13.24 所示，通常出现的偏移包括：两轴间的轴向位移 x、径向位移 y、角位移 α 或这些位移组合的综合位移。

两轴间相对偏移的出现将在轴、轴承和联轴器上产生附加载荷，甚至引起剧烈振动，因此联轴器应具有一定的补偿两轴偏移的能力，以改善传动性能，延长机器寿命。此外，为减小机械传动系统的振动，降低冲击载荷，联轴器还应具有一定的缓冲减震性能。

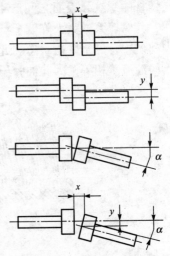

图 13.24　两轴间相对位移

二、联轴器的类型及应用

根据联轴器对轴线偏移的补偿能力的不同，将联轴器分为刚性联轴器和挠性联轴器两大类。

1. 刚性联轴器

刚性联轴器由刚性传力件组成，结构简单，制造简便，无须维护，成本较低，偏移补偿能力差。刚性联轴器又分为固定式和可移式两种类型。固定式刚性联轴器不能补偿两轴的相对位移，可移式刚性联轴器能补偿两轴间的相对位移。

常用的固定式刚性联轴器包括凸缘联轴器、夹壳联轴器和套筒联轴器。

（1）凸缘联轴器，如图 13.25 所示，凸缘联轴器是应用最广的固定式刚性联轴器。用螺栓将两个半联轴器的凸缘连接起来，实现两轴连接。联轴器中的螺栓可以用普通螺栓，也可以用铰制孔螺栓。凸缘联轴器主要的结构型式有两种：一是有对中榫的凸缘联轴器，靠凸肩和凹槽（即对中榫）来实现两轴同心；二是两个半联轴器共同与 7 另一剖分环相配合对中。为安全起见，凸缘联轴器的外圈还应加上防护罩或将凸缘制成轮缘型式。制造凸缘联轴器时，应准确保持半联轴器的凸缘端面与孔的轴线垂直，安装时应使两轴精确同心。

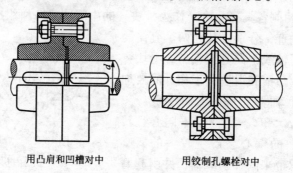

用凸肩和凹槽对中　　　　　　用铰制孔螺栓对中

图 13.25　凸缘联轴器

凸缘联轴器的两个半联轴器的材料通常为铸铁，当受重载或圆周速度 $v \geqslant$ 30 m/s 时，可采用铸钢或锻钢。凸缘联轴器的结构简单、使用方便、可传递的转矩较大，但不能缓冲减振，常用于载荷较平稳的两轴连接。

（2）套筒式联轴器，如图 13.26 所示，是一种结构简单的固定式联轴器，这种联轴器是一个圆柱形套筒，用两个圆锥销来传递转矩，也可以用平键代替圆锥销。套筒连轴的径向尺寸小，结构简单，结构尺寸推荐：$D = (1.5 \sim 2)d$；$L = (2.8 \sim 4)d$。这类联轴器尚无标准，需要自行设计，机床上经常采用这类联轴器。

可移式刚性联轴器的组成零件间构成的动连接，具有某一方向或几个方向的活动度，因此能补偿两轴的相对位移。常用的可移式刚性联轴器有：滑块联轴器、齿式联轴器、挠性爪型联轴器和万向联轴器。

（1）齿式联轴器，如图 13.27 所示由两个带有内齿和凸缘的外套筒和两个带有外齿的内套筒构成，依靠内外齿相啮合传递扭矩，轮齿的齿廓为渐开线，啮合角 $\alpha = 20°$。这类联轴器可以传递很大的扭矩，对偏移的补偿能力很强，安装精度要求不高，当传递巨大转矩时，齿间的压力也随着增大，使联轴器的灵活性降低，而且结构笨重，造价较高。

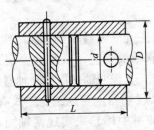

图 13.26　套筒联轴器

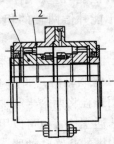

图 13.27　齿式联轴器
1—内套筒；2—外套筒

（2）滑块联轴器又称浮动盘联轴器，如图 13.28 所示，由端面开有凹槽的两套筒 1，3 和两侧各具有凸块（作为滑块）的中间圆盘 2 所组成。中间圆盘两侧的凸块相互垂直，分别嵌装在两个套筒的凹槽中。如果两轴线不同心或偏斜，滑块将在凹槽内滑动。凸槽和滑块的工作面间要加润滑剂。滑块联轴器允许的径向位移 $y < 0.4d$ 和角位移 $\alpha \leqslant 30'$，当两轴不同心且转速较高时，滑块的偏心会产生较大的离心力，给轴和轴承带来附加动载荷，并引起磨损，因此只适用于转速不超过 300 r/min 的低速传动。

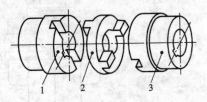

图 13.28　滑块联轴器
1—套筒；2—中间圆盘；3—套筒

（3）挠性爪型联轴器。挠性爪型联轴器的两半联轴器上的沟槽很宽，中间装有夹布胶木或尼龙制成的方形滑块。由于滑块重量轻且有弹性，可允许较高的极限转速。

（4）万向联轴器又称十字铰接联轴器。如图 13.29 所示，联轴器中间是一个相互垂直的十字头，十字头的四端用铰接分别与两轴上的叉形接头相连。当一轴的位置固定后，另一轴可以在任意方向偏斜，角位移可达 $40° \sim 45°$。

单个万向联轴器两轴的瞬时角速度并不相等，当轴 1 以等角速度回转时，轴 2 角速度在一定范围作周期性变化，从而引起动载荷，对传动不利。

为消除从动轴的速度波动，通常将万向联轴器成对使用，如图 13.30 所示，

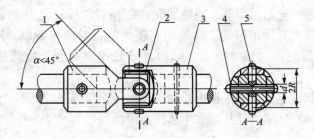

图 13.29 万向联轴器

应使中间轴的两个叉子位于同一平面上，且保证主、从动轴的轴线与中间轴的轴线间的偏斜角 α 相等 $\alpha_1 = \alpha_2$，显然，中间轴本身的转速是不均匀的，但由于在转速不太高时，中间轴惯性小，由它产生的动载荷、振动等一般不致引起显著危害。

2. 挠性联轴器

挠性联轴器分为无弹性元件和带弹性元件的挠性联轴器。无弹性元件的挠性联轴器具有补偿两轴相对偏移的能力；带弹性元件的挠性联轴器包含有弹性元件，除了能补偿两轴间的相对位移外，还具有吸收振动和缓和冲击的能力，但传递转矩的能力受到弹性元件强度的限制。

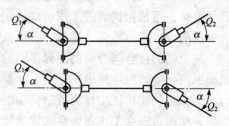

图 13.30 万向联轴器使用

（1）弹性套柱销联轴器结构上和凸缘联轴器很近似，但两个半联轴器的连接不用螺栓而用橡皮或皮革套的柱销。为使更换橡皮套时简便而不必拆移机器，设计中应留出距离；为了补偿轴向位移，安装时应留出相应大小的间隙。弹性套柱销联轴器在高速轴上应用十分广泛，基本参数和主要尺寸参阅有关设计资料。

（2）弹性柱销联轴器是利用若干非金属材料制成的柱销置于两个半联轴器凸缘的孔中，以实现两轴的连接。柱销通常用尼龙制成。弹性柱销联轴器的结构简单，更换柱销方便。为了防止柱销脱出，在柱销两端配置挡圈，装配时应留出间隙。

以上两种联轴器能补偿大的轴向位移，依靠弹性柱销的变形，允许有微量的径向位移和角位移。径向位移或角位移较大时，会引起弹性柱销的迅速磨损，因此采用这两种联轴器时，须较仔细地进行安装。

（3）弹性柱销齿式联轴器通过安放多个橡胶或尼龙的柱销构成，两个半联轴器的内外圈配有圆弧槽，通过槽与销啮合传动，可传递较大扭矩，但拆卸时需作轴向移动。

（4）轮胎式联轴器的中间为橡胶制成的轮胎，用夹紧板与轴套连接。结构简单、工作可靠。轮胎易变形，联轴器允许的相对位移较大。适用于启动频繁、经常正反向运转、有冲击振动、两轴间有较大的相对位移量以及潮湿多尘的场合。这类联轴器的径向尺寸庞大，轴向尺寸较窄，有利于缩短串接机组的总长度。

联轴器已标准化。一般依据机器的工作条件选定合适的类型，然后按照计算转矩、轴的转速和轴端直径从标准中选择所需的型号和尺寸。必要时应对某些零件进行验算。

13.5.2　离合器

一、离合器的种类和功用

离合器主要用作轴与轴之间的连接。与联轴器不同的是，用离合器连接的两根轴，在机器工作中就能方便地使它们分离或接合。工程中使用的离合器大多数已标准化，可依据机器的工作条件选定合适的类型。

按离合方式可将离合器分为操纵式离合器和自动离合器两类。

离合器的接合与分离由外界操纵的称为操纵离合器。操纵式离合器又分为机械操纵离合器，液动操纵离合器、气动操纵离合器和电磁操纵离合器，其中电磁离合器在自动化机械中作为控制传动的元件而被广泛应用；

自动离合器在工作时能自动完成接合和分离。当传递的扭矩达到某一限定值时，就能自动分离的离合器，有防止系统过载的安全作用，称为安全离合器；当轴的转速达到某转速时靠离心力能自行接合或超过某一转速时靠离心力能自动分离的离合器，称为离心离合器；根据主、从动轴间的相对速度差的不同以实现接合或分离的离合器，称为超越离合器。

按工作的原理可将离合器分为啮合式和摩擦式两类。

二、常见的离合器

1. 牙嵌式离合器

牙嵌式离合器由两个端面带牙的套筒所组成，如图 13.31 所示。半离合器 I 紧配在轴上，半离合器 II 可以沿导向平键在另一根轴上移动。利用操纵杆移动拨叉可使两个半离合器接合或分离。为便于两轴对中，安装对中环。牙嵌离合器结构简单，外廓尺寸小，连接后两轴不会发生相对滑转，能传递较大的转矩，应用较广。为防止齿受撞击折断，牙嵌离合器只宜在两轴不回转或转速差很小时进行接合。这类离合器可以借助电磁线圈的吸力来操

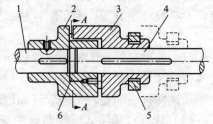

图 13.31　牙嵌式离合器

1—主动轴；2—半离合器 I；3—半离合器 II；
4—从动轴；5—拨叉；6—对中环

纵，成为电磁牙嵌离合器。通常采用嵌入方便的三角形细牙，依据信息动作，便于遥控和程序控制。

2. 摩擦离合器

摩擦离合器分为圆盘摩擦离合器和锥面摩擦离合器。圆盘摩擦离合器，如图 13.32 所示，半离合器 3 固定接在轴 1 上，另一半离合器 4 可沿轴 2 上的导向平键滑动，拨叉 5 用以使半离合器 4 与 3 实现结合、分离动作。工作时正压力 Q 在两个半离合器表面产生摩擦力。锥面摩擦离合器，如图 13.33 所示，由具有内、外锥面的两个半离合器组成，其锥角 α 越小，同样的轴向载荷下摩擦力就越大，所能传递扭矩也就越大。

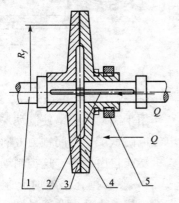 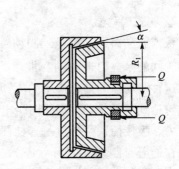

图 13.32　圆盘摩擦离合器　　　　　　图 13.33　锥面摩擦离合器
1, 2—轴；3, 4—半离合器；5—拨叉

摩擦离合器在任何不同转速条件下两轴都可以进行接合；过载时摩擦面间发生打滑，可以防止损坏其他零件；摩擦离合器接合较平稳，冲击和振动较小，在正常的接合过程中，从动轴转速从零逐渐加速到主动轴的转速，因而两摩擦面间不可避免地会发生相对滑动。这种相对滑动要消耗一部分能量，并引起摩擦片的磨损和发热。

在电磁离合器中，电磁摩擦离合器是应用最广泛的一种。此外，电磁摩擦离合器通过电路设计可进一步实现各种特殊要求，如快速励磁电路可以实现快速接合，提高了离合器的灵敏度；缓冲励磁电路可抑制励磁电流的增长，使启动缓慢，避免启动冲击。

3. 棘轮定向离合器

棘轮定向离合器是最常见的超越离合器，它最典型的应用是自行车飞轮的结构，详见棘轮机构一节。

13.5.3　制动器

制动器工作原理是利用摩擦副中产生的摩擦力矩实现制动作用，或者利用制动力与重力的平衡，使机器运转速度保持恒定。广泛应用在机械设备的减速、停止和位置控制的过程中。为了减小制动力矩和制动器的尺寸，通常将制动器配置在机器的高速轴上。制动器主要分为带式制动器、块式制动器和盘式制动器。

1. 带式制动器

带式制动器，如图 13.34 所示，钢制制动带包裹在制动轮上，当 Q 向下作用时，制动带与制动轮之间产生摩擦力，从而实现合闸制动。制动带钢带内表面镶嵌一层石棉制品可增加带与制动轮接触时的摩擦力。带式制动器结构简单，包角大，制动力矩大，但制动带磨损不均匀，容易断裂，且对轴的作用力大。

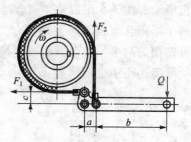

图 13.34　带式制动器

2. 块式制动器

块式制动器（又称鼓式制动器），靠瓦块与制动轮间的摩擦力来制动。常用的块式制动器为短行程交流电磁铁外块式制动器，这种制动器的弹簧产生的闭锁力通过制动臂作用于制动块上，使制动块压向制动轮达到常闭状态。工作时，电磁铁线圈通电，电磁铁产生与闭锁力方向相反的吸力，吸住衔铁，通过一套杠杆使瓦块松开，机器能自由运转。这类制动器也可以在通电时制动（常开状态），但为安全起见，一般安排在断电时起制动作用。当需要制动时，切断电流，电磁线圈释放衔铁，依靠弹簧力并通过杠杆使瓦块抱紧制动轮。瓦块的材料可以用铸铁，也可以在铸铁上复以皮革或石棉带。瓦块制动器已规范化，其型号应根据所需的制动力矩在产品目录中选取。

思考与练习

13-1　间歇运动机构有哪几种结构形式？它们各有何运动特点？

13-2　某自动机上的棘轮机构，棘轮的最小转角为 18°，该棘轮最少齿数为多少？若棘轮的模数为 8 mm，试计算棘轮、棘爪的主要几何尺寸。

13-3　简述螺旋机构的类型、特点及应用场合。

13-4　为什么内槽轮机构中拨盘圆柱销数 K 只能为 1？

13-5　在外啮合槽轮机构中，决定槽轮每次转动角度的是什么参数？当主动拨盘转动一周时，决定从动槽轮运动次数的是什么参数？

13-6　某单圆销外槽轮机构的槽数 $z=6$，中心距 $a=80$ mm，圆销半径 $r=5$ mm。试计算该槽轮机构的主要几何尺寸。

13-7　不完全齿轮机构与普通齿轮机构的啮合过程有何异同点。

13-8　题图 13-8 所示一差动螺旋机构。螺杆与机架固联，螺纹右旋，导

程 $S_A = 4$ mm，滑块在机架上只能左右移动。差动杆内螺纹与螺杆形成螺纹副 A，外螺纹与滑块形成螺纹副 B，差动杆沿箭头方向转动 5 圈，滑块向左移动 5 mm。试求螺纹副 B 的导程 S_B 和旋向。

13－9 联轴器和制动器有何异同？

13－10 试述常用的联轴器的种类和应用特点。

13－11 试述常用的离合器的种类及应用特点。

13－12 试述常用的制动器的种类及应用特点。

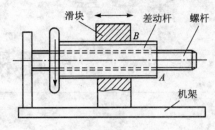

题图 13－8

第14章

常用机械零件

§14.1 常用机械零件的毛坯成型

任何材料都必须成型，制成制品后才具有使用价值。零件设计时，应根据零件的工作条件、所需功能、使用要求及其经济指标（经济性、生产条件、生产批量）等方面进行零件结构设计（确定形状、尺寸、精度、表面粗糙度等）、材料选用（选定材料、强化改性方法等）、工艺设计（选择成型方法、确定工艺路线等）等。

常用机械零件的毛坯成型方法有：铸造、锻造、焊接、冲压、直接取自型材等，各零件的形状特征和用途不同，其毛坯成型方法也不同，下面分述轴杆类、盘套类、机架箱座类零件的毛坯成型方法选择。

14.1.1 轴杆类零件

轴、杆类零件的结构特点是轴向（纵向）尺寸远大于径向（横向）尺寸。如图14.1所示，各种传动轴、机床主轴、丝杠、光杠、曲轴、偏心轴、凸轮轴、齿轮轴、连杆、拨叉、锤杆、摇臂以及螺栓、销等，都属于轴杆类零件。在各种机械中，轴杆类零件一般都是重要的受力和传动零件。

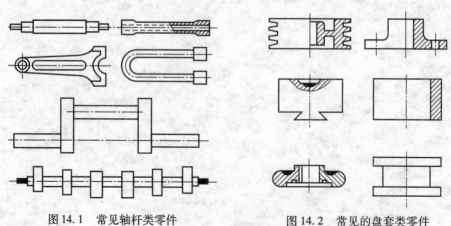

图14.1　常见轴杆类零件　　　　　　图14.2　常见的盘套类零件

轴杆类零件材料大都为钢。其中，除光滑轴、直径变化较小的轴、力学性能要求不高的轴，毛坯一般采用轧制圆钢制造外，几乎都采用锻钢件为毛坯。阶梯轴的各直径相差越大，采用锻件越有利。对某些具有异形断面或弯曲轴线的轴，如凸轮轴、曲轴等，在满足使用要求的前提下，可采用球墨铸铁的铸造毛坯，以降低制造成本。在有些情况下，还可以采用锻-焊或铸-焊结合的方法来制造轴、杆类零件的毛坯。图 14.3 所示的汽车排气阀，将锻造的耐热合金钢阀帽与轧制的碳素结构钢阀杆焊成一体，节约了合金钢材料。图 14.4 所示的是我国 20世纪 60 年代初期制造的 12 000 t 水压机立柱，长 18 m，净重 80 t，采用ZG270—500，分成 6 段铸造，粗加工后采用电渣焊焊成整体毛坯。

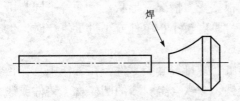

图 14.3 汽车排气阀锻-焊结构

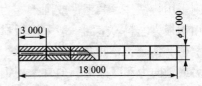

图 14.4 水压机立柱铸-焊结构

14.1.2 盘套类零件

盘套类零件中，除套类零件的轴向尺寸有部分大于径向尺寸外，其余零件的轴向尺寸一般小于径向尺寸、或两个方向尺寸相差不大。属于这一类的零件有齿轮、带轮、飞轮、模具、法兰盘、联轴节、套环、轴承环以及螺母、垫圈等，如图 14.5 所示。

盘套类零件在机械中的使用要求和工作条件有很大差异，所用材料和毛坯各不相同。

（1）齿轮是各类机械中的重要传动零件，运转时齿面承受接触应力和摩擦力，齿根要承受弯曲应力，有时还要承受冲击力。故要求齿轮具有良好的综合力学性能，一般选用锻钢毛坯，如图 14.5 （a）所示；大批量生产时还可采用热轧齿轮或精密模锻齿轮，以提高力学性能。在单件或小批量生产的条件下，直径 100 mm 以下的

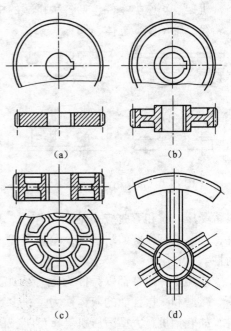

图 14.5 不同类型的齿轮

小齿轮也可用圆钢棒为毛坯，如图14.5（b）所示；直径大于400~500 mm的大型齿轮，锻造比较困难，可用铸钢或球墨铸铁件为毛坯，铸造齿轮一般以幅条结构代替模锻齿轮的幅板结构，如图14.5（c）所示。在单件生产的条件下，也可采用焊接方式制造大型齿轮的毛坯，如图14.5（d）所示。在低速运转且受力不大或者在多粉尘的环境下开式运转的齿轮，也可用灰铸铁铸造成型。受力小的仪器仪表齿轮在大量生产时，可采用板材冲压或非铁合金压力铸造成型，也可用塑料（如尼龙）注塑成型。

（2）带轮、飞轮、手轮和垫块等受力不大、结构复杂或以承压为主的零件，通常采用灰铸铁件，单件生产时也可采用低碳钢焊接件。

（3）法兰、垫圈、套环、联轴节等，根据受力情况及形状、尺寸等不同，可分别采用铸铁件、锻钢件或圆钢棒为毛坯。厚度较小、单件或小批量生产时，也可用钢板为坯料。垫圈一般采用板材冲压成型。

（4）钻套、导向套、滑动轴承、液压缸、螺母等套类零件，在工作中承受径向力或轴向力和摩擦力，通常采用钢、铸铁、非铁合金材料的圆棒材、铸件或锻件制造，有的可直接采用无缝管下料。尺寸较小、大批量生产时，可采用冷挤压和粉末冶金等方法制坯。

（5）模具毛坯，一般采用合金钢锻造成型。

14.1.3 机架、箱座类零件

机架、箱座类零件包括各种机械的机身、底座、支架、横梁、工作台，以及齿轮箱、轴承座、缸体、阀体、泵体、导轨等，如图14.6所示，这类零件结构通常比较复杂，有不规则的外形和内腔。重量从几千克至数十吨，工作条件也相差很大。其中，如机身、底座等一般的基础零件，主要起支承和连接机械各部件的作用，而非运动的零件，以承受压力和静弯曲应力为主，为保证工作的稳定性，要求有较好的刚度和减振性；但有些机械的机身、支架还往往同

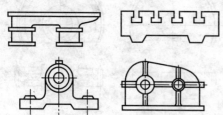

图14.6 常见箱体机架类零件

时承受压、拉和弯曲应力的联合作用，或者还有冲击载荷；工作台和导轨等零件，则要求有较好的耐磨性；箱体零件一般受力不大，但要求有良好的刚度和密封性。

这类零件通常都以铸件为毛坯。尤其以铸造性良好，价格便宜，有良好耐压、减磨和减振性能的灰铸铁为主；少数受力复杂或受较大冲击载荷的机架类零件，如轧钢机、大型锻压机等重型机械的机架，可选用铸钢件毛坯，不易整体成型的特大型机架可采用连接成型结构；在单件生产或工期要求急迫的情况下，也

可采用型钢—焊接结构。航空发动机中的箱体零件，为减轻重量，通常采用铝合金铸件。

零件毛坯成型实例：

1. 承压油缸

承压油缸的形状及尺寸如图14.7所示，材料为45钢，年产量200件。技术要求工作压力15 MPa，进行水压试验的压力3 MPa。图纸规定内孔及两端法兰接合面要加工，不允许有任何缺陷，其余外圆部分不加工。现提出如表14-1所示的成形方案进行分析比较。

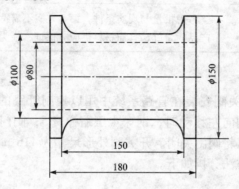

图14.7　承压油缸

表14-1　液压油缸成型方式比较

方　案		优　点	缺　点
用 φ150 mm 圆钢直接加工		全部通过水压试验	切削加工费高，材料利用率低
砂型铸造	平浇：两法兰顶部安置冒口	工艺简单，内孔铸出，加工量小	法兰与缸壁交接处补缩不好，水压试验合格率低，内孔质量不好，冒口费钢水
	立浇：上法兰用冒口，下法兰用冷铁	缩松问题有改善，内孔质量较好	不能全部通过水压试验
平锻机模锻		全部通过水压试验，锻件精度高，加工余量小	设备、模具昂贵，工艺准备时间长
锤上模锻	工件立放	能通过水压试验，内孔锻出	设备昂贵、模具费用高，不能锻出法兰，外圆加工量大
	工件卧放	能通过水压试验，法兰锻出	设备昂贵、模具费用高，锻不出内孔，内孔加工量大

续表

方　案	优　点	缺　点
自由锻镦粗、冲孔、带心轴拔长，再在胎模内锻出法兰	全部通过水压试验，加工余量小，设备与模具成本不高	生产率不够高
用无缝钢管，两端焊上法兰	通过水压试验，材料最省，工艺准备时间短，无须需特殊设备	无缝钢管不易获得
结论	考虑批量与现实条件，第5方案不需特殊设备，胎模成本低，产品质量好，且原材料供应有保证，最为合理	

2. 开关阀

图 14.8 所示开关阀安装在管路系统中用以控制管路的"通"或"不通"。当推杆 1 受外力作用向左移动时，钢珠 4 压缩弹簧 5，阀门被打开。卸除外力，钢珠在弹簧作用下，将阀门关闭。开关阀外形尺寸为 116 mm × 58 mm × 84 mm，其零件的毛坯成型方法分析如下。

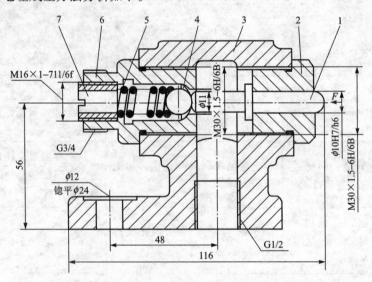

图 14.8　开关阀

1—推杆；2—塞子；3—阀体；4—钢珠；5—压簧；6—管接头；7—旋塞

（1）推杆（零件 1）承受轴向压应力、摩擦力，要求耐磨性好，其形状简单，属于杆类零件，采用中碳钢（45 钢）圆钢棒直接截取即可。

（2）塞子（零件 2）起顶杆的定位和导向作用，受力小，内孔要求具有一定的耐磨性，属于套类件，采用中碳钢（35 钢）圆钢棒直接截取。

（3）阀体（零件3）是开关阀的重要基础零件，起支承、定位作用，承受压应力，要求良好的刚度、减振性和密封性，其结构复杂，形状不规则，属于箱体类零件，宜采用灰铸铁（HT250）铸造成型。

（4）钢珠（零件4）承受压应力和冲击力，要求较高的强度、耐磨性和一定的韧度，采用滚动轴承钢（GCr15钢）螺旋斜轧成形，以标准件供应。

（5）压簧（零件5）起缓冲、吸振、储存能量的作用，承受循环载荷，要求具有较高疲劳强度，不能产生塑性变形，根据其尺寸（1 mm×12 mm×26 mm），采用碳素弹簧钢（65Mn钢）冷拉钢丝制造。

（6）管接头与旋塞 管接头（零件6）起定位作用，旋塞（零件7）起调整弹簧压力作用，均属于套类件，受力小，采用中碳钢（35钢）圆钢棒直接截取。

3. 单级齿轮减速器

图14.9和图14.10所示单级齿轮减速器，外形尺寸为430 mm×410 mm×320 mm，传递功率5 kW，传动比为3.95，对这台齿轮减速器主要零件的毛坯成型方法分析如下。

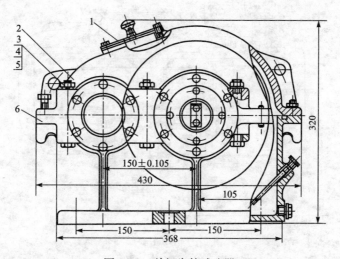

图14.9　单级齿轮减速器

（1）窥视孔盖（零件1）用于观察箱内情况及加油，力学性能要求不高。单件小批量生产时，采用碳素结构钢（Q235A）钢板下料，或手工造型铸铁（HT150）件毛坯。大批量生产时，采用优质碳素结构钢（08钢）冲压而成，或采用机器造型铸铁件毛坯。

（2）箱盖（零件2）、箱体（零件6）是传动零件的支撑件和包容件，结构复杂，其中的箱体承受压力，要求有良好的刚度、减振性和密封性。箱盖、箱体在单件小批量生产时，采用手工造型的铸铁（HT150或HT200）件毛坯，或采用碳素结构钢（Q235A）手工电弧焊焊接而成。大批量生产时，采用机器造型铸铁件毛坯。

（3）螺栓（零件3）、螺母（零件4）起固定箱盖和箱体的作用，受纵向（轴向）拉应力和横向切应力。采用碳素结构钢（Q235A）镦、挤而成，为标准件。

（4）弹簧垫圈（零件5）其作用是防止螺栓松动，要求良好的弹性和较高的屈服强度。由碳素弹簧钢（65Mn）冲压而成，为标准件。

（5）调整环（零件8）其作用是调整轴和齿轮轴的轴向位置。单件小批量生产采用碳素结构钢（Q235）圆钢下料车削而成。大批量生产采用优质碳素结构钢（08钢）冲压件。

（6）端盖（零件7）用于防止轴承窜动，单件、小批生产时，采用手工造型铸铁（HT150）件或采用碳素结构钢（Q235）圆钢下料车削而成。大批量生产时，采用机器造型铸铁件。

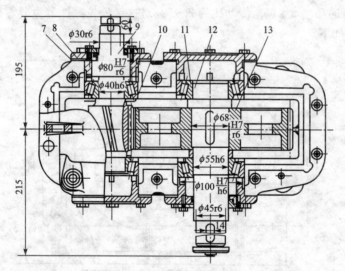

图14.10　单级齿轮减速箱

1—窥视孔盖；2—箱盖；3—螺栓；4—螺母；5—弹簧垫圈；6—箱体；7—端盖；8—调整环；
9—齿轮轴；10—挡油盘；11—滚动轴承；12—轴；13—齿轮

（7）齿轮轴（零件9）、轴（零件12）和齿轮（零件13）均为重要的传动零件，轴和齿轮轴的轴杆部分受弯矩和扭矩的联合作用，要求具有较好的综合力学性能；齿轮轴与齿轮的轮齿部分受较大的接触应力和弯曲应力，应具有良好的耐磨性和较高的强度。单件生产时，采用中碳优质碳素结构钢（45钢）自由锻件或胎模锻件毛坯，也可采用相应钢的圆钢棒车削而成。大批量生产时采用相应钢的模锻件毛坯。

（8）挡油盘（零件10）其用途是防止箱内机油进入轴承。单件生产时，采用碳素结构钢（Q235）圆钢棒下料切削而成。大批量生产时，采用优质碳素结构钢（08 钢）冲压件。

（9）滚动轴承（零件 11）受径向和轴向压应力，要求较高的强度和耐磨性。内外环采用滚动轴承钢（GCr15 钢）扩孔锻造，滚珠采用滚动轴承钢（GCr15 钢）螺旋斜轧，保持架采用优质碳素结构钢（08 钢）冲压件。滚动轴承为标准件。

§14.2　弹　　簧

14.2.1　概述

弹簧是一种弹性元件，它可以在载荷作用下产生较大的弹性变形，弹簧在各类机械中应用十分广泛，主要用于：控制机构的运动，如制动器、离合器中的控制弹簧，内燃机气缸的阀门弹簧等；减振和缓冲，如汽车、火车车厢下的减振弹簧，以及各种缓冲器用的弹簧等；储存及输出能量，如钟表弹簧、枪闩弹簧等；测量力的大小，如测力器和弹簧秤中的弹簧等。

弹簧按照所承受的载荷的不同，分为拉伸弹簧、压缩弹簧、扭转弹簧和弯曲弹簧；按照形状的不同，分为螺旋弹簧、环形弹簧、板簧和盘簧等。如表 14 - 2 所示。

表 14 - 2　弹簧的基本类型

按形状分 ＼ 按载荷分	拉伸	压缩		扭转	弯曲
螺旋形	圆柱螺旋拉伸弹簧	圆柱螺旋压缩弹簧	圆锥螺旋压缩弹簧	圆柱螺旋扭转弹簧	
其他形状		环形弹簧	碟形弹簧	蜗卷形弹簧	板簧

14.2.2　圆柱螺旋弹簧

圆柱螺旋弹簧是一般机械中，最常用的弹簧，分压缩弹簧和拉伸弹簧两类。圆柱拉、压螺旋弹簧的结构。

一、压缩弹簧

如图 14.11 所示，有两端的端面圈并紧并磨平的压簧（代号：YⅠ）和两个端面圈并紧但不磨平的压簧（代号：YⅡ）。弹簧磨平部分不少于圆周长的 3/4，端头厚度一般不少于 $d/8$。

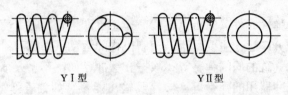

YⅠ型　　　　　　　YⅡ型

图 14.11　压缩弹簧

二、拉伸弹簧

如图 14.12 所示，LⅠ 和 LⅡ 型拉簧采用半圆形钩和圆环钩；LⅢ 型拉簧为可调式挂钩，用于受力较大时。

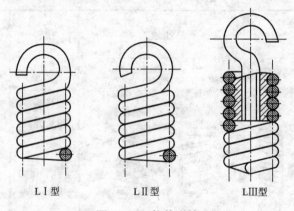

LⅠ型　　　　　LⅡ型　　　　　LⅢ型

图 14.12　拉伸弹簧

三、圆柱螺旋弹簧的几何尺寸

如图 14.13 所示，圆柱螺旋弹簧的主要几何尺寸有：弹簧丝直径 d、外径 D、内径 D_1、中径 D_2、节距 p、螺旋升角 α、自由高度（压缩弹簧）或长度（拉伸弹簧）H_0。此外还有有限圈数 n，总圈数 n_l。

圆柱形压缩、拉伸螺旋弹簧的几何尺寸计算公式见表 14-3。

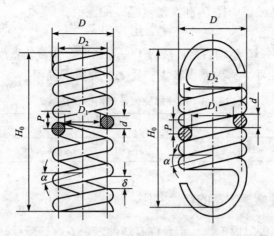

图 14.13　圆柱形拉压螺旋弹簧

表 14 – 3　圆柱形压缩、拉伸螺旋弹簧的几何尺寸计算公式

名称与代号	压缩螺旋弹簧	拉伸螺旋弹簧
弹簧丝直径 d	由强度计算公式确定	
弹簧中径 D_2	$D_2 = Cd$	
弹簧内径 D_1	$D_1 = D_2 - d$	
弹簧外径 D	$D = D_2 + d$	
螺旋升角 α	$\alpha = \arctan p\pi/D_2$，$5° \leqslant \alpha \leqslant 9°$	
有效圈数 n	由变形条件计算确定，一般 $n > 2$	
总圈数 n_1	压缩：$n_1 = n + (2 \sim 2.5)$（冷卷）；拉伸：$n_1 = n$ $n_1 = n + (1.5 \sim 2)$（Y II 型热卷）；n_1 的尾数为 $1/4$，$1/2$， $3/4$ 或整圈数，推荐用 $1/2$ 圈	
自由高度或 长度 H_0	两端圈磨平 $n_1 = n + 1.5$ 时，$H_0 = np + d$ $n_1 = n + 2$ 时，$H_0 = np + 1.5d$ $n_1 = n + 2.5$ 时，$H_0 = np + 2d$ 两端圈不磨平 $n_1 = n + 2$ 时，$H_0 = np + 3d$ $n_1 = n + 2.5$ 时，$H_0 = np + 3.5d$	L I 型 $H_0 = (n+1)d + D_1$ L II 型 $H_0 = (n+1)d + 2D_1$ L III 型 $H_0 = (n+1.5)d + 2D_1$
工作高度或 长度 H_n	$H_n = H_0 - \lambda_n$	$H_n = H_0 + \lambda_n$（λ_n 为变形量）
展开长度 L	$L = \pi D_1 n_1 / \cos \alpha$	$L = \pi D_1 n_1 +$ 钩部展开长度
节距 p	$p = d + \delta$	$p = d$
间距 δ	$\delta = p - d$	$\delta = 0$

弹簧指数 C 是弹簧中径 D_2 和簧丝直径 d 的比值，即：

$$C = D_2/d \qquad (14-1)$$

通常 C 值在 $4 \sim 16$ 范围内，可按表 $14-4$ 选取。弹簧丝直径 d 相同时，C 值小则弹簧中径 D_2 也小，弹簧刚度较大；反之，弹簧刚度较小。

表 14 - 4　圆柱螺旋弹簧常用弹簧指数 C

弹簧丝直径 d	$0.2 \sim 0.4$	$0.5 \sim 1$	$1.1 \sim 2.2$	$2.5 \sim 6$	$7 \sim 16$	$18 \sim 42$
弹簧指数 C	$7 \sim 14$	$5 \sim 12$	$5 \sim 10$	$4 \sim 10$	$4 \sim 8$	$4 \sim 6$

14.2.3　圆柱螺旋弹簧的特性曲线

弹簧应在弹性极限内工作，不允许有塑性变形。弹簧所受载荷与其变形之间的关系曲线称为弹簧的特性曲线。

一、压缩螺旋弹簧的特性曲线（如图 14.14 所示）

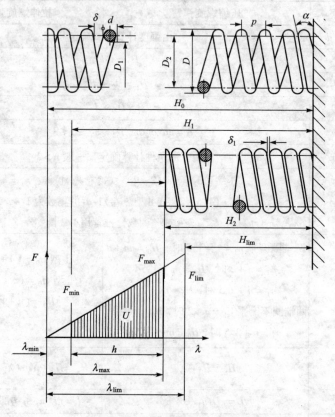

图 14.14　压缩弹簧的特性曲线图

图中：H_0 为弹簧未受载时的自由高度；

F_{min} 为最小工作载荷，它是使弹簧处于安装位置的初始载荷；

在 F_{min} 的作用下，弹簧从自由高度 H_0 被压缩到 H_1，弹簧压缩变形量为 λ_{min}；

在弹簧的最大工作载荷 F_{max} 作用下，弹簧的压缩变形量增至 λ_{max}；

图中 F_{lim} 为弹簧的极限载荷，在其作用下，弹簧高度为 H_{lim}，变形量为 λ_{lim}。

弹簧丝应力达到了材料的弹性极限。此处，图中的 $h - \lambda_{max} - \lambda_{min}$，称为弹簧的工作行程。

二、拉伸螺旋弹簧的特性曲线（如图 14.15 所示）

按卷绕方法的不同，拉伸弹簧分为无初应力和有初应力两种。无初应力的拉伸弹簧其特性曲线与压缩弹簧的特性曲线相同；有初应力的拉伸弹簧的特性曲线，如图 14.15 所示，有一段假想的变形量 X，相应的初拉力为 F_0，为克服这段假想变形量使弹簧开始变形所需的初拉力，当工作载荷大于 F_0 时，弹簧才开始伸长。

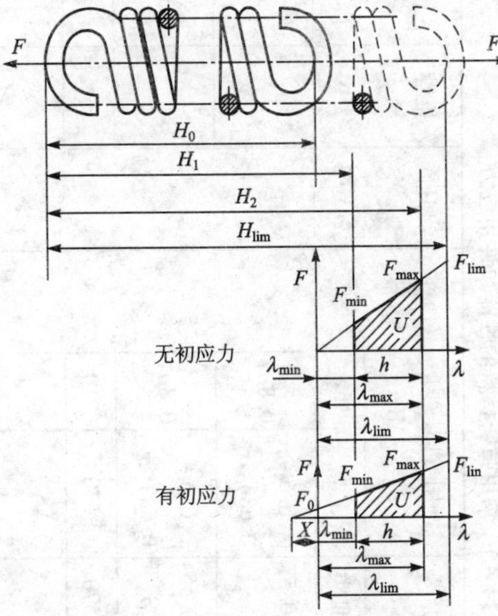

对于一般拉、压螺旋弹簧的最小工作载荷通常取为 $F_{min} \geq 0.2F_{lim}$；

对于有初拉力的拉伸弹簧 $F_{min} > F_0$；

弹簧的工作载荷应小于极限载荷，通常取 $F_{max} \leq 0.8F_{lim}$；

因此，为保持弹簧的线性特性，弹簧的工作变形量应取在 $(0.2 \sim 0.8)\lambda_{lim}$ 范围。

图 14.15　拉伸弹簧的特性曲线图

14.2.4　弹簧常用材料

弹簧工作时受到变载荷和冲击载荷作用，疲劳破坏是弹簧最主要的失效形式，为保证弹簧持久可靠的工作，要求弹簧材料有足够的屈服极限、疲劳极限、冲击韧性，还应有良好的塑性和热处理工艺性。常用的弹簧材料有：碳素弹簧钢、合金弹簧钢、不锈钢和铜合金材料以及非金属材料。选用材料时应根据：弹簧的功用、载荷大小、性质、循环特性、工作强度、周围介质及重要程度等综合选择。常用弹簧材料的性能和许用应力见表 14-5。

表 14 - 5　常用弹簧材料的性能和许用应力

类别	牌号	压缩弹簧许用剪应力 [τ]/MPa			许用弯曲应力 [σ_b]/MPa		切变模量 G/GPa	弹性模量 E/GPa	推荐硬度 /HRC	推荐使用温度 /℃	特性及用途
		I类	II类	III类	I类	II类					
	碳素弹簧钢丝 琴钢丝	$(0.3\sim0.38)\sigma_b$	$(0.38\sim0.45)\sigma_b$	$0.5\sigma_b$	$(0.6\sim0.68)\sigma_b$	$0.8\sigma_b$				−40~120	强度高，性能好，适用于做小弹簧，如安全阀弹簧，或要求不高的大弹簧
	油淬火－回火碳素弹簧钢丝	$(0.35\sim0.4)\sigma_b$	$(0.4\sim0.47)\sigma_b$	$0.55\sigma_b$	$(0.6\sim0.68)\sigma_b$	$0.8\sigma_b$				−40~200	
	65Mn	340	455	570	570	710					
钢丝	60Si2Mn 60Si2MnA	445	590	740	740	925	79	206	45~50	−40~200	弹性及回火稳定性好。易脱碳，用于受大载荷的弹簧，用做汽车拖拉机弹簧和机车缓冲弹簧
	50CrVA	560	745	931	1 167				45~50	−40~210	用做截面大高应力的弹簧，亦可用于变载荷高温作用的弹簧
	65Si2MnWA 60Si2CrVA								47~52	−40~250	强度高，耐高温和冲击，弹性好
	30W4Cr2VA	442	588	735	735	920			43~47	−40~350	高温时强度高，淬透性好

续表

类别	牌号	压缩弹簧许用剪应力 [τ]/MPa			许用弯曲应力 [σb]/MPa		切变模量 G/GPa	弹性模量 E/GPa	推荐硬度 /HRC	推荐使用温度/℃	特性及用途
		I类	II类	III类	I类	II类					
不锈钢丝	1Cr18Ni9 1Cr18Ni9Ti	330	440	550	550	690	73	197		-250~290	耐高温耐腐蚀，工艺性好，适合于航海、化工用小弹簧
	4Cr13	450	600	750	750	940	77	2 190	48~53	-40~300	耐高温耐腐蚀，工艺性好，适合于航海、化工用大弹簧
青铜丝	QSi3-1	270	360	450	450	560	41	95	90~100 HBS	-40~120	弹性、耐腐蚀性、防磁性、导电性好，用于电器仪表弹簧和精密仪器上弹簧
	QBe2	360	450	560	560	750	43	132	37~40		

计算许用应力时，圆柱形螺旋弹簧所受到的载荷分为以下 3 类。

Ⅰ类：受交变载荷作用次数在 10^6 次以上或重要弹簧，如内燃机和电磁继电器弹簧；

Ⅱ类：受交变载荷作用次数在 $10^3 \sim 10^6$ 次及承受冲击载荷的弹簧，如车辆弹簧；

Ⅲ类：受交变载荷作用次数在 10^3 次以下和受静载荷作用的一半弹簧，如安全阀弹簧。碳素弹簧钢钢丝按用途分为 A，B，C 3 类，分别适用于低、中、高 3 种应力状态，其抗拉强度 σ_b 与弹簧的级别和弹簧钢丝的直径有关，具体数值可通过设计手册相关表格查定。

14.2.5 弹簧的制造

螺旋弹簧的制造工艺大致包括：卷绕、两端部加工、热处理和工艺试验，必要时进行强压和喷丸处理。对于重要弹簧还需进行镀锌等表面保护处理，普通弹簧进行涂漆处理。

弹簧的制造精度按其受力后的变形量分为 3 级，如表 14 - 6 所示。其中，1 级的变形量最小，3 级最高，一般选用 2 级精度。

表 14 - 6　弹簧的制造精度

制造精度	受力后变形量公差	用　途　举　例
1 级	10%	在工作受力变形范围内要求校准的弹簧，如测力仪和测量仪器弹簧
2 级	20%	要求按特性曲线调整的弹簧，如安全阀、减压阀和调节机构弹簧
3 级	30%	不需要按载荷调整的弹簧，如泵的吸入压出弹簧，制动器压紧弹簧

 思考与练习

14 - 1　选择材料成型方法的原则与依据是什么？请结合实例分析。

14 - 2　材料选择与成型方法选择之间有何关系？请举例说明。

14 - 3　轴杆类、盘套类、箱体底座类零件中，分别举出 1 ~ 2 个零件，试分析如何选择毛坯成型方法。

14 - 4　为什么轴杆类零件一般采用锻造成型，而机架类零件多采用铸造成形？

14 - 5　为什么齿轮多用锻件，而带轮、飞轮多用铸件？

14-6　弹簧有哪些功用？有哪些类型？

14-7　找出在工程实际中使用的三种弹簧，说明它们的结构、类型及功用；

14-8　什么是弹簧的特性曲线，试分析圆柱形螺旋拉伸弹簧的特性曲线；

14-9　分析增大圆柱螺旋弹簧的中径 D_2 和弹簧丝的直径 d 对弹簧刚度和强度的影响；增加弹簧的圈数，是否可以提高弹簧强度？

参 考 文 献

[1] 唐国兴，王永廉．理论力学［M］．第一版．北京：机械工业出版社，2008.

[2] 刘延柱，杨海兵，朱本华．理论力学．［M］．第一版．北京：高等教育出版社，2001.

[3] 刘又文，彭献．理论力学［M］．第一版．北京：高等教育出版社，2006.

[4] 哈尔滨工业大学理论力学教研组．理论力学思考题集［M］．第一版．北京：高等教育出版社，2006.

[5] 蔡泰信，和兴锁．理论力学［M］．第一版．上海：机械工业出版社，2004.

[6] 李俊峰．理论力学［M］．第一版．北京：清华大学出版社，2001.

[7] 同济大学航空航天与力学学院基础力学教学研究部．理论力学［M］．第一版．上海：同济大学出版社，2005.

[8] 武清玺，陆晓敏，殷德顺．理论力学［M］．第一版．北京：中国电力出版社，2009.

[9] 范钦珊，殷亚俊．材料力学［M］．第一版．北京：清华大学出版社，2004.

[10] 孙训方．材料力学［M］．第五版．北京：高等教育出版社，2009.

[11] 刘鸿．材料力学［M］．第四版．北京：高等教育出版社，2004.

[12] 王守新．材料力学［M］．第三版．大连：大连理工大学大学出版社，2005.

[13] 张锋伟．材料力学实验［M］．第一版．北京：中国电力出版社，2009.

[14] ［美］希伯勒 著，汪越胜 等译．材料力学［M］．第一版．北京：电子工业出版社，2006.

[15] 赵诒枢．工程力学（静力学与材料力学）习题详解［M］．第一版．武汉：华中科技大学出版社，2006.

[16] 刘钊，王秋生．材料力学［M］．第一版．哈尔滨：哈尔滨工业大学出版社，2008.

[17] 杨可桢，程光蕴．机械设计基础［M］．第四版．北京：高等教育出版社，1999.

[18] 黄华梁，彭文生．机械设计基础［M］．第三版．北京：高等教育出版社，2000.

[19] 华南工学院等九校合编．机械设计［M］．第一版．北京：人民教育出版社，1981

[20] 吴宗泽．机械设计习题集［M］．第二版．北京：高等教育出版社，1991.

[21] 徐春艳. 机械设计基础 [M]. 第一版. 北京：北京理工大学出版社, 2009.

[22] 王宪伦, 苏德胜. 机械设计基础 [M]. 第一版. 北京：化学工业出版社, 2009.

[23] 陈秀宁. 机械设计 [M]. 第三版. 杭州：浙江大学出版社, 2007.

[24] 黄平, 刘建素, 陈扬枝, 朱文坚. 常用机械零件及机构图册 [M]. 北京：化学工业出版社, 1999.

[25] 邹培海, 银金光. 机械设计基础 [M]. 第一版. 北京：清华大学出版社, 2009.

[26] 刘显贵, 涂晓华. 机械设计基础 [M]. 第一版. 北京：北京理工大学出版社, 2007.

[27] 金潇明. 机械设计基础 [M]. 第一版. 长沙：中南大学出版社, 2006.

[28] 范顺成. 机械设计基础 [M]. 北京：机械工业出版社, 2007.

[29] 彭文生, 黄华梁. 机械设计 [M]. 第二版. 武汉：华中理工大学出版社, 1996.

[30] 濮良贵, 纪名刚. 机械设计 [M]. 第六版. 北京：高等教育出版社, 1996.

[31] 濮良贵, 纪名刚. 机械设计 [M]. 第七版. 北京：高等教育出版社, 2004.

[32] 吴宗泽. 高等机械零件 [M]. 第一版. 北京：清华大学出版社, 1991.